智能制造领域应用型人才培养“十三五”规划精品教材

工业机器人

离线编程与仿真项目教程

主编 ◎ 刘杰 王涛

華中科技大學出版社
http://www.hustp.com
中国·武汉

内容提要

本书以 ABB 工业机器人为对象，使用瑞典 ABB 的机器人仿真软件 RobotStudio 进行工业机器人的基本操作、功能设置、二次开发、在线监控与编程、方案设计和验证的学习。主要内容包括认识、安装工业机器人仿真软件，仿真工作站知识储备，项目式教学包，RobotStudio 中的建模功能，机器人离线轨迹编程，Smart 组件的应用，带导轨和变位机的机器人系统创建与应用，ScreenMaker 示教器用户自定义界面，RobotStudio 在线功能。

本书适合普通本科及高等职业院校自动化相关专业的学生使用，也适合从事工业机器人应用开发、调试与现场维护的工程师，特别是使用 ABB 工业机器人的工程技术人员使用。

图书在版编目(CIP)数据

工业机器人离线编程与仿真项目教程/刘杰，王涛主编. —武汉：华中科技大学出版社，2019.1(2025.1重印)
智能制造领域应用型人才培养“十三五”规划精品教材
ISBN 978-7-5680-3810-2

Ⅰ.①工… Ⅱ.①刘… ②王… Ⅲ.①工业机器人-程序设计-教材 Ⅳ.①TP242.2

中国版本图书馆 CIP 数据核字(2019)第 012484 号

工业机器人离线编程与仿真项目教程
Gongye Jiqiren Lixian Biancheng yu Fangzhen Xiangmu Jiaocheng

刘 杰 王 涛 主编

策划编辑：袁 冲
责任编辑：史永霞
封面设计：孢 子
责任监印：朱 玢

出版发行：华中科技大学出版社(中国·武汉) 电话：(027)81321913
武汉市东湖新技术开发区华工科技园 邮编：430223

录 排：武汉蓝色匠心图文设计有限公司
印 刷：武汉市洪林印务有限公司
开 本：787mm×1092mm 1/16
印 张：13.75
字 数：348 千字
版 次：2025 年 1 月第 1 版第 7 次印刷
定 价：38.00 元

序言 XUYAN

现阶段，我国制造业面临资源短缺、劳动力成本上升、人口红利减少等压力，而工业机器人的应用与推广，将极大地提高生产效率和产品质量，降低生产成本和资源消耗，有效提高我国工业制造竞争力。我国《机器人产业发展规划（2016—2020 年）》强调，机器人是先进制造业的关键支撑装备和未来生活方式的重要切入点。广泛采用工业机器人，对促进我国先进制造业的崛起，有着十分重要的意义。“机器换人，人用机器”的新型制造方式有效推进了工业升级和转型。

伴随着工业大国相继提出机器人产业政策，如德国的“工业 4.0”、美国的先进制造伙伴计划、中国的“十三五规划”与“中国制造 2025”等国家政策，工业机器人产业迎来了快速发展的态势。当前，随着劳动力成本上涨，人口红利逐渐消失，生产方式向柔性、智能、精细转变，中国制造业转型升级迫在眉睫。全球新一轮科技革命和产业变革与中国制造业转型升级形成历史性交汇，中国已经成为全球最大的机器人市场。大力发展工业机器人产业，对于打造我国制造业新优势、推动工业转型升级、加快制造强国建设、改善人民生活水平具有深远意义。

工业机器人已在越来越多的领域得到了应用。在制造业中，尤其是在汽车产业中，工业机器人得到了广泛应用。如在毛坯制造（冲压、压铸、锻造等）、机械加工、焊接、热处理、表面涂覆、上下料、装配、检测及仓库堆垛等作业中，机器人逐步取代人工作业。机器人产业的发展对机器人领域技能型人才的需求也越来越迫切。为了满足岗位人才需求，满足产业升级和技术进步的要求，部分应用型本科院校相继开设了相关课程。在教材方面，虽有很多机器人方面的专著，但普遍偏向理论与研究，不能满足实际应用的需要。目前，企业的机器人应用人才培养只能依赖机器人生产企业的培训或产品手册，缺乏系统学习和相关理论指导，严重制约了我国机器人技术的推广和智能制造业的发展。武汉金石兴机器人自动化工程有限公司依托华中科技大学在机器人方向的研究实力，顺应形势需要，产、学、研、用相结合，组织企业专家和一线科研人员开展了一系列企业调研，面向企业需求，联合高校教师共同编写了“智能制造领域应用型人才培养‘十三五’规划精品教材”系列图书。

该系列图书有以下特点：

（1）循序渐进，系统性强。该系列图书从工业机器人的入门应用、技术基础、实训指导，到工业机器人的编程与高级应用，由浅入深，有助于读者系统学习工业机器人技术。

（2）配套资源丰富多样。该系列图书配有相应的人才培养方案、课程建设标准、电子课件、视频等教学资源，以及配套的工业机器人教学装备，构建了立体化的工业机器人教学体系。

（3）覆盖面广，应用广泛。该系列图书介绍了工业机器人集成工程所需的机械工程案例、电气设计工程案例、机器人应用工艺编程等相关内容，顺应国内机器人产业人才发展需要，符合制造业人才发展规划。

“智能制造领域应用型人才培养‘十三五’规划精品教材”系列图书结合工业机器人集成工程实际应用，教、学、用有机结合，有助于读者系统学习工业机器人技术和强化提高实践能力。该系列图书的出版发行填补了机器人工程专业系列教材的空白，有助于推进我国工业机器人技术人才的培养和发展，助力中国智造。

中国工程院院士 谭建荣

2018 年 10 月

前言 QIANYAN

进入21世纪，机器人已经成为现代化工业不可缺少的工具，它标志着工业的现代化程度。国外在20世纪70年代末就开始了机器人离线规划和编程系统的研究。早期的离线编程系统有IPA程序、sdMMIE软件包和GRASP仿真系统等。这些系统都因为功能不完备而不能方便使用。在众多版本的机器人仿真与离线编程系统中，由以色列Tecnomatic公司在1986年推出的robcad机器人计算机辅助设计及仿真系统最具代表性。它是运行在SGI图形工作站上的大型机器人设计、仿真和离线编程系统，其集通用化、完整化、交互式计算机图形化、智能化和商品化为一体。但这些传统的机器人离线编程系统的分析、设计、实现和编程的方法都是面向过程的，存在着许多不足。机器人是一个可编程的机械装置，其功能的灵活性和智能性在很大程度上取决于机器人的编程能力。由于机器人的应用范围扩大和所完成任务的复杂程序不断增加，机器人工作任务的编制已经成为一个重要问题。通常，机器人编程方式可分为示教在线编程和离线编程。机器人离线编程技术对工业机器人的推广应用及其工作效率的提高有着重要意义，离线编程可以大幅度节省制造时间，实现计算机的实时仿真，为机器人编程和调试提供安全、灵活的环境，是机器人开发应用的研究方向。

在本书中，通过项目式教学的方法，对ABB公司的RobotStudio软件的操作、建模、Smart组件的应用、轨迹离线编程、动画效果的制作、模拟工作站的构建、仿真验证以及在线操作进行了全面的讲解。（说明：RobotWare为机器人系统库文件，安装完成后只会在指定位置生成机器人系统库，可以存在多个版本；RobotStudio为机器人仿真操作软件；两者必须全部完全安装方可正常使用。）本书使用RobotStudio的版本为6.00.01，使用RobotWare的版本为5.15.02_2005和6.00.00_1105。

本书内容以实践操作过程为主线，采用以图为主的编写形式，通俗易懂，适合作为普通高校和高等职业院校的工业机器人工程应用仿真课程的教材。

同时，本书也适合从事工业机器人应用开发、调试、现场维护的工程技术人员学习和参考，特别适合已掌握ABB机器人基本操作，需要进一步掌握工业机器人工程应用模拟仿真的工程技术人员参考。

对于本书中的疏漏之处，我们热忱欢迎读者提出宝贵的意见和建议。本书中使用到的机器人工作站打包文件及相关数模资料可发邮件至2360363974@qq.com索取。

编　者

2018年9月

目录 MULU

项目1

认识、安装工业机器人仿真软件

教学目标

（1）了解什么是工业机器人仿真应用技术。

（2）学会如何安装RobotStudio。

（3）学会RobotStudio软件的授权操作方法。

（4）认识RobotStudio软件的操作画面。

任务1-1 工业机器人仿真软件介绍

国际各品牌工业机器人虚拟仿真软件名称及下载地址见表1-1。

表1-1 品牌工业机器人虚拟仿真软件

序号	工业机器人品牌	仿真软件名称
1	ABB	RobotStudio
2	KUKA	KUKA. Sim Pro
3	FANUC	ROBOGUIDE
4	MOTOMAN	Robot MotoSim EG
5	STAUBLI	Robotics VAL3
6	COMAU	RoboSim Pro
7	Kawasaki	K-ROSET

为了确保RobotStudio能够正确安装，请注意以下事项：

(1)计算机的系统配置建议见表1-2。

表1-2 计算机的系统配置

硬件	要求
CPU	i5或以上
内存	2GB或以上
硬盘	空闲20GB以上
显卡	独立显卡
操作系统	Windows 7或以上

(2)操作系统中的防火墙可能会造成RobotStudio的不正常运行，如无法连接虚拟控制器，所以建议关闭防火墙或对防火墙的参数进行恰当的设定。

本书中的任务是基于RobotStudio 6.00.01版本开展的，RobotWare 5.15.02_2005配合随着版本升级，会出现软件菜单的变化情况，但不影响教学与学习。

任务1-2 了解工业机器人仿真应用技术

工业自动化的市场竞争压力日益加剧，客户在生产中要求更高的效率，以降低价格，提高质量。如今让机器人编程在新产品生产之始花费时间检测或试运行是行不通的，因为这意味着要停止现有的生产以对新的或修改的部件进行编程。不首先验证到达距离及工作区域，而冒险制造刀具和固定装置已不再是首选方法。现代生产厂家在设计阶段就会对新部件的可制造性进行检查。在为机器人编程时，离线编程可与建立机器人应用系统同时进行。

在产品制造的同时对机器人系统进行编程，可提早开始产品生产，缩短上市时间。离线编程在实际机器人安装前，既可通过可视化确认解决方案和布局来降低风险，又可通过创建更加精确的路径来获得更高的部件质量。为实现真正的离线编程，RobotStudio 采用了 ABB VirtualRobot 技术。ABB 在十多年前就已经发明了 VirtualRobot 技术。RobotStudio 是市场上离线编程的领先产品。通过新的编程方法，ABB 正在世界范围内建立机器人编程标准。

在 RobotStudio 中可以实现以下主要功能：

(1)**CAD 导入**。RobotStudio 可轻易地以各种主要的 CAD 格式导入数据，包括 IGES、STEP、VRML、VDAFS、ACIS 和 CATIA。通过使用此类非常精确的 3D 模型数据，机器人程序设计员可以生成非常精确的机器人程序，从而提高产品质量。

(2)**自动路径生成**。这是 RobotStudio 最节省时间的功能之一。通过使用待加工部件的 CAD 模型，可在短短几分钟内自动生成跟踪曲线所需的机器人位置。如果人工执行此项任务，则可能需要数小时或数天。

(3)**自动分析伸展能力**。此便捷功能可让操作者灵活移动机器人或工件，直至所有位置均可达到。操作者可在短短几分钟内验证和优化工作单元布局。

(4)**碰撞检测**。在 RobotStudio 中，可以对机器人在运动过程中是否可能与周边设备发生碰撞进行验证与确认，以确保机器人离线编程得出的程序的可用性。

(5)**在线作业**。使用 RobotStudio 与真实的机器人进行连接通信，对机器人进行便捷的监控、程序修改、参数设定、文件传送及备份恢复的操作，使调试与维护工作更轻松。

(6)**模拟仿真**。根据设计，在 RobotStudio 中进行工业机器人工作站的动作模拟仿真以及周期节拍测量，为工程的实施提供真实的验证。

(7)**应用功能包**。针对不同的应用推出功能强大的工艺功能包，使机器人更好地与工艺应用有效融合。

(8)**二次开发**。提供功能强大的二次开发平台，使机器人应用实现更多的可能，满足机器人的科研需要。

任务 1-3　下载、安装工业机器人仿真软件 RobotStudio

【工作任务】

(1)学会下载 RobotStudio。

(2)学会 RobotStudio 的正确安装。

【实践操作】

一、下载 RobotStudio

下载 RobotStudio 的过程如图 1-1 和图 1-2 所示。

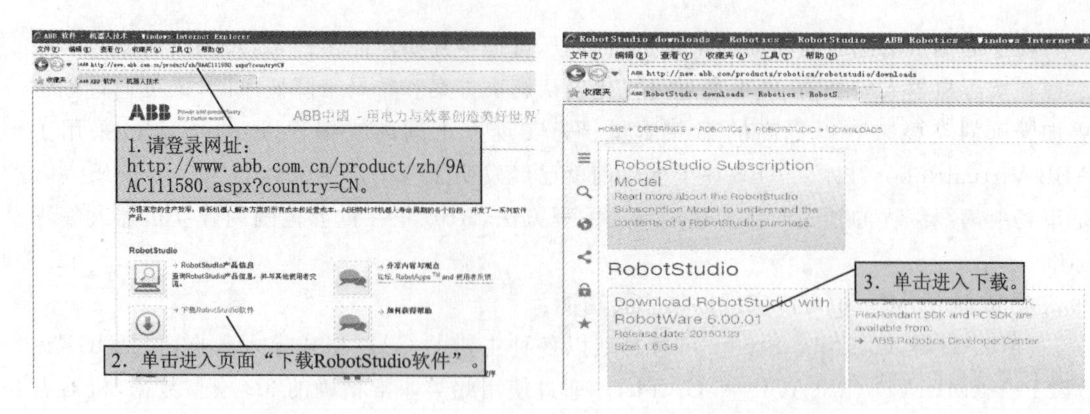

图 1-1　　　　图 1-2

二、安装 RobotStudio

安装 RobotStudio 的过程如图 1-3 所示。

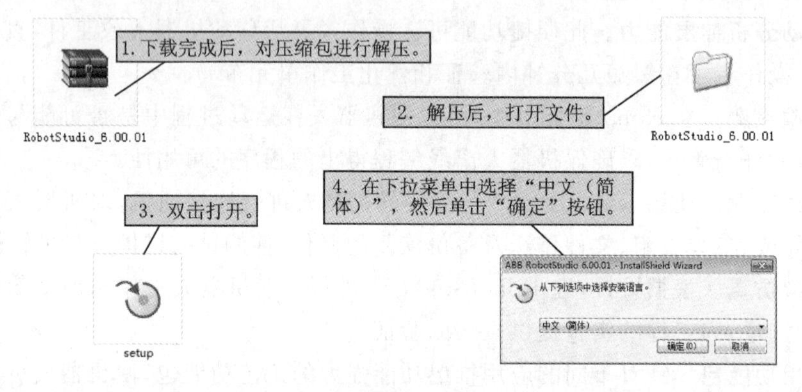

图 1-3

注：为后续学习模拟文件操作方便，建议使用默认安装路径。

从 www.robotpartner.cn/rs.html 也可以下载 RobotStudio_6.00.01。

任务 1-4　RobotStudio 软件的授权管理

【工作任务】

（1）了解 RobotStudio 软件授权的作用。

（2）掌握 RobotStudio 授权的操作。

【实践操作】

一、关于 RobotStudio 的授权

在第一次正确安装 RobotStudio 以后，如图 1-4 所示，软件提供 30 天的全功能高级版免费试用。30 天以后，如果还未进行授权操作的话，则只能使用基本版的功能。

基本版：提供基本的 RobotStudio 功能，如配置、编程和运行虚拟控制器；还可以通过以

太网对实际控制器进行编程、配置和监控等在线操作。

高级版：提供 RobotStudio 所有的离线编程功能和多机器人仿真功能。高级版中包含基本版中的所有功能。要使用高级版，需要进行激活。

针对学校，有学校版的 RobotStudio 软件用于教学。

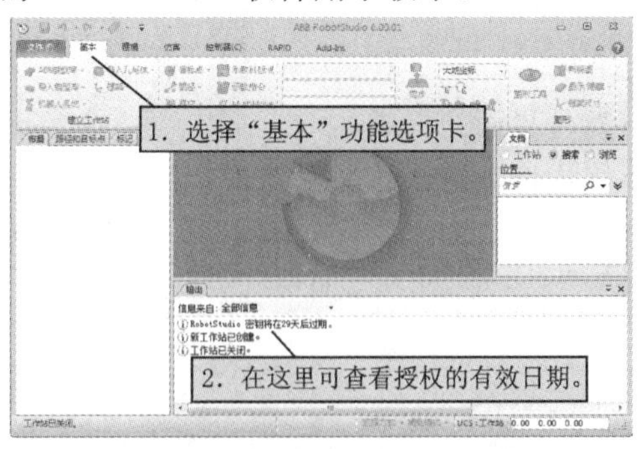

图 1-4

二、激活授权的操作

如果已经从 ABB 获得 RobotStudio 的授权许可证，可以通过以下方式激活 RobotStudio 软件。

单机许可证只能激活一台计算机的 RobotStudio 软件，而网络许可证可在一个局域网内建立一台网络许可证服务器，对局域网内的 RobotStudio 客户端进行授权许可。客户端的数量由网络许可证所允许的数量决定。在授权激活后，如果计算机系统出现问题并重新安装 RobotStudio，将会造成授权失效。

在激活之前，请将计算机连接上互联网，因为 RobotStudio 可以通过互联网进行激活，这样操作会便捷很多。激活 RobotStudio 的步骤如图 1-5～图 1-7 所示。

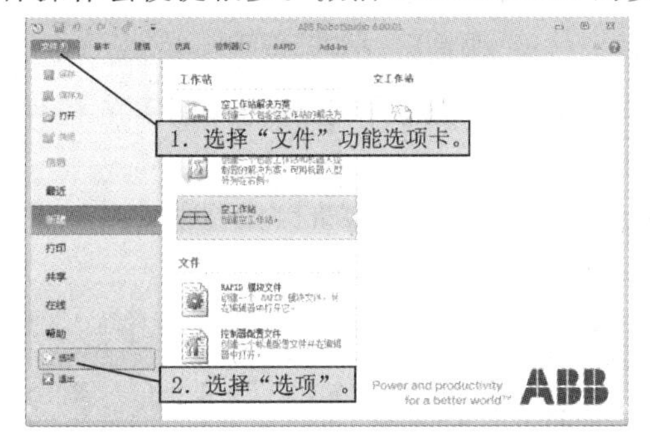

图 1-5

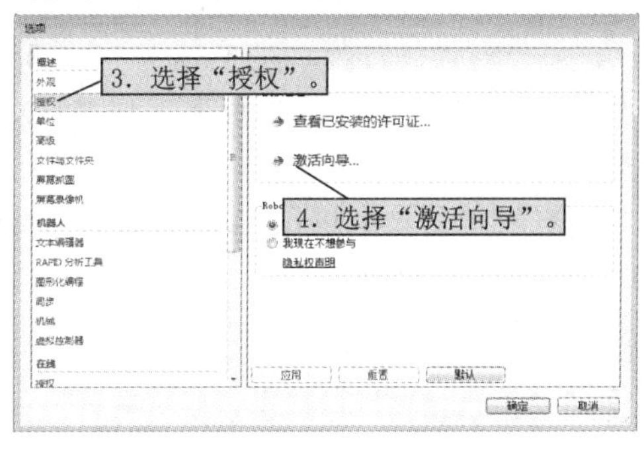

图 1-6

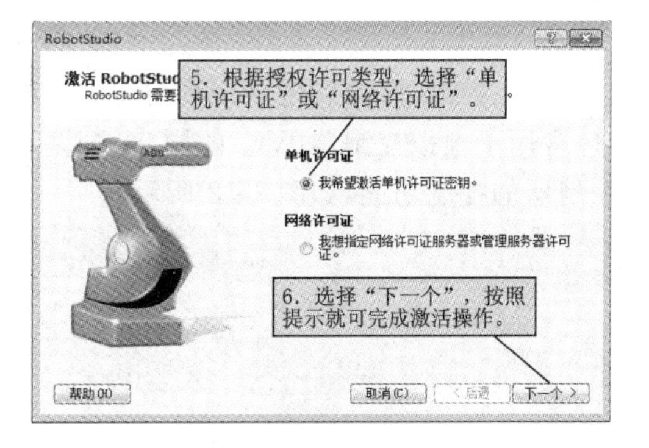

图 1-7

任务1-5 RobotStudio 软件界面介绍

【工作任务】

(1)了解 RobotStudio 软件界面的构成。

(2)掌握 RobotStudio 界面恢复默认的操作方法。

【实践操作】

一、功能选项卡

"文件"功能选项卡包含创建新工作站、创建新机器人系统、连接到控制器、将工作站另存为查看器的选项和 RobotStudio 选项,如图 1-8 所示。

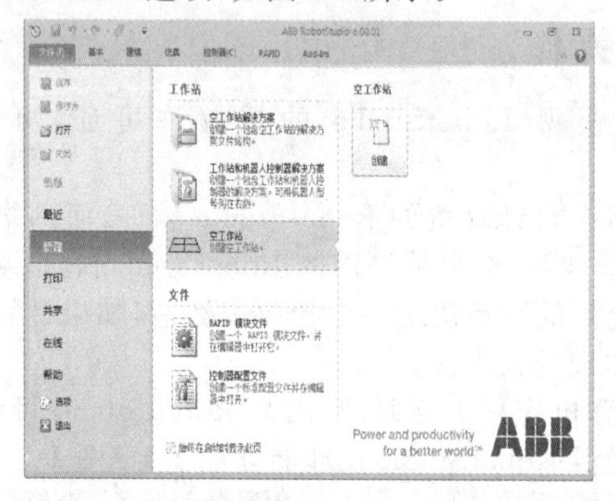

图 1-8

"基本"功能选项卡包含搭建工作站、创建系统、编程路径和摆放物体所需的控件,如图 1-9 所示。

"建模"功能选项卡包含创建和分组工作站组件、创建实体、测量以及其他 CAD 操作所需的控件,如图 1-10 所示。

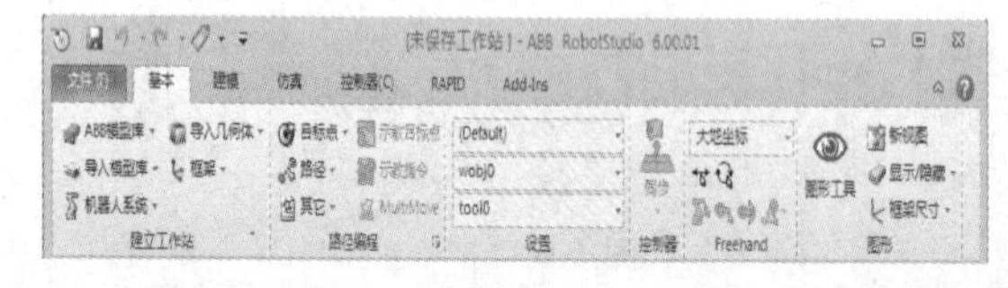

图 1-9

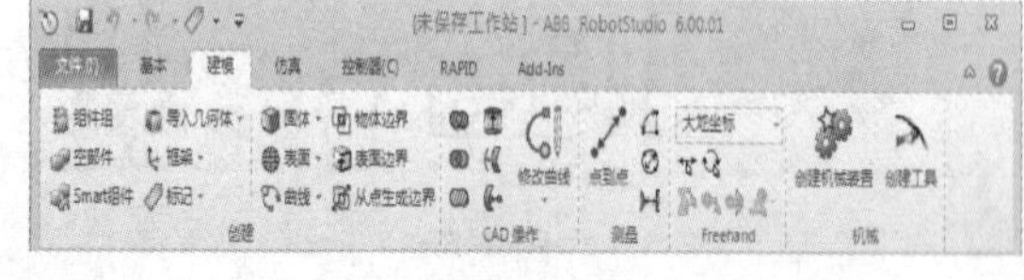

图 1-10

"仿真"功能选项卡包含创建、控制、监控和记录仿真所需的控件,如图 1-11 所示。

"控制器"功能选项卡包含用于虚拟控制器(VC)的同步、配置和分配给它的任务控制措施,还包含用于管理真实控制器的控制功能,如图 1-12 所示。

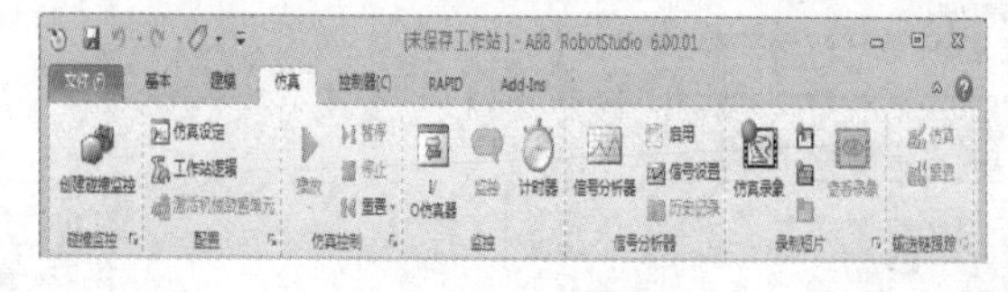

图 1-11

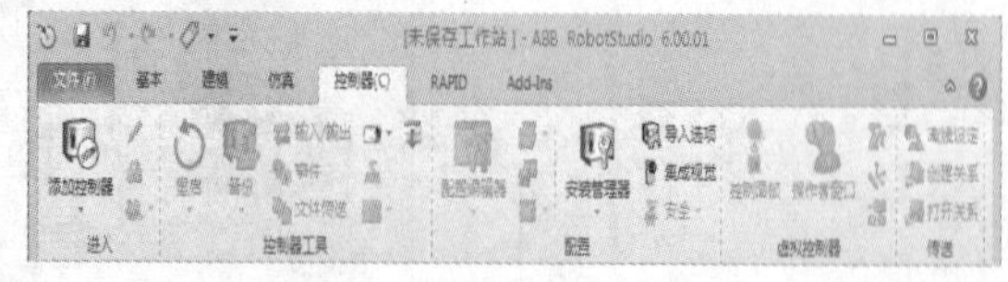

图 1-12

“RAPID”功能选项卡包括 RAPID 编辑器的功能、RAPID 文件的管理以及用于 RAPID 编程的其他控件，如图 1-13 所示。

“Add－Ins”功能选项卡包含 PowerPacs 和 VSTA 的相关控件，如图 1-14 所示。

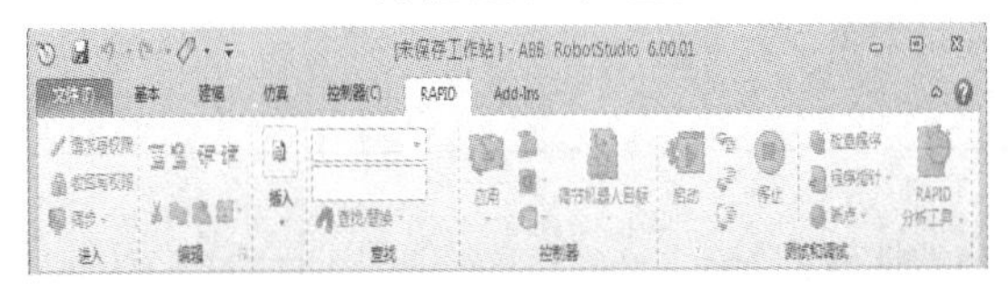

图 1-13

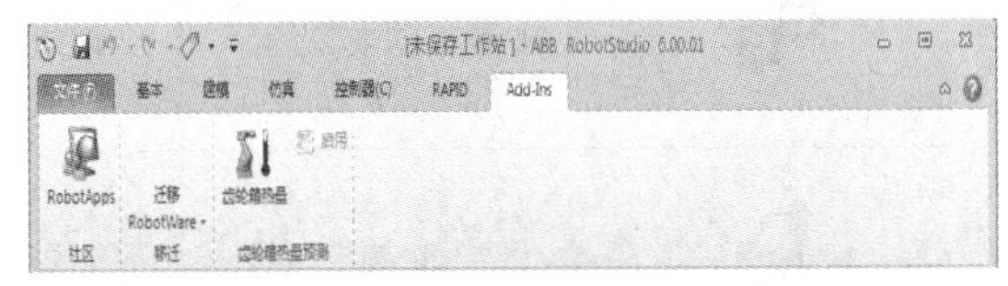

图 1-14

二、布局浏览器

布局浏览器中分层显示工作站中的项目，如机器人和工具等，如表 1-3 所示。

表 1-3　布局浏览器

图　　标	节　　点	描　　述
	Robot	工作站中的机器人
	工具	工具
	链接集合	包含对象的所有链接
	链接	关节连接中的实际对象，每一个链接由一个或多个部件组成
	框架	包含对象的所有横框架
	组件组	部件或其他组装件的分组，每组都有各自的坐标系，它用来构建工作站
	部件	RobotStudio 中的实际对象，包含几何信息的部件由一个或多个 2D 或 3D 实体组成，不包含几何信息的部件（例如导入的.jt 文件）为空
	碰撞集	包含所有的碰撞集，每个碰撞集包含两组对象
	对象组	包含接受碰撞检测的对象的参考信息

续表

图　标	节　点	描　述
	碰撞集机械装置	碰撞集中的对象
	框架	工作站内的框架

三、路径和目标点浏览器

路径和目标点浏览器分层显示了非实体的各个项目，如表 1-4 所示。

表 1-4　路径和目标点浏览器

图　标	节　点	描　述
	工作站	RobotStudio 中的工作站
	虚拟控制器	用来控制机器人的系统，例如真实的 IRC5 控制器
	任务	包含工作站内的所有逻辑元素，例如目标、路径、工作对象、工具数据和指令
	工具数据集合	包含所有工具数据
	工具数据	用于机器人或任务的工具数据
	工件坐标与目标点	包含用于任务或机器人的所有工件坐标和目标点
	接点目标集合与接点目标	机器人轴的指定位置
	工件坐标集合和工件坐标	工件坐标集合节点和该节点中包含的工件坐标
	目标点	定义的机器人位置和旋转，目标点相当于 RAPID 程序中的 RobTarget

续表

图　标	节　点	描　述
	不带指定配置的目标点	尚未指定轴配置的目标点，例如，重新定位的目标点或通过微动控制之外的方式创建的新目标点
	不带已找到配置的目标点	无法伸展到的目标点，即尚未找到该目标点的轴配置
	路径集合	包含工作站内的所有路径
	路径	包含机器人的移动指令
	线性移动指令	到目标点的线性 TCP 运动，如果尚未指定目标的有效配置，移动指令就会得到与目标点相同的警告符号
	关节移动指令	目标点的关节动作，如果尚未指定目标的有效配置，移动指令就会得到与目标点相同的警告符号
	动作指令	定义机器人的动作，并在路径中的指定位置执行

四、建模浏览器

建模浏览器显示所有可编辑对象及其构成部件，如表 1-5 所示。

表 1-5　建模浏览器

图　标	节　点	描　述
	Part(部件)	与 Layout(布局)浏览器中的对象对应的几何物体
	Body(物体)	包含各种部件的几何构成块，3D 物体包含多个表面，2D 物体包含一个表面，而曲线物体不包含表面
	Face(表面)	物体的表面

五、文件浏览器

通过 RAPID 功能选项卡中的文件浏览器，可以管理 RAPID 文件和系统备份。使用文件浏览器(见表 1-6),可以访问未驻留在控制器内存中的独立 RAPID 模块和系统参数文件,并进行编辑。

表 1-6 文件浏览器

图 标	节 点	描 述
	文件	管理 RAPID 文件
	备份	管理系统备份

六、加载项浏览器

加载项浏览器在相应节点下显示可能已安装的 PowerPac、常规插件,如表 1-7 所示。

表 1-7 加载项浏览器

图 标	节 点	描 述
	加载项	表示加载到系统中的可用加载项
	被禁用的加载项	表示被禁用的加载项
	未加载的加载项	表示从系统中卸载的加载项

七、控制器浏览器

控制器浏览器用分层方式显示控制器和配置元素,如表 1-8 所示。

表 1-8 控制器浏览器

图 标	节 点	描 述
	控制器	包含连接至当前机器人监控窗口(RobotView)的控制器
	已连接控制器	表示已经连接至当前网络的控制器

续表

图　标	节　点	描　述
	正在连接的控制器	表示一个正在连接的控制器
	已断开的控制器	表示断开连接的控制器，该控制器可能被关闭或从当前网络断开
	拒绝登录	表示用户无法登录的控制器，无法访问的原因可能是：用户缺少必要的访问条件，太多客户端连接至当前控制器，在控制器上运行的系统的 RobotWare 版本比 RobotWare 的版本新
	配置	包含配置主题
	主题	每个节点表示一个主题：连接、Controller、I/O、人机连接、动作
	事件日志	通过事件日志，可以查看或保存控制器事件信息
	I/O 系统	表示控制器 I/O 系统，I/O 系统由工业网络和设备组成
	工业网络	工业网络是一个或多个设备的连接介质
	设备	设备指拥有端口的电路板、面板或任何其他设备，可以用来发送 I/O 信号
	RAPID 任务	包括控制器上活动状态的任务(程序)
	任务	任务即为机器人程序，可以单独执行，也可以和其他程序一起执行，程序由一组模块组成

续表

图　标	节　点	描　述
	程序模块	程序模块包含一组针对特定任务的数据声明和例行程序，程序模块包含特定于当前程序的数据
	系统模块	系统模块包含一组类型定义、数据声明和例行程序，系统模块包含不论加载的程序模块为何都适于用机器人系统的数据
	Nostepin 模块	在逐步执行时不能进入的模块，在程序逐步执行时，该模块中的所有指令被视作一条指令
	只查看和只读程序模块	只查看和只读程序模块的图标
	只查看和只读系统模块	只查看和只读系统模块的图标
	操作步骤	不返回值的例行程序，过程用作子程序
	功能	返回特定类型值的例行程序
	陷阱	对中断做出反应的例行程序

任务 1－6　学习前需具备的基本知识

RobotStudio 是一个 PC 应用程序，用于对机器人单元进行建模、离线编程和仿真。学习前，需具备以下基本知识：

(1)ABB 工业机器人基础编程；

(2)Windows 系统的一般操作；

(3)会使用任意一款 3D 建模软件。

【学习检测】

自我学习检测评分表

项目	技术要求	分值	评分细则	评分记录	备注
了解什么是工业机器人仿真应用技术	(1)工业机器人仿真技术的含义。 (2)工业机器人仿真技术的主要功能。 (3)当前机器人应用技术常见的仿真软件	20分	(1)熟悉概念； (2)理解特点； (3)了解作用		
学会如何安装 RobotStudio	(1)知道从哪里下载 RobotStudio 软件。 (2)能正确安装 RobotStudio，并能排除安装过程中的问题	20分	(1)能找到软件资源； (2)操作流程正确		
学会关于 RobotStudio 软件的授权操作方法	(1)理解基本版与高级版的区别。 (2)获取授权和安装授权的操作方法	20分	(1)理解流程； (2)操作流程正确		
认识和操作 RobotStudio 软件的操作界面	(1)学会操作 RobotStudio 软件界面。 (2)熟悉每个功能选项卡包含的项目。 (3)知道如何恢复软件默认布局	20分	(1)理解流程； (2)操作流程正确		
安全操作	符合上机实训要求	20分			

【思考与练习】

1. 简要描述工业机器人仿真软件的功能。
2. 简述 RobotStudio 授权操作的步骤。
3. 对比“任务”“程序模块”“系统模块”定义的区别。
4. 简要描述仿真软件在工程应用中占据的角色。

【学习体会】

项目2

RobotStudio 仿真技术知识储备

教学目标

（1）学会建立工业机器人系统。

（2）掌握软件窗口的操作使用。

（3）学会建模及导入几何体、摆放工作站。

（4）掌握测量工具的使用。

（5）学会使用加载机器人的工具。

（6）掌握工业机器人的手动操作。

（7）学习如何创建机械装置。

（8）学习建立工业机器人坐标系。

（9）掌握创建机器人的运动轨迹程序。

（10）学习如何仿真运行机器人及录制视频。

（11）掌握模拟碰撞检测的设定。

（12）掌握从曲线生成路径的操作。

（13）掌握Smart组件的应用。

任务2-1 建立工业机器人系统

【工作任务】

(1)掌握使用系统生成器建立虚拟系统。

(2)掌握从布局创建虚拟系统。

(3)掌握从备份创建系统。

【实践操作】

一、使用系统生成器创建系统

RobotStudio 提供了在计算机上进行 ABB 机器人示教器操作练习的功能。示教器虚拟操作练习功能基于系统工作站,下面介绍如何在 RobotStudio 中通过系统生成器建立练习用的工作站。

(1)使用系统生成器创建工业机器人系统,如图 2-1~图 2-11 所示。

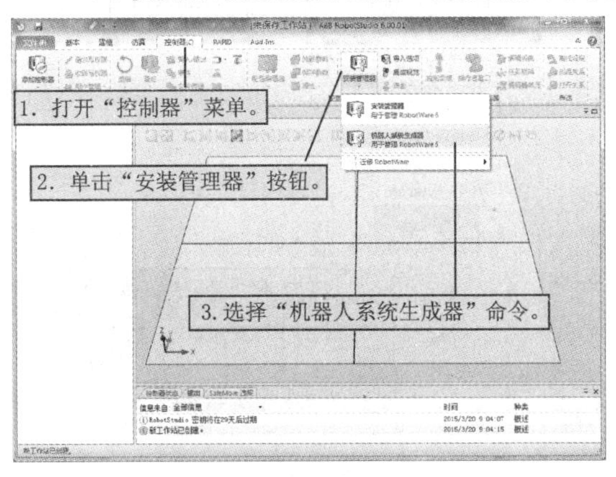

图 2-1

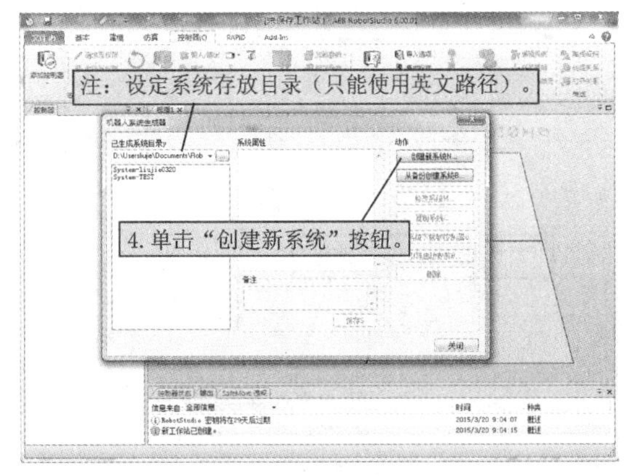

图 2-2

图 2-3

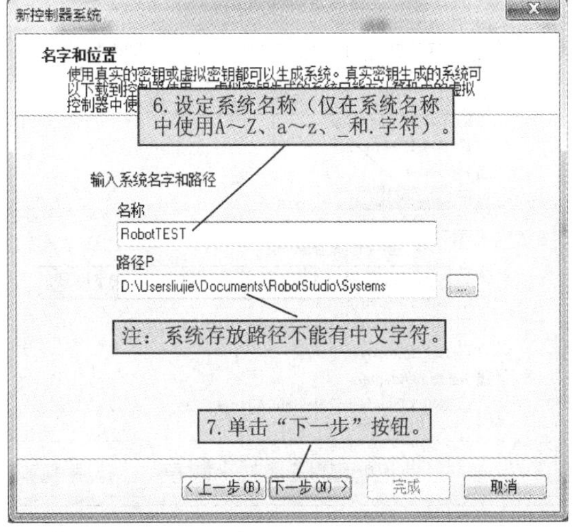

图 2-4

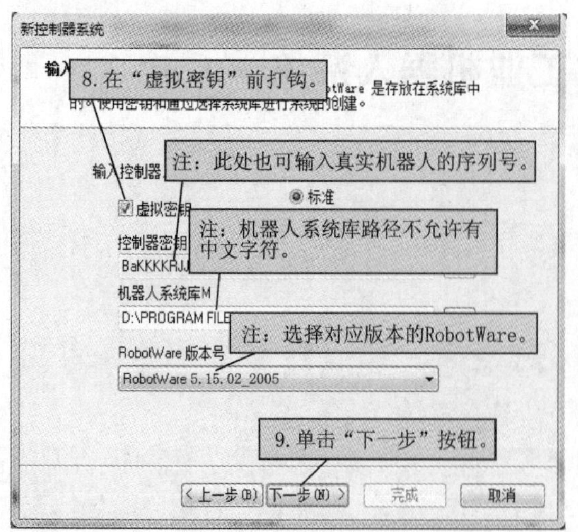

图 2-5

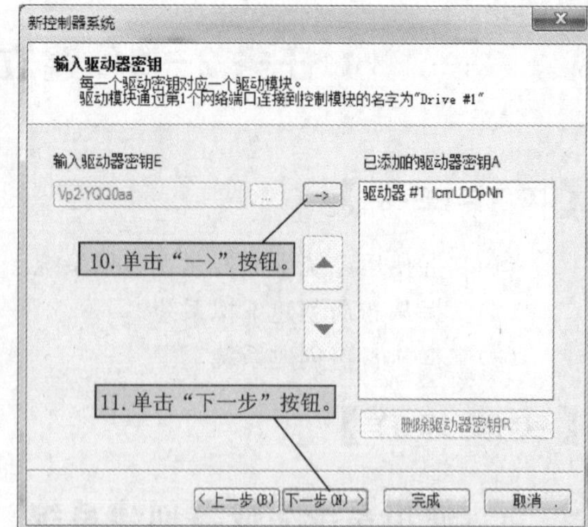

图 2-6

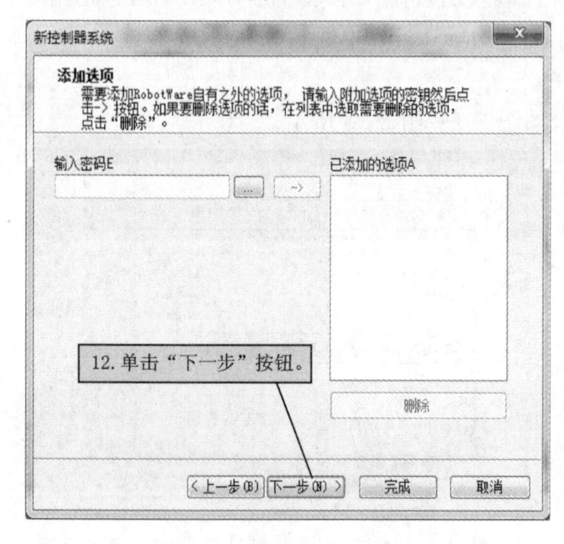

图 2-7

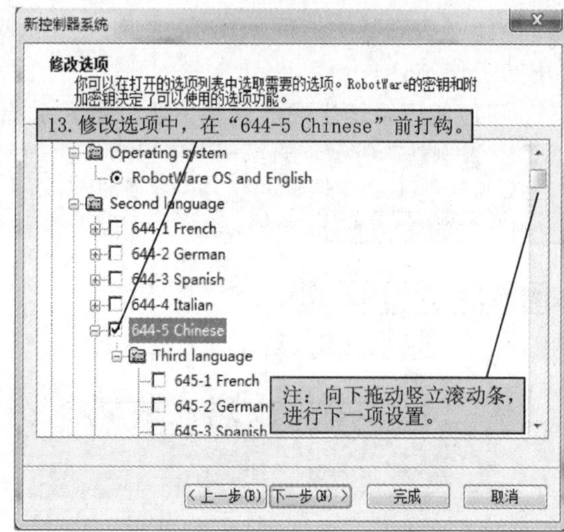

图 2-8

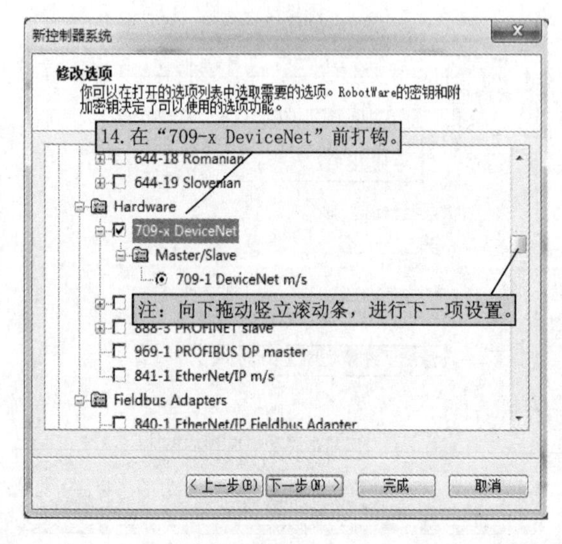

图 2-9

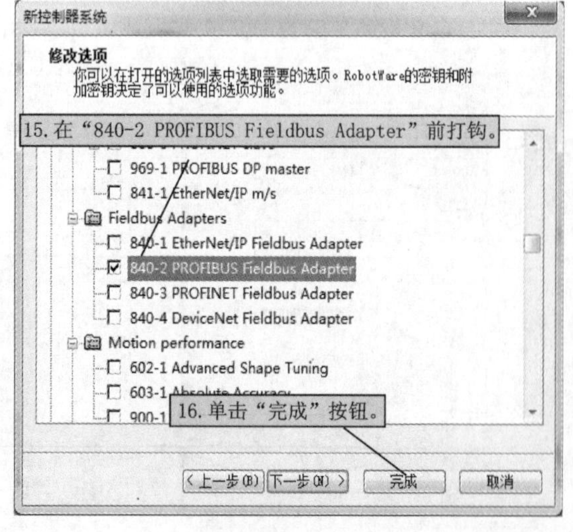

图 2-10

（2）打开系统生成器系统，如图 2-12～图 2-17 所示。

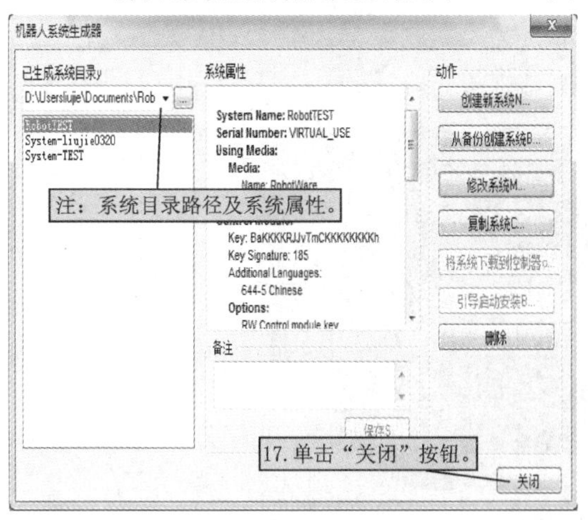

图 2-11

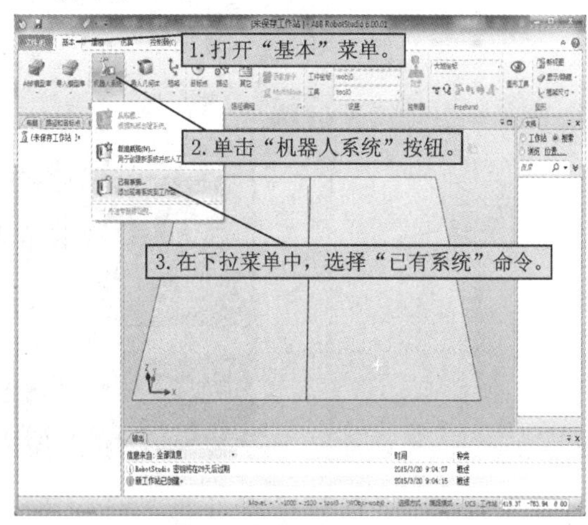

图 2-12

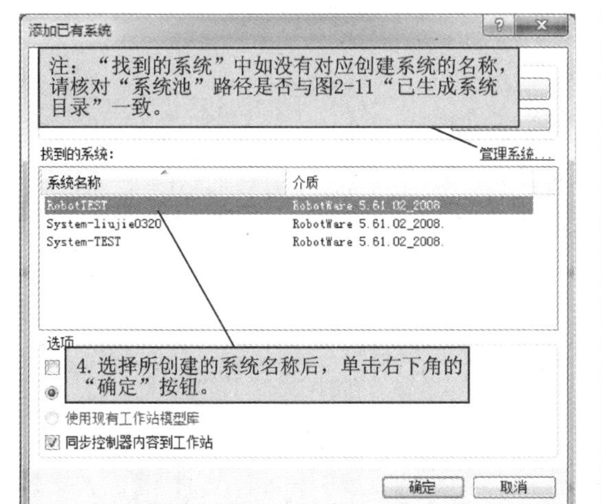

图 2-13

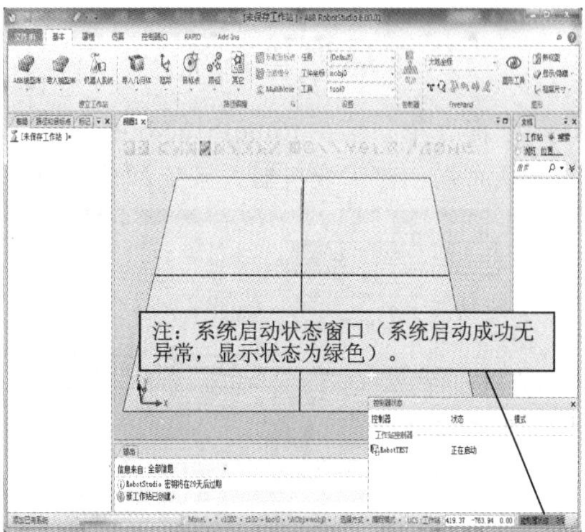

图 2-14

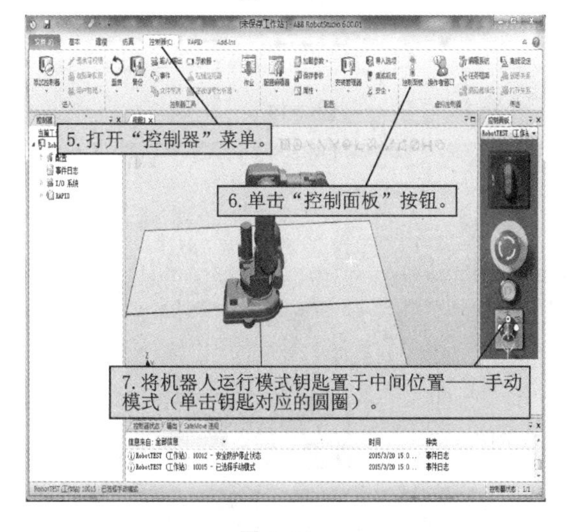

图 2-15

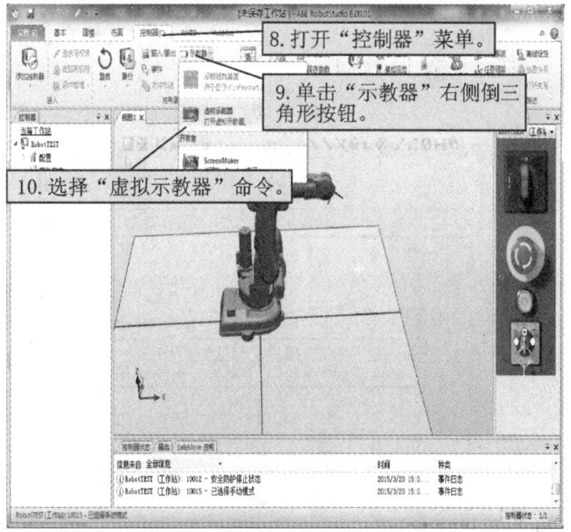

图 2-16

图 2-17

二、从布局创建系统

下面介绍如何在 RobotStudio 中从布局建立练习用的工作站。

从布局创建工业机器人系统，如图 2-18～图 2-33 所示。

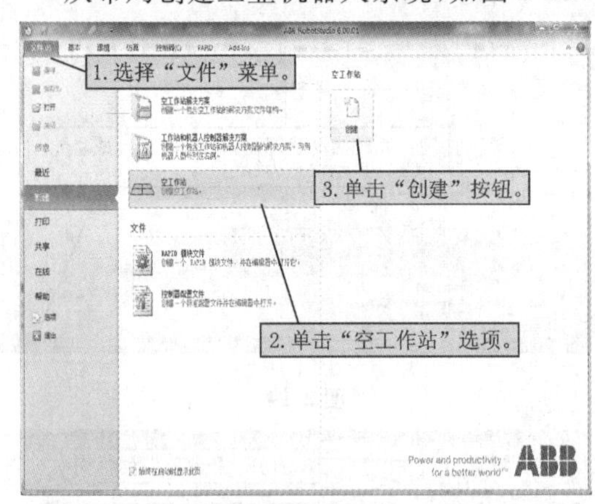

图 2-18

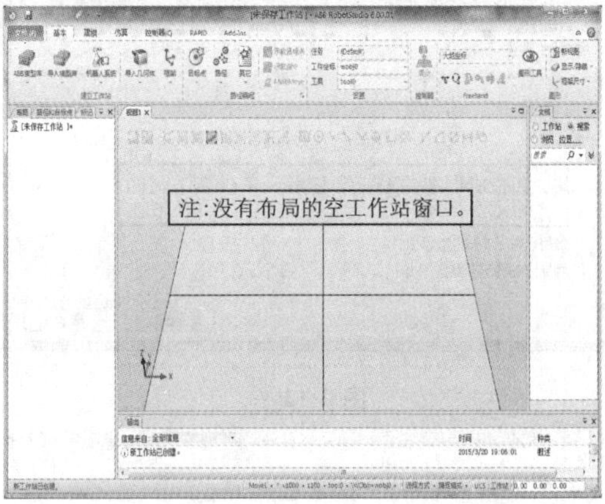

注：没有布局的空工作站窗口。

图 2-19

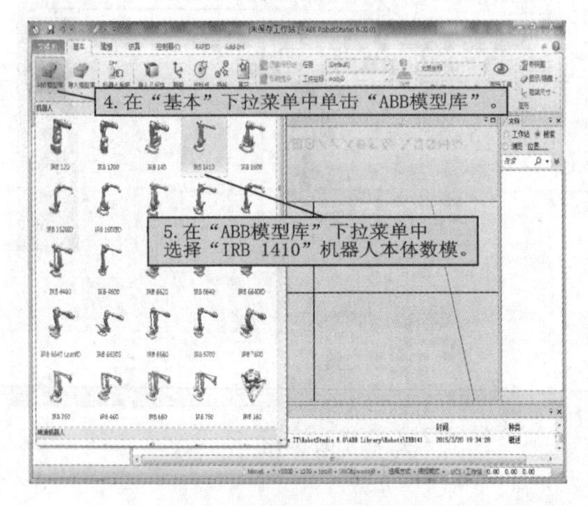

图 2-20

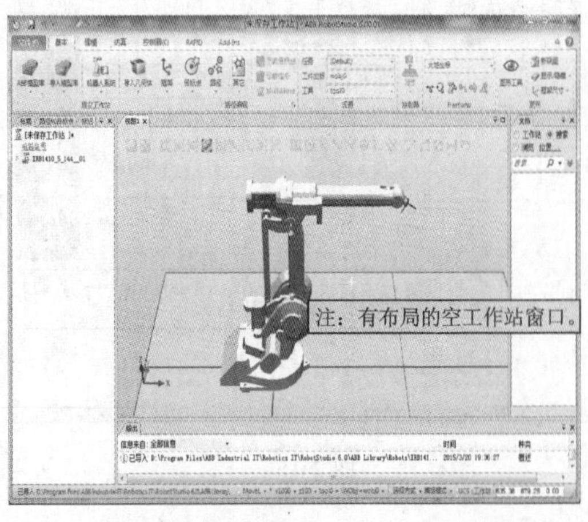

图 2-21

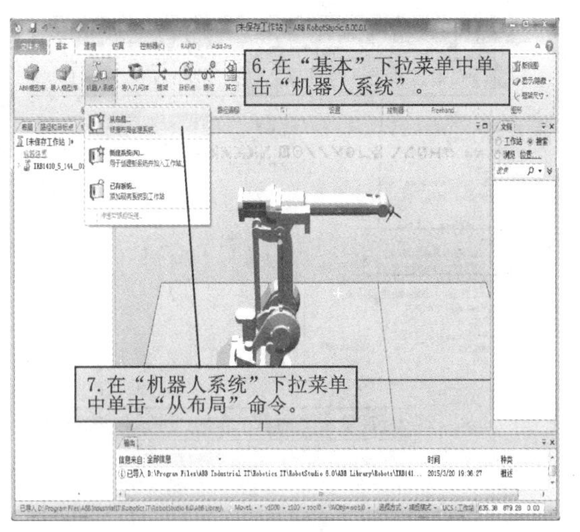

图 2-22

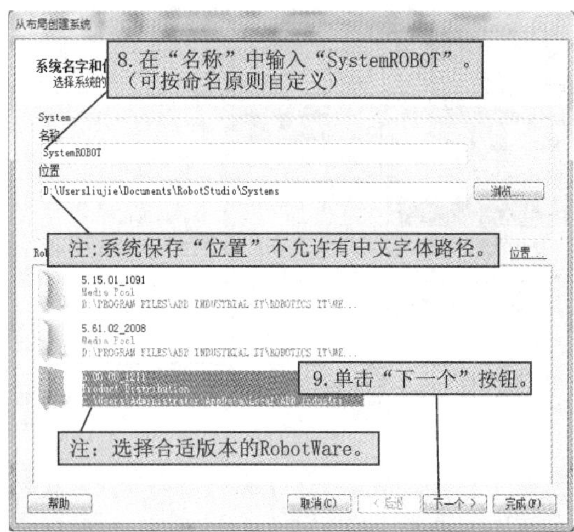

图 2-23

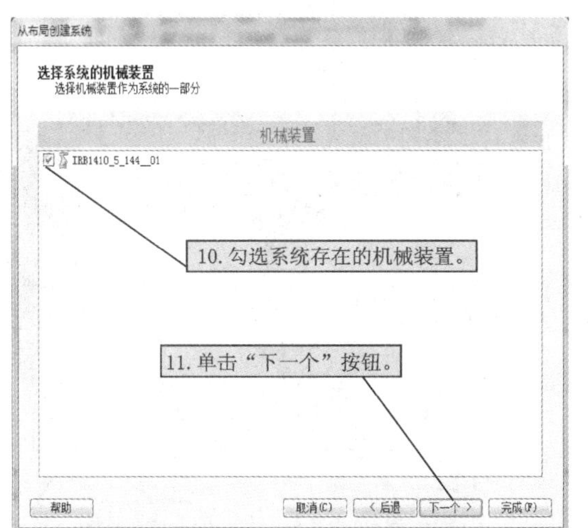

图 2-24

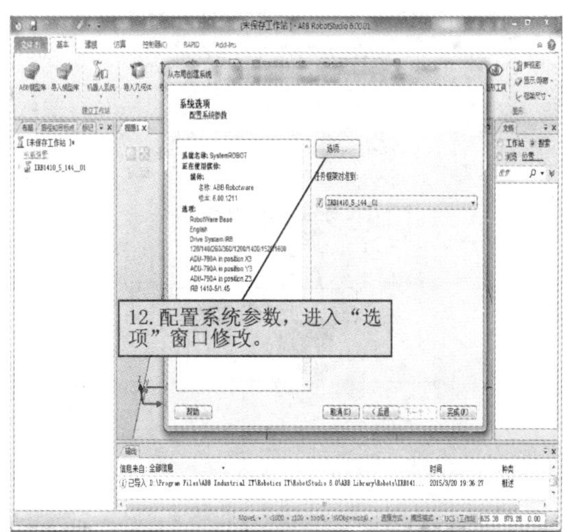

图 2-25

图 2-26

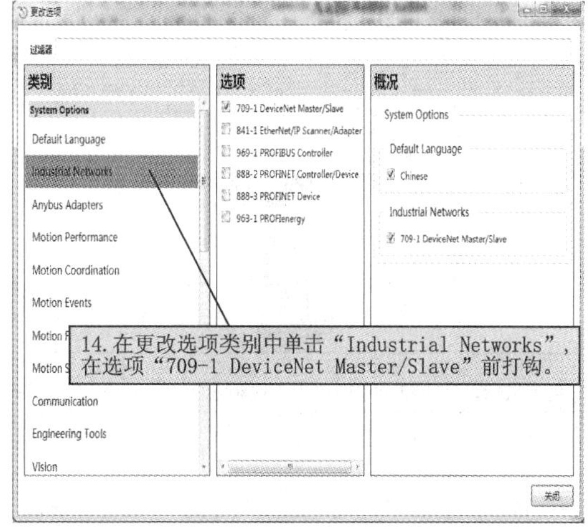

图 2-27

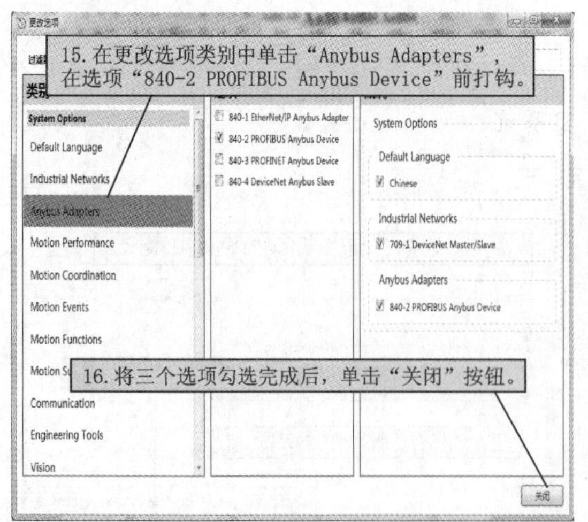

图 2-28

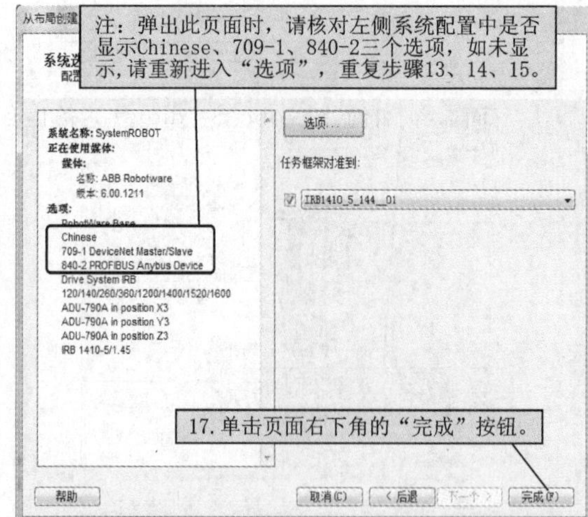

图 2-29

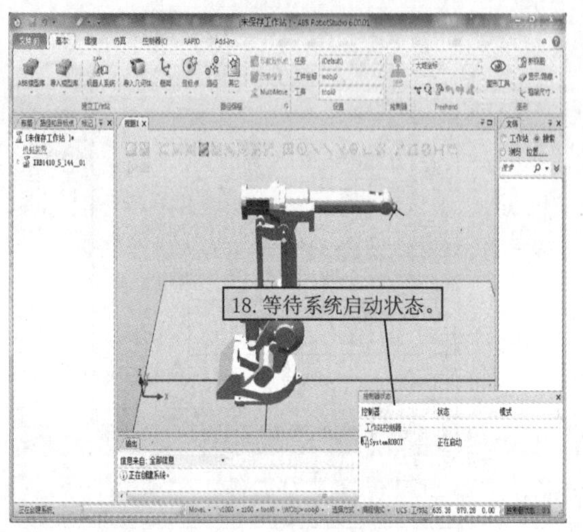

图 2-30

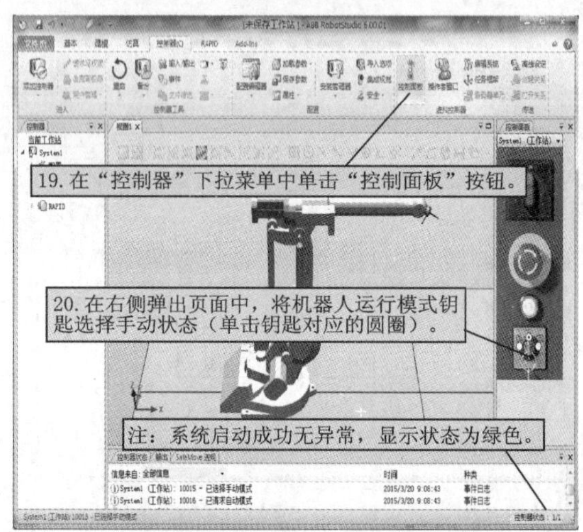

图 2-31

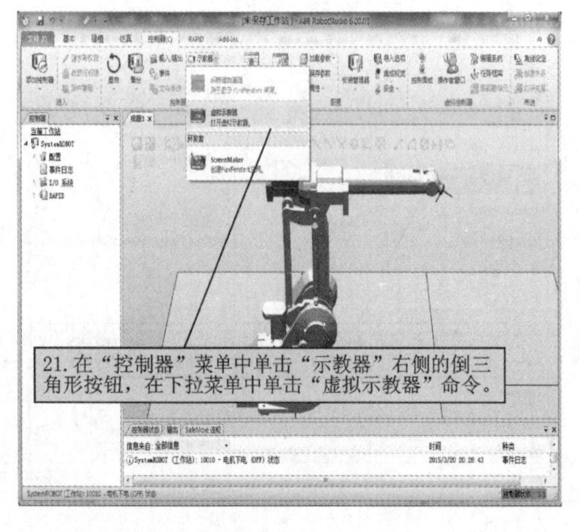

图 2-32

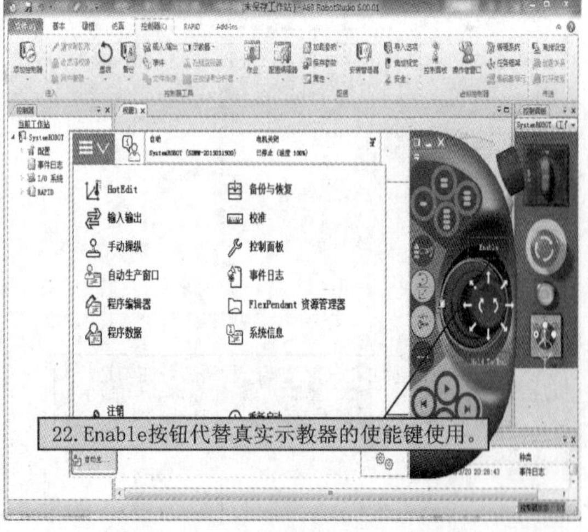

图 2-33

三、从备份创建系统

下面介绍如何在 RobotStudio 中从备份创建系统。

(1)备份文件的介绍,如图 2-34 所示。

(2)从备份创建工业机器人系统,如图 2-35～图 2-48 所示。

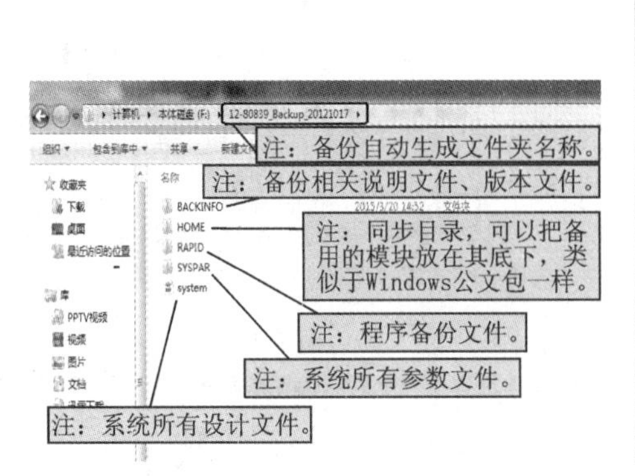

图 2-34

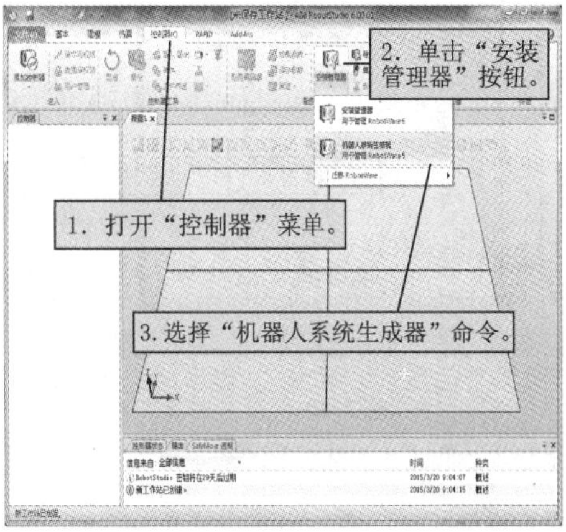

2．单击“安装管理器”按钮。
1．打开“控制器”菜单。
3. 选择“机器人系统生成器”命令。

图 2-35

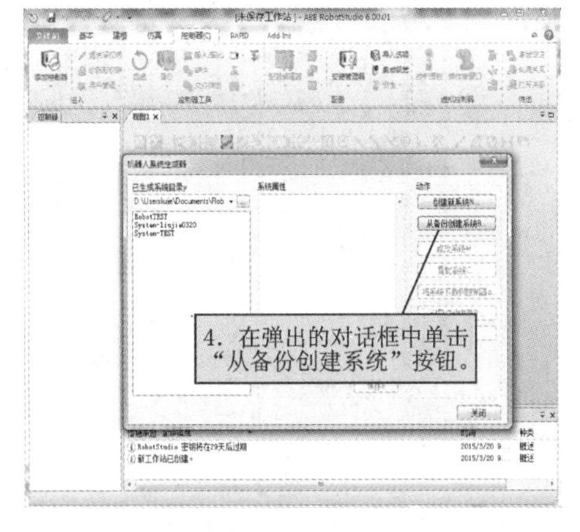

图 2-36

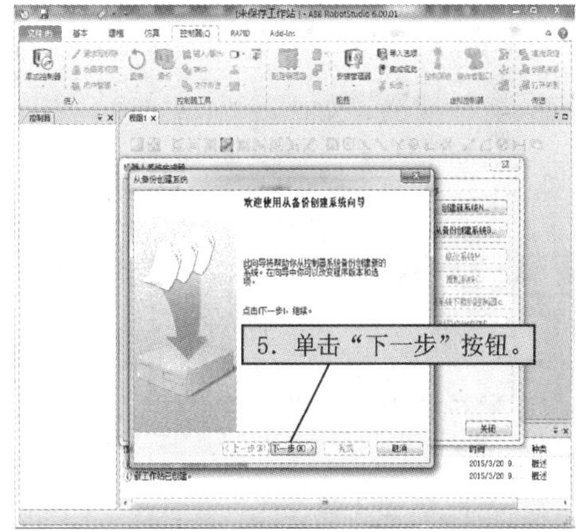

图 2-37

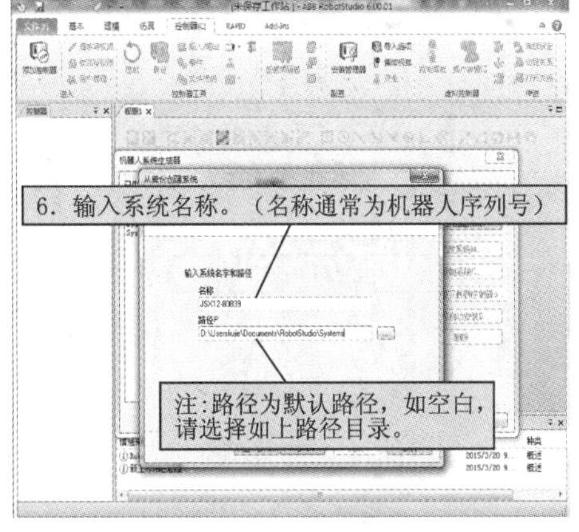

图 2-38

图 2-39

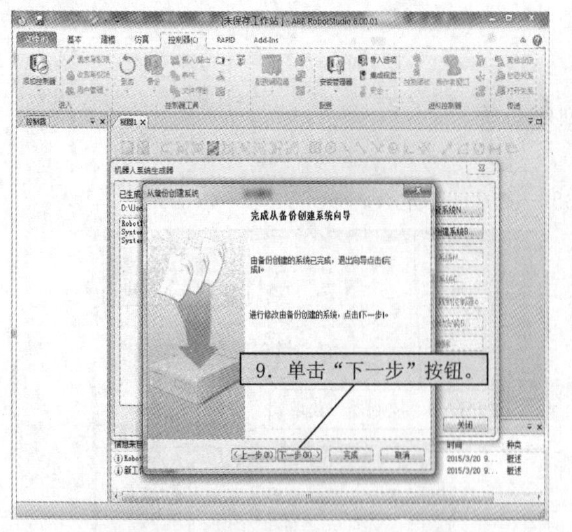

图 2-40

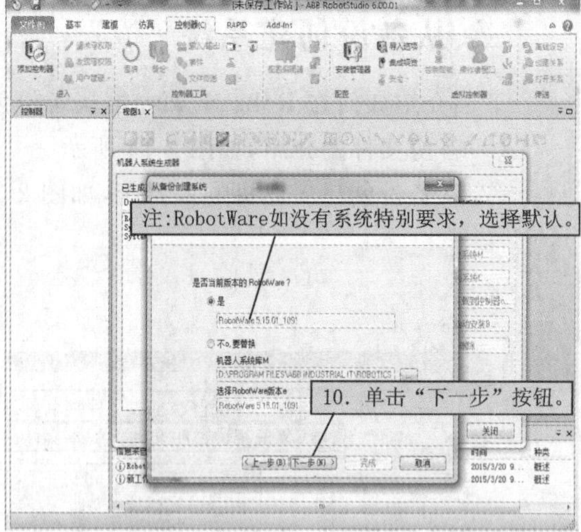

图 2-41

机器人系统生成器

从备份创建系统

添加/删除 驱动器密钥

每一个驱动密钥对应一个驱动模块。

驱动模块通过第1个网络端口连接到控制模块的名字为"Drive #1"

输入驱动器密钥E

已添加的驱动器密钥A

驱动器 #1 AvbDfEROU.po

删除驱动器密钥R

11. 单击“下一步”按钮。

<上一步(B) 下一步(N)> 完成 取消

关闭

图 2-42

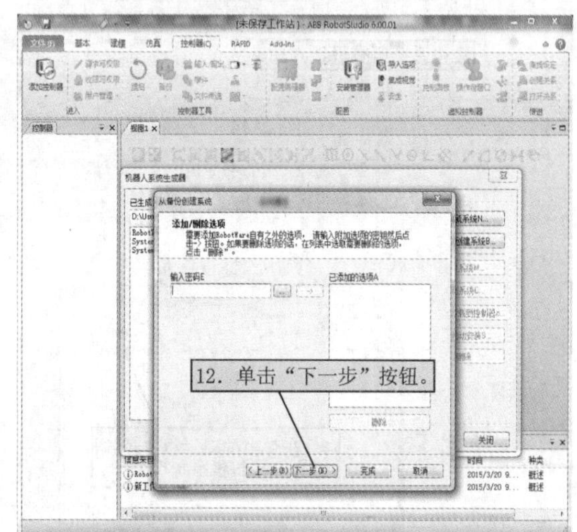

图 2-43

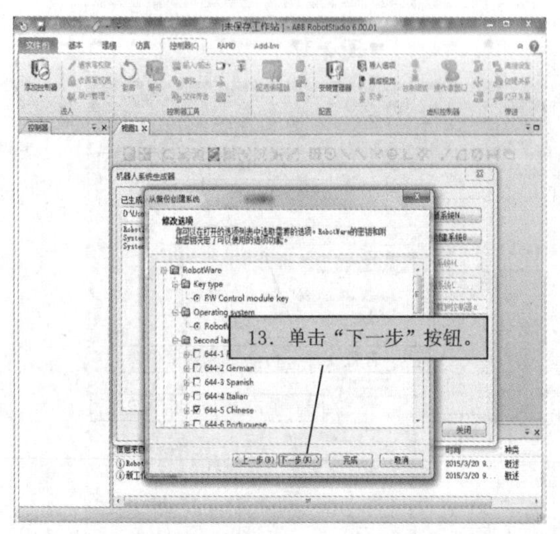

图 2-44

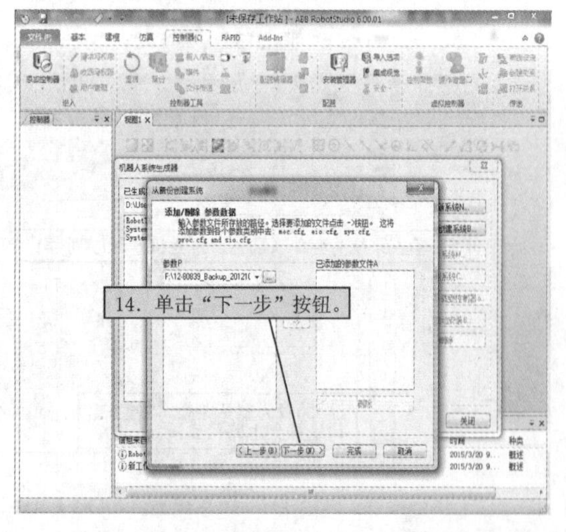

图 2-45

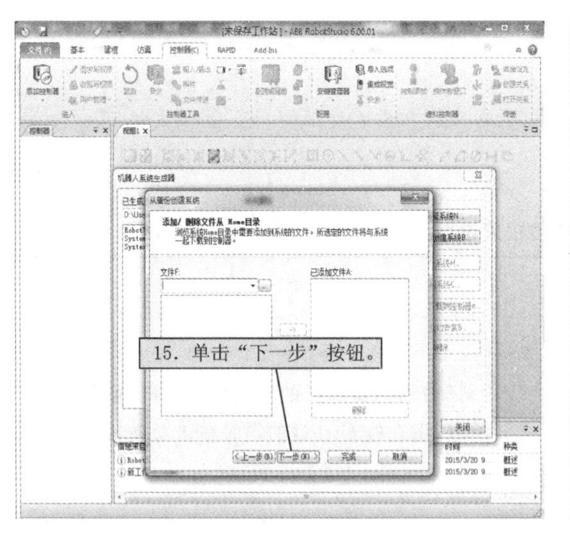

图 2-46

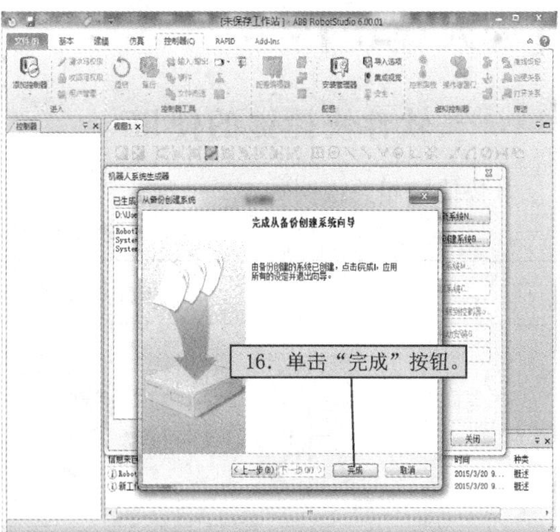

图 2-47

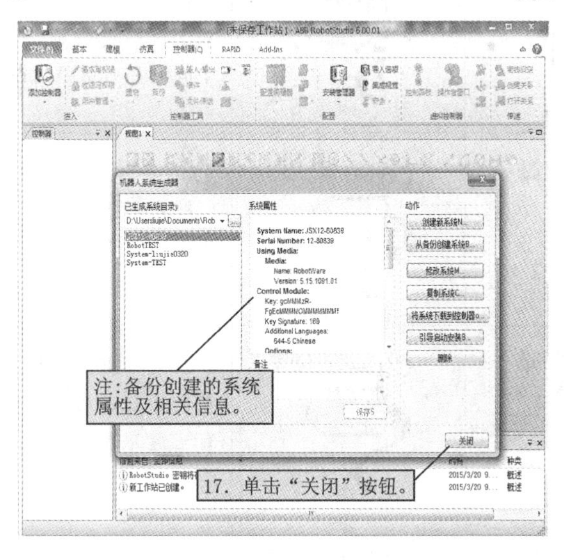

图 2-48

如需打开备份创建系统,请参考图 2-12～图 2-17 步骤操作。

任务 2-2　软件窗口操作介绍

【工作任务】

(1)掌握软件窗口快捷操作方式。

(2)掌握文件的保存与打包/解包。

(3)掌握恢复默认 RobotStudio 界面的操作。

(4)显示工业机器人的工作区域。

【实践操作】

一、软件快捷键的使用

快捷键相关说明如表 2-1 所示。

表 2-1　快捷键相关说明

序　号	用　于	使用键盘/鼠标组合	描　述
1	选择项目		只需单击要选择的项目即可。要选择多个项目，请在按 Ctrl 键的同时单击新项目
2	旋转工作站	Ctrl+Shift+	按 Ctrl＋Shift＋鼠标左键的同时，拖动鼠标对工作站进行旋转。有三键鼠标，可以使用中间键和右键替代键盘组合
3	平移工作站	Ctrl+	按 Ctrl 键和鼠标左键的同时，拖动鼠标对工作站进行平移
4	缩放工作站	Ctrl+	按 Ctrl 键和鼠标右键的同时，将鼠标拖至左侧可以缩小，将鼠标拖至右侧可以放大。有三键鼠标，还可以使用中间键替代键盘组合
5	使用窗口缩放	Shift+	按 Shift 键＋鼠标右键的同时，将鼠标拖过要放大的区域
6	使用窗口选择	Shift+	按 Shift 键＋鼠标左键的同时，将鼠标拖过该区域，以便选择与当前选择层级匹配的所有项目

二、文件保存与打包/解包

(1)文件保存的操作步骤如图 2-49 和图 2-50 所示。

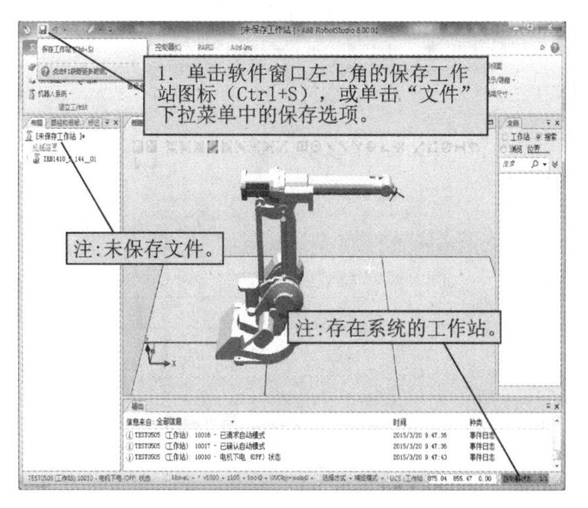

图 2-49

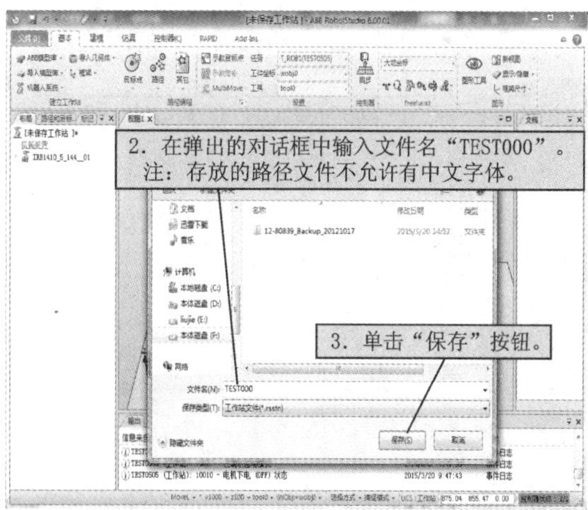

图 2-50

(2)文件打包的操作步骤如图 2-51～图 2-54 所示。

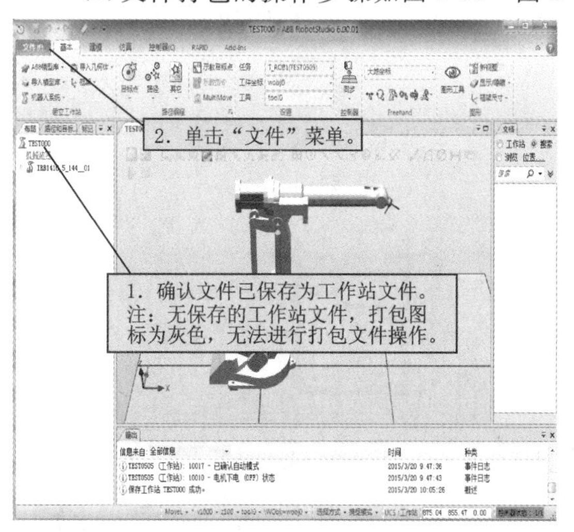

图 2-51

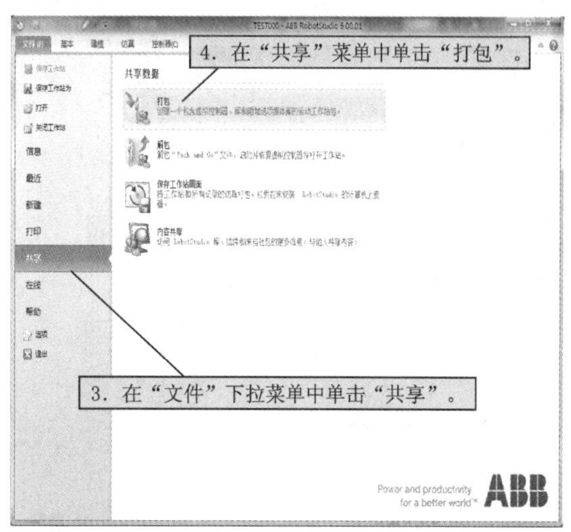

图 2-52

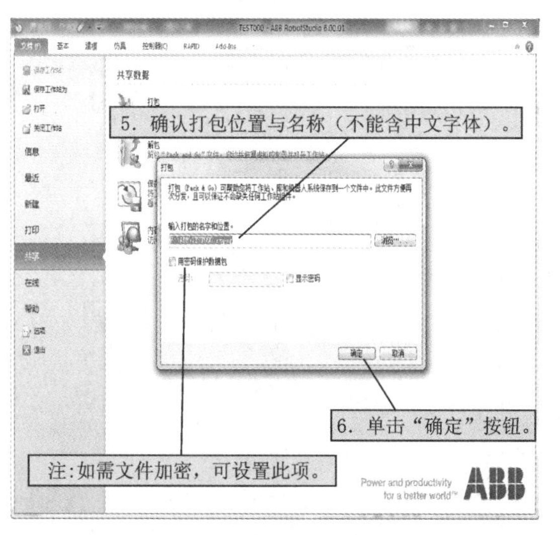

图 2-53

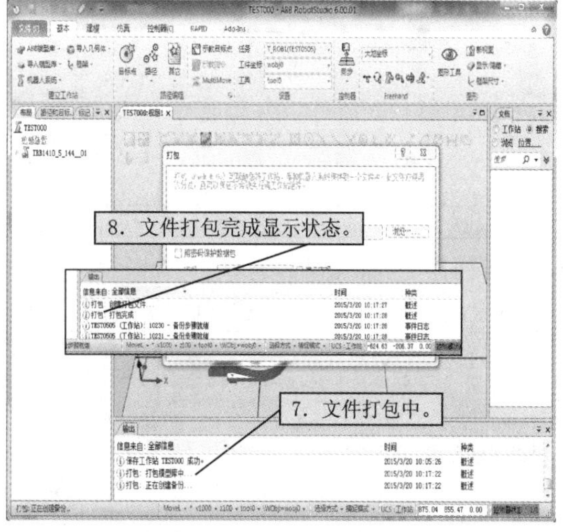

图 2-54

(3)文件解包的操作步骤如图 2-55～图 2-62 所示。

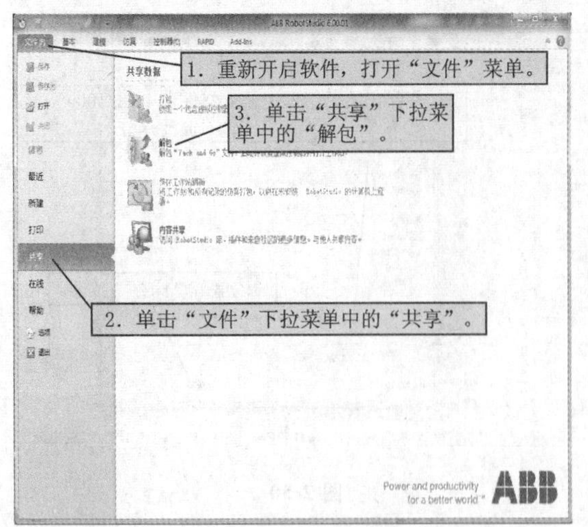

图 2-55

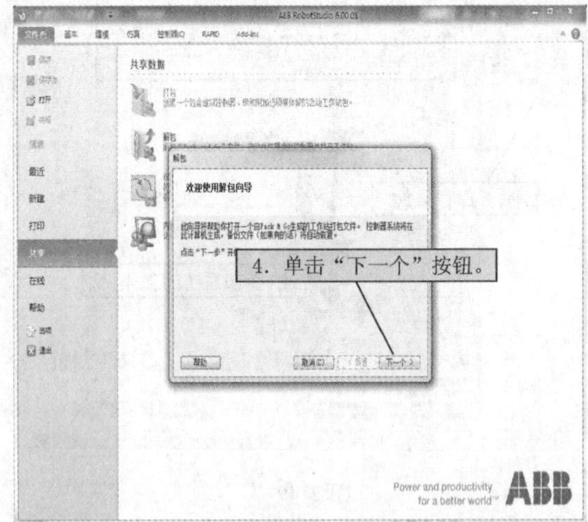

图 2-56

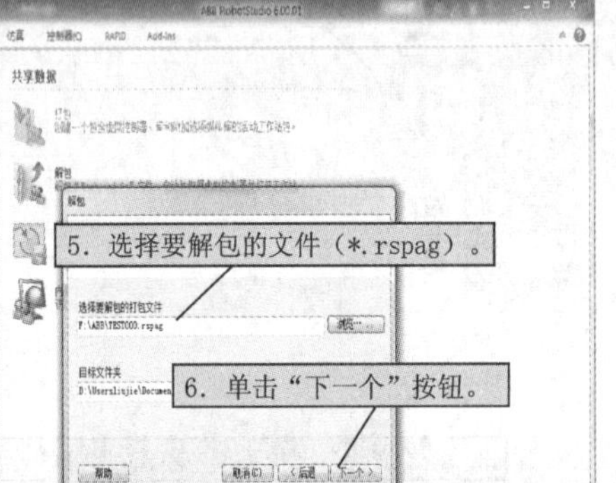

图 2-57

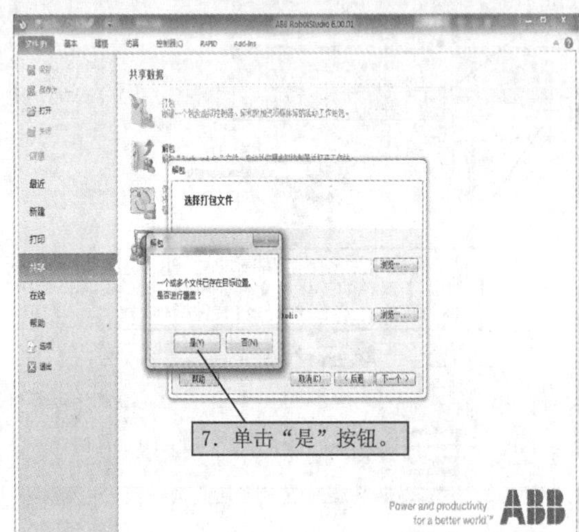

图 2-58

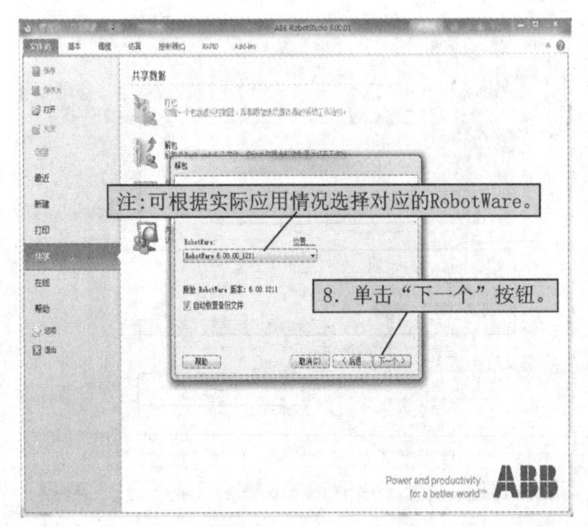

图 2-59

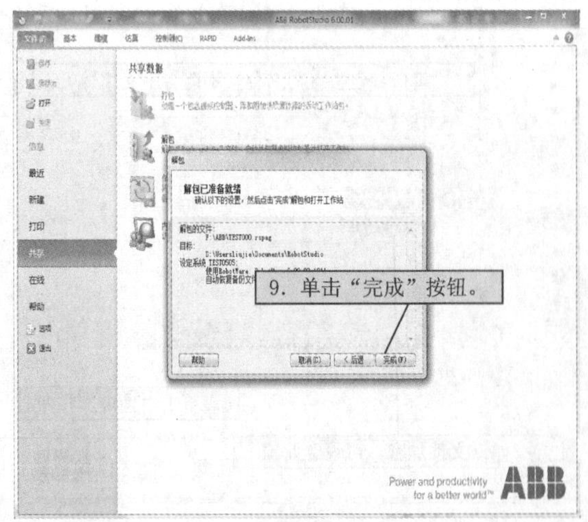

图 2-60

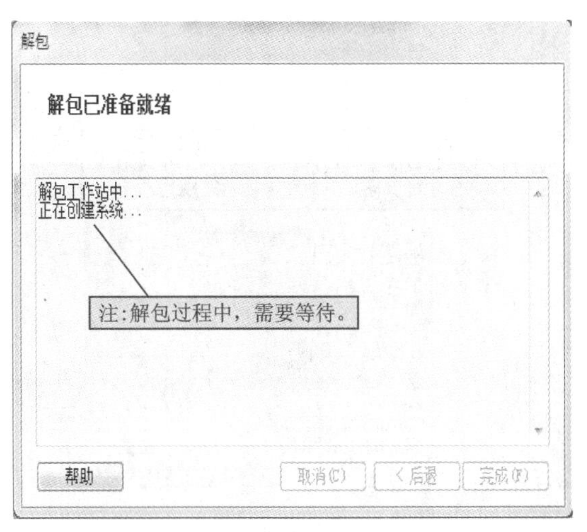

图 2-61

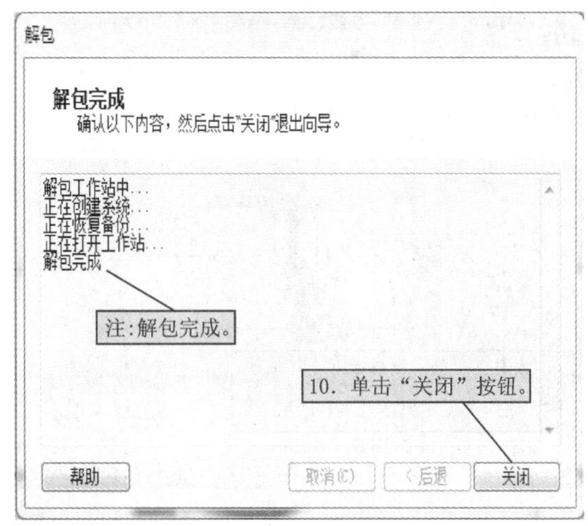

图 2-62

解包过程中会出现以下两个问题：

①如果解包文件包含库文件，而目标库的路径与解包文件库的路径设置不同，则解包会失败；

②解包文件不能生成在根目录下。

三、恢复默认 RobotStudio 界面的操作

刚开始操作 RobotStudio 时，常常会遇到操作窗口被意外关闭的情况，从而无法找到对应的操作对象，无法查看相关的信息。图 2-63 所示为误操作后的界面，恢复默认 RobotStudio 界面的操作步骤如图 2-64 所示。

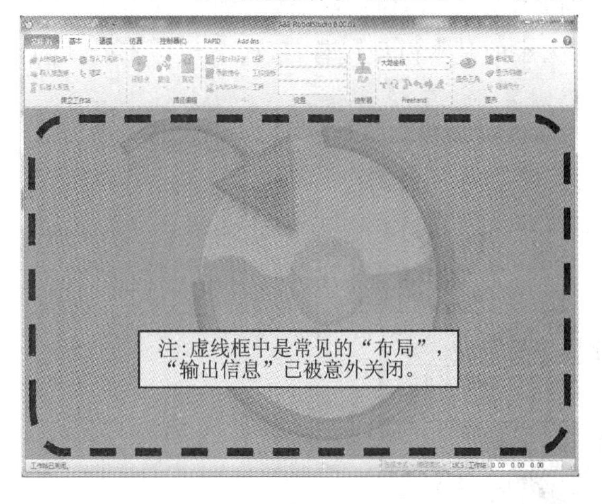

图 2-63

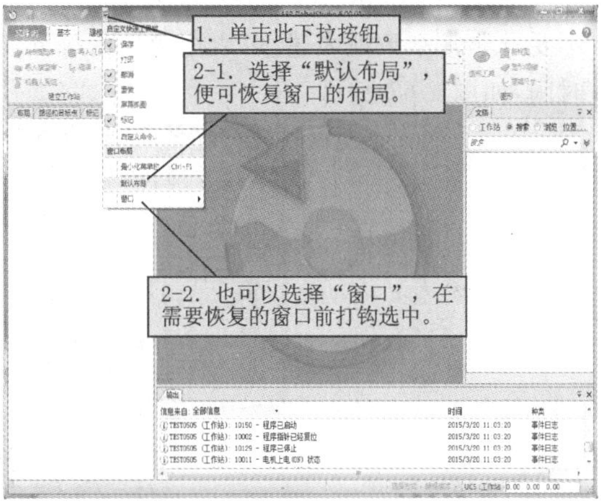

图 2-64

可进行图 2-64 所示的操作恢复默认 RobotStudio 界面。

四、显示工业机器人的工作区域

在布局系统工作站时，为了更科学准确地将相关周边设备放置在机器人工作范围内，需参考工业机器人的工作区域。显示工业机器人的工作区域的操作步骤如图 2-65 和图 2-66 所示。

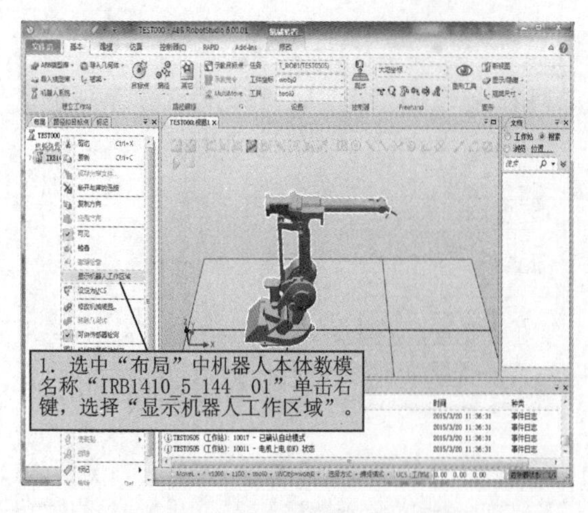

图 2-65

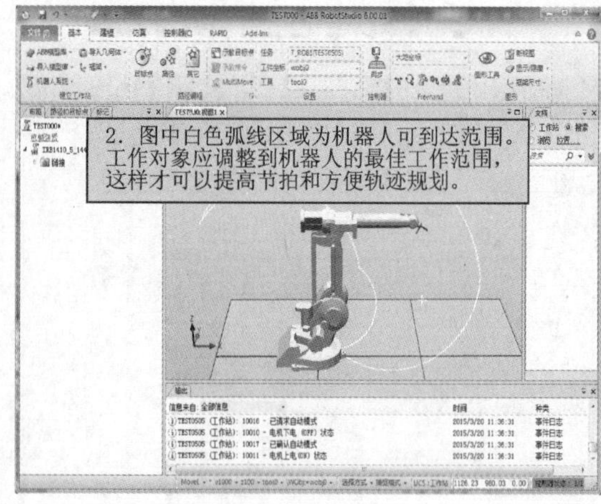

图 2-66

任务 2-3 建模及导入几何体、摆放工作站周边模型

【工作任务】

(1)使用 RobotStudio 建模功能进行 3D 模型的创建。

(2)对 3D 模型进行相关设置。

【实践操作】

当使用 RobotStudio 进行机器人的仿真验证时，如节拍、到达能力等，如果对周边模型不要求非常细致地表述，可以用简单的等同实际大小的基本模型代替，从而节约仿真验证的时间，如图 2-67 所示。

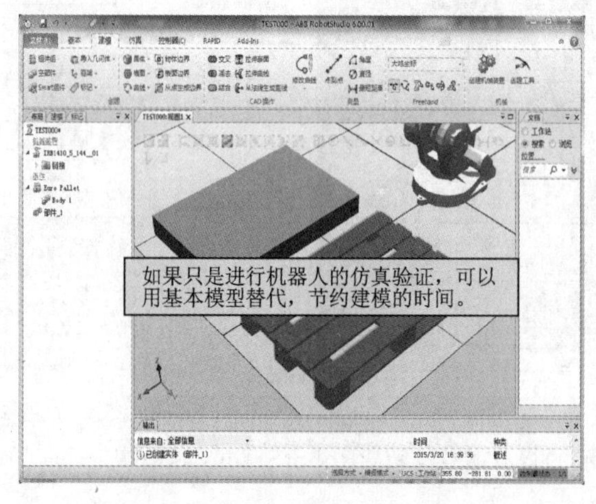

图 2-67

如果需要精细的 3D 模型，可以通过第三方的建模软件进行建模，并将 *.sat 格式文件导入 RobotStudio 中来完成建模布局的工作。

一、使用 RobotStudio 建模功能进行 3D 模型的创建

(1)建模(固体)功能说明如表 2-2 所示。

表 2-2 建模(固体)功能说明

序号	软件图标	示意图	说明
1	创建矩形体	C A B D	**参考**:选择要与所有位置或点关联的参考坐标系。 **角点**(A):单击这些框之一,然后在图形窗口中单击相应的角点,将这些值传送至角点框,或者键入相应的位置。该角点将成为该框的本地原点。 **方向**:如果对象将根据参照坐标系旋转,请指定旋转。 **长度**(B):指定该矩形体沿 X 轴的尺寸。 **宽度**(C):指定该矩形体沿 Y 轴的尺寸。 **高度**(D):指定该矩形体沿 Z 轴的尺寸
2	三点方创建立方体	C B A	**参考**:选择要与所有位置或点关联的参考坐标系。 **角点**(A):此点将为立方体的本地原点。键入相关的位置,或在其中一个框中单击,然后在图形窗口中选择相应的点。 **XY 平面图对角线上的点**(B):此点是本地原点的斜对角。它设置了本地坐标系的 X 轴和 Y 轴方向,以及该立方体沿这些轴的尺寸。键入相关的位置,或在其中一个框中单击,然后在图形窗口中选择相应的点。 **指示点 Z 轴**(C):此点是本地原点上方的角点,它设置了本地坐标系的 Z 轴方向,以及立方体沿 Z 轴的尺寸。键入相关的位置,或在其中一个框中单击,然后在图形窗口中选择相应的点
3	创建圆锥体	C A B	**参考**:选择要与所有位置或点关联的参考坐标系。 **基座中心点**(A):单击这些框之一,然后在图形窗口中单击相应的中心点,将这些值传送至基座中心点框,或者键入相应的位置。该中心点将成为圆锥的本地原点。 **方向**:如果对象将根据参照坐标系旋转,请指定旋转。 **半径**(B):指定圆锥体半径。 **直径**:指定圆锥体直径。 **高度**(C):指定圆锥体高度

续表

序 号	软件图标	示意图	说 明
4	创建圆柱体	C B A	**参考**:选择要与所有位置或点关联的参考坐标系。 **基座中心点**(A):单击这些框之一,然后在图形窗口中单击相应的中心点,将这些值传送至基座中心点框,或者键入相应的位置。该中心点将成为圆柱体的本地原点。 **方向**:如果对象将根据参照坐标系旋转,请指定旋转。 **半径**(B):指定圆柱体半径。 **直径**:指定圆柱体直径。 **高度**(C):指定圆柱体高度
5	创建锥体	C B A	**参考**:选择要与所有位置或点关联的参考坐标系。 **基座中心点**(A):单击这些框之一,然后在图形窗口中单击相应的中心点,将这些值传送至基座中心点框,或者键入相应的位置。该中心点将成为锥体的本地原点。 **方向**:如果对象将根据参照坐标系旋转,请指定旋转。 **中心到角点**(B):键入相关的位置,或在该框中单击,然后在图形窗口中选择相应的点。 **高度**(C):指定锥体的高度。 **面数**:侧面的数量指定最大的底面数,最大为 50
6	创建球体	B B A	**参考**:选择要与所有位置或点关联的参考坐标系。 **中心点**(A):单击这些框之一,然后在图形窗口中单击相应的点,将这些值传送到中心点框,或者键入相应的位置。该中心点将成为球体的本地原点。 **半径**(B):指定球体的半径。 **直径**:指定球体的直径

(2)建模(表面)功能说明如表 2-3 所示。

表 2-3 建模(表面)功能说明

序 号	软件图标	示意图	说 明
1	创建表面圆	B A	**参考**:选择要与所有位置或点关联的参考坐标系。 **中心点**(A):单击这些框之一,然后在图形窗口中单击相应的点,将这些值传送到中心点框,或者键入相应的位置。该中心点将成为圆形表面的本地原点。 **方向**:如果对象根据参照坐标系旋转,请指定旋转。 **半径**(B):指定圆形的半径。 **直径**:指定圆形表面的直径

续表

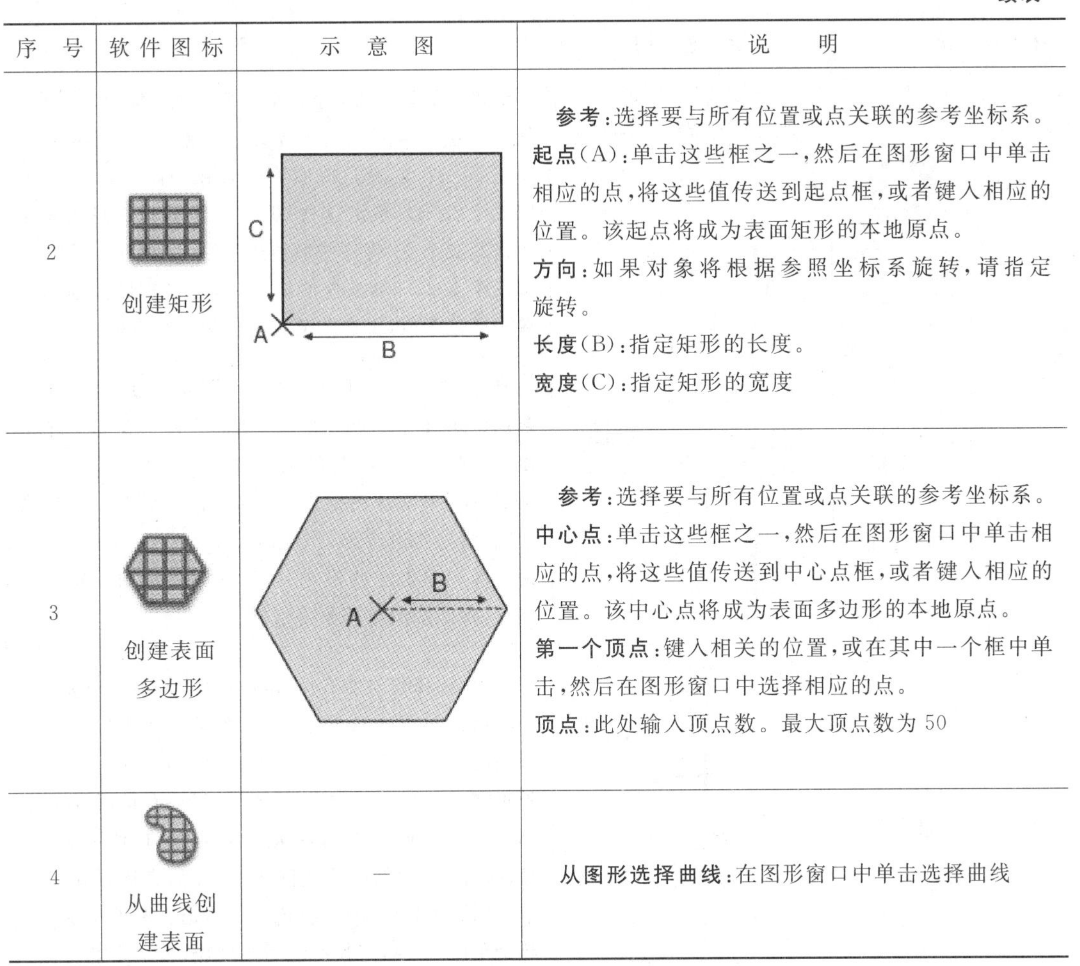

序　号	软件图标	示　意　图	说　　明
2	创建矩形	A B C	**参考**:选择要与所有位置或点关联的参考坐标系。 **起点**(A):单击这些框之一,然后在图形窗口中单击相应的点,将这些值传送到起点框,或者键入相应的位置。该起点将成为表面矩形的本地原点。 **方向**:如果对象将根据参照坐标系旋转,请指定旋转。 **长度**(B):指定矩形的长度。 **宽度**(C):指定矩形的宽度
3	创建表面多边形	A B	**参考**:选择要与所有位置或点关联的参考坐标系。 **中心点**:单击这些框之一,然后在图形窗口中单击相应的点,将这些值传送到中心点框,或者键入相应的位置。该中心点将成为表面多边形的本地原点。 **第一个顶点**:键入相关的位置,或在其中一个框中单击,然后在图形窗口中选择相应的点。 **顶点**:此处输入顶点数。最大顶点数为 50
4	从曲线创建表面	—	**从图形选择曲线**:在图形窗口中单击选择曲线

(3)建模(曲线)功能说明如表 2-4 所示。

表 2-4　建模(曲线)功能说明

序　号	软件图标	示　意　图	说　　明
1	创建直线	A B	**参考**:选择要与所有位置或点关联的参考坐标系。 **起点**(A):单击这些框之一,然后在图形窗口中单击相应的起点,将这些值传送至起点框。 **端点**(B):单击这些框之一,然后在图形窗口中单击端点,将这些值传送至端点框
2	创建圆	A B	**参考**:选择要与所有位置或点关联的参考坐标系。 **中心点**(A):单击这些框之一,然后在图形窗口中单击相应的中心点,将这些值传送至中心点框。 **方向**:指定圆形的坐标方向。 **半径**(A-B):指定圆形的半径。 **直径**:指定圆形的直径

续表

序号	软件图标	示意图	说明
3	 三点创建圆	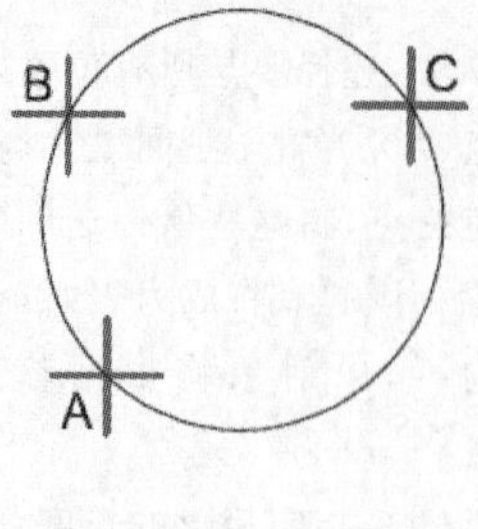 B C A	**参考**：选择要与所有位置或点关联的参考坐标系。 **第一个点**(A)：单击这些框之一，然后在图形窗口中单击第一个点，将这些值传送至第一个点框。 **第二个点**(B)：单击这些框之二，然后在图形窗口中单击第二个点，将这些值传送至第二个点框。 **第三个点**(C)：单击这些框之三，然后在图形窗口中单击第三个点，将这些值传送至第三个点框
4	 创建弧形	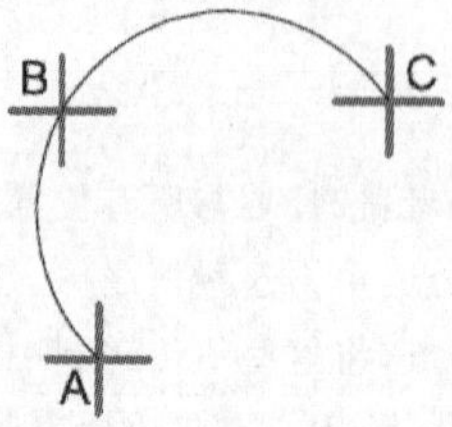 B C A	**参考**：选择要与所有位置或点关联的参考坐标系。 **起点**(A)：单击这些框之一，然后在图形窗口中单击相应的起点，将这些值传送至起点框。 **中点**(B)：单击这些框之一，然后在图形窗口中单击中点，将这些值传送至中点框。 **终点**(C)：单击这些框之一，然后在图形窗口中单击终点，将这些值传送至终点框
5	 创建椭圆弧	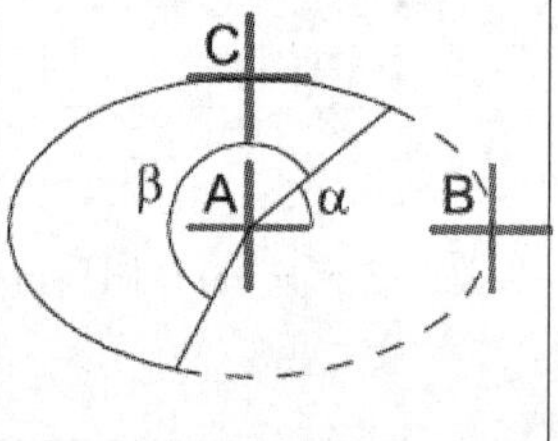 C β A α B	**参考**：选择要与所有位置或点关联的参考坐标系。 **中心点**(A)：单击这些框之一，然后在图形窗口中单击相应的中心点，将这些值传送至中心点框。 **长轴端点**(B)：单击这些框之一，然后在图形窗口中单击椭圆长轴的端点，将这些值传送至长轴端点框。 **短轴端点**(C)：单击这些框之一，然后在图形窗口中单击椭圆短轴的端点，将这些值传送至短轴端点框。 **起始角度**(α)：指定弧的起始角度，从长轴测量。 **终止角度**(β)：指定弧的终止角度，从长轴测量
6	 创建椭圆	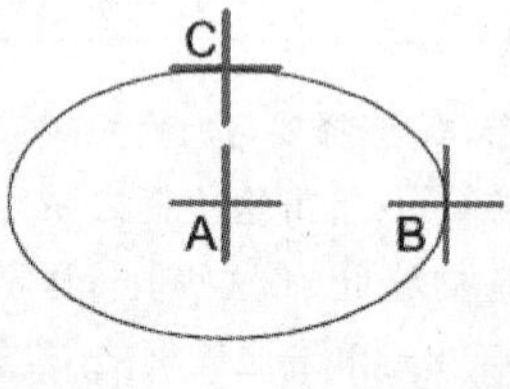 C A B	**参考**：选择要与所有位置或点关联的参考坐标系。 **中心点**(A)：单击这些框之一，然后在图形窗口中单击相应的中心点，将这些值传送至中心点框。 **长轴端点**(B)：单击这些框之一，然后在图形窗口中单击椭圆长轴的端点，将这些值传送至长轴端点框。 **次半径**(C)：指定椭圆短轴长度。创建短轴半径与长轴垂直
7	 创建矩形	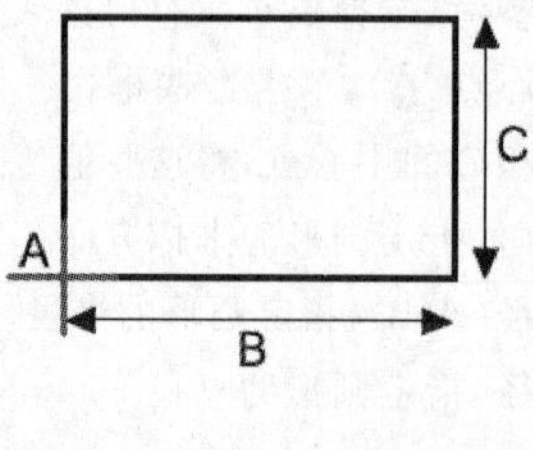 C A B	**参考**：选择要与所有位置或点关联的参考坐标系。 **起点**(A)：单击这些框之一，然后在图形窗口中单击相应的起点，将这些值传送至起点框。将以正坐标方向创建矩形。 **方向**：指定矩形的方向坐标。 **长度**(B)：指定矩形沿 X 轴方向的长度。 **宽度**(C)：指定矩形沿 Y 轴方向的长度

续表

序　号	软件图标	示　意　图	说　　明
8	创建多边形		**参考**：选择要与所有位置或点关联的参考坐标系。 **中心点**(A)：单击这些框之一，然后在图形窗口中单击相应的中心点，将这些值传送至中心点框。 **第一个顶点**(B)：单击这些框之一，然后在图形窗口中单击第一个顶点，将这些值传送至第一个顶点框。中心点与第一个顶点之间的距离将用于所有顶点。 **顶点**：指定创建多边形时要用的点数，最大顶点数为 50
9	创建多线段		**参考**：选择要与所有位置或点关联的参考坐标系。 **点坐标**：在此处指定多段线的每个节点，一次指定一个，具体方法是，键入所需的值，或者单击这些框之一，然后在图形窗口中选择相应的点，以传至其坐标。 **添加**：单击此按钮可向列表中添加点及其坐标。 **修改**：在列表中选择已经定义的点并输入新值之后，单击此按钮可以修改该点。 **列表**：多段线的节点。要添加多个节点，请单击 Add New(添加一个新的)，并在图形窗口中单击所需的点，然后单击 Add(添加)
10	创建样条曲线		**参考**：选择要与所有位置或点关联的参考坐标系。 **点坐标**：在此处指定样条的每个节点，一次指定一个，具体方法是，键入所需的值，或者单击这些框之一，然后在图形窗口中选择相应的点，以传送其坐标。 **添加**：单击此按钮可向列表中添加点及其坐标。 **列表**：此样条的节点。要添加多个节点，请单击 Add New，并在图形窗口中单击所需的点，然后单击 Add

(4)建模(物体边界)功能说明如下：

要使用在物体间创建边界命令，当前工作站必须至少存在两个物体，如图 2-68 所示。

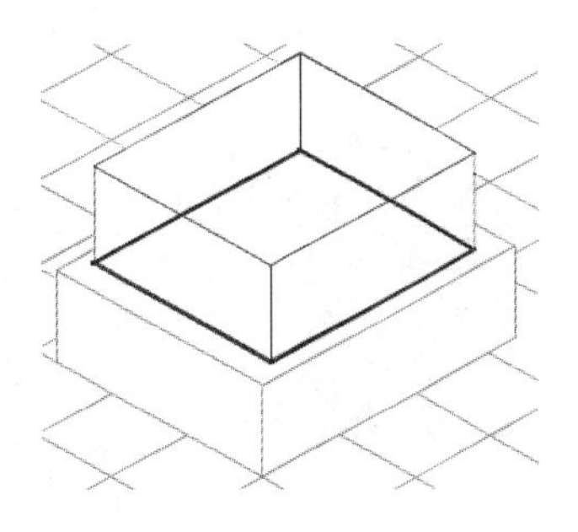

图 2-68

第一个物体：单击此框，然后在图形框中选择第一个物体。

第二个物体：单击此框，然后在图形框中选择第二个物体。

(5)建模(表面边界)功能说明如下:

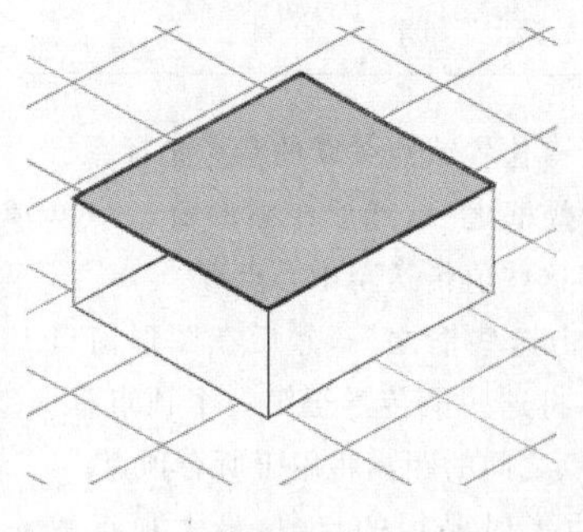

图 2-69

要使用在表面周围创建边框命令,工作站必须至少包含一个带图形演示的对象。

选择表面:单击此框,然后在图形框中选择表面,如图 2-69 所示。

(6)建模(从点生成边界)功能说明如下:

要使用从点创建边框命令,工作站必须至少包含一个对象,如图 2-70 所示。

选择物体:单击此框,然后在图形窗口中选择一个对象。

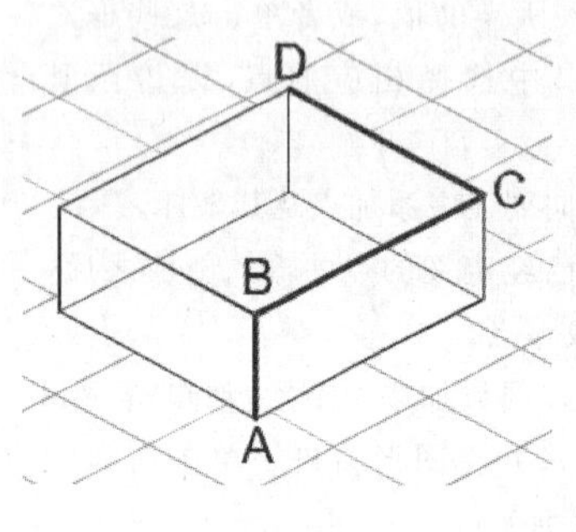

图 2-70

点坐标:在此处指定定义边框的点,一次指定一个,具体方法是,键入所需的值,或者单击这些框之一,然后在图形窗口中选择相应的点,以传送其坐标。

Add:单击此按钮可向列表中添加点及其坐标。

修改:在列表中选择已经定义的点并输入新值之后,单击此按钮可以修改该点。

列表:定义边框的点。要添加多个点,可单击 Add New(添加一个新的),并在图形窗口中单击所需的点,然后单击 Add(添加)。

(7)建模(交叉)功能说明如下:

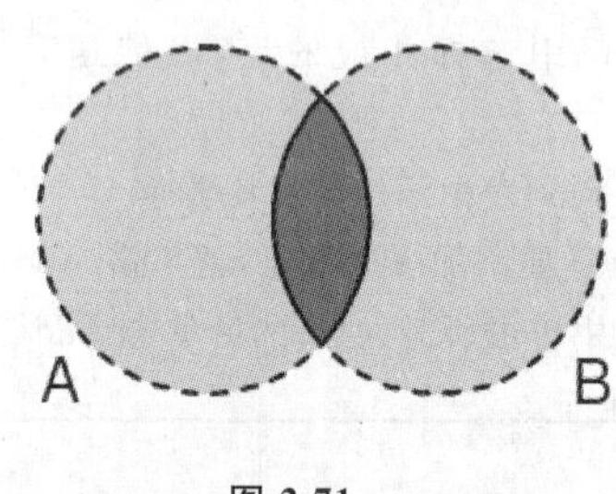

图 2-71

保留初始位置:选择此复选框,以便在创建新物体时保留原始物体。

交叉(A):在图形窗口中单击选择要建立交叉的物体 A。

…和(B):在图形窗口中单击选择要建立交叉的物体 B。新物体将会根据选定物体 A 和 B 之间的公共区域创建,如图 2-71 所示。

(8)建模(减去)功能说明如下:

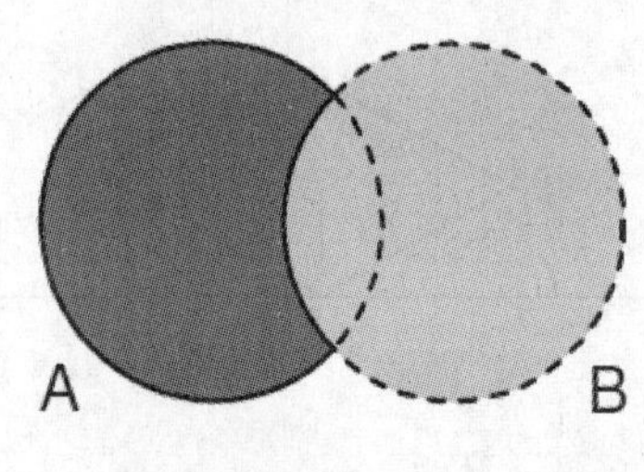

图 2-72

保留初始位置:选择此复选框,以便在创建新物体时保留原始物体。

减去…(A):在图形窗口中单击选择要减去的物体 A。

…与(B):在图形窗口中单击选择要减去的物体 B。新物体将会根据物体 A 减去 A 和 B 的公共体积后的区域创建,如图 2-72 所示。

(9)建模(结合)功能说明如下:

保留初始位置:选择此复选框,以便在创建新物体时保留原始物体。

结合…(A):在图形窗口中单击选择要结合的物体 A。

…和(B):在图形窗口中单击选择要结合的物体 B。新物体将会根据选定物体 A 和 B 之间的区域创建,如图 2-73 所示。

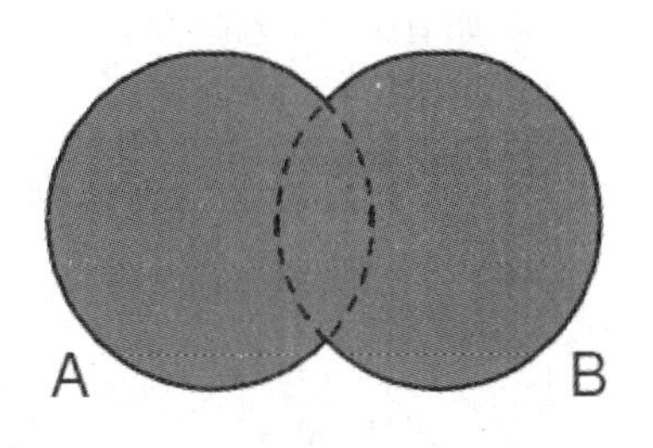

图 2-73

(10)建模(拉伸表面或曲线)功能说明如下:

①在 selection level(选择层)工具栏中,酌情选择 Surface(表面)或 Curve(曲线)。

②在图形窗口中选择要进行拉伸的表面或曲线。酌情单击 Extrude Surface(拉伸表面)或 Extrude Curve(拉伸曲线)。此时,Extrude Surface or Curve(拉伸曲面或曲线)对话框会在 Modeling(建模)浏览器的下方打开。

③若沿矢量拉伸,请输入相应的值。若沿曲线拉伸,请选择 Extrude Along Curve(沿曲线拉伸)选项,然后单击 Curve(曲线)框,并在 Graphics(图形)窗口中选择曲线。

④如果在显示为表面模式下,请取消选择 Make Solid(制作实体)复选框。

⑤单击 Create(创建)。

"沿表面或曲线拉伸"对话框(见图 2-74)参数介绍如表 2-5 所示。

表 2-5 "沿表面或曲线拉伸"对话框参数介绍

对话框参数	说　　明
表面或曲线	表示要进行拉伸的表面或曲线。要选择表面或曲线,请先在该框中单击,然后在图形窗口中选择曲线或表面
沿矢量拉伸	可沿指定矢量进行拉伸
起点	矢量起点
终点	矢量终点
沿曲线拉伸	启用沿指定曲线进行拉伸
曲线	表示用作搜索路径的曲线 要选择曲线,首先在图形窗口中单击框,然后单击曲线
制作实体	选中此复选框,可将拉伸形状转换为固体

(11)建模(从法线创建直线)功能说明如下:

使用"从法线创建直线"建模能够快速方便地建立垂直于平面或者曲面上一点的切线/面的直线,作为仿真的辅助模型。

①单击 Surface Selection(选择表面)。

②单击 Line to Normal(直线到法线)以打开对话框(见图 2-75)。

③在 Select Face(选择表面)框中单击选择一个面。

④在 Length(长度)框中,指定直线长度。

⑤如有需要,选择 Invert Normal(转换法线)复选框反转直线方向。

⑥单击 Create(创建)。

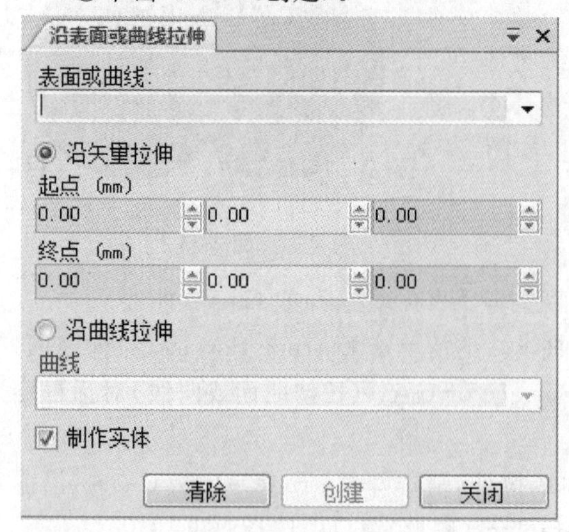

图 2-74

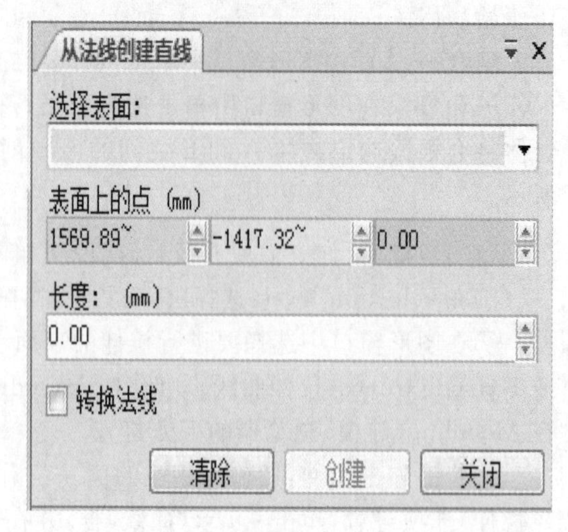

图 2-75

(12) 3D 建模案例操作过程如图 2-76～图 2-78 所示。

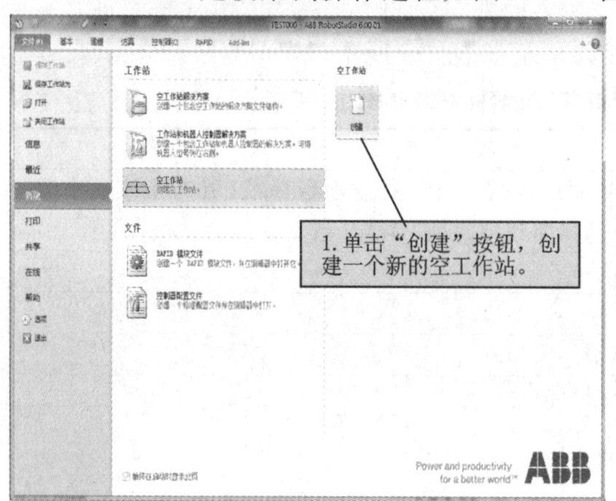

图 2-76

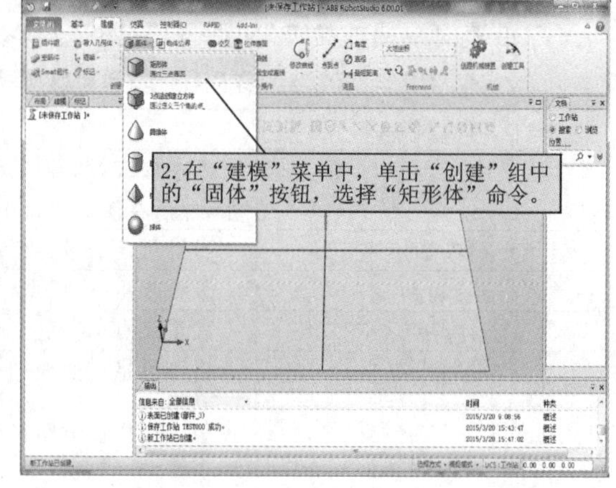

图 2-77

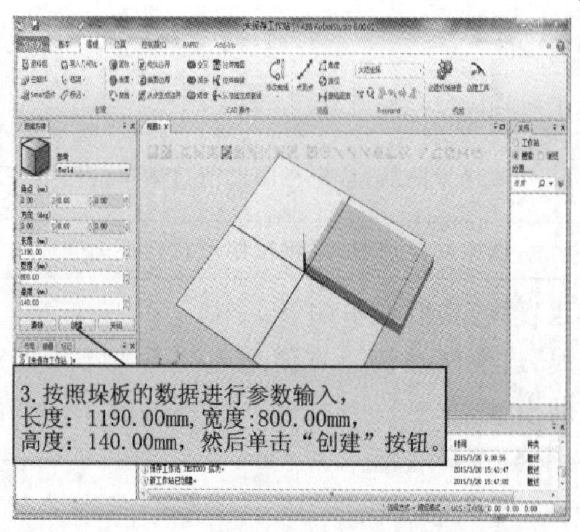

图 2-78

(13)对 3D 模型进行相关设置,如图 2-79 和图 2-80 所示。

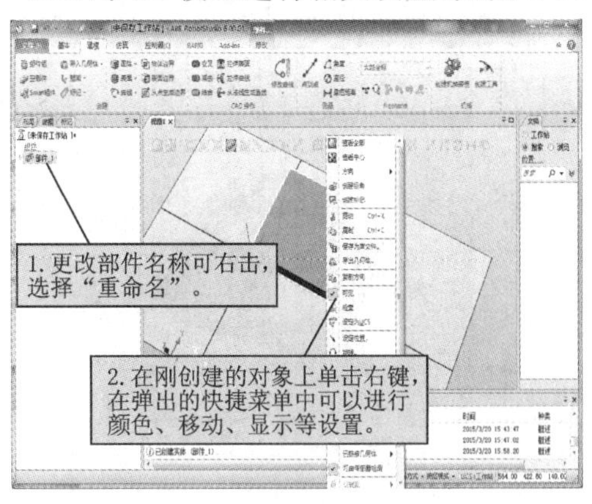

图 2-79

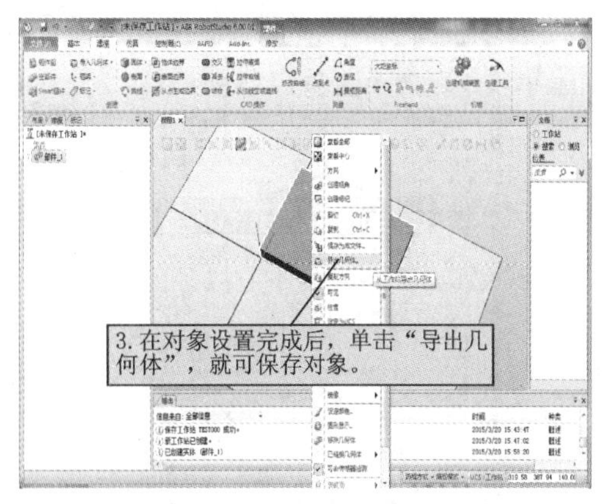

图 2-80

为了提高与各种版本 RobotStudio 的兼容性,建议在 RobotStudio 中做任何保存的操作时,保存的路径和文件名字都使用英文字符。

二、导入几何体

(1)导入模型库,操作步骤如图 2-81～图 2-83 所示。

(2)导入几何体(第三方建模软件数模导入),操作步骤如图 2-84～图 2-86 所示。

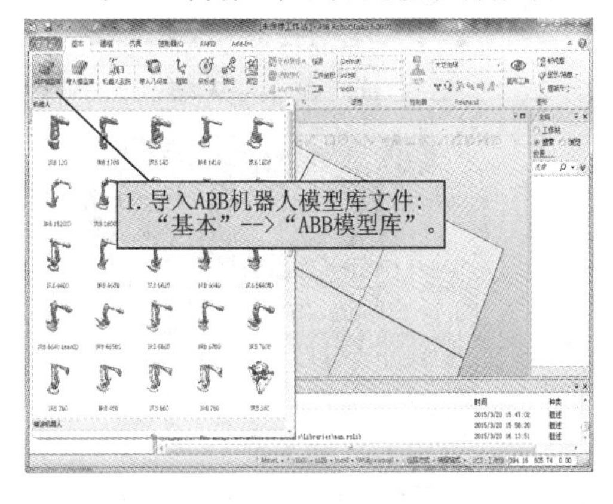

图 2-81

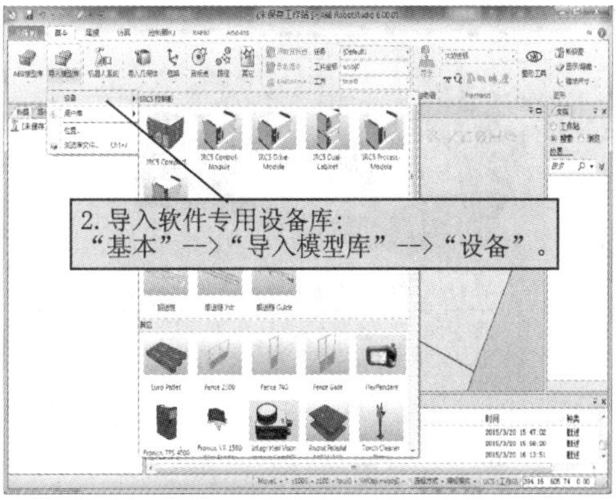

2. 导入软件专用设备库:
“基本”-->“导入模型库”-->“设备”。

图 2-82

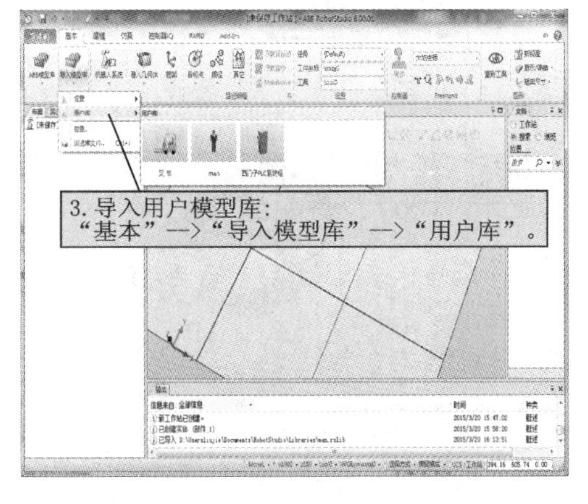

图 2-83

1. 导入几何体(单击“浏览几何体”):
“基本”-->“导入几何体”-->“浏览几何体”。
注:在仿真数模库中找到1410底座数模。

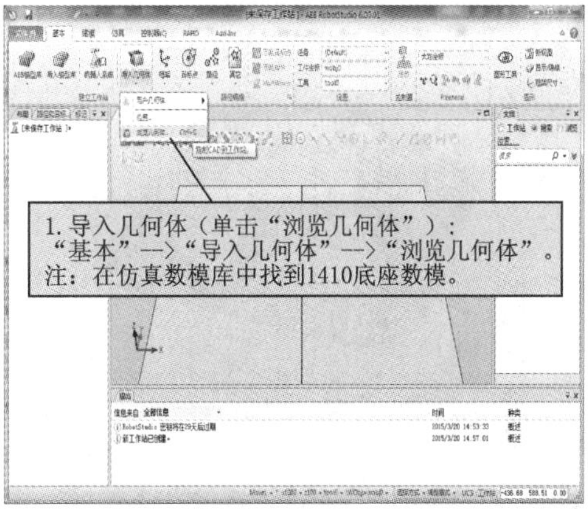

图 2-84

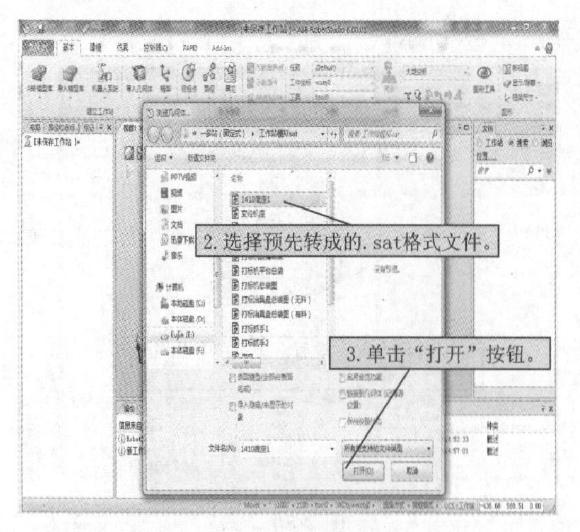

图 2-85

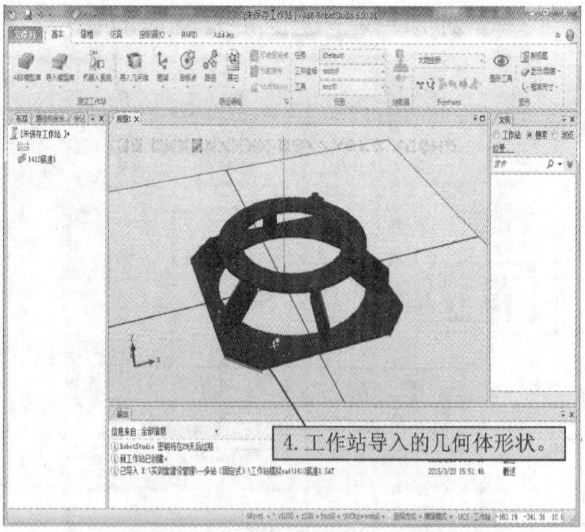

4. 工作站导入的几何体形状。

图 2-86

三、Freehand 施放旋转摆放模型

Freehand 施放旋转摆放模型的操作步骤如图 2-87～图 2-90 所示。

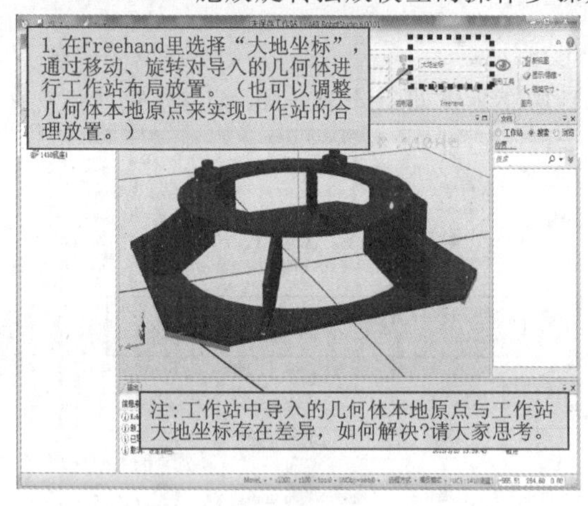

图 2-87

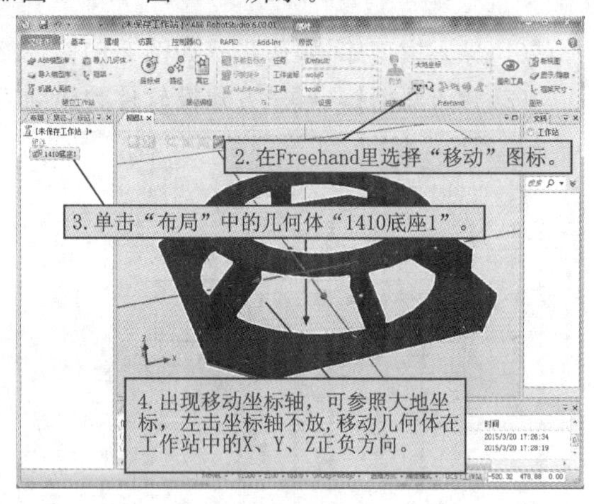

图 2-88

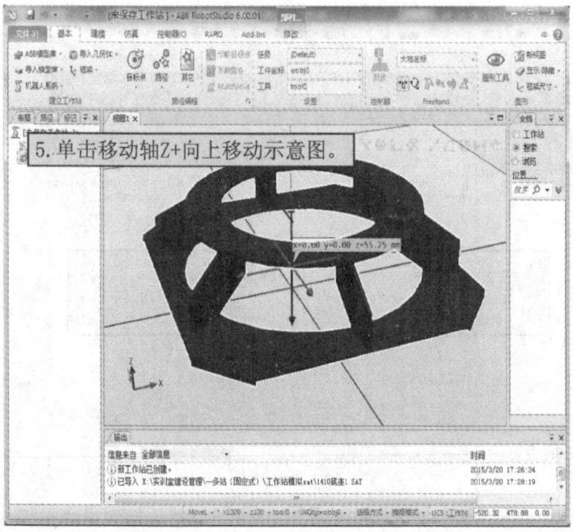

5. 单击移动轴Z+向上移动示意图。

图 2-89

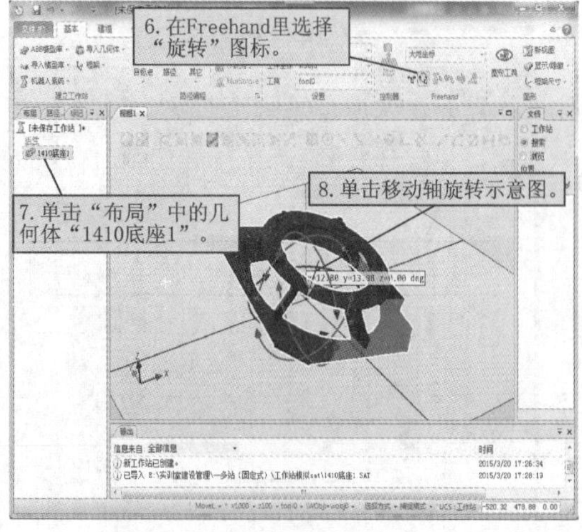

图 2-90

四、放置摆放模型

如图 2-87 所示，工作站中导入的几何体本地原点与工作站大地坐标存在差异，如何解决？已知超出大地地面高度为 10 mm，调整步骤如图 2-91～图 2-95 所示。

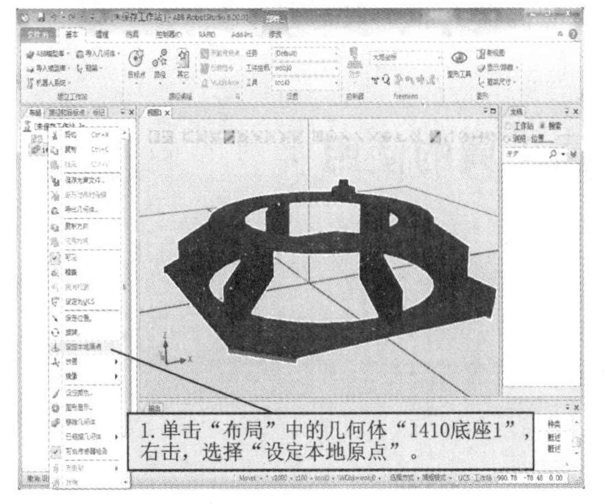

图 2-91

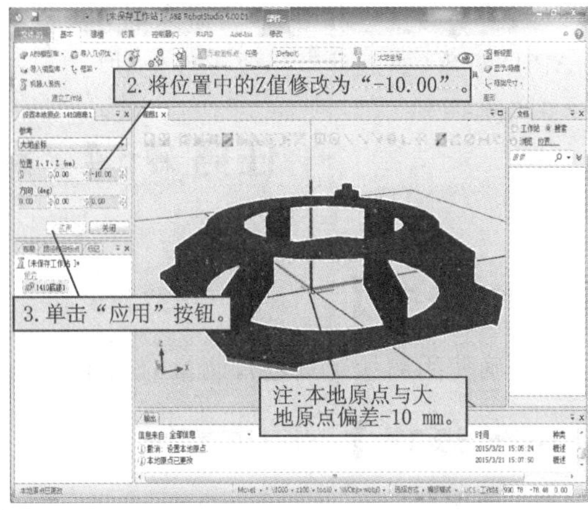

图 2-92

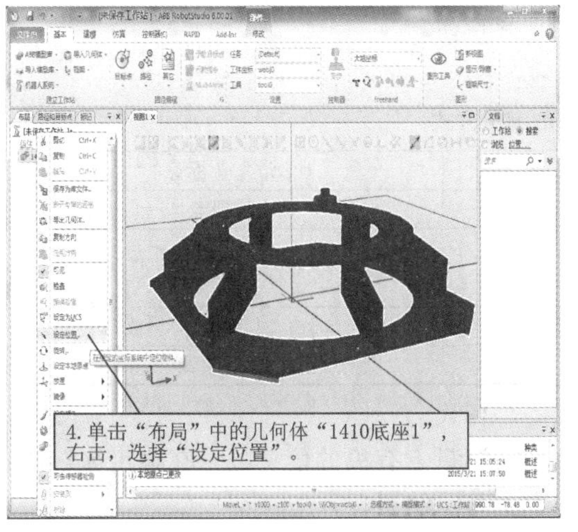

图 2-93

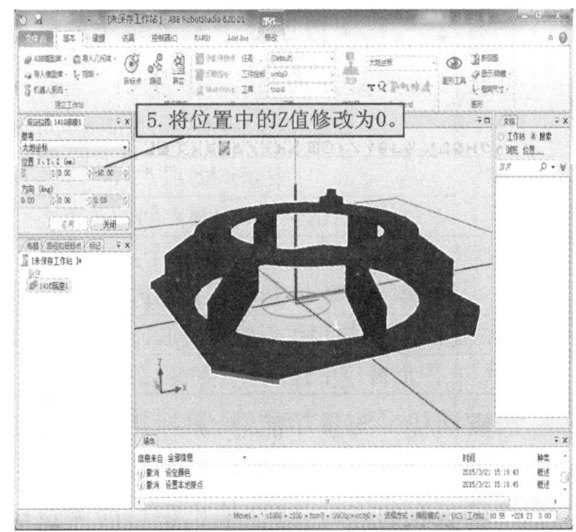

图 2-94

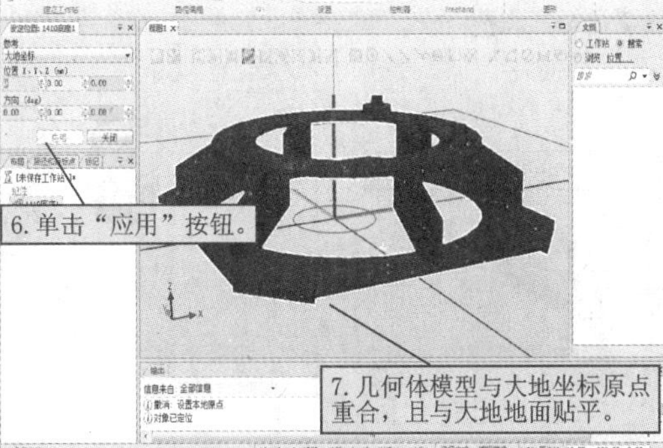

图 2-95

要实现工作站所需的布局，需要导入或创建对象，并相应地放置对象，如果适用，再安装到其他对象上。

放置对象就是设置对象的位置和旋转。将对象安装到机器人或其他机械装置上，也可以将这些对象自动放置到各自关联的关节上。

当移动与 VC 相连的机器人时，也需修改与机器人相关联的任务框架或其他固定 RAPID 对象(如工具坐标或工件坐标)。

任务 2-4　测量工具的使用

【工作任务】

正确使用测量工具进行测量的操作。

【实践操作】

一、测量垛板的长度

在测量前，请确保选择了正确的捕捉模式和选择层级。

可选择的测量方式如表 2-6 所示。

表 2-6　可选择的测量方式

要测量项	所选坐标系
测量图形窗口中两点间的距离	点到点
通过在图形窗口中选择的三个点确定的角度。第一个聚点，然后在每行选择一个点	角度
直径，其圆周用图形窗口中选择的三点来定义	直径
在图形窗口中选择两个对象之间最近的距离	最短距离

当激活任一测量功能时，鼠标指针将会变成一个标尺。

在图形窗口中，选择要进行测量的点或对象。与测量点有关的信息显示在输出窗口中，当选择了所有的点后，将在输出窗口的测量选项卡上显示结果。

提示：可以通过测量工具栏激活或停用测量功能。

测量垛板的长度的步骤如图 2-96 和图 2-97 所示。

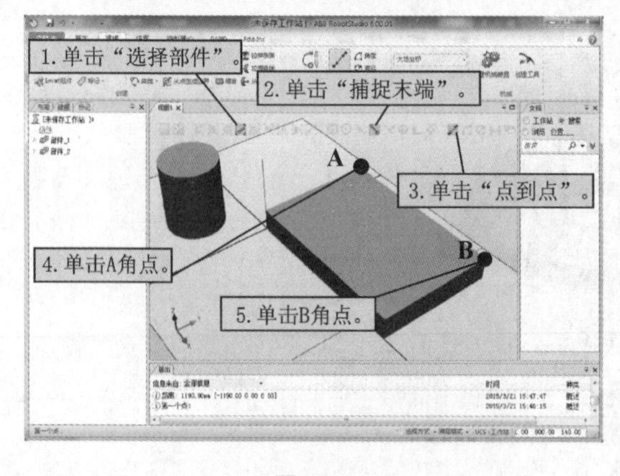

图 2-96

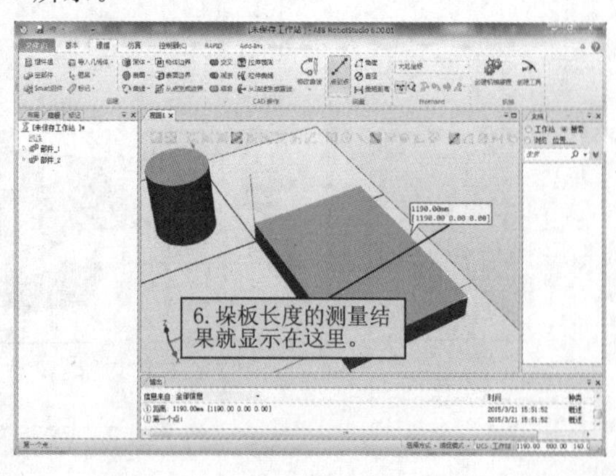

图 2-97

二、测量锥体的角度

测量锥体角度的步骤如图 2-98 和图 2-99 所示。

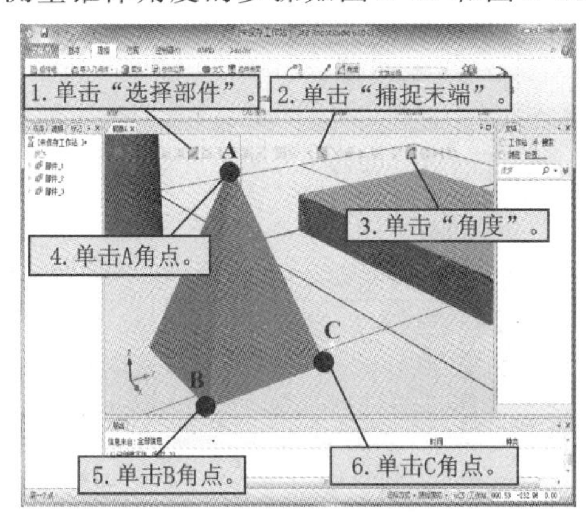

图 2-98

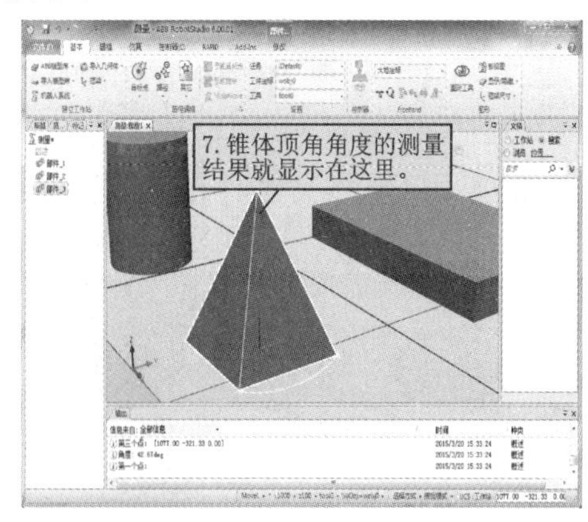

图 2-99

三、测量圆柱体的直径

测量圆柱体直径的步骤如图 2-100 和图 2-101 所示。

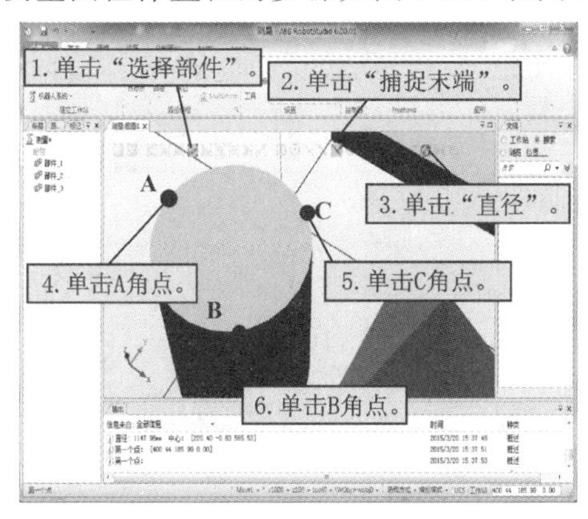

图 2-100

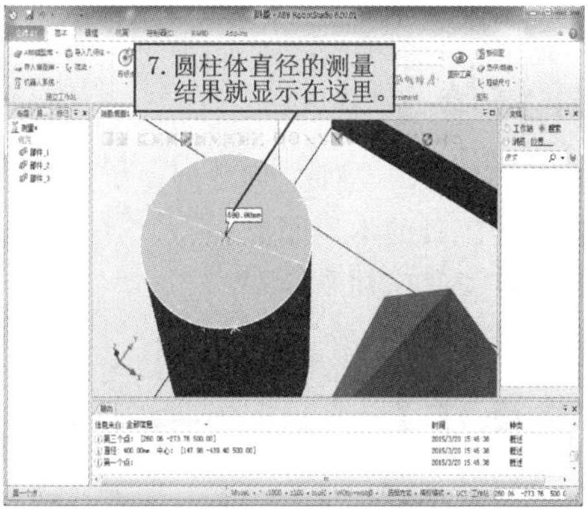

7. 圆柱体直径的测量结果就显示在这里。

图 2-101

四、测量两个物体间的最短距离

测量两个物体间最短距离的步骤如图 2-102 和图 2-103 所示。

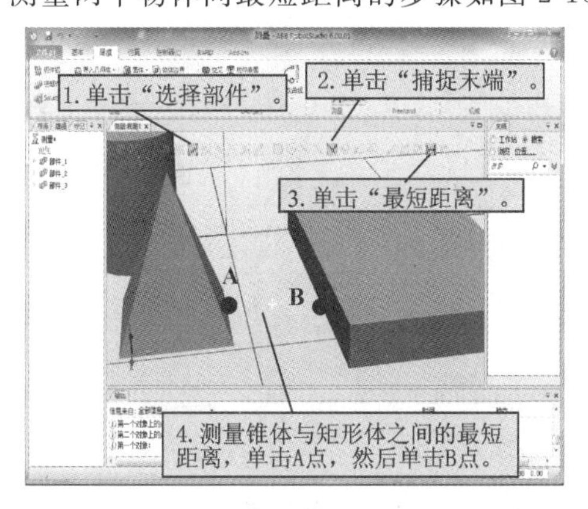

图 2-102

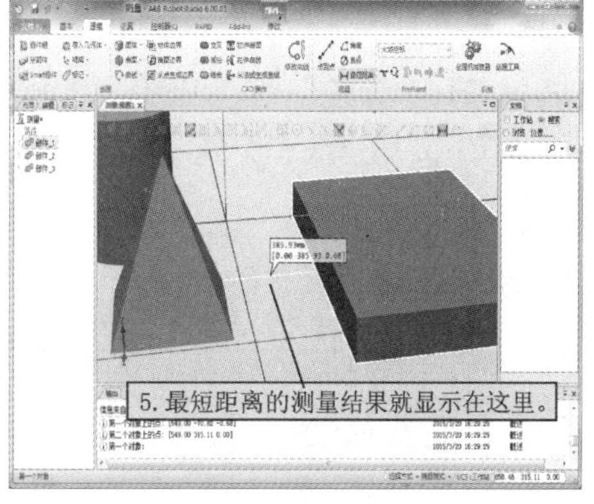

图 2-103

五、测量的技巧

测量的技巧主要体现在能够运用各种选择部件和捕捉模式(见图 2-104)正确地进行测量,要多练习,以便能熟练掌握。

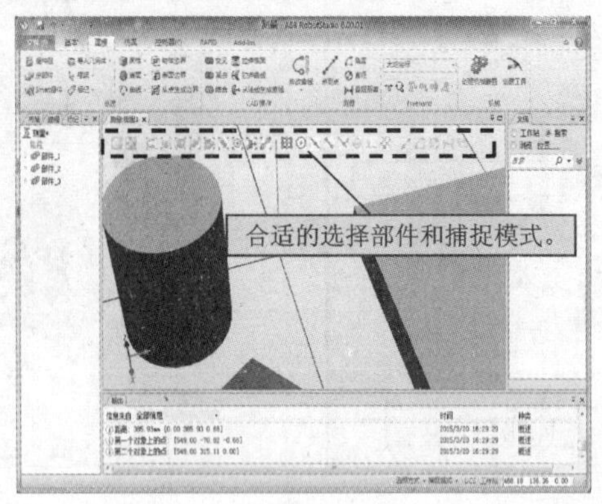

图 2-104

任务 2-5　加载机器人的工具

【工作任务】

(1)正确加载库文件工具及创建机器人用工具的操作。
(2)设定工具的本地原点。
(3)创建工具坐标系框架。
(4)创建工具。

【实践操作】

一、系统库文件工具加载

根据图 2-55～图 2-62 文件解包的操作步骤将文件“Task2-5-1”解包。系统库文件工具加载的步骤如图 2-105～图 2-109 所示。

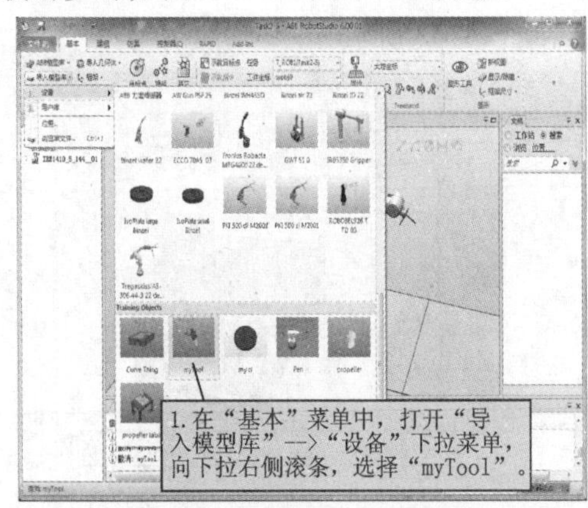

图 2-105

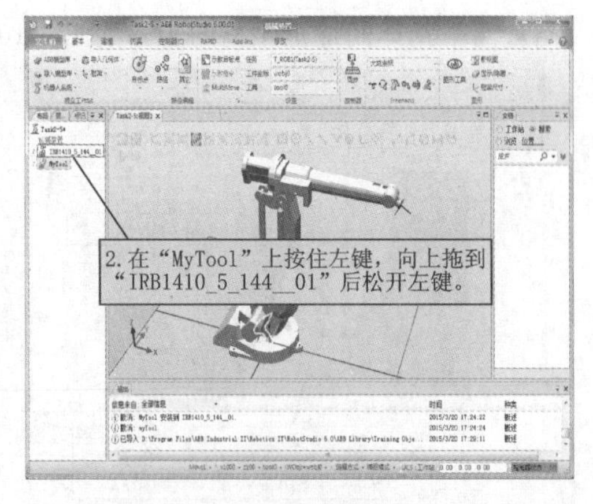

图 2-106

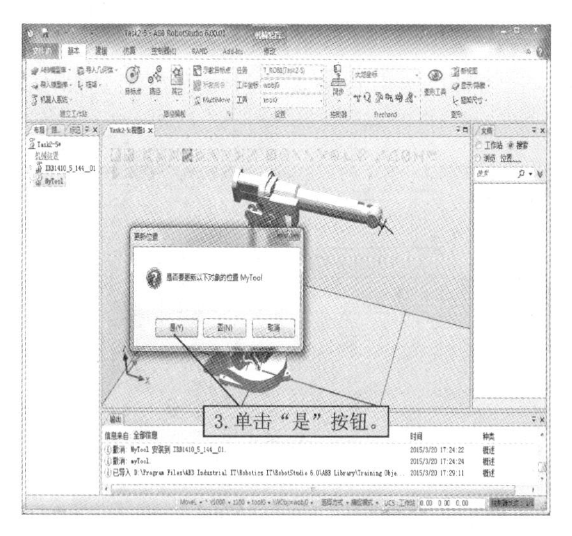

图 2-107

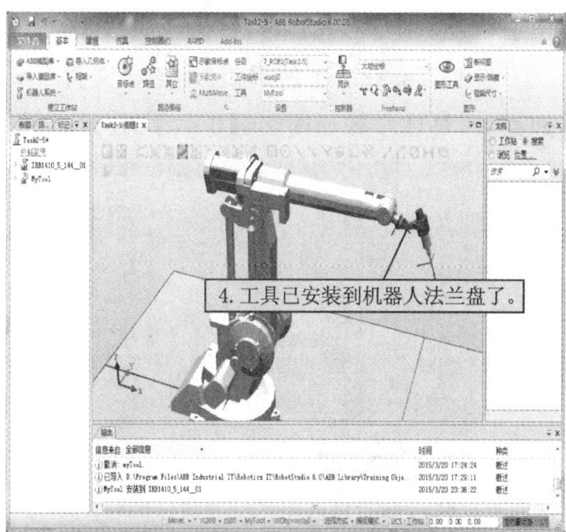

图 2-108

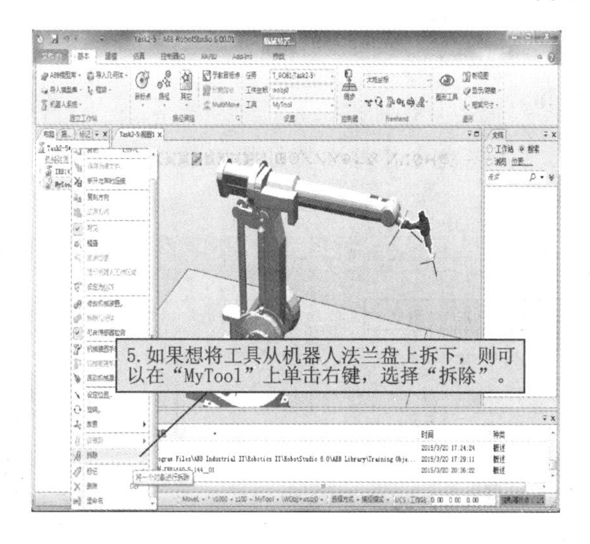

图 2-109

二、创建机器人用的工具

在构建工业机器人工作站时，机器人法兰盘末端会安装用户自定义的工具，我们希望的是用户工具能够像 RobotStudio 模型库中的工具一样，安装时能够自动安装到机器人法兰盘末端并保证坐标方向一致，并且能够在工具的末端自动生成工具坐标系，从而避免工具方面的仿真误差。下面介绍如何将导入的 3D 工具模型创建成具有机器人工作特性的工具(Tool)。

1. 设定工具的本地原点

用户自定义的 3D 模型由不同的 3D 绘图软件绘制而成，并转换成特定的文件格式，将其导入 RobotStudio 软件中会出现图形特征丢失的情况，在 RobotStudio 中做图形处理时某些关键特征无法处理。但是，在多数情况下都可以采用别的方式来做出同样的处理效果，这里选取了一个缺失图形特性的工具模型。

参照 Task2-5-1 的解包方法，将文件 Task2-5-2 解包，然后在仿真项目中设定工具的本地原点，具体步骤如图 2-110～图 2-122 所示。

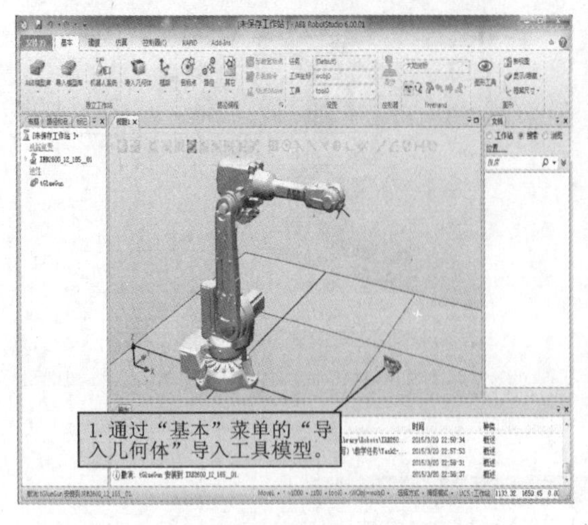

图 2-110

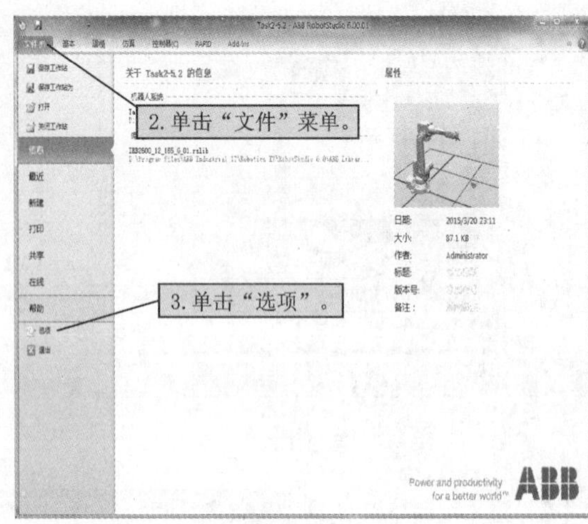

图 2-111

在图形处理过程中，为了避免工作地面特征影响视线及捕捉，我们先将地面设定为隐藏。观察一下工具模型。

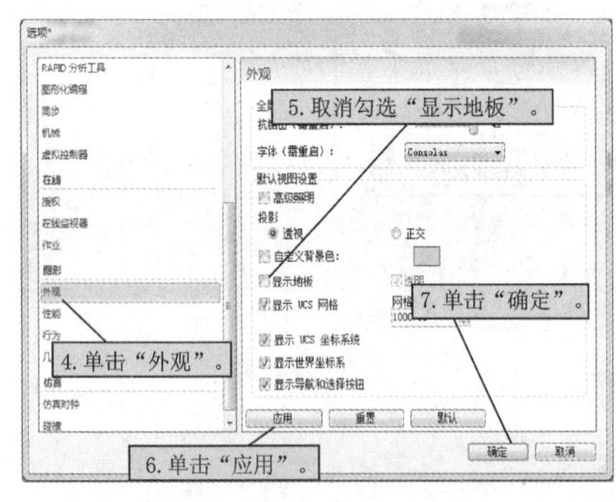

图 2-112

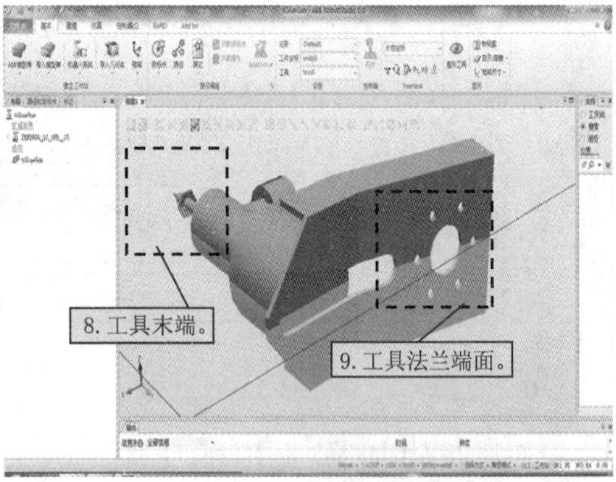

图 2-113

工具安装过程中的安装原理：工具模型的本地坐标系与机器人法兰盘坐标系 Tool0 重合，工具末端的工具坐标系框架即为机器人用户定义的工具坐标系，所以对数模要做以下两步图形处理：

(1)在工具的法兰端创建本地坐标系框架；

(2)在工具末端(工具执行中心点)创建坐标框架。

第一步放置工具模型的位置，使其法兰面所在的面与大地坐标系正交，以便于处理坐标系的方向。将工具法兰盘所在平面的边缘与工作站的 XY 平面重合。

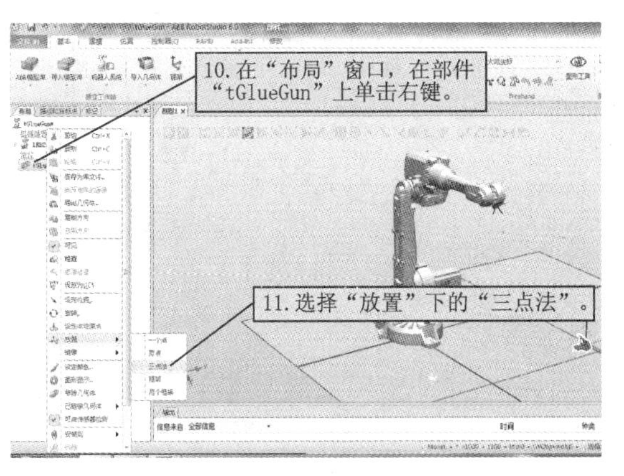

图 2-114

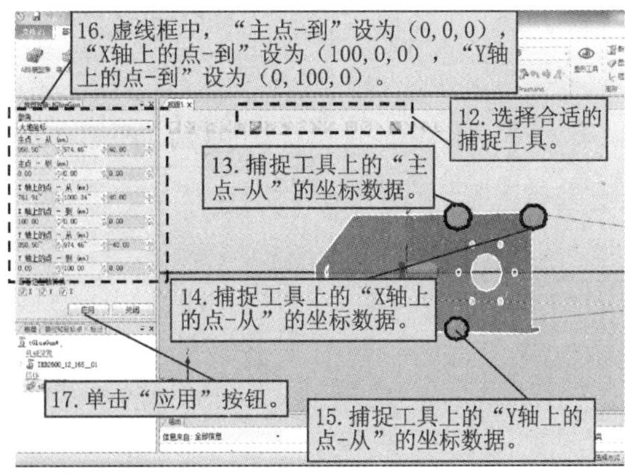

图 2-115

之后，为了便于观察处理工具，将机器人模型隐藏。

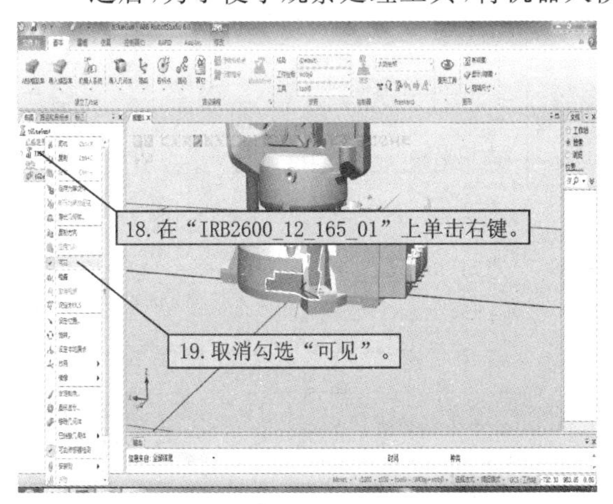

图 2-116

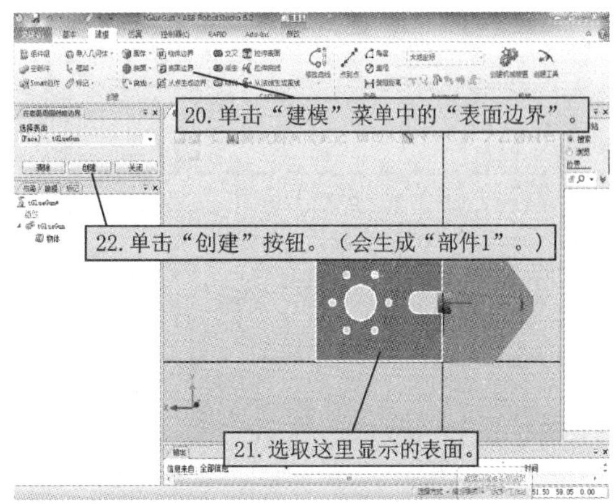

图 2-117

然后，将工具法兰圆盘孔中心作为该模型的本地坐标系的原点，但是此模型特征丢失，导致无法用现有的捕捉工具捕捉到此中心点，所以要对模型做一些处理。

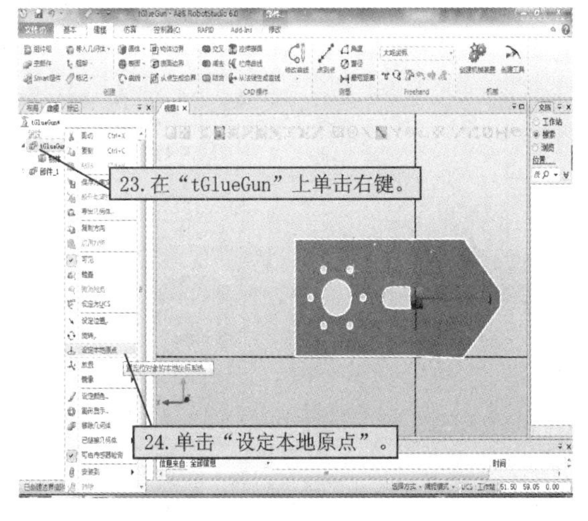

图 2-118

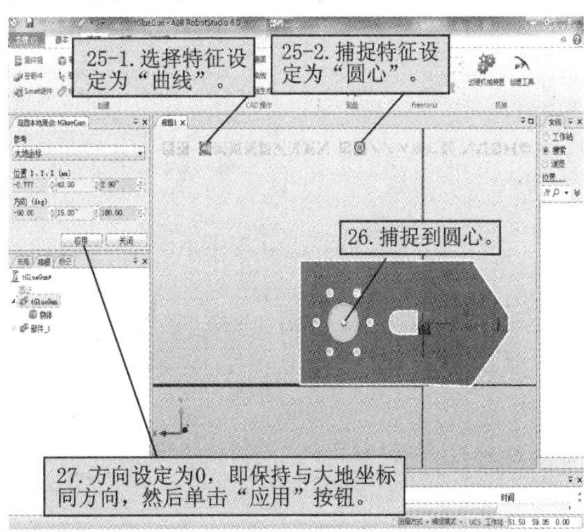

图 2-119

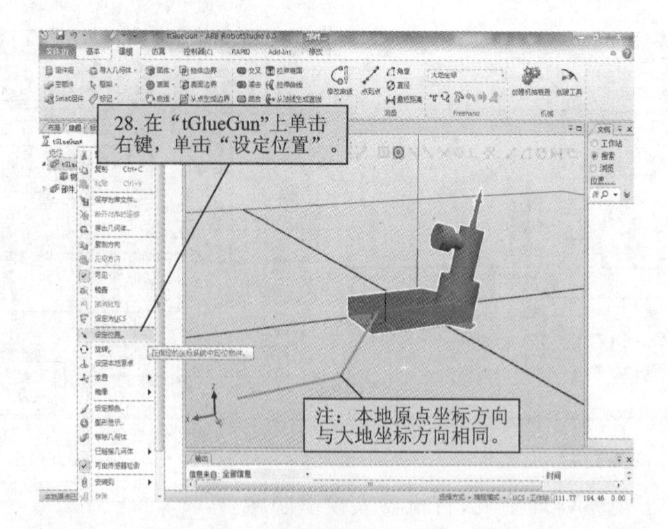

图 2-120

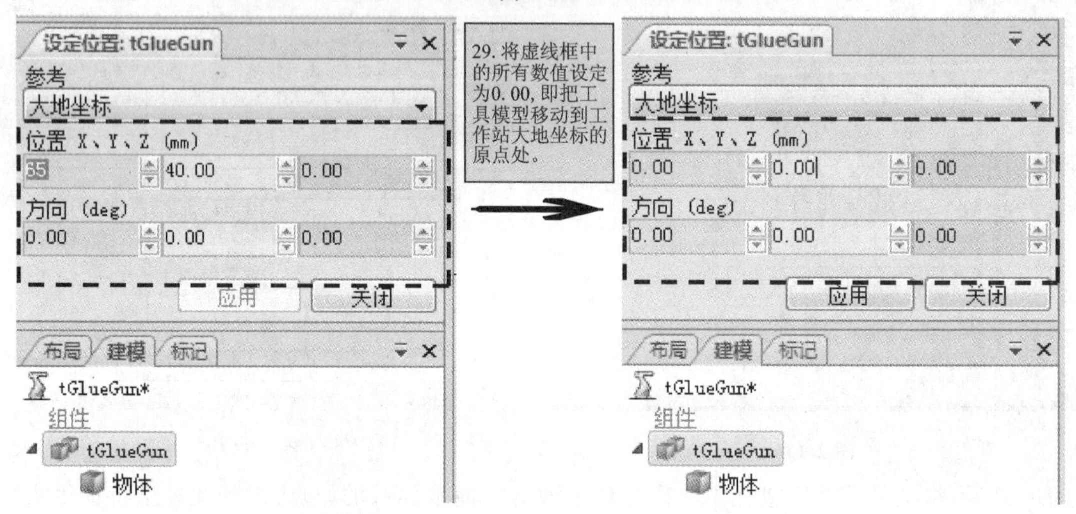

图 2-121

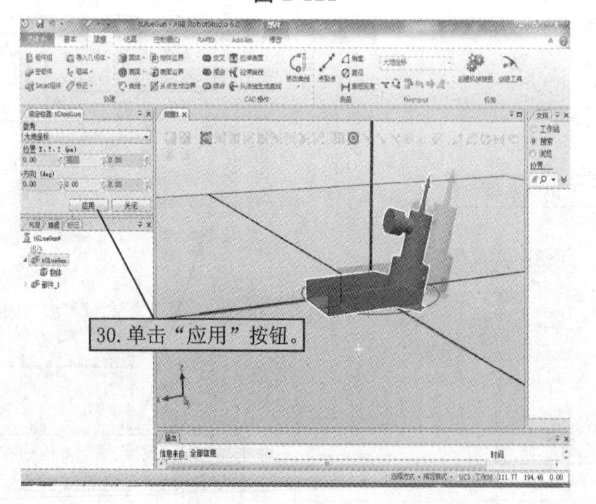

图 2-122

此时，工具模型的本地坐标系原点设定完成，但是对于本地坐标系的方向仍需进一步设定，只有这样，才能保证当安装到机器人法兰盘末端时，其工具姿态是想要的。对于设定本地坐标系的方向，在大多数情况下可参考如下设定经验：

(1)工具的法兰表面与大地水平面重合；

(2)工具的末端位于大地坐标系 X 轴负方向；

(3)工具本地原点坐标与大地坐标方向相同。

这样，该工具模型的本地坐标的原点以及坐标系方向就全部设定完成了，如图 2-123 所示。

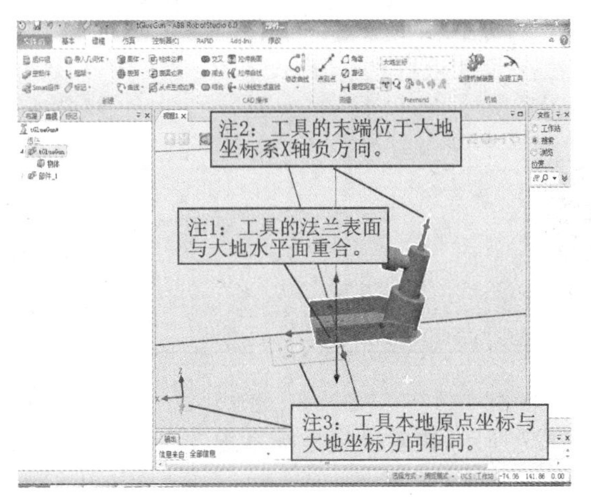

图 2-123

2. 创建工具坐标系框架

需要在图 2-124 所示虚线框位置创建一个坐标框架，在之后的操作中，将此框架作为工具坐标系框架。

由于创建坐标系框架时需要捕捉原点，而工具末端特征丢失，难以捕捉到，所以此处采用上面介绍过的方法进行。步骤如图 2-125～图 2-132 所示。

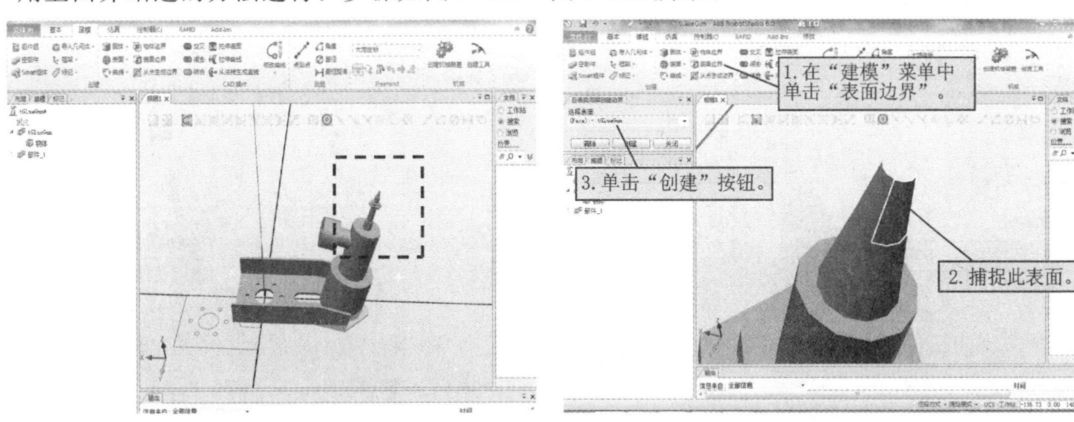

图 2-124　　图 2-125

这时弹出“创建框架”窗口，其中的参数介绍如表 2-7 所示。

表 2-7　框架属性表

参　　数	介　　绍
Reference(参考)	选择要与所有位置或点关联的 Reference(参考)坐标系
框架位置	单击这些框之一,然后在图形窗口中单击相应的框架位置,将这些值传送至框架位置框
框架方向	指定框架方向的坐标
设定为 UCS	选中此复选框可将创建的框架设置为用户坐标系

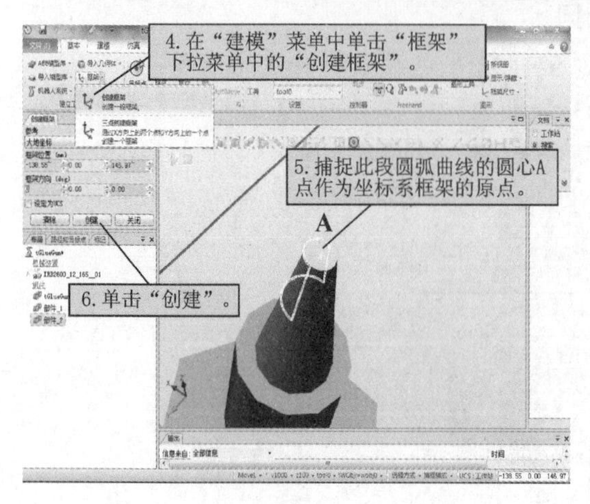

图 2-126

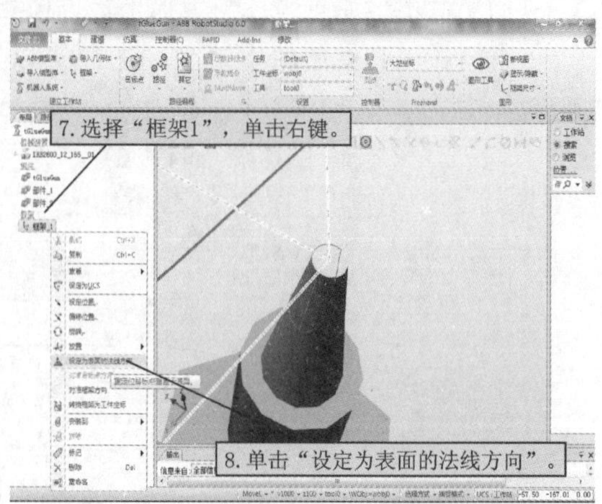

图 2-127

生成的框架如图 2-127 所示,接着设定坐标系的方向,一般期望的坐标系 Z 轴是与工具末端垂直的。

由于该工具的末端表面丢失,所以捕捉不到,但是可以选择图 2-128 所示的表面,以使此表面与捕捉的末端面平行。

这样就完成了该框架 Z 轴方向的设定。至于 X 轴和 Y 轴的朝向,一般按照经验设定,只要保证前面设定的模型本地坐标系是正确的,XY 采用默认的方向即可。创建框架如图 2-129 所示。

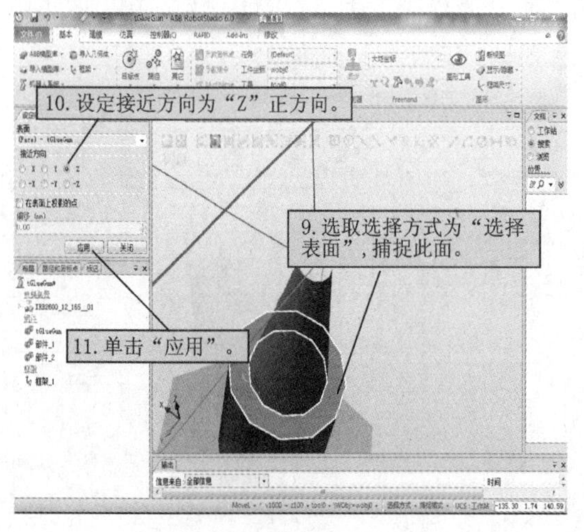

图 2-128

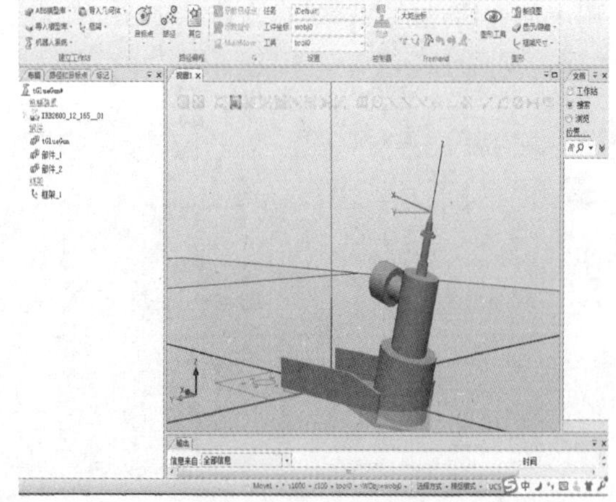

图 2-129

在实际的应用过程中,工具坐标系的原点一般与工具的末端有一段距离,例如焊枪中的焊丝伸出的距离,或者激光切割焊枪、涂胶枪需要与加工面保持一定距离。只需将此框架沿其本身的 Z 轴正方向移动一定距离就能满足实际需求。

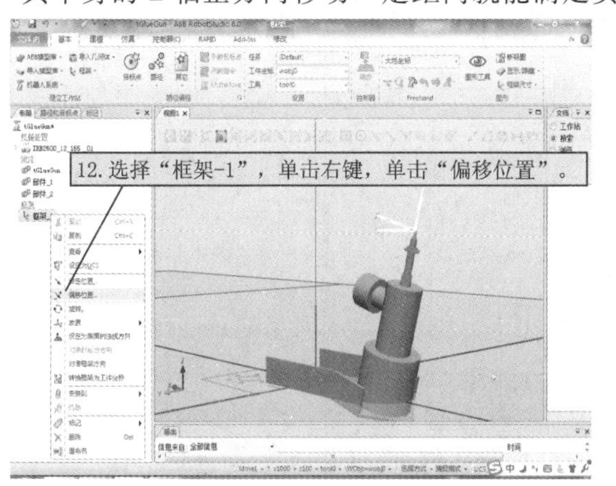

图 2-130

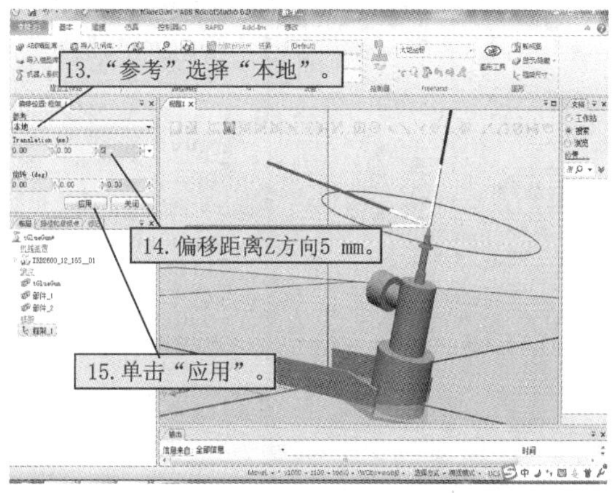

图 2-131

设定完成之后，如图 2-132 所示，这样就完成了该框架的设定。

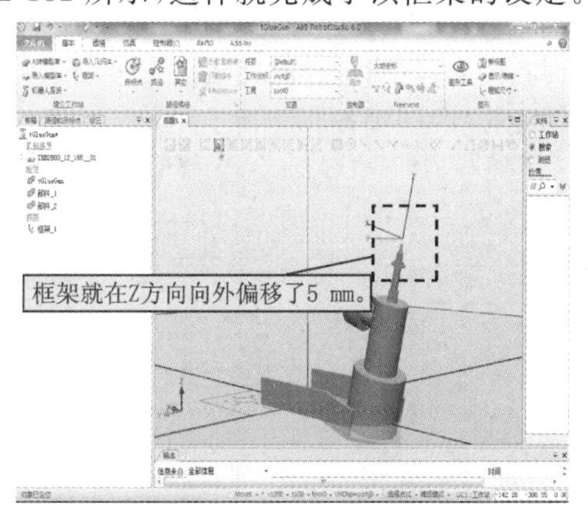

图 2-132

3. 创建工具

创建工具的操作步骤如图 2-133～图 2-141 所示。

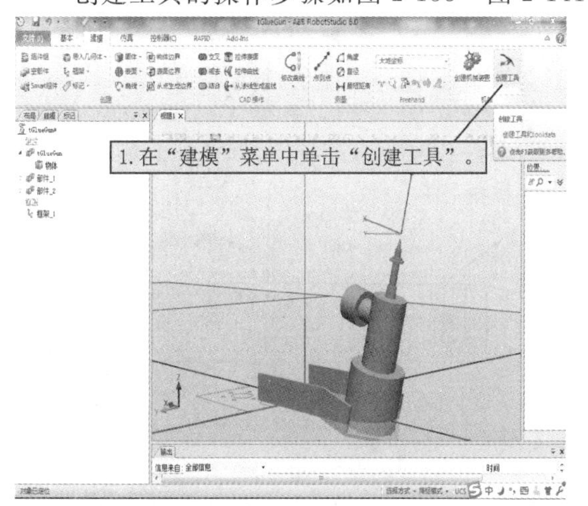

图 2-133

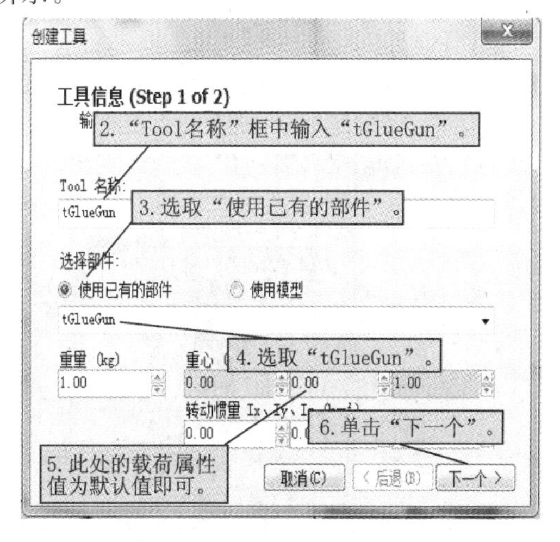

图 2-134

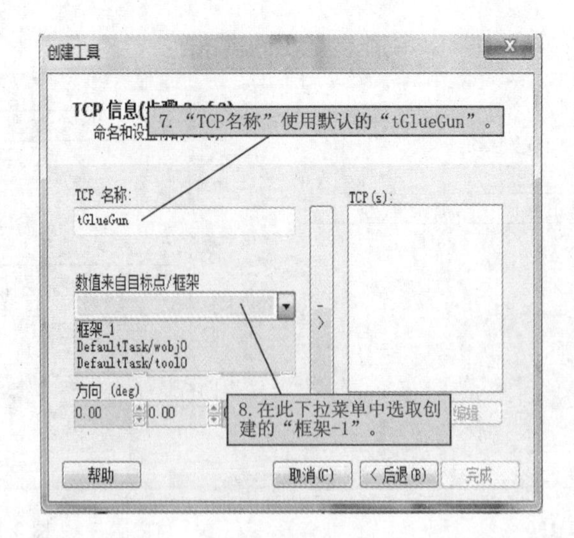

图 2-135

假如一个工具上面创建了多个工具坐标系，那就可根据实际情况创建多个坐标系框架，然后依次把所有的 TCP 添加到右侧窗口中，这样就完成了工具创建的过程，如图 2-136 所示。

接下来，把创建过程中所创建的辅助图形删除。

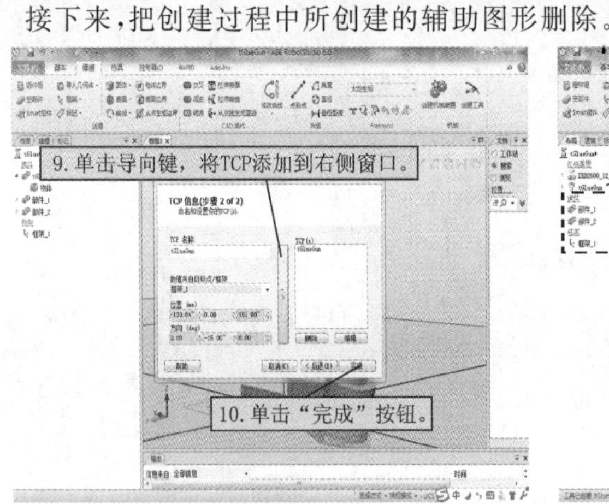

图 2-136

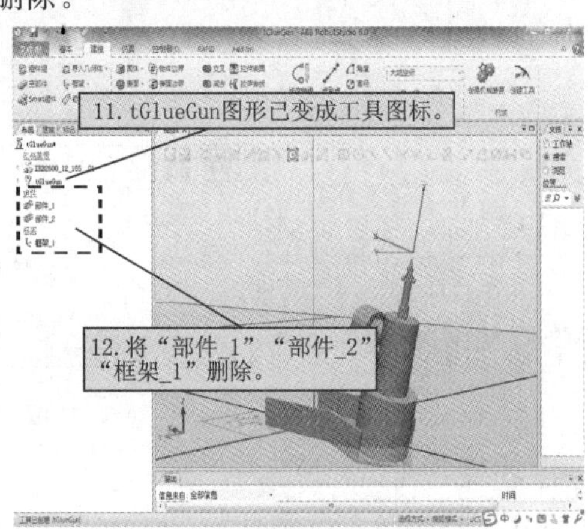

图 2-137

接下来将工具安装到机器人末端，验证一下创建的工具是否能够满足需要。

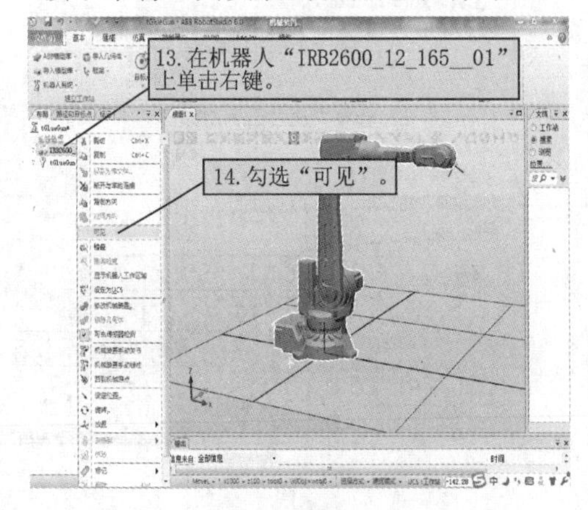

图 2-138

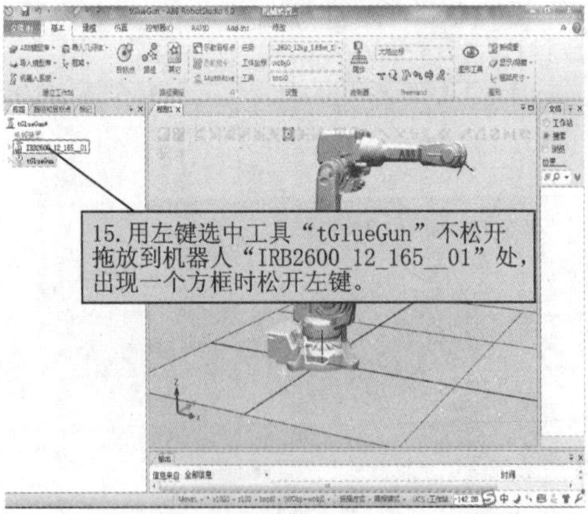

图 2-139

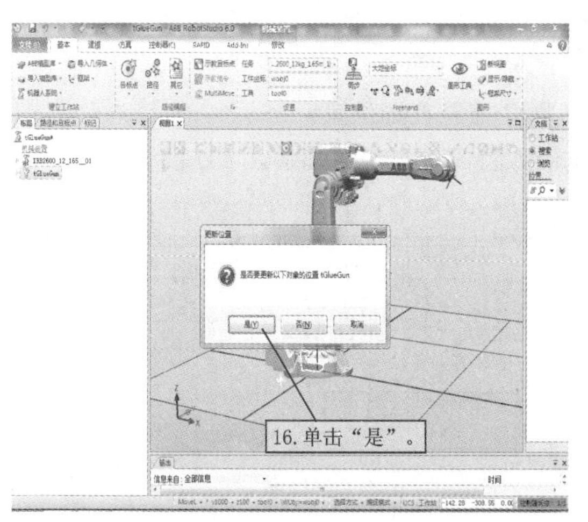

图 2-140

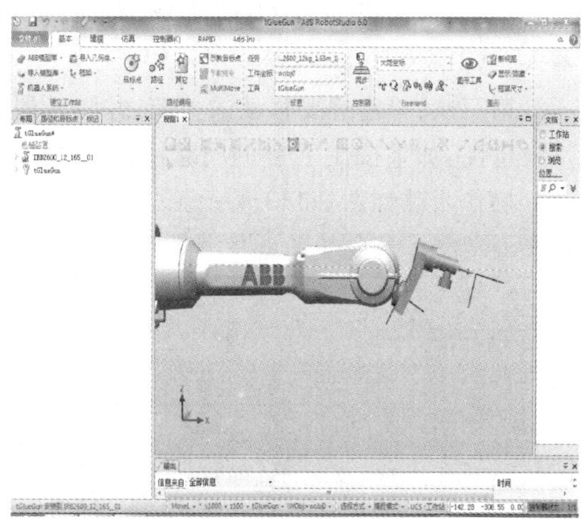

图 2-141

由图 2-141 可以确认，该工具已经正确安装到机器人法兰盘上，安装的位置和姿态也是我们预期的，至此完成了整个工具的创建过程。

任务 2-6 工业机器人的手动操纵

【工作任务】

熟练掌握工业机器人的手动操作方法。

【实践操作】

一、手动操作的三种方式

在 RobotStudio 中，让机器人的手运动到所需要的位置，可以通过直接拖动和精确手动两种控制方式来实现。手动共有三种方式：手动关节、手动线性和手动重定位。

（一）直接拖动

根据图 2-55～图 2-62 所示的操作步骤将文件“Task2-6-1”解包，然后按照以下提示操作。

1. 手动控制机器人关节

第一步：在“布局”浏览器中选择想要移动的机器人。

第二步：单击 Freehand 中的“手动关节”。

第三步：单击想要移动的“关节”并将其拖至所需的位置。

备注：如果按住 Alt 键的同时拖拽机器人关节，机器人每次移动 10 度。按住 F 键的同时拖拽机器人关节，机器人每次移动 0.1 度。操作步骤如图 2-142 所示。

2. 手动机器人 TCP

第一步：在“布局”浏览器中选择想要移动的机器人。

第二步：在 Freehand（手绘）组中，单击 Jog Linear（手动线性），一个坐标系将显示在机器人 TCP 处。

第三步：单击想要移动的关节，并将机器人 TCP 拖至首选位置。

备注：如果按住 F 键的同时拖拽机器人，机器人将以较小步幅移动。

操作步骤如图 2-143 所示。

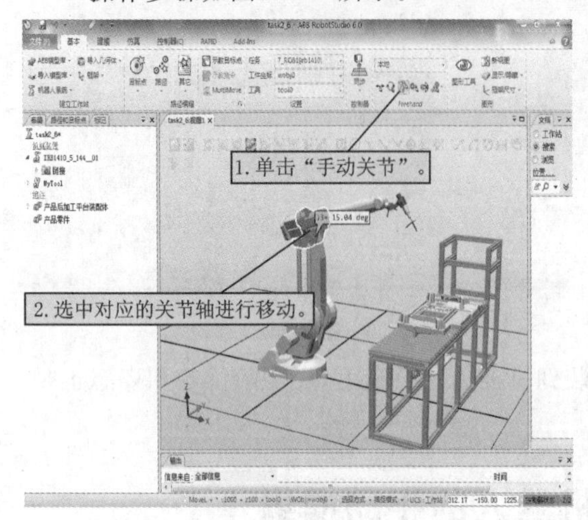

图 2-142

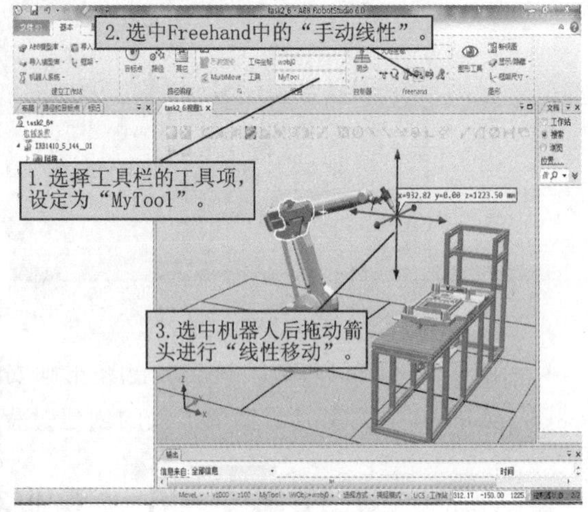

图 2-143

3. 重定位 TCP 旋转

第一步：在“布局”浏览器中选择要重定位的机器人。

第二步：在 Freehand（手绘）组中，单击 Jog Reorient（手动重定位），TCP 周围将显示一个定位环。

第三步：单击该定位环，然后拖动机器人以将 TCP 旋转至所需的位置。X、Y 和 Z 方向均显示单位。

备注：对不同的参考坐标系（大地、本地、UCS、活动工件、活动工具），定向行为有所差异。

操作步骤如图 2-144 所示。

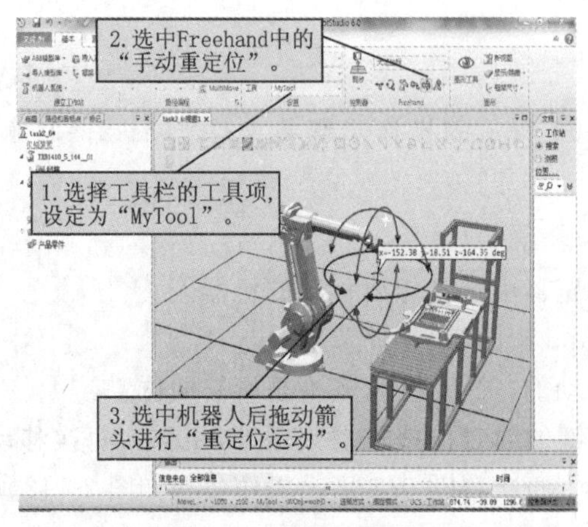

图 2-144

（二）精确手动

精确手动操作步骤如图 2-145～图 2-148 所示。

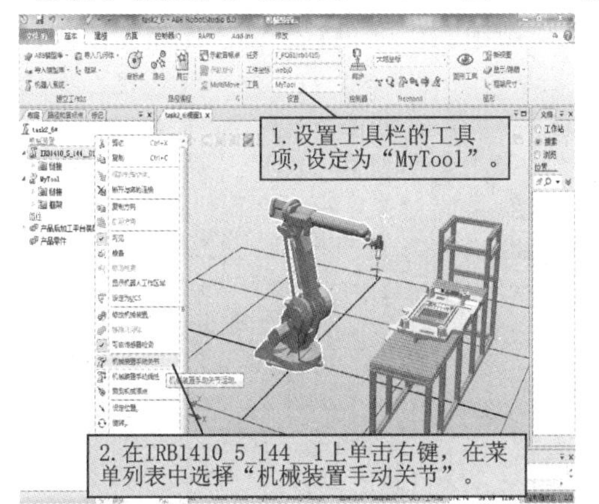

图 2-145

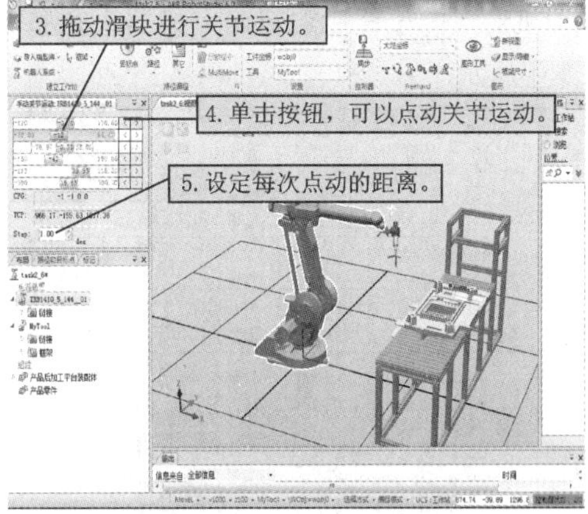

图 2-146

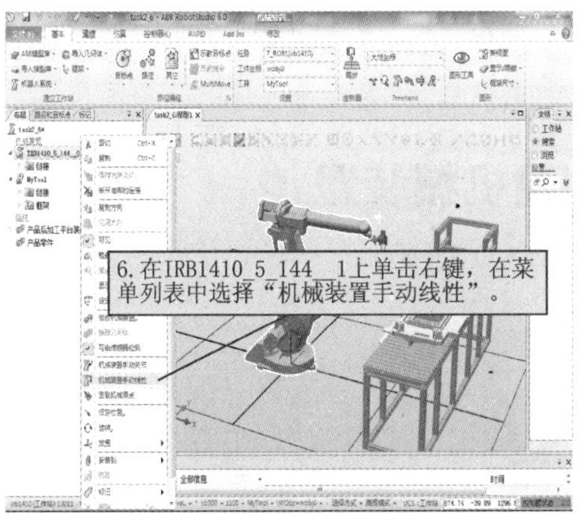

图 2-147

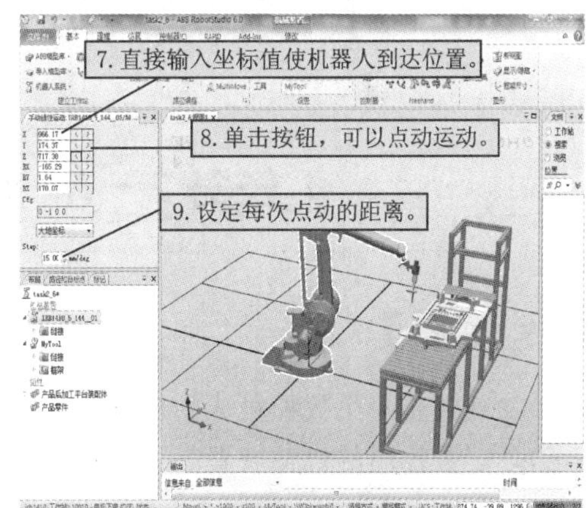

图 2-148

（三）回到机械原点

回到机械原点的操作如图 2-149 所示。

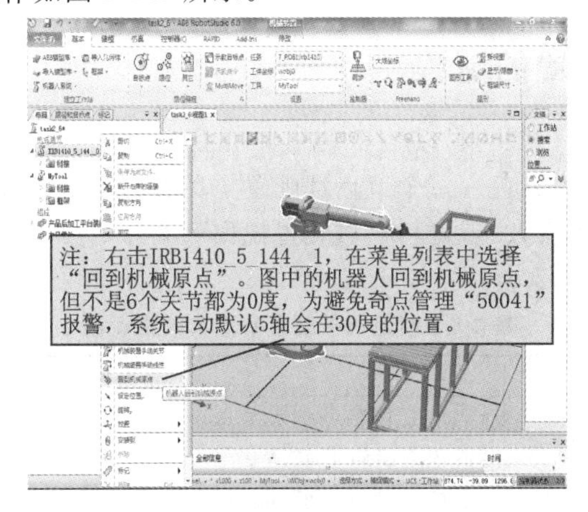

图 2-149

二、Freehand 移动机器人

如果在建立工业机器人系统后，发现机器人的摆放位置并不合适，还需要调整的话，就要在移动机器人的位置后重新确定机器人在整个工作站中的坐标位置。具体操作如图 2-150和图 2-151 所示。

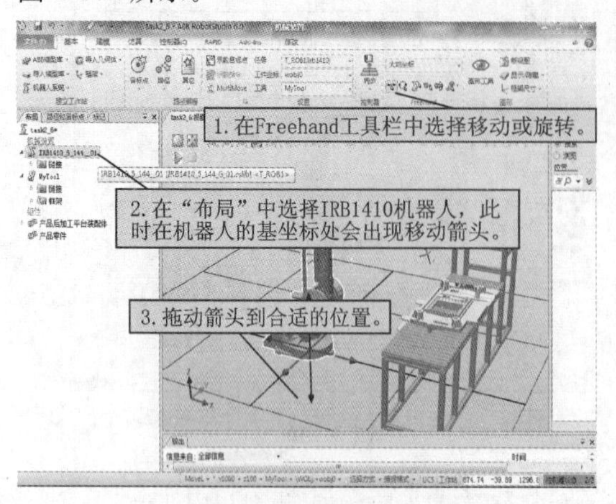

图 2-150

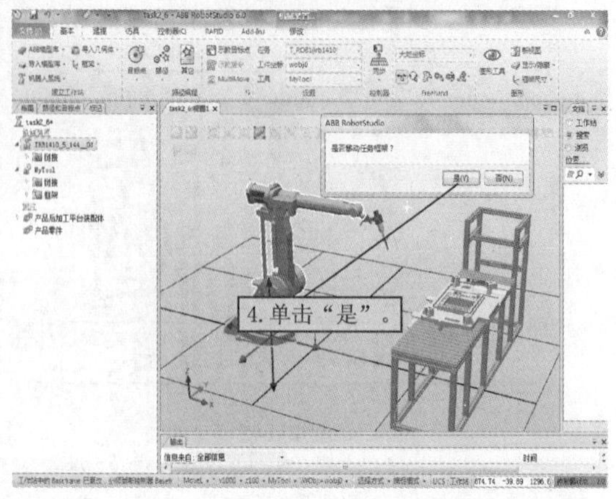

图 2-151

任务 2-7　创建机械装置

【工作任务】

(1)加载放置一个数控机床的模型。

(2)创建数控门的机械装置。

【实践操作】

在工作站中为了更好地表达效果，会为机器人周边的模型制作动画效果，如传送带、夹具和滑台等。我们以创建机床门的动画来演示设计方法，打开任务包 Task2-7 后进行后续操作。

一、创建机械装置的流程

创建机械装置取决于构建树型结构中的主要节点。四个节点分别是链接、关节、框架/工具和校准，它们最初标为红色。每个节点都配置了足够的子节点使其有效时，标记变成绿色。一旦所有节点都变得有效，就可将机械装置视作可编译，进而可以创建。有关其有效性标准，如表 2-8 所示。

表 2-8　创建机械装置节点有效性说明

节　点	有效性标准
链接	(1)它包含多个子节点。 (2)BaseLink 已设置。 (3)所有的链接部件都仍在工作站内

续表

节　点	有效性标准
关节	必须至少有一个关节处于活动状态且有效
框架/工具	(1)至少存在一个框架/工具数据。 (2)对于设备,不需要框架
校准	(1)对于机器人,只需一项校准。 (2)对于外轴,每个关节需要一项校准。 (3)对于工具或设备,接受校准,但不必需

具体操作步骤如图 2-152～图 2-175 所示。

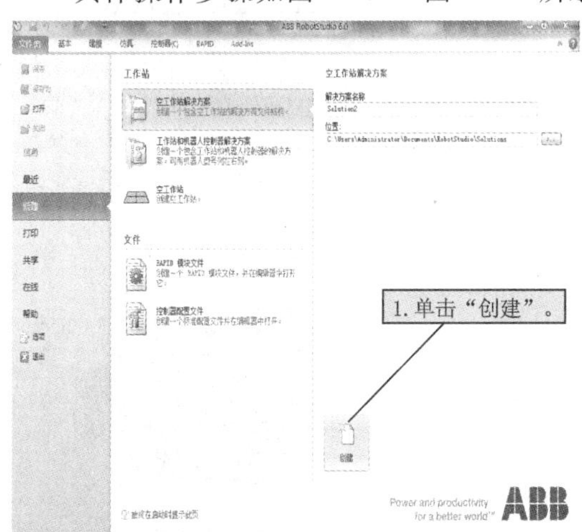

图 2-152

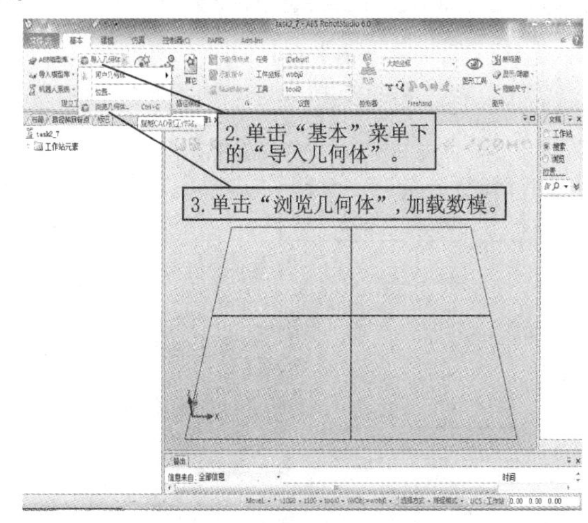

图 2-153

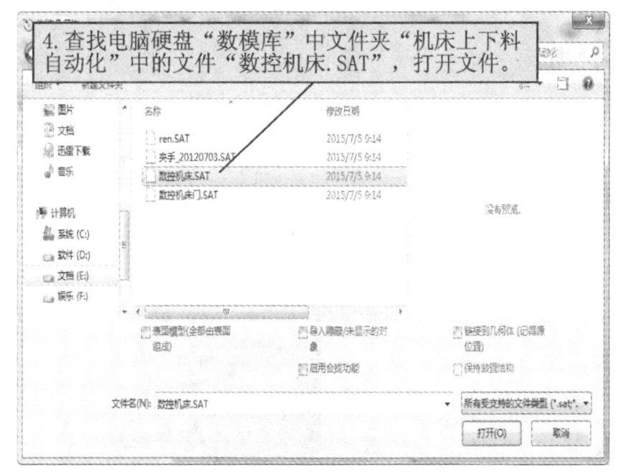

图 2-154

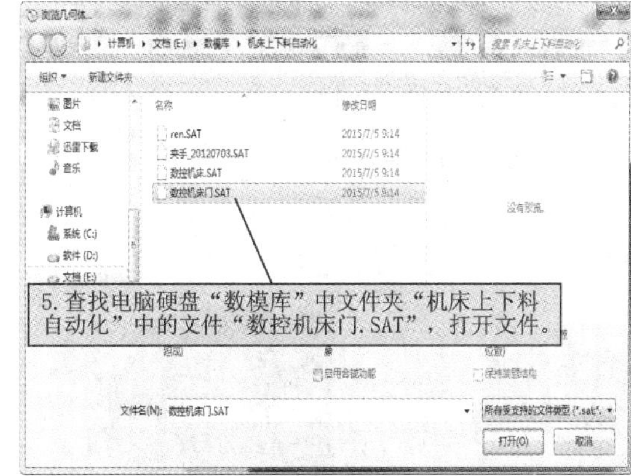

图 2-155

观察载入工作站的数模,机床的上半身摆放在地面下方,我们首先需应用旋转和放置功能实现机床的摆放。

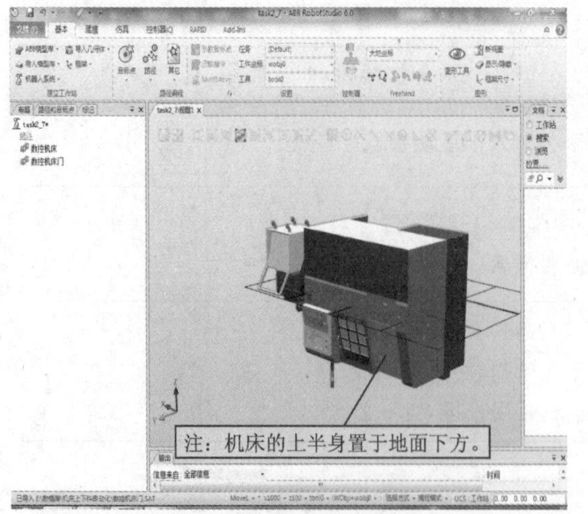

图 2-156

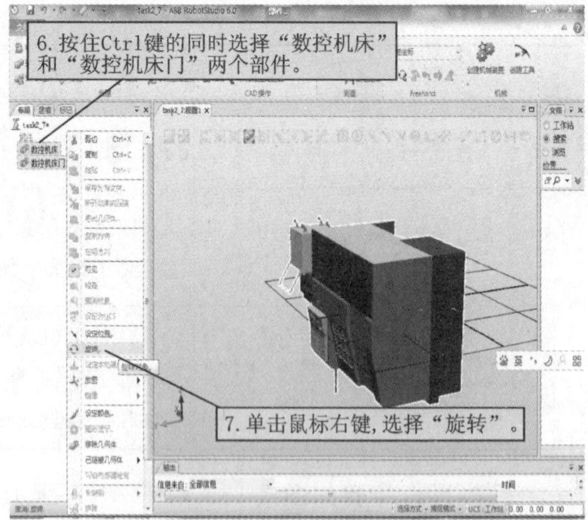

图 2-157

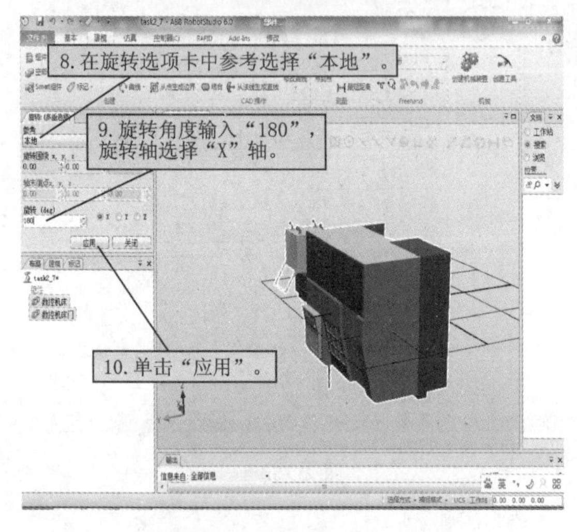

图 2-158

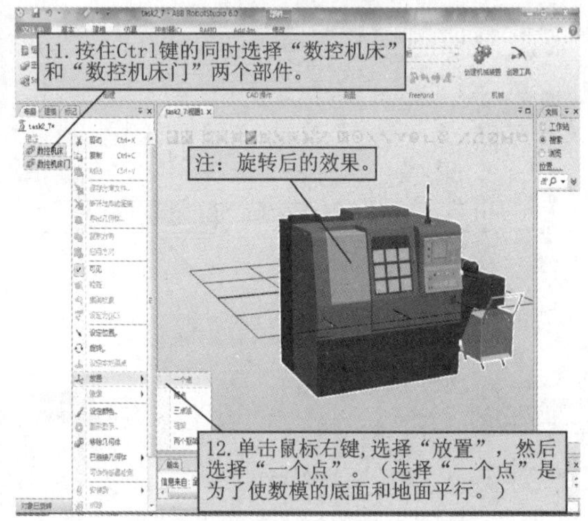

图 2-159

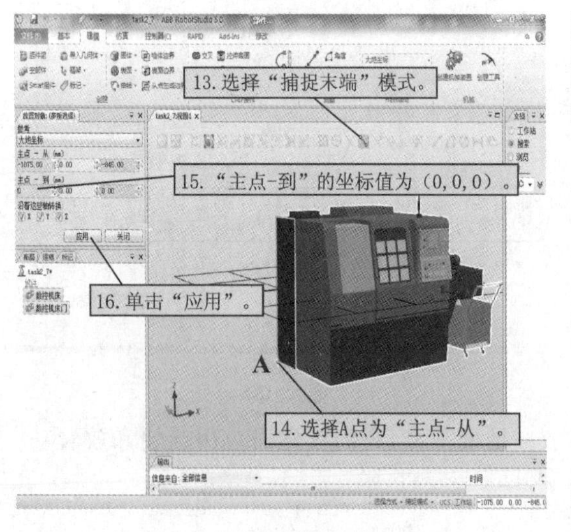

图 2-160

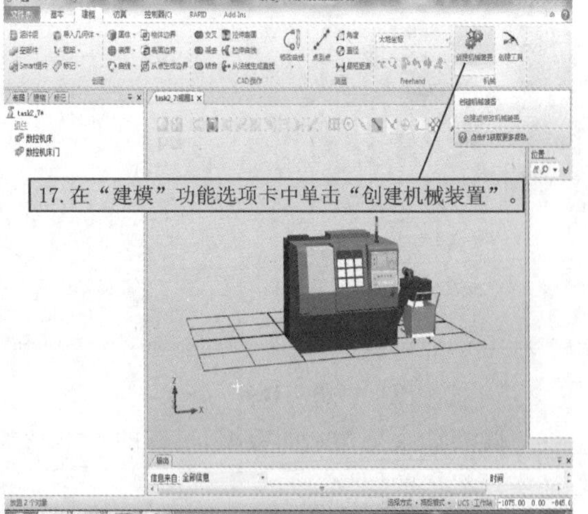

图 2-161

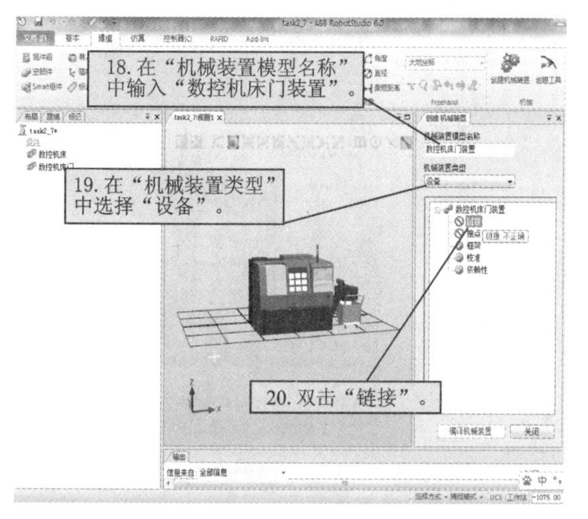

图 2-162

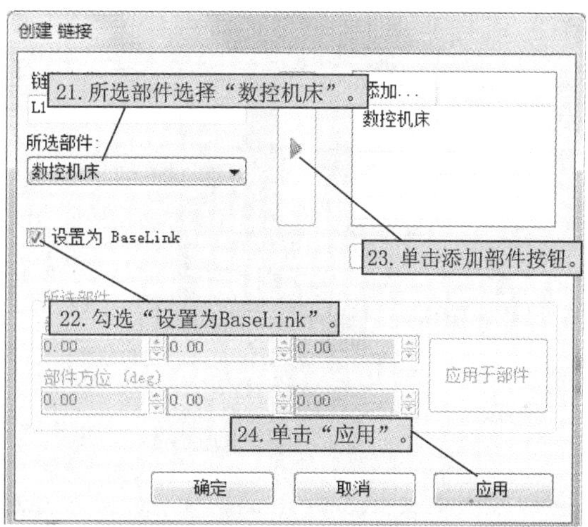

图 2-163

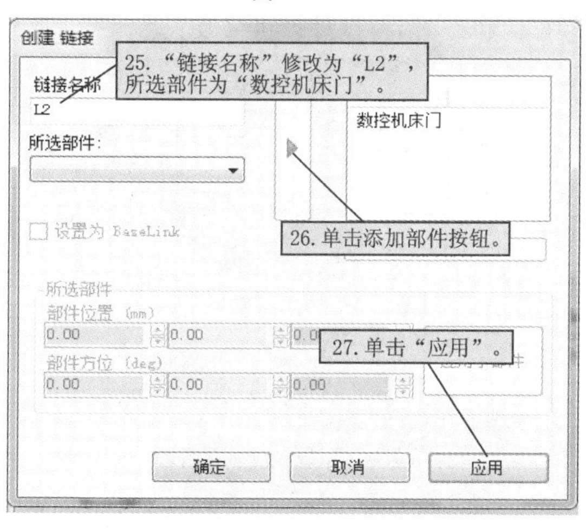

图 2-164

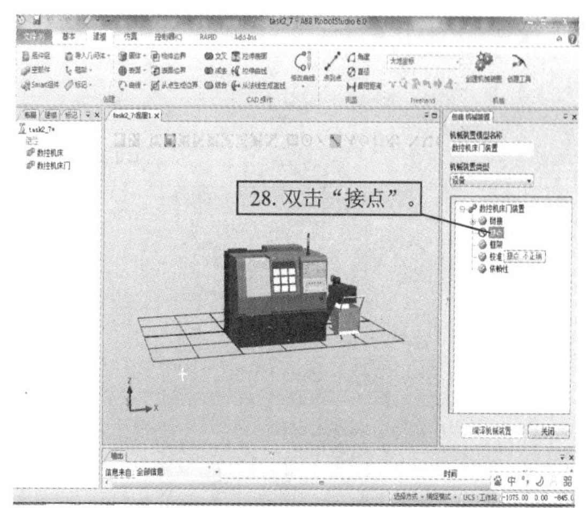

图 2-165

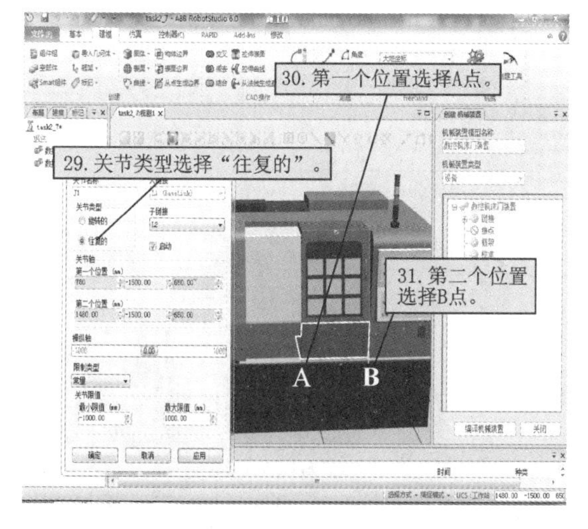

图 2-166

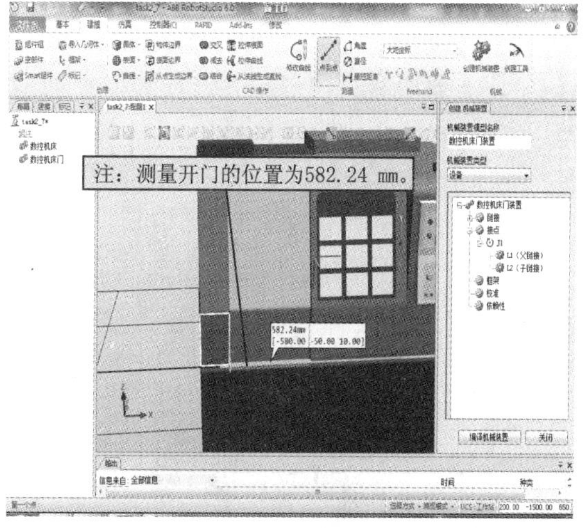

图 2-167

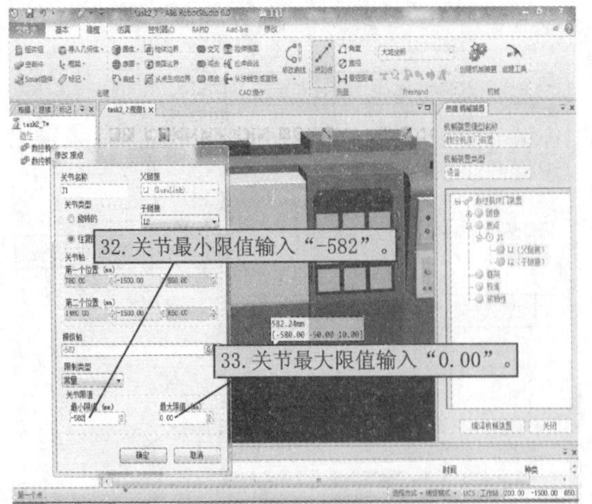

图 2-168

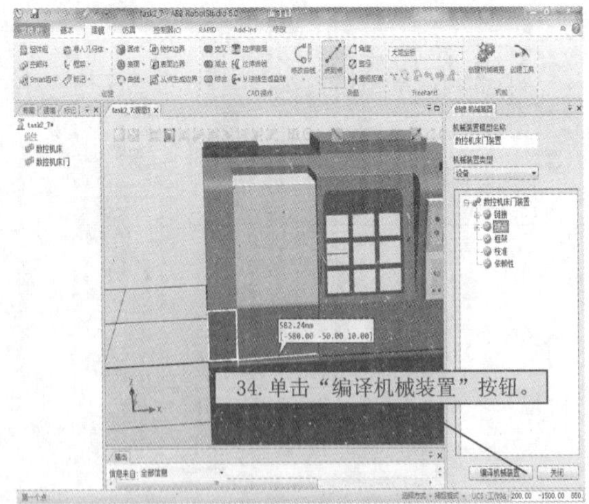

图 2-169

当链接、接点、框架、校准、依赖性都处于绿色打钩状态时，可以编译机械装置。

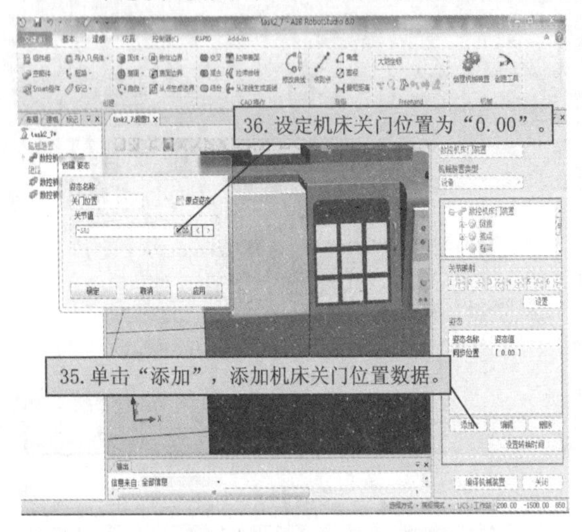

图 2-170

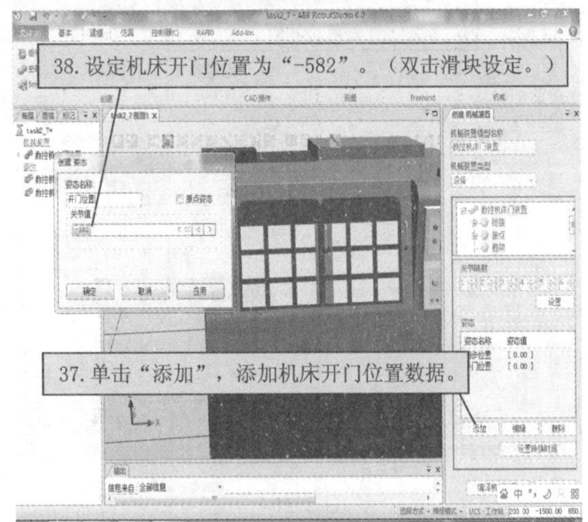

图 2-171

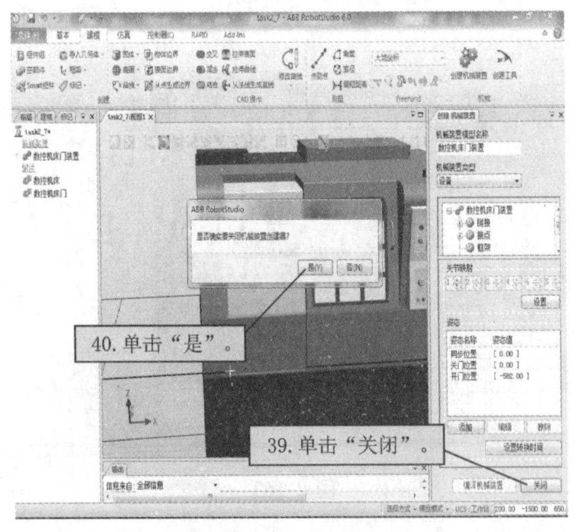

图 2-172

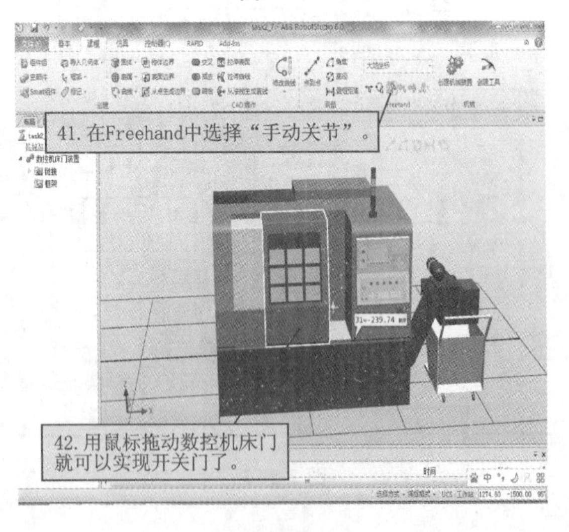

图 2-173

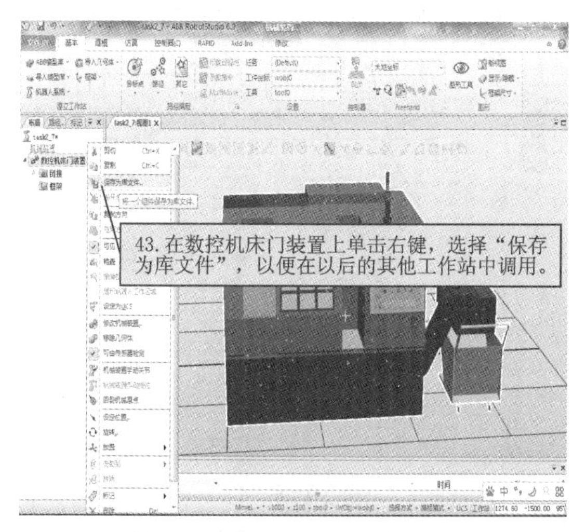

图 2-174

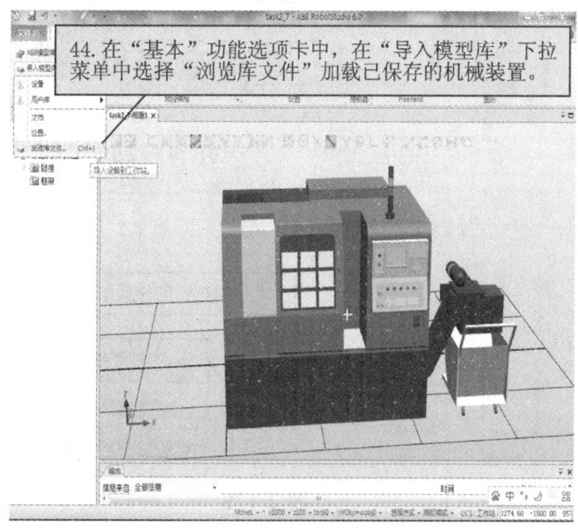

图 2-175

二、建立工作站信号和日志管理

1. 建立工作站信号

使用配置编辑器，可以查看或编辑控制器特定主题的系统参数。实例编辑器是附加的编辑器，使用它可以编辑类型实例的详细信息（配置编辑器中的实例列表中的每一行）。配置编辑器可以和控制器直接通信，也就是说，在修改完成后可以即刻将结果应用到控制器上。使用配置编辑器及实例编辑器，我们可以：

(1)查看类型、实例和参数；

(2)编辑实例和参数；

(3)在主题内复制和粘贴实例；

(4)添加或删除实例。

配置编辑器可以对 Controller、I/O、连接、动作、人机连接、添加信号等内容进行设置。

建立工作站信号的步骤（建立信号过程以 RobotWare5.15 版为例）如图 2-176～图2-181 所示。

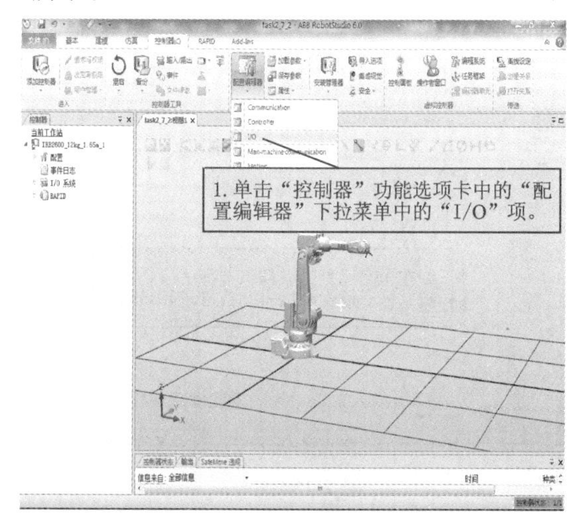

图 2-176

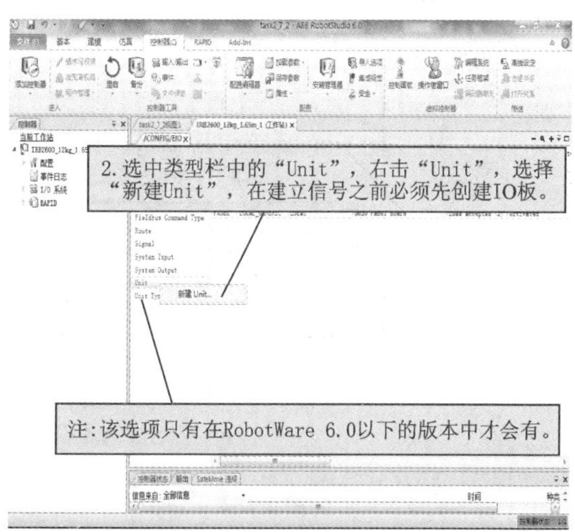

图 2-177

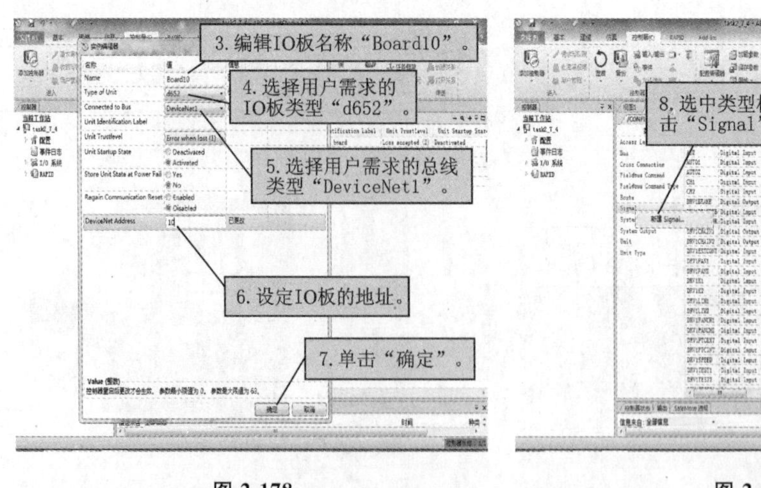

图 2-178　　图 2-179

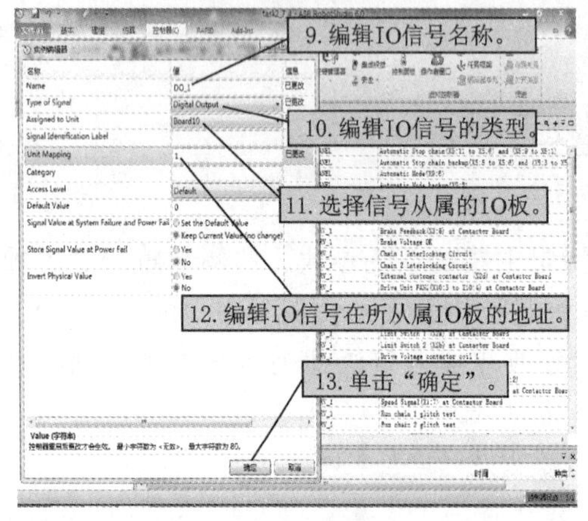

图 2-180

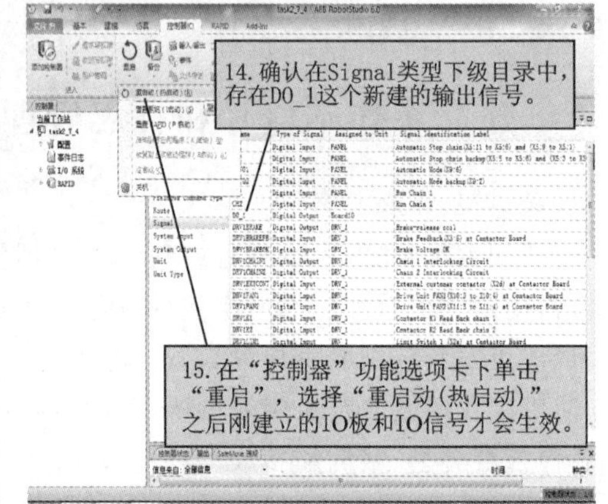

图 2-181

2. 工作站信号监控操作

在当前工作站目录下 I/O 系统菜单中可以监控系统中存在的总线类型分别有 DeviceNet1、Local、Profibus_FA1、Virtual1 总线。用户可以根据监控的不同需要选择监控总线下的用户信号和系统信号。具体操作步骤如图 2-182 和图 2-183 所示。

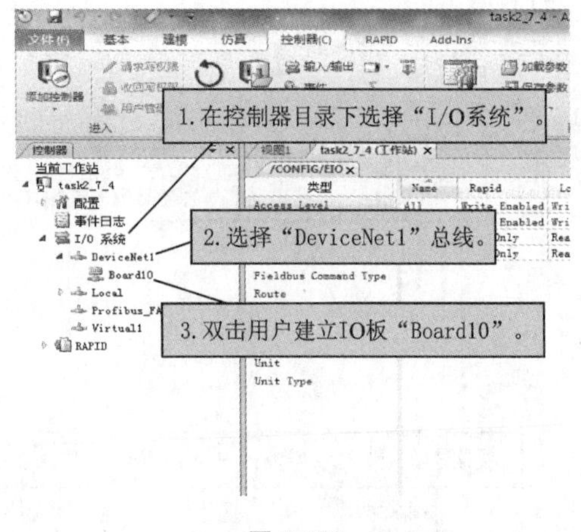

图 2-182

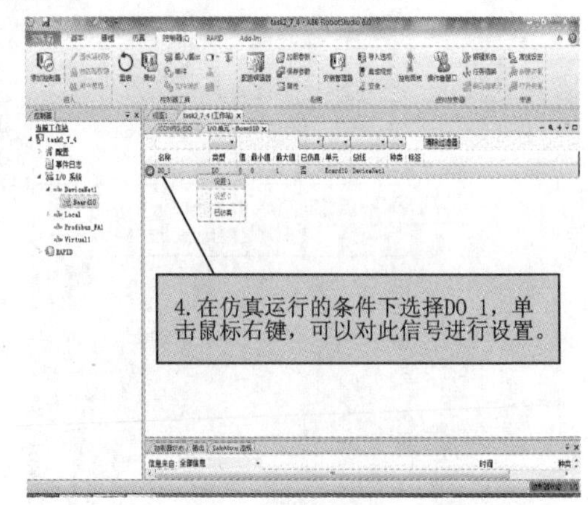

图 2-183

3. 日志管理

事件是提示用户机器人系统所发生状况的信息，如操作模式的变化或错误信息，以便用户及时做出反应。如果事件需要用户做任何操作，事件信息中都会有相关的提示说明。事件日志可以让用户随时了解系统状态，并允许用户：查看控制器事件、筛选事件、分类事件、查看事件的详细信息、将事件日志保存至 PC、清除事件记录。

重点信息名称解释如表 2-9 所示。

表 2-9　事件相关属性表

名　　称	描　　述
事件日志列表	事件日志列表包含所有满足用户筛选设置的事件，并显示每个事件的一些信息
事件类型	事件类型指示事件的级别
事件代码	事件代码是表示事件信息的数字，同时还显示事件的日期时间，每个事件的代码都是唯一的
事件标题	事件标题是对事件的简单描述
事件种类	事件种类是事件源的指示
序号	序号指示事件的顺序。序号越大，表明是越近发生的事件
事件描述	当用户在列表中选择了一个事件时，在窗格右侧将会显示事件的详细描述，窗格中包括事件描述、结果、原因和解决该问题的建议及措施

我们还可以对事件进行分类、筛选、清除事件日志，如图 2-184 所示。单击 Refresh（刷新）按钮不会影响机器人控制器中的事件日志。当控制器硬盘空间不够时，会清除最早的事件记录。为了以后可以重新找回清除的事件，推荐在清除前将事件保存至日志文件中。将所有事件保存至计算机上的一个文件中，选中 Log to File（记录到文件）复选框。只要该复选框处于选中状态，当新事件发生时，日志文件就会自动更新。

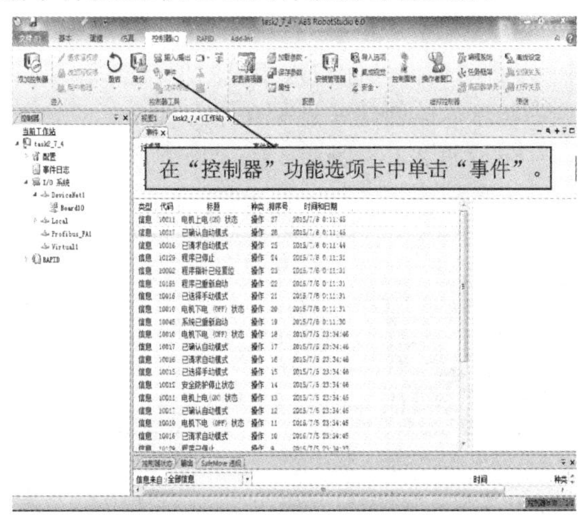

图 2-184

任务 2-8 建立工业机器人坐标系

【工作任务】

(1)建立工件坐标系。

(2)建立工具坐标系。

【实践操作】

工件坐标系通常表示实际工件的坐标。它由两个坐标系组成，即用户框架和对象框架，其中后者是前者的子框架。对机器人进行编程时，所有目标点(位置)都与工作对象的对象框架相关。如果未指定其他工作对象，目标点将与默认的 Wobj0 关联，Wobj0 始终与机器人的基座保持一致。

如果工件的位置已发生更改，可利用工件坐标轻松地调整发生偏移的机器人程序。因此，工件坐标可用于校准离线程序。如果固定装置或工件的位置相对于实际工作站中的机器人与离线工作站中的位置无法完全匹配，用户只需调整工件坐标的位置即可。

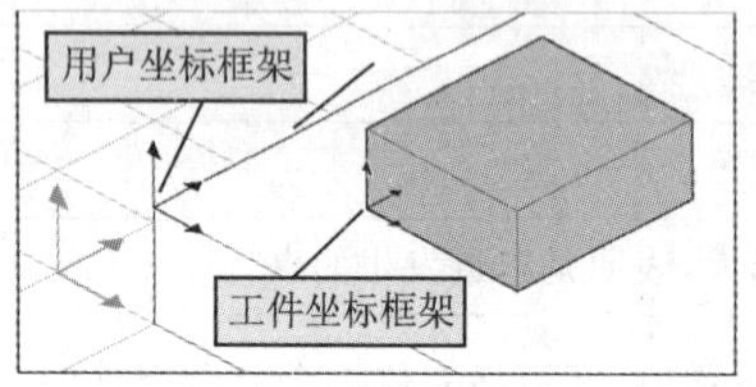

图 2-185

在图 2-185 中，灰色的坐标系为大地坐标系，黑色部分为工件坐标框架和用户坐标框架。这里的用户坐标框架定位在工作台或固定装置上，工件坐标框架定位在工件上。

一、创建工件坐标流程

(1)在 Home(基本)功能选项卡的 Path Programming(路径编程)组中，单击 Other(“其它”)，然后单击 Create Workobject(创建工作对象)。

(2)在用户坐标框架中，为工作对象输入位置 x、y、z 和旋转度 rx、ry、rz 的值，以设置用户坐标框架的位置。

(3)在 Object Frame(工件框架)组内，执行列操作，重新定义工件框架相对于用户框架的位置。

(4)在同步属性组中，为新的工件坐标输入相应的值。

(5)单击创建。新工件坐标将被创建并显示在路径和目标点浏览器中。

具体操作步骤如图 2-186～图 2-189 所示。

图 2-186

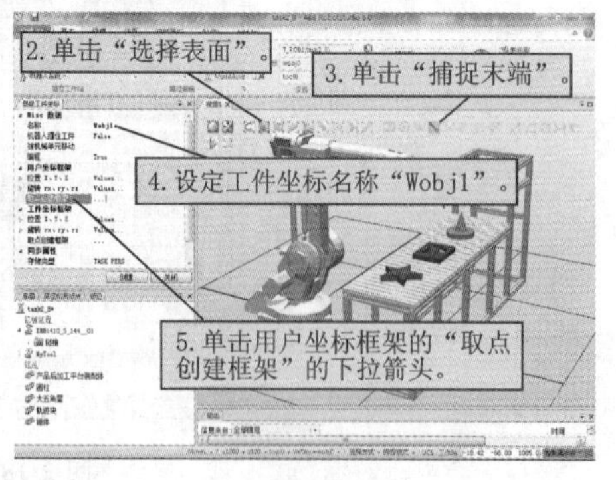

图 2-187

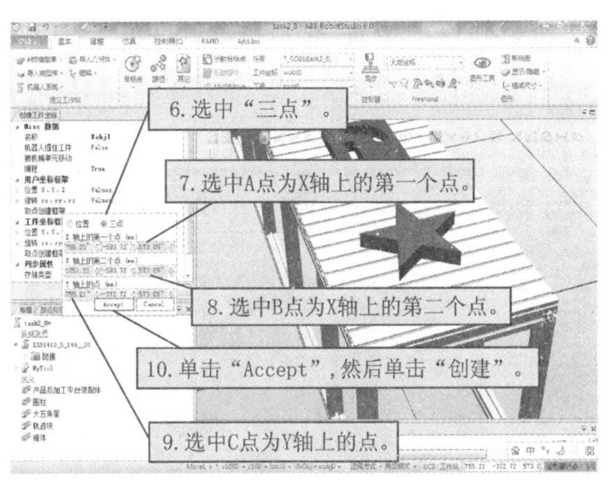

图 2-188

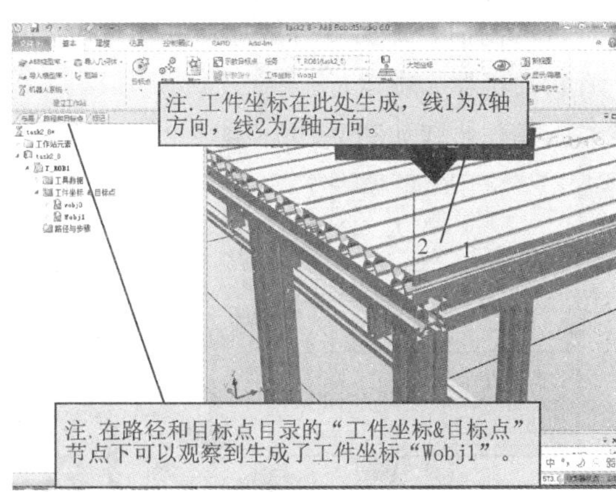

图 2-189

二、创建工具数据流程

(1)在“布局”窗口中,确保要创建工具数据的机器人已设置为活动任务。

(2)在“基本”功能选项卡的路径编程组中,单击“其它”,然后单击工具数据,将打开创建工具数据对话框。

(3)在 Misc 数据组内:

◆输入工具“名称”;

◆在“机器人握住工具”列表中,选择工具是否由机器人握住。

在“工具坐标框架”组中:

◆定义“工具”位置 x,y,z;

◆定义“工具”旋转 rx,ry,rz。

在“加载数据”组内:

◆输入工具重量、重心、惯性。

(4)在“存储类型”列表中,选择 VAR,选择 PERS 或 TASK PERS。

(5)若想在 MultiMove 模式下使用该工具数据,则选择 TASK PERS。

(6)在“模块”列表中,选择要声明工具数据的模块。

(7)单击“创建”。

(8)工具数据在图形窗口中显示为坐标。

任务 2-9 创建机器人的运动轨迹程序

【工作任务】

调试机器人的空路径。

【实践操作】

与真实的机器人一样,在 RobotStudio 中工业机器人运动轨迹是通过 RAPID 程序指令进行控制的。下面就讲解如何在 RobotStudio 中进行轨迹的仿真，生成的轨迹可以下载到真实的机器人中运行。

操作步骤如图 2-190～图 2-208 所示。

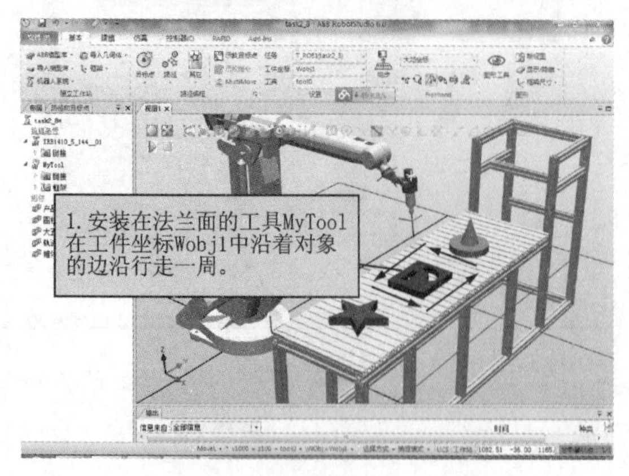

图 2-190

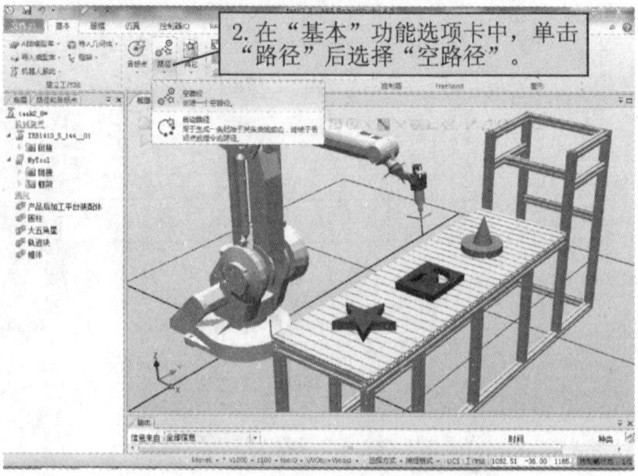

2. 在“基本”功能选项卡中，单击“路径”后选择“空路径”。

图 2-191

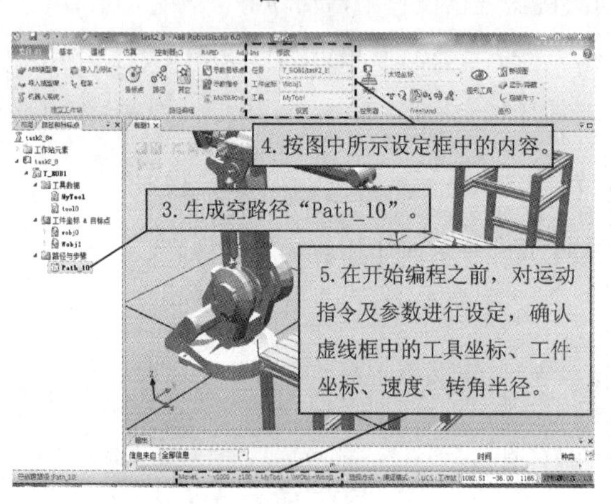

图 2-192

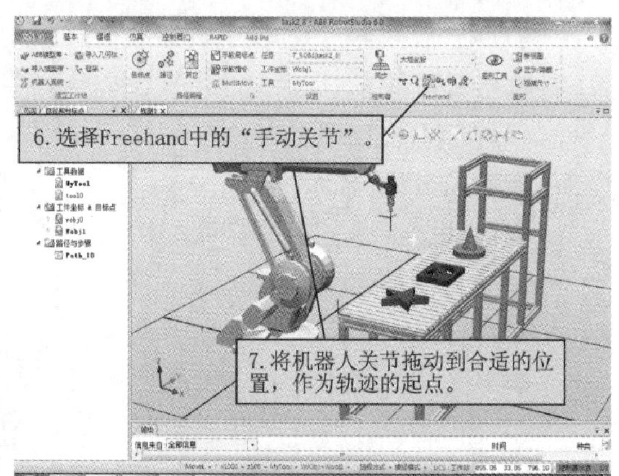

图 2-193

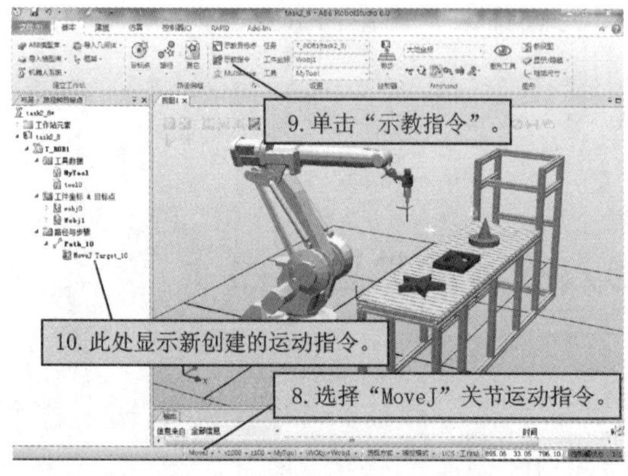

图 2-194

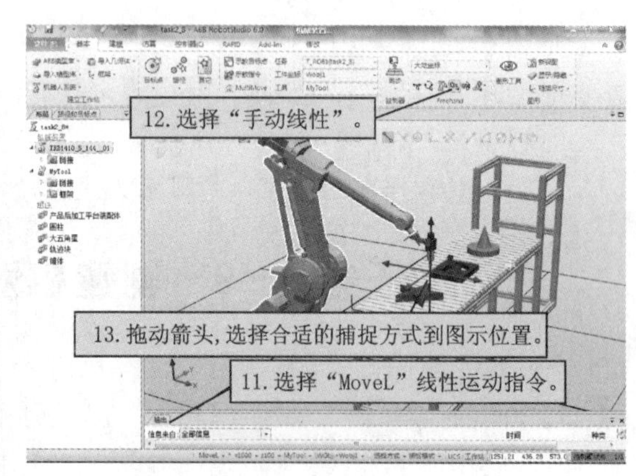

图 2-195

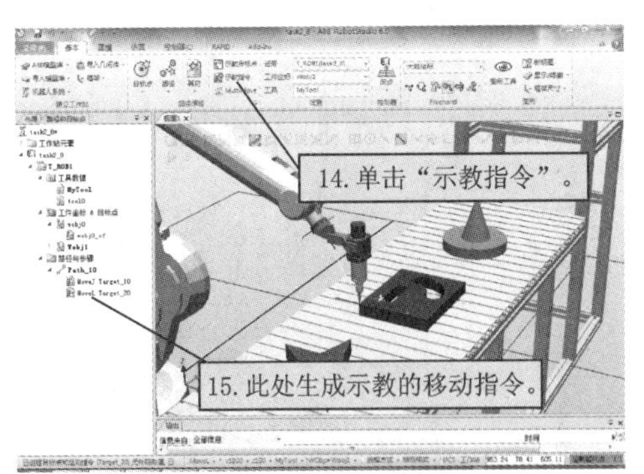

图 2-196

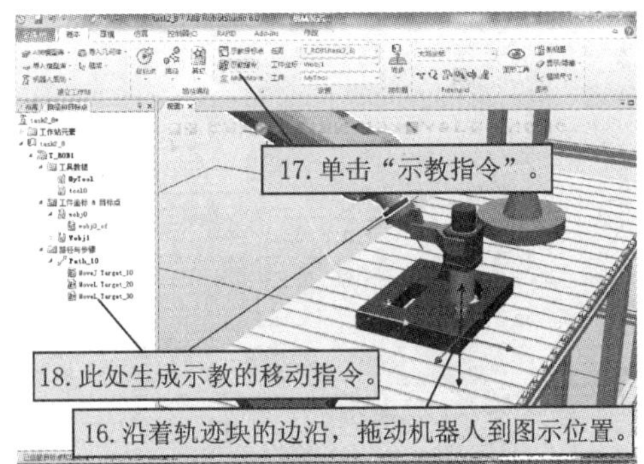

图 2-197

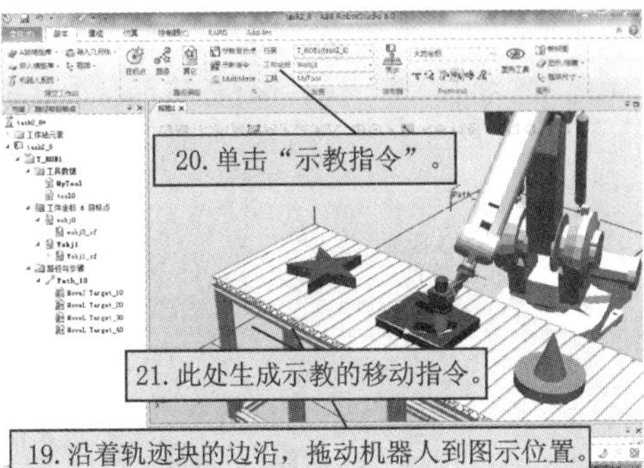

图 2-198

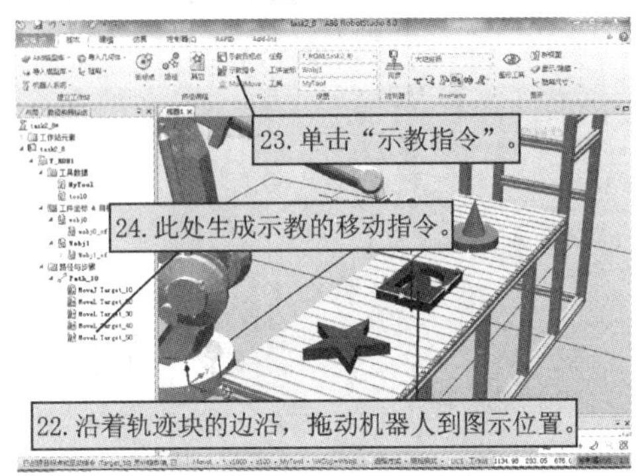

图 2-199

由于轨迹块的起点的和终点重合，所以我们可以用复制坐标点的方式简化轨迹示教。

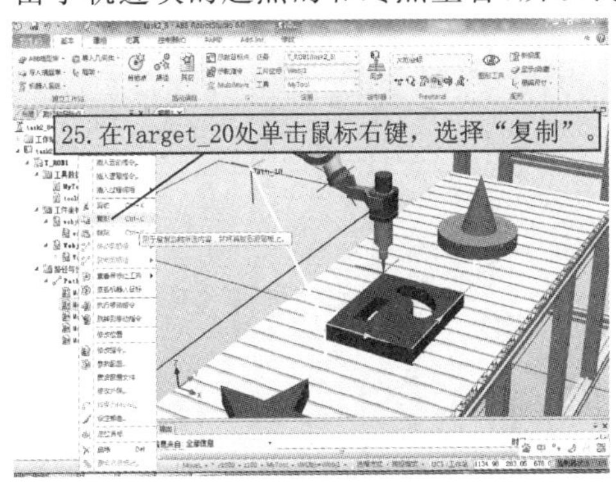

图 2-200

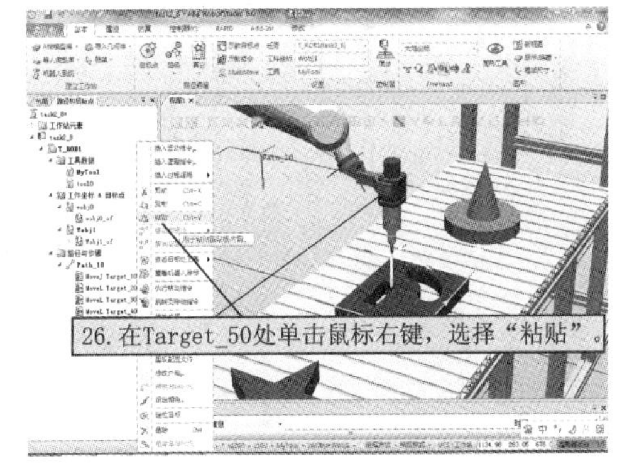

图 2-201

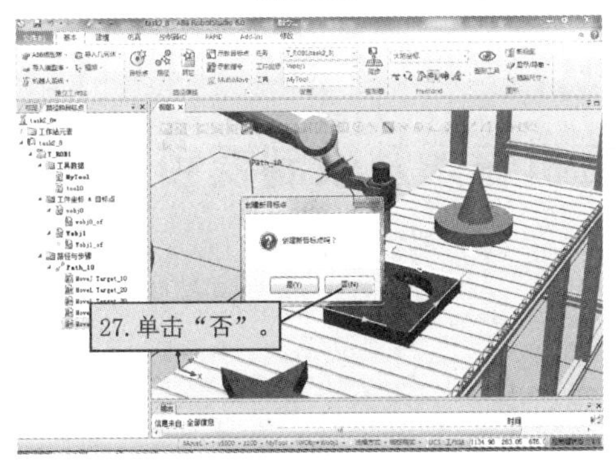

图 2-202

图 2-203

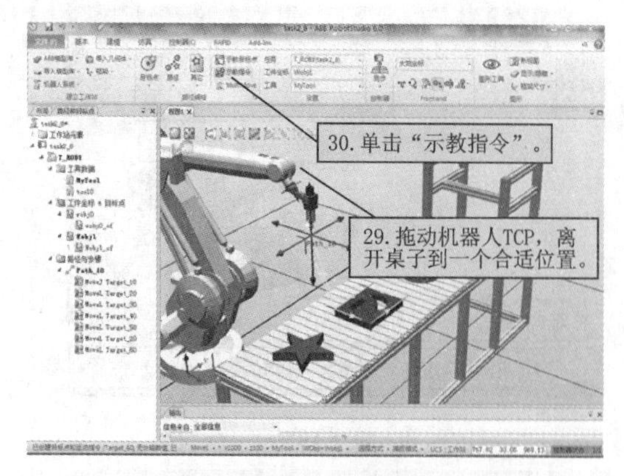

图 2-204

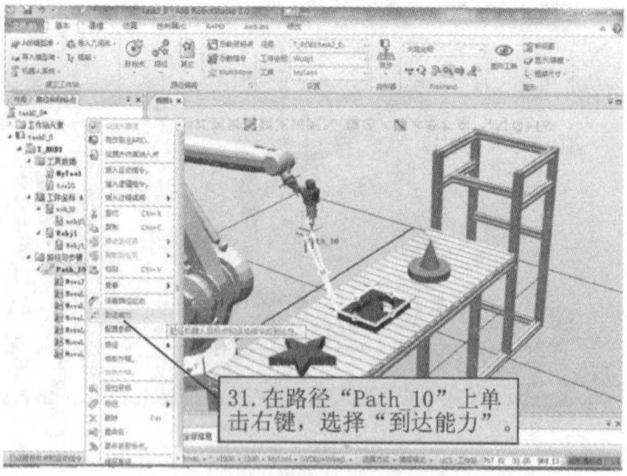

图 2-205

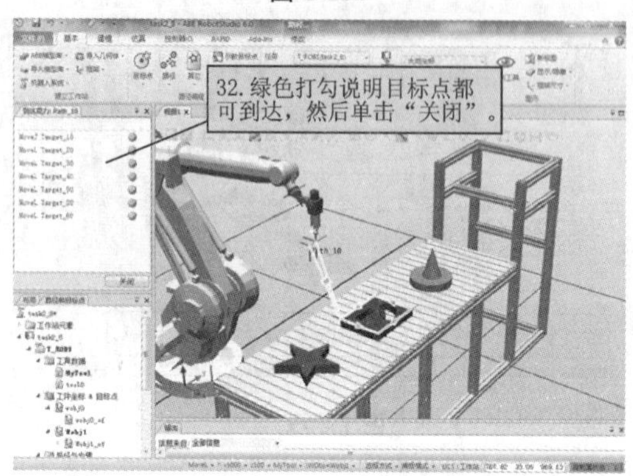

图 2-206

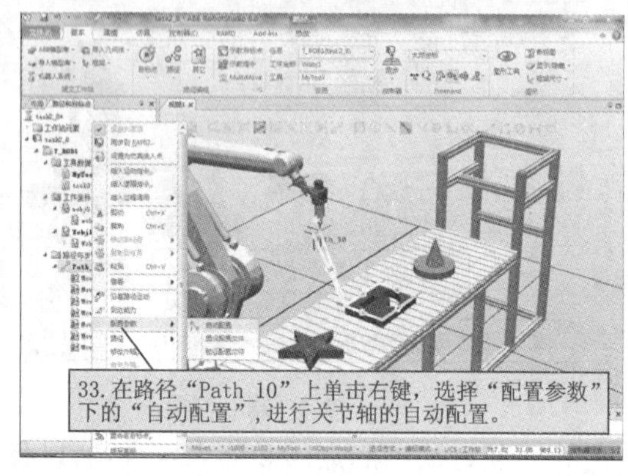

图 2-207

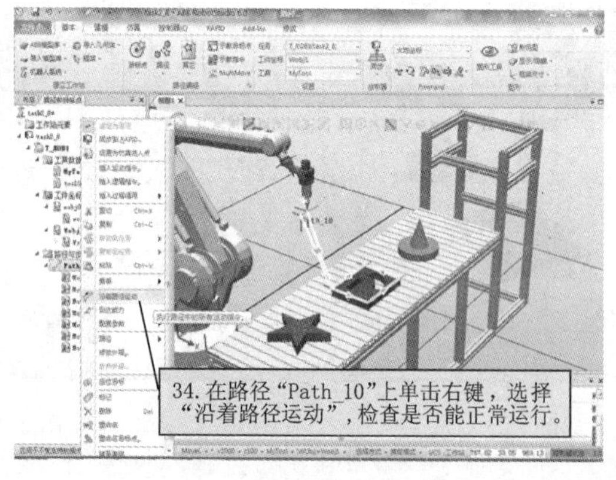

图 2-208

任务 2-10 仿真运行机器人及录制视频

【工作任务】

(1)仿真运行机器人轨迹。

(2)多媒体视频录制。

(3).exe 可执行文件录制。

【实践操作】

一、仿真运行机器人轨迹

操作步骤如图 2-209～图 2-215 所示。

图 2-209

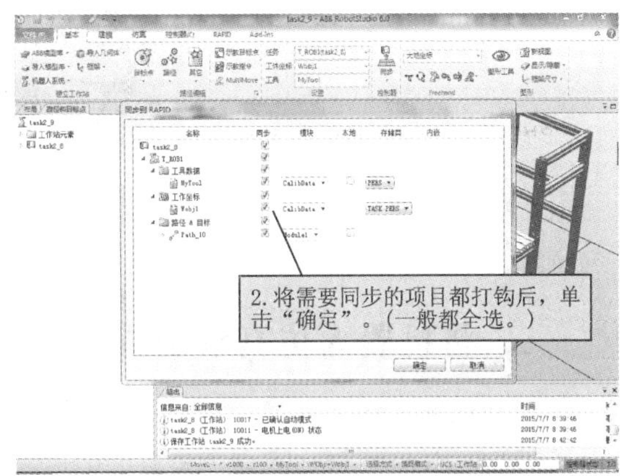

图 2-210

在 RobotStudio 中，为保证虚拟控制器中的数据与工作站的数据一致，需要将虚拟控制器与工作站数据同步进行。在工作站中修改数据后，需要执行“同步到 RAPID”；不修改数据时，则需要执行“同步到工作站”。

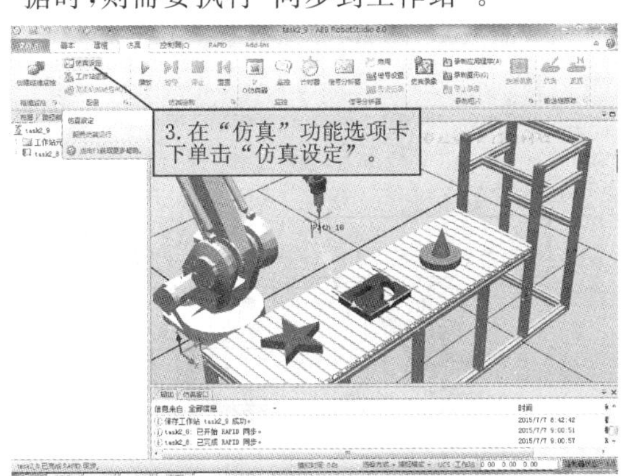

图 2-211

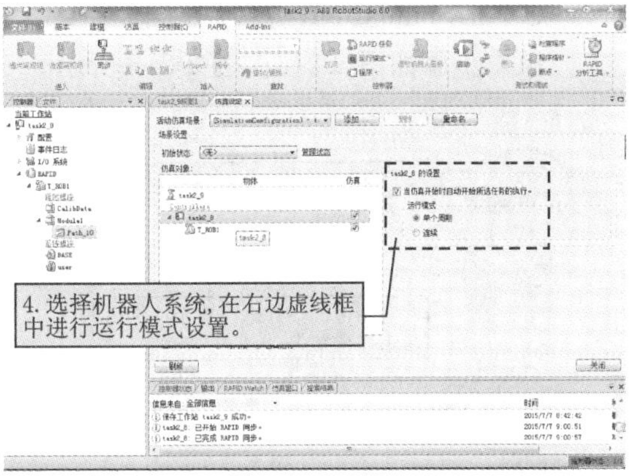

4. 选择机器人系统，在右边虚线框中进行运行模式设置。

图 2-212

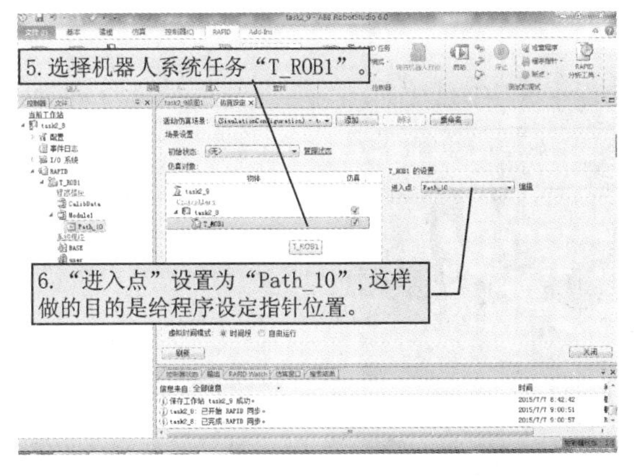

图 2-213

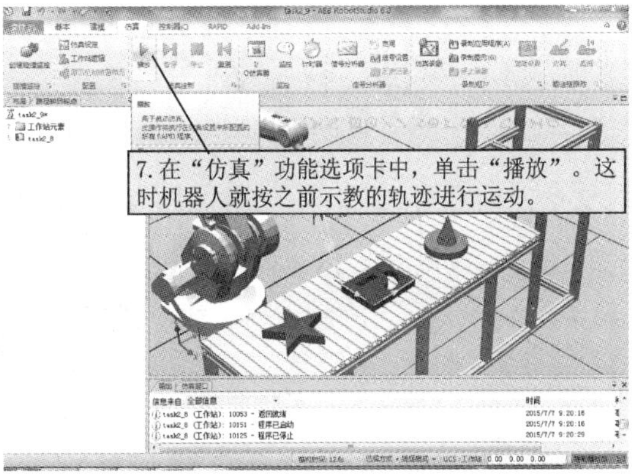

7. 在“仿真”功能选项卡中，单击“播放”。这时机器人就按之前示教的轨迹进行运动。

图 2-214

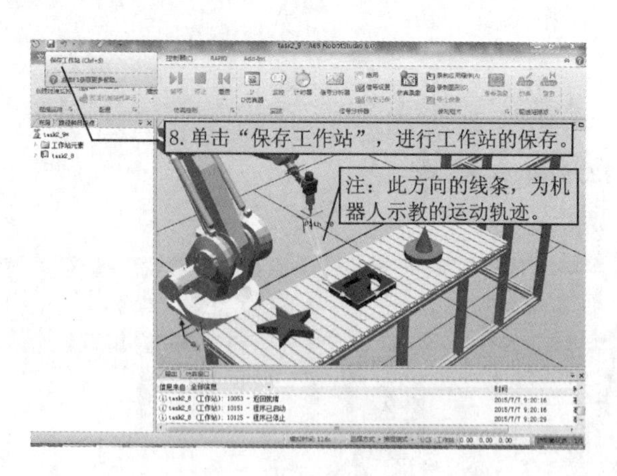

图 2-215

二、将机器人仿真录制成视频文件

录制视频文件流程：

(1)在 Record Movie(录制短片)组中单击 Record Simulation(仿真录像)，将下一个仿真录制为一段视频。

(2)完成时，单击 Stop Recording(停止录像)。

(3)仿真录像将保存在默认的地址中，用户可以在输出窗口中查看该地址。

(4)单击 View Recording(查看录像)回放录像。

(5)在 Simulation(仿真)功能选项卡中单击 Play(播放)，开始仿真录像。

操作步骤如图 2-216～图 2-218 所示。

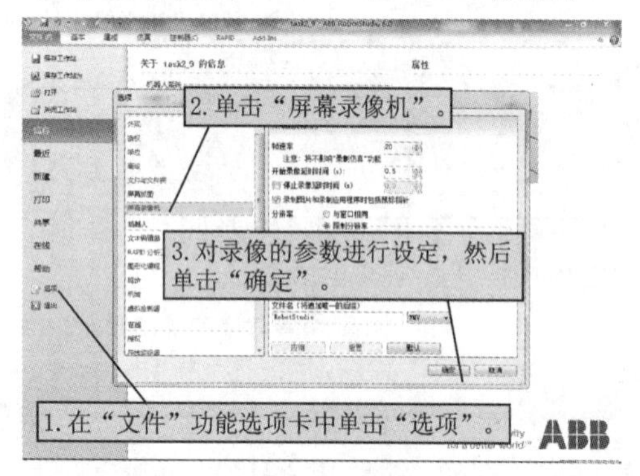

图 2-216

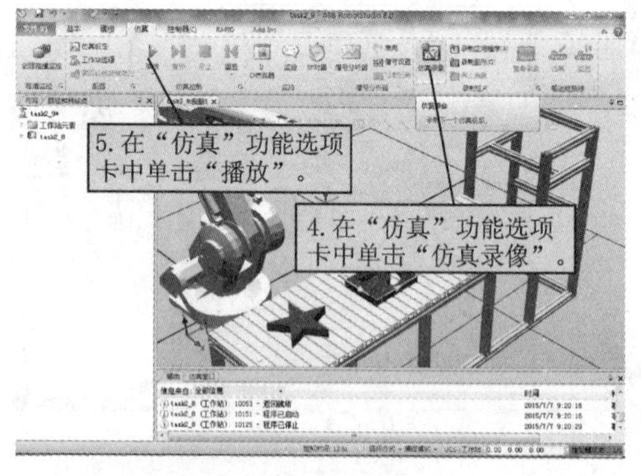

图 2-217

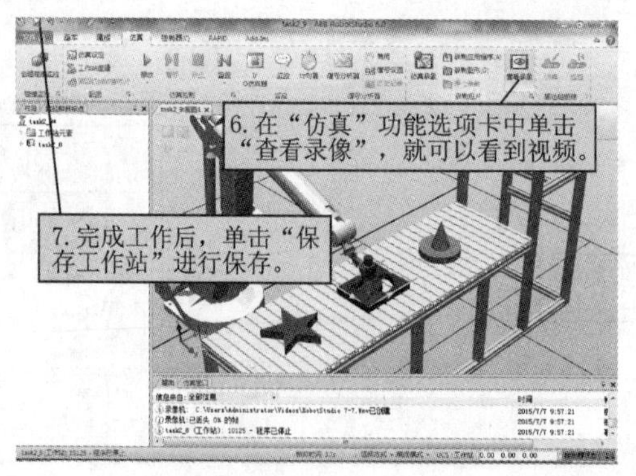

图 2-218

三、将工作站制作成.exe 可执行文件

录制应用程序流程如下。

(1)在 Record Movie(录制短片)组中,单击 Record application(录制应用程序)捕获整个应用程序窗口,或单击 Record graphics(录制图形)仅捕获图形窗口。

(2)当完成时,单击 Stop Recording(停止录像),将显示对话框供用户选择要保存录像或放弃录像。

(3)单击 View Recording(查看录像)重放最近捕获的内容。

操作步骤如图 2-219～图 2-221 所示。

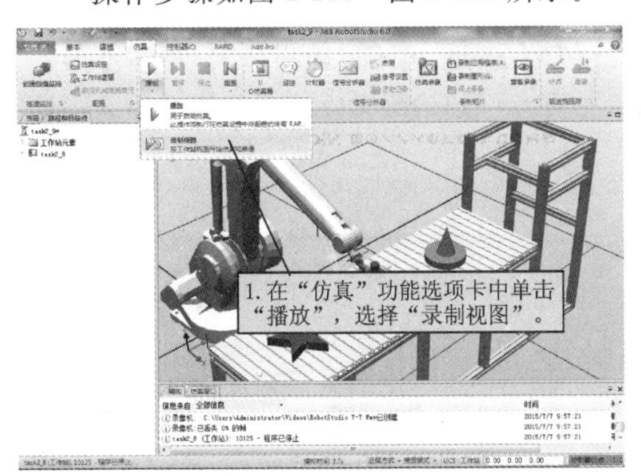

图 2-219

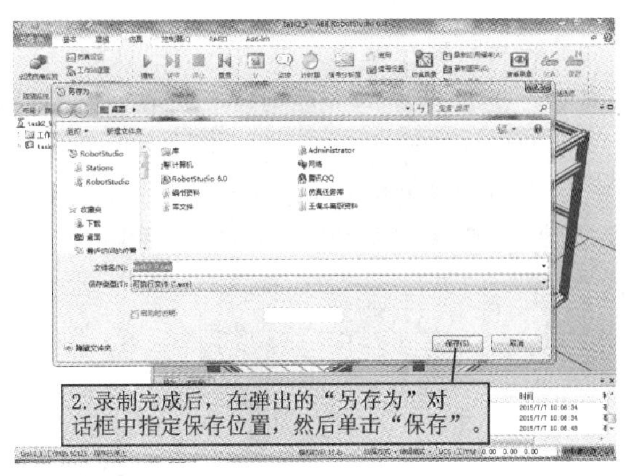

图 2-220

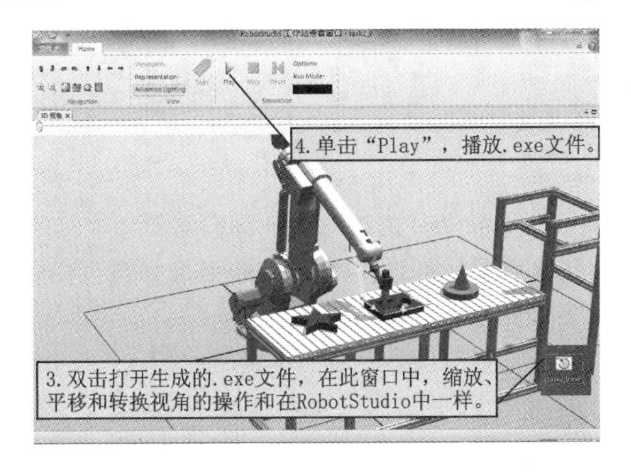

图 2-221

任务 2-11　模拟碰撞检测的设定

【工作任务】

(1)机器人碰撞监控功能的使用。

(2)机器人 TCP 跟踪功能的使用。

【实践操作】

在仿真过程中，规划好机器人运行轨迹后，一般需要验证当前机器人轨迹是否与周边设备发生干涉，可以使用碰撞监控功能进行检测；此外，机器人执行完运动后，我们需要对轨迹进行分析，机器人的轨迹是否满足需求，可以通过 TCP 跟踪功能将机器人运动轨迹记录下来，用作后续分析资料。

一、机器人碰撞监控功能的使用

模拟仿真的一个重要任务是验证轨迹的可行性，即验证机器人在运行过程中是否与周边设备发生碰撞。此外，在轨迹应用过程中，例如焊接、切割等，机器人工具实体尖端与工件表面距离需要保证在合理范围之内，既不能与工件发生碰撞，也不能距离过大，要满足工艺需求。在 RobotStudio 软件的“仿真”功能选项卡中有专门的检测碰撞功能。使用碰撞监控功能的操作步骤如图 2-222～图 2-230 所示。

在布局窗口中生成“碰撞检测设定_1”。

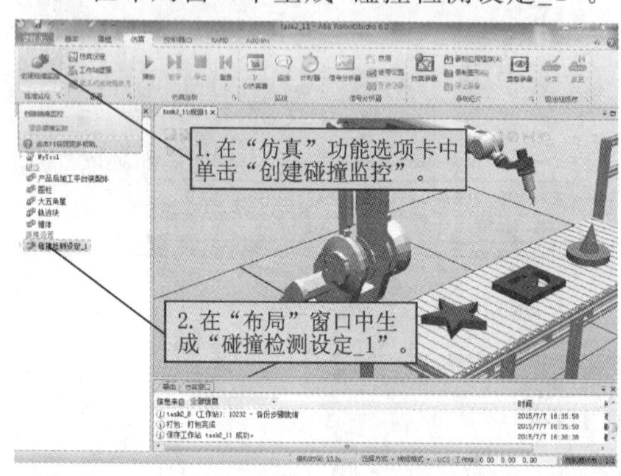

图 2-222

图 2-223

碰撞集包含 ObjectsA 和 ObjectsB 两组对象。我们需要将检测的对象放到两组中，从而检测两组之间的碰撞，此碰撞将显示在图形视图里并记录在窗口内。可在工作站内设置多个碰撞集，但每一个碰撞集仅能包含两组对象。

在“布局”窗口中，可以用鼠标左键选中需要检测的对象，不要松开，将其拖放到对应的组别里，然后设定碰撞监控属性。碰撞属性（见图 2-224）中的名词解释如下。

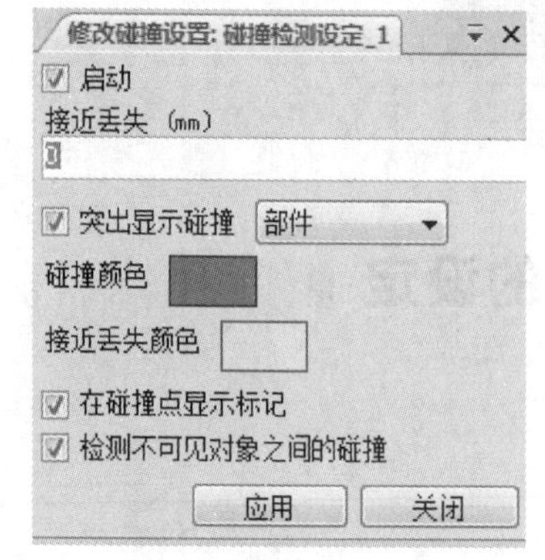

图 2-224

接近丢失：选择的两组对象之间的距离小于该数值时，则颜色提示。

碰撞颜色：选择的两组对象之间发生碰撞时，则显示颜色。

两种监控均有对应的颜色设置。

在此处，先暂时不设定接近丢失数值，碰撞颜色默认红色；然后可以先利用手动拖动的方式，拖动机器人工具与工件发生碰撞，查看一下碰撞效果。

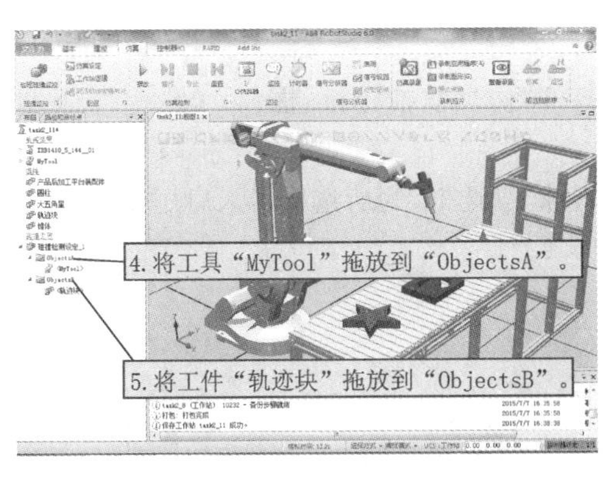

图 2-225

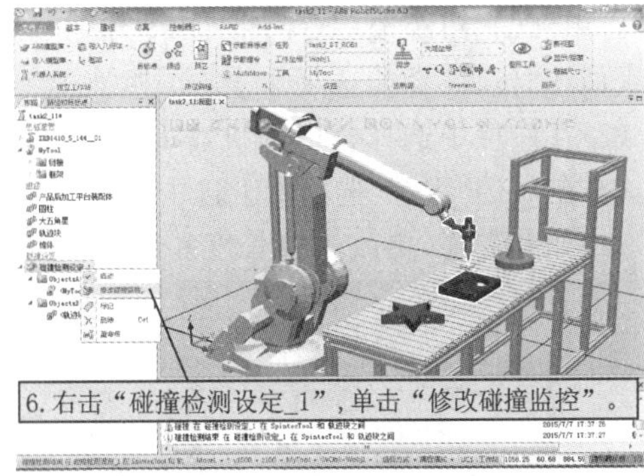

图 2-226

图 2-227

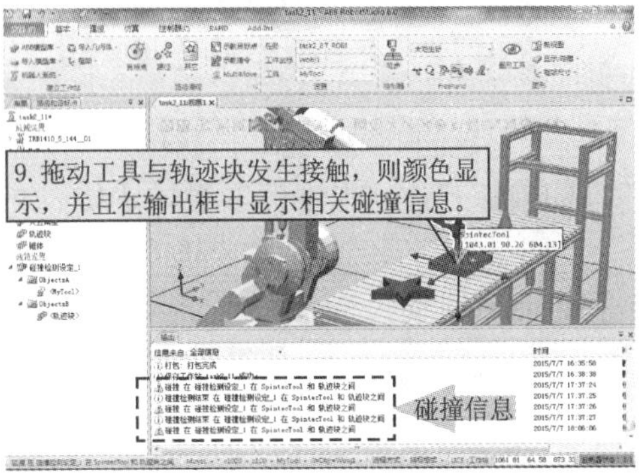

9. 拖动工具与轨迹块发生接触，则颜色显示，并且在输出框中显示相关碰撞信息。

碰撞信息

图 2-228

接下来我们设定接近丢失。在本任务中，我们在接近丢失中设定 2mm，则机器人在执行整体运行的轨迹过程中，可以监控机器人工具是否与工件之间距离过远，若过远则不显示接近丢失的颜色；同时可监控工具与工件之间是否发生碰撞，若碰撞则显示碰撞颜色。

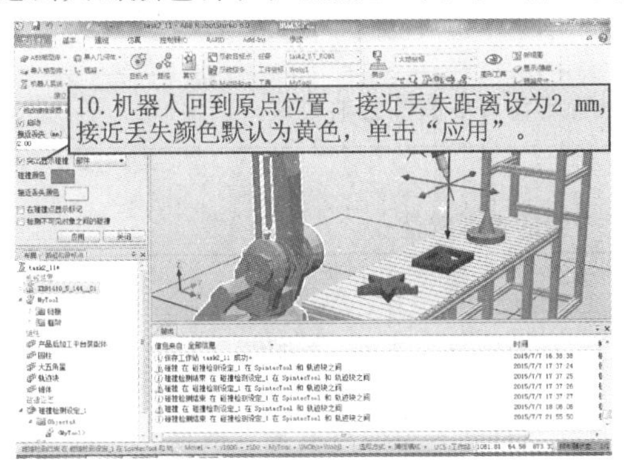

图 2-229

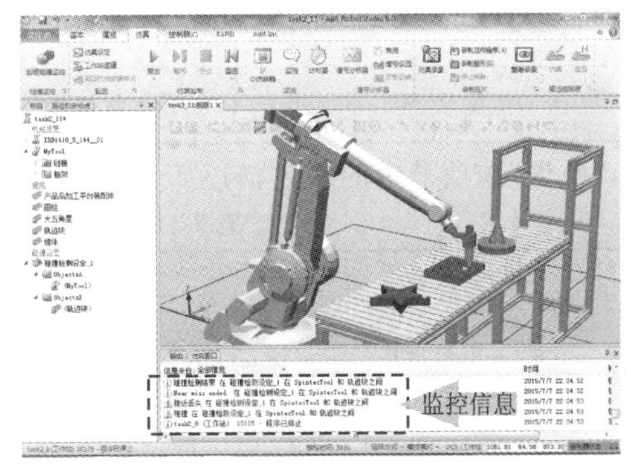

图 2-230

最后执行仿真，则初始接近过程中，工具和工件都是初始颜色，而当开始执行工件表面轨迹时，工具和工件则显示接近丢失颜色。显示此颜色，表明机器人在运行该轨迹过程中未与工件过远，又未与工件发生碰撞。

二、机器人 TCP 跟踪功能的使用

仿真监控命令用于在仿真期间通过画一条跟踪 TCP 的彩线而目测机器人的关键运动。

启用 TCP 跟踪流程(见图 2-231 和图 2-232)：

(1)在“仿真”功能选项卡上，单击“监控”以打开“仿真监控”对话框。

(2)在左栏中选择合适的机器人。

(3)在“TCP 跟踪”选项卡上选中“使用 TCP 跟踪”复选框，为所选机器人启用 TCP 跟踪。

(4)如有需要，更改轨迹长度和颜色。

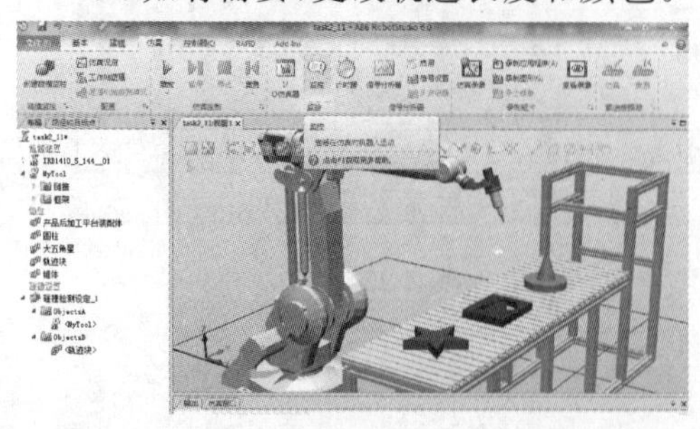

图 2-231

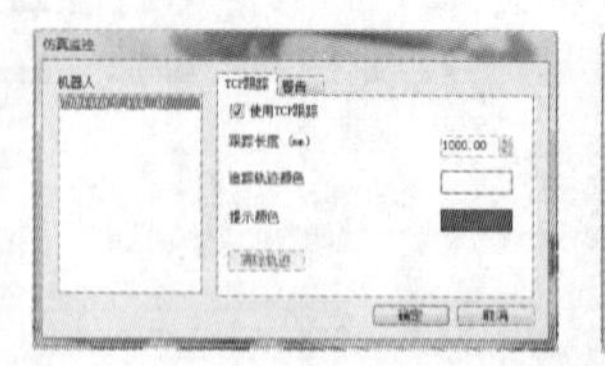

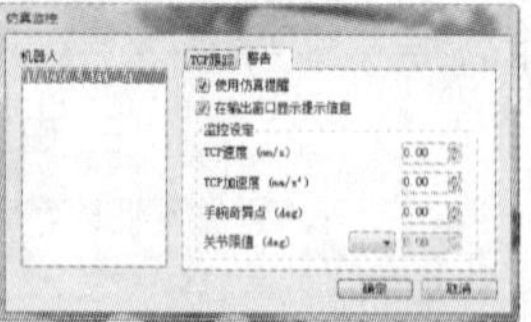

图 2-232

“TCP 跟踪”选项卡中的参数描述如表 2-10 所示。

表 2-10 “TCP 跟踪”选项卡中的参数描述

参　数	描　述
使用 TCP 跟踪	选中此复选框，可对选定机器人的 TCP 路径启动跟踪
跟踪长度	指定最大轨迹长度(以毫米为单位)
追踪轨迹颜色	当未启用任何警告时显示跟踪的颜色。要更改提示颜色，请单击彩色框
提示颜色	当“警告”选项卡上所定义的任何警告超过临界值时，显示跟踪的颜色。要更改提示颜色，请单击彩色框
清除轨迹	单击此按钮，可从图形窗口中删除当前跟踪

“警告”选项卡中的参数描述如表 2-11 所示。

表 2-11 “警告”选项卡中的参数描述

参　数	描　述
使用仿真提醒	选中此复选框，可对选定机器人启动仿真提醒
在输出窗口显示提示信息	选中此复选框，可在超过临界值时查看警告消息。如果未启用 TCP 跟踪，则只显示警报
TCP 速度	指定 TCP 速度警报的临界值
TCP 加速度	指定 TCP 加速度警报的临界值
手腕奇异点	指定在发出警报之前关节与零点旋转的接近程度
关节限值	指定在发出警报之前每个关节与其限值的接近程度

任务 2-12 从曲线生成路径操作

【工作任务】

（1）创建机器人涂胶曲线。

（2）自动生成机器人涂胶轨迹。

【实践操作】

机器人在轨迹应用过程中，如切割、涂胶、焊接等，常会需要处理一些不规则的曲线。通常的做法是描点法，根据工艺精度的要求去示教相应数量的目标点，从而生成机器人轨迹。这种方法费时、费力且不容易保证轨迹精度。图形化的编程是根据 3D 模型的曲线特征自动转化成机器人的运动轨迹，此种方法省时、省力且容易保证精度。

一、创建机器人涂胶曲线

打开任务包 task2_12，解压工作站，解压后如图 2-233 所示。

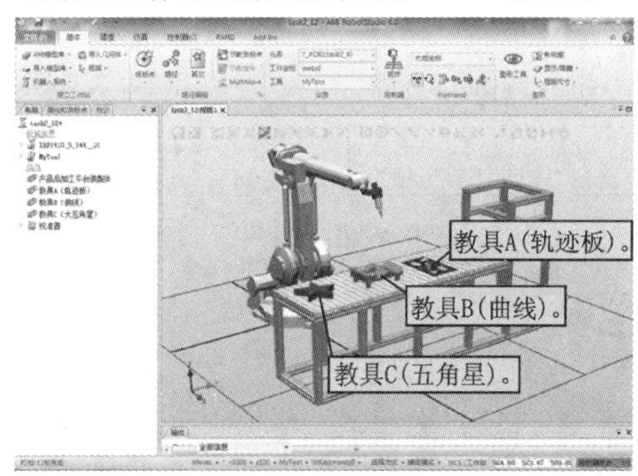

图 2-233

本任务以涂胶为例，机器人需要沿着教具 B 的外边缘进行涂胶，此轨迹为 3D 曲线，可根据现有工件的 3D 模型直接生成机器人运动轨迹而进行完整的轨迹调试并仿真运行。创建运动曲线操作过程如图 2-234～图 2-236 所示。

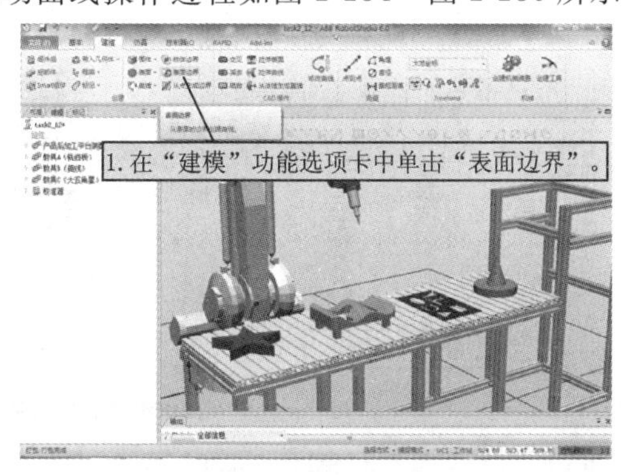

图 2-234

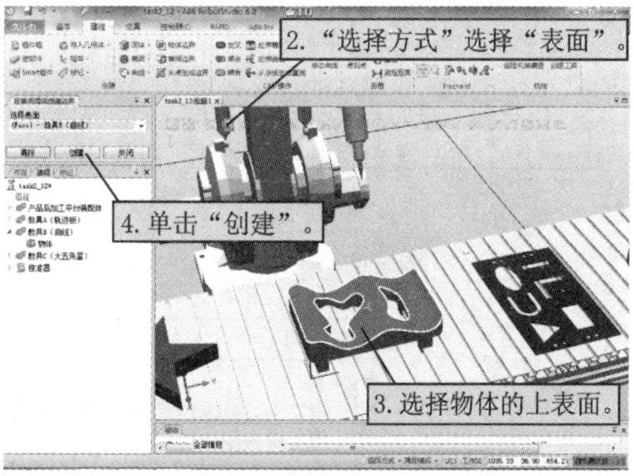

图 2-235

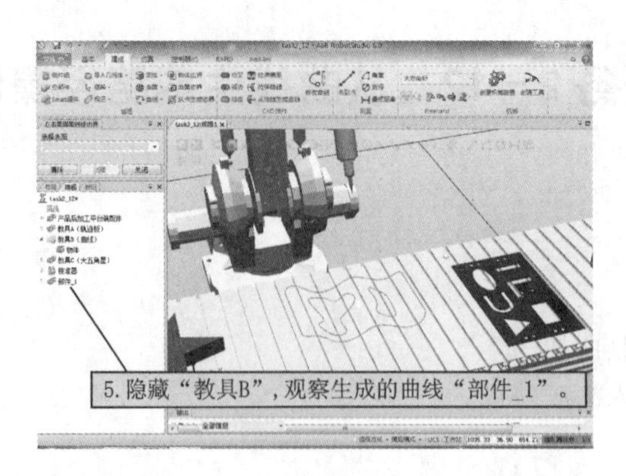

图 2-236

二、生成机器人涂胶轨迹

根据生成的 3D 曲线自动生成机器人的涂胶轨迹。在轨迹应用过程中，通常需要使用工件坐标系以方便进行编辑和修改路径。工件坐标系的创建一般以加工工件的固定装置的特征点为基准。在任务中，我们首先创建用户坐标。

在实际应用过程中，固定装置上面一般设有定位销，用于保证加工工件与固定装置间的相对位置精度，所以在实际应用过程中，建议以定位销为基准来创建工件坐标系。操作步骤如图 2-237～图 2-249 所示。

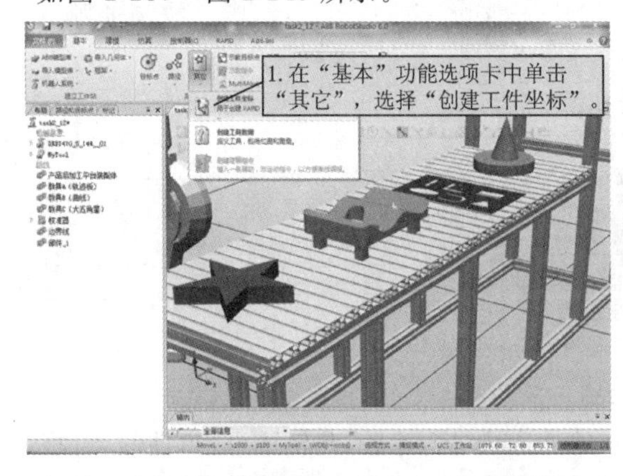

图 2-237

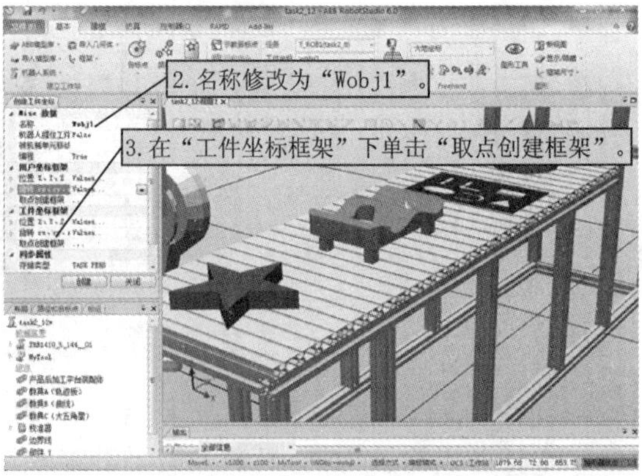

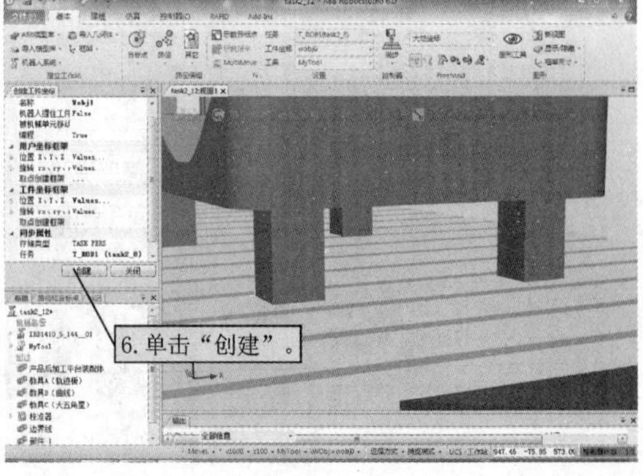

图 2-238

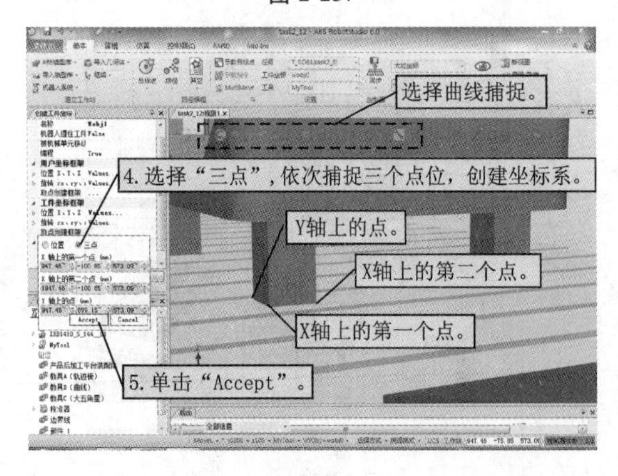

图 2-239

图 2-240

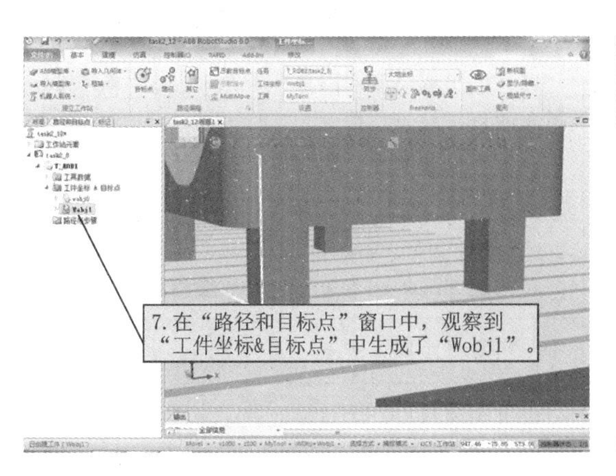

图 2-241

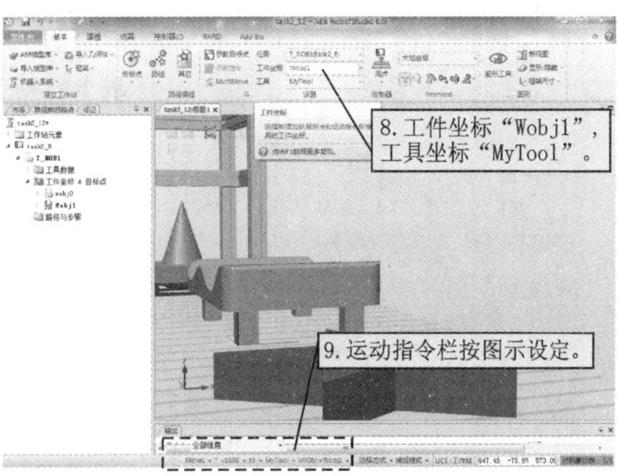

图 2-242

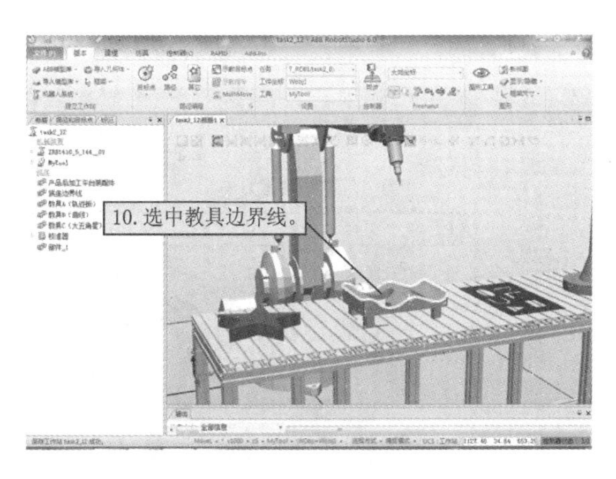

图 2-243

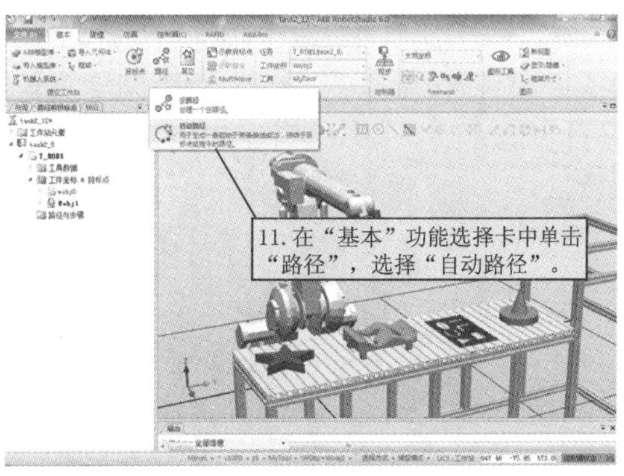

图 2-244

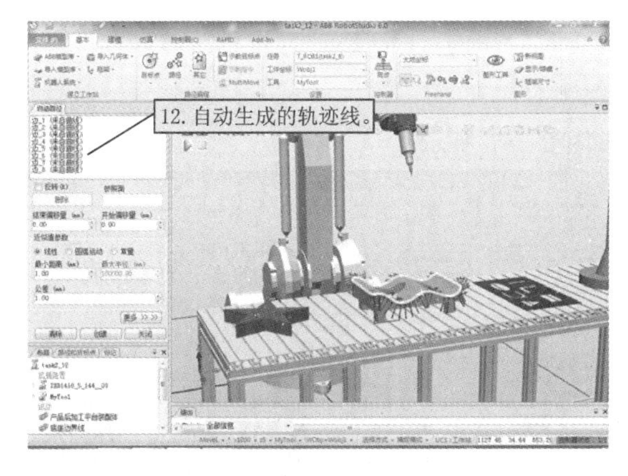

图 2-245

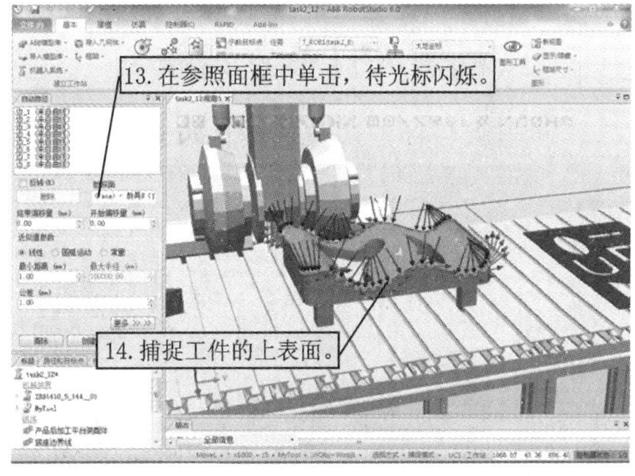

图 2-246

“自动路径”窗口如图 2-247 所示，其中参数用途如表 2-12 所示。

Reference Surface(参照面)方框中显示被选作法线来创建路径的对象的侧面。

表 2-12 “自动路径”窗口中的参数

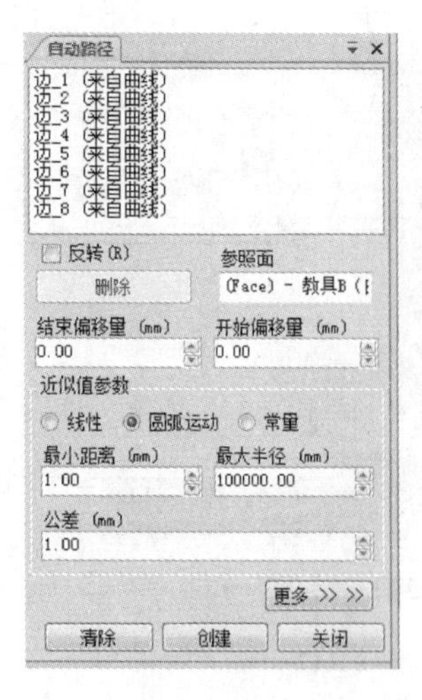

图 2-247

选择或输入数值	用　　途
最小距离	设置两生成点之间的最小距离，即小于该最小距离的点将被过滤掉
公差	设置生成点所允许的几何描述的最大偏差
线性	为每个目标生成线性移动指令
圆弧运动	在描述圆弧的选定边上生成环形移动指令
常量	使用常量距离生成点
结束偏移量	设置距离最后一个目标的指定偏移
开始偏移量	设置距离第一个目标的指定偏移

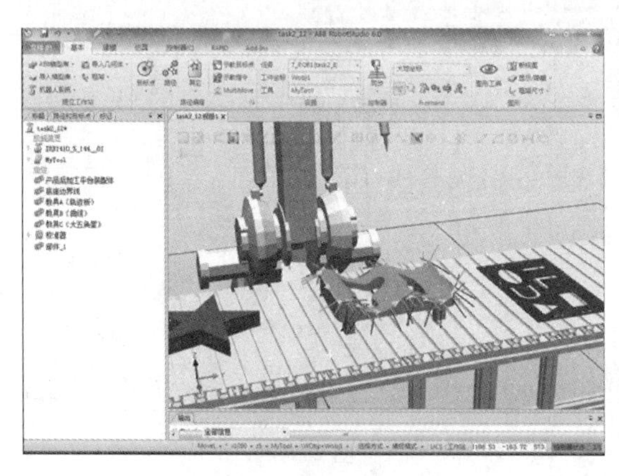

图 2-248

图 2-249

三、机器人目标点调整

机器人目标点调整的操作步骤如图 2-250～图 2-257 所示。

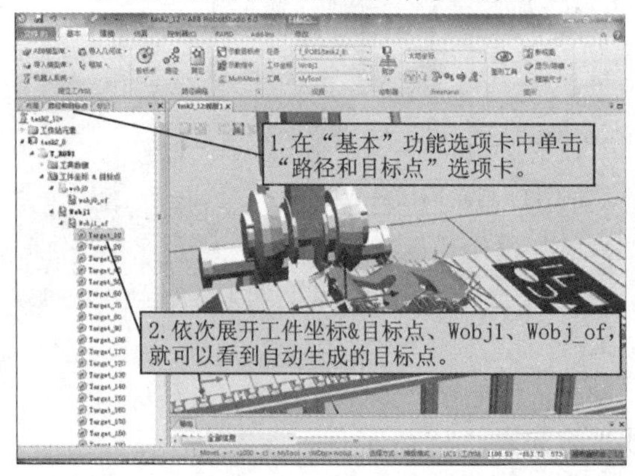

1. 在“基本”功能选项卡中单击“路径和目标点”选项卡。
2. 依次展开工件坐标&目标点、Wobj1、Wobj_of，就可以看到自动生成的目标点。

图 2-250

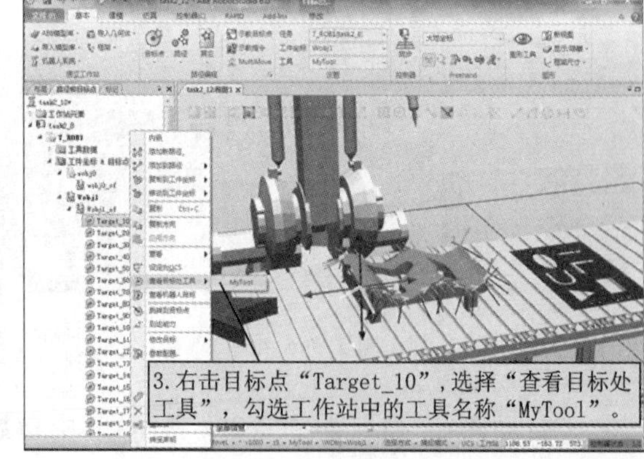

图 2-251

图 2-252

在图 2-253 中所示目标点 Target_10 处工具的姿态，机器人难以到达该目标点，此时可以改变一下该目标点的姿态，从而使机器人能够到达该目标点。

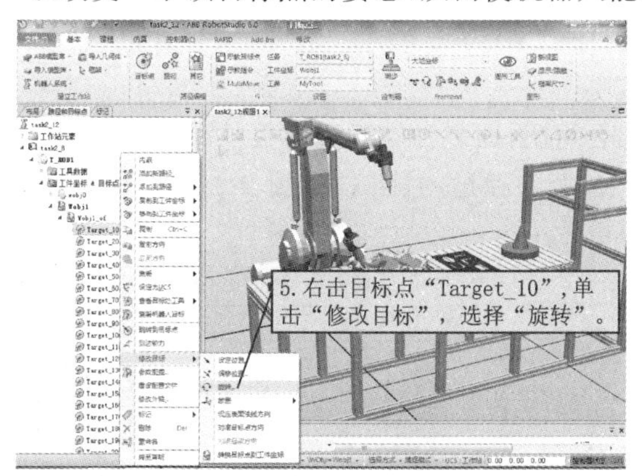

图 2-253

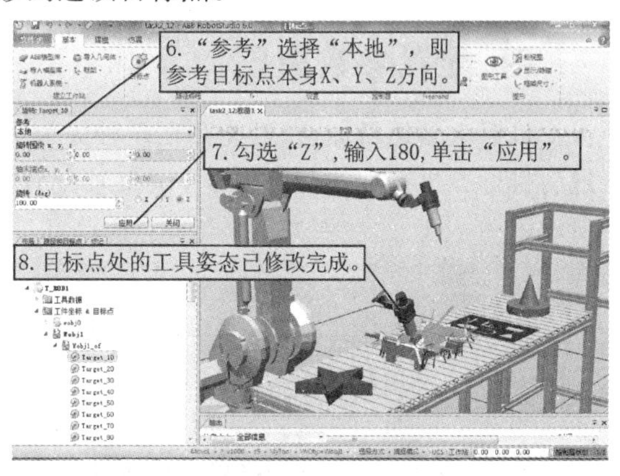

图 2-254

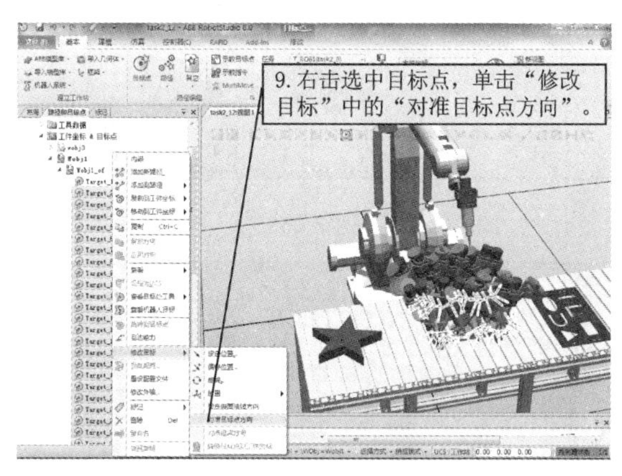

图 2-255

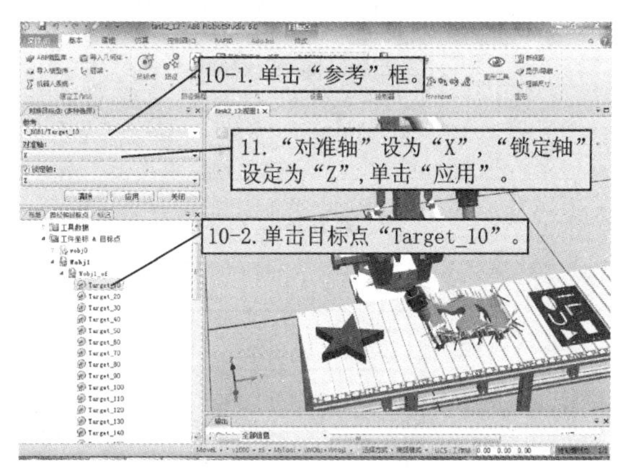

图 2-256

接着修改其他目标点，在处理大量目标点时，可以批量处理。在本任务中，当前自动生成的目标点的 Z 轴方向均为工件上表面的法线方向，此处 Z 轴无须再做修改。通过上述步骤中目标点 Target_10 的调整结果可得，只需调整各目标点的 X 轴方向即可。

利用键盘 Shift 键以及鼠标左键，选中剩余的所有目标点，然后进行统一调整。

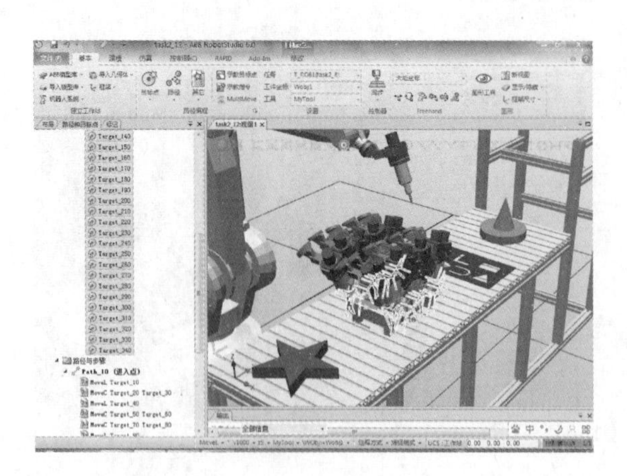

图 2-257

这样就将剩余的所有目标点的 X 轴方向对准了已调整好姿态的目标点 Target_10 的 X 轴方向。选中所有目标点，即可查看到所有的目标点方向已调整完成，如图 2-257 所示。

四、配置参数调整

机器人到达目标点，可能存在多种关节轴组合情况，即多种轴配置参数。需要为自动生成的目标点进行到达能力测试，调整轴配置参数，沿路径运动测试，如图 2-258 至图 2-262 所示。

图 2-258

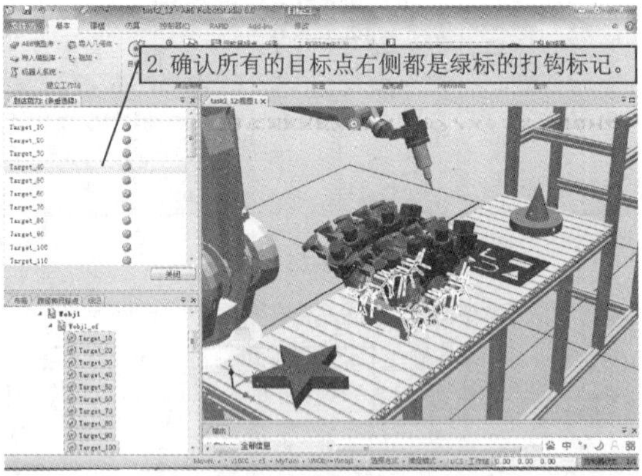

图 2-259

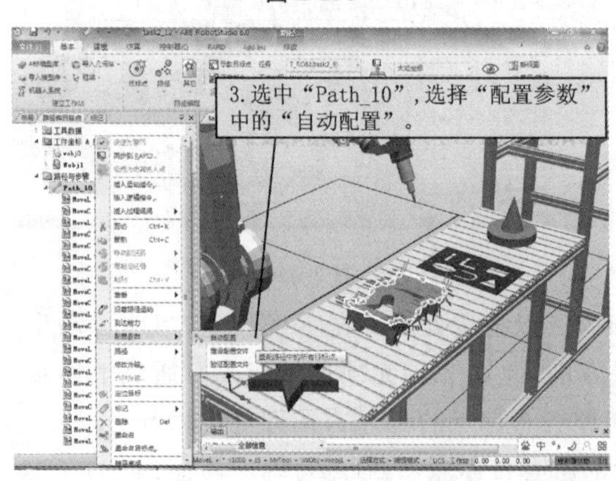

图 2-260

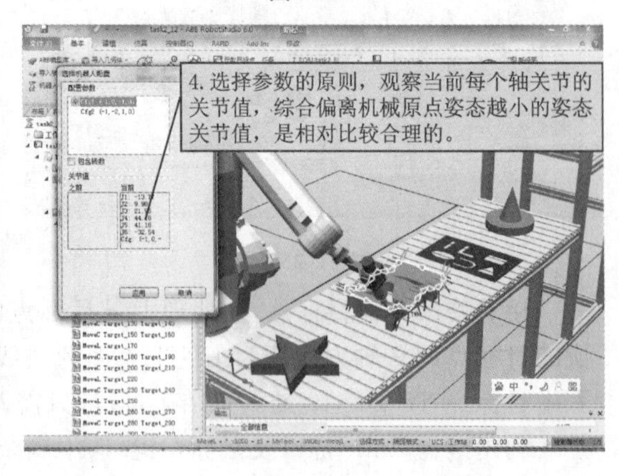

图 2-261

图 2-262

至此就完成了自动创建机器人运动的曲线轨迹。

五、关于离线轨迹编程的关键点

在离线轨迹编程中，最为关键的有以下三步。

1. 图像曲线

(1)生成曲线，除了本任务中“先创建曲线再生成轨迹”的方法外，还可以直接捕捉 3D 模型的边缘进行轨迹的创建。在创建自动路径时，可直接用鼠标捕捉边缘，从而生成机器人运动轨迹。

(2)对于一些复杂的 3D 模型，导入 RobotStudio 后，其某些特征可能会出现丢失，此外 RobotStudio 专注于机器人运动，只提供基本的建模功能，所以在导入 3D 模型之前，建议在专业的制图软件中进行处理，可以在数模表面绘制相关曲线，导入 RobotStudio 后，根据这些已有的曲线，将其直接转换成机器人轨迹。例如，利用 SolidWorks 软件“特征”菜单中的分割线功能就能够在 3D 模型上面创建实体曲线。

(3)在生成轨迹时，需要根据实际情况，选取合适的近似值参数并调整数值大小。

2. 目标点调整

调整目标点的方法有多种，在实际应用过程中，单单使用一种调整方法难以将目标点一次性调整到位，尤其是在对工具姿态要求较高的工艺需求场合中，通常是综合运用多种方法进行多次调整。建议在调整过程中先对单一目标点进行调整，反复尝试调整完成后，其他目标点某些属性可以参考调整好的第一个目标点进行方向对准。

3. 轴配置调整

在配置目标点过程中，若轨迹较长，可能会使相邻两个目标点之间轴配置变化过大，从而在轨迹运行过程中出现“机器人当前位置无法跳转到目标点位置，请检查轴配置”等问题。此时，我们可以从以下几项措施着手进行更改：

(1)轨迹起始点尝试使用不同的轴配置参数，如有需要，可勾选“包含转数”之后再选择轴配置参数。

(2)尝试更改轨迹起始点位置。

(3)SingArea、ConfL、ConfJ 等指令的运用。

需要根据不同的曲线特征来选择不同类型的近似值参数类型。通常情况下，选择“圆弧运动”，这样在处理曲线时，线性部分则执行线性运动，圆弧部分则执行圆弧运动，不规则曲线部分则执行分段式的线性运动；而“线性”和“常量”都是固定的模式，即全部按照选定的模式对曲线进行处理，使用不当则产生大量的多余点位或者路径精度下不满足工艺要求。在本任务中，大家可以切换不同的近似值参数型，观察一下自动生成的目标点位，从而进一步理解各参数类型下所生成路径的特点。

设定完成后，会自动生成机器人路径 Path-10，在后面的任务中会对此路径进行处理，并转换成机器人程序代码，完成机器人轨迹程序的编写。

任务 2-13　Smart 组件的应用

【工作任务】

(1)应用 Smart 组件设定机械装置关节到一个已定义的姿态。

(2)创建 Smart 组件的信号连接。

(3)Smart 组件的模拟动态运行。

(4)建模生成效果模型。

(5)创建 Smart 组件拾取，释放动作。

(6)创建 Smart 组件出现，隐藏动作。

(7)创建 Smart 组件直线运动动作。

【实践操作】

在 RobotStudio 中创建机床上下料工作站，机床开关门的动作对这个工作站的动画效果不但在动作上而且在节拍的规划上都起到关键的作用。Smart 组件就是实现动画的高效工具。

一、往复运动的设定

1. 设定机械装置关节到一个已定义的姿态

解包文件，然后按图 2-263～图 2-272 进行操作。

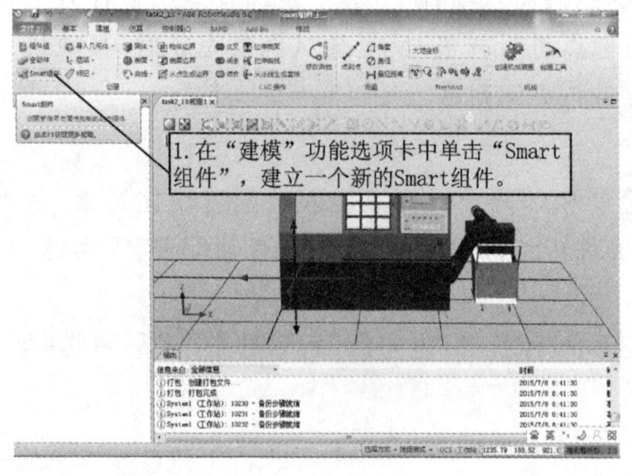

图 2-263

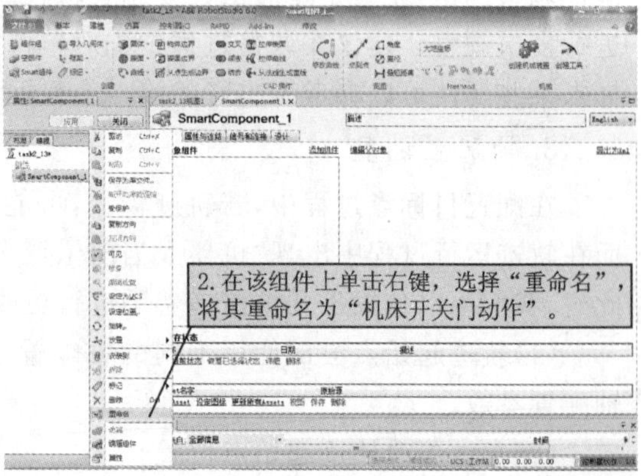

2. 在该组件上单击右键，选择“重命名”，将其重命名为“机床开关门动作”。

图 2-264

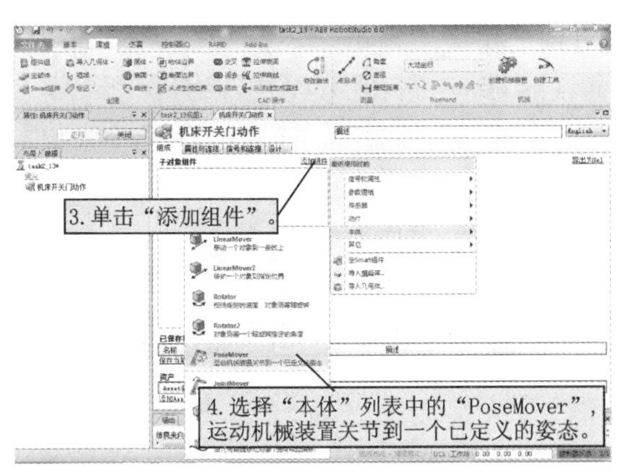

图 2-265

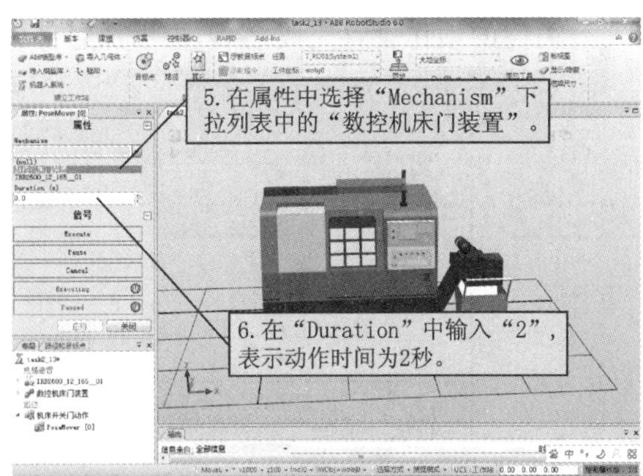

图 2-266

表 2-13 所示为 PoseMove 属性及信号列表。

表 2-13 PoseMove 属性及信号列表

属　　性	描　　述
Mechanism	指定要进行移动的机械装置
Pose	指定要移动到的姿势的编号
Duration	指定机械装置移动到指定姿态的时间
Execute	设为 True，开始或重新开始移动机械装置
Pause	暂停动作
Cancel	取消动作
Executing	在运动过程中为 High
Paused	当暂停时为 High

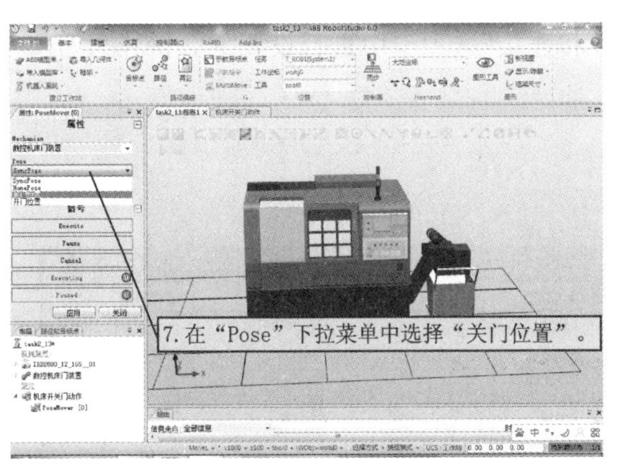

图 2-267

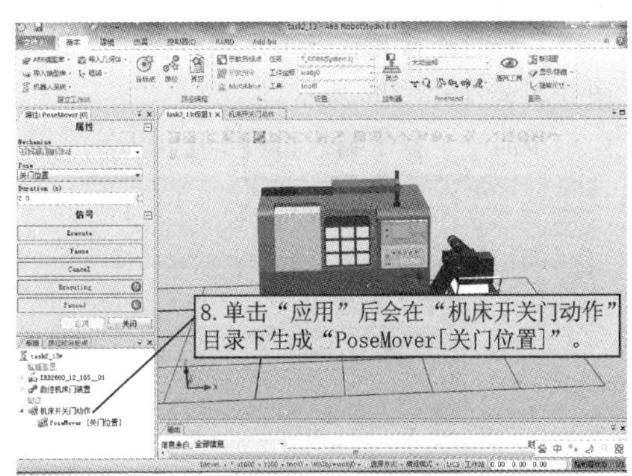

图 2-268

关门的动作设置完成之后，再添加组件设置开门动作。

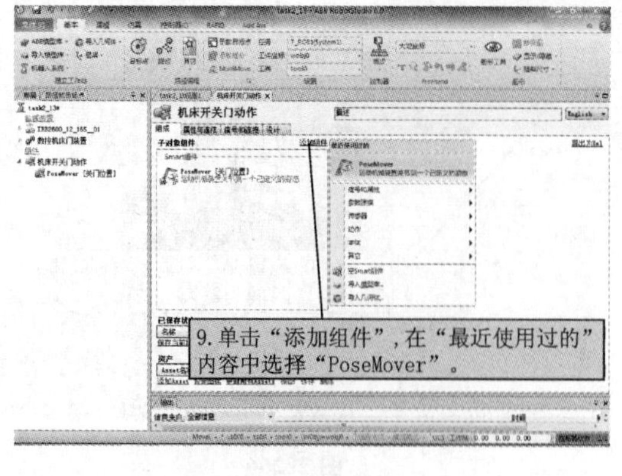

图 2-269

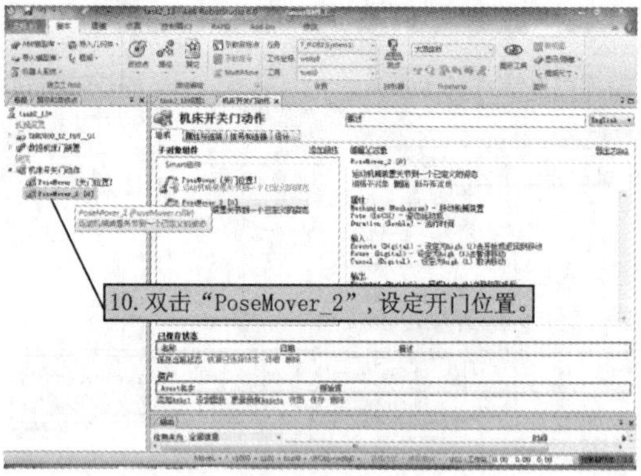

图 2-270

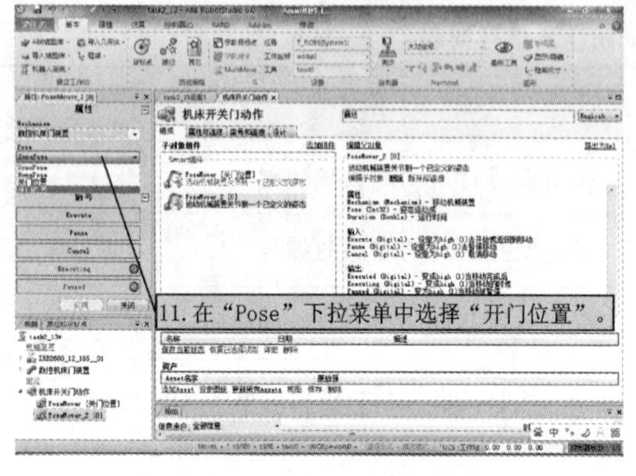

图 2-271

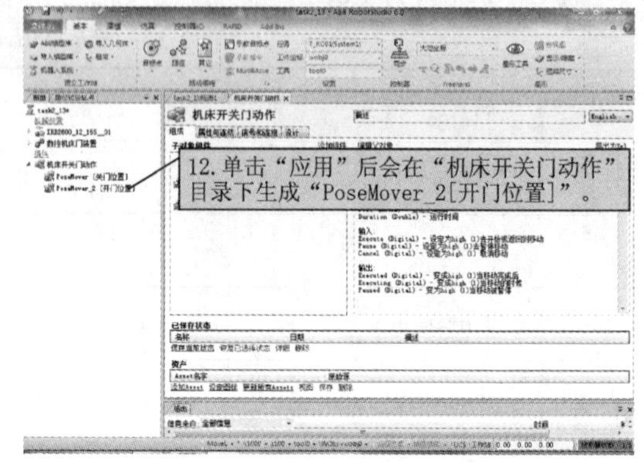

图 2-272

2. 创建信号与连接

“I/O 信号”指的是在本工作站中自行创建的数值信号，用于与各个 Smart 子组件进行信号交互，也就是 Smart 组件的外部 I/O 信号。

“I/O 连接”指的是设定创建的 I/O 信号与 Smart 子组件信号连接关系，以及各 Smart 子组件之间的信号连接关系。

信号与连接是在 Smart 组件窗口中的“信号和连接”选项卡中进行设置的。操作过程如图 2-273～图 2-282 所示。

添加一个数字输入信号 DI_OPEN。

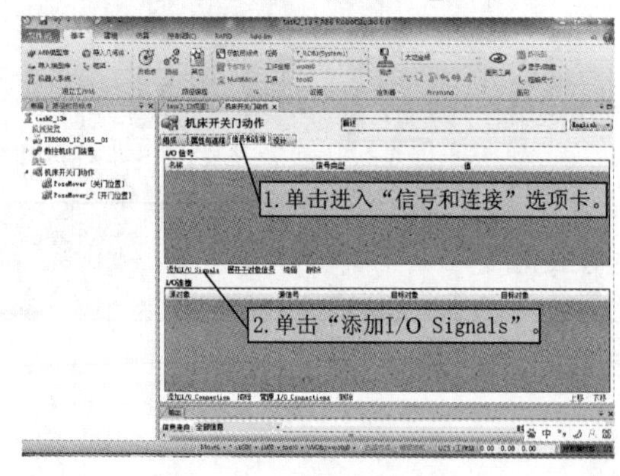

图 2-273

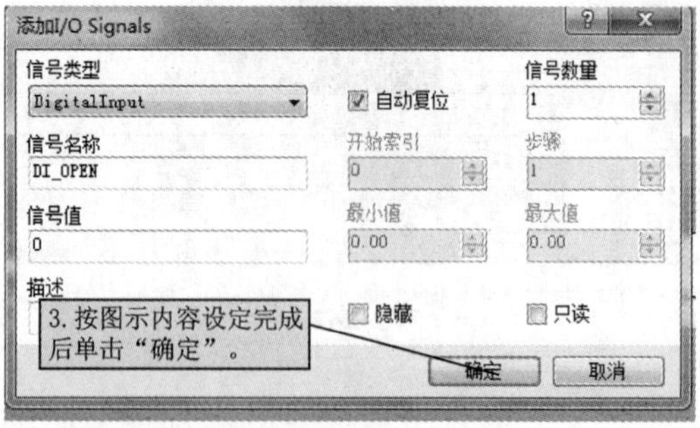

图 2-274

添加一个数字输入信号 DI_CLOSE。

添加一个数字输入信号 DI_CLOSE。

添加一个数字输出信号 DO_Door_moveing。

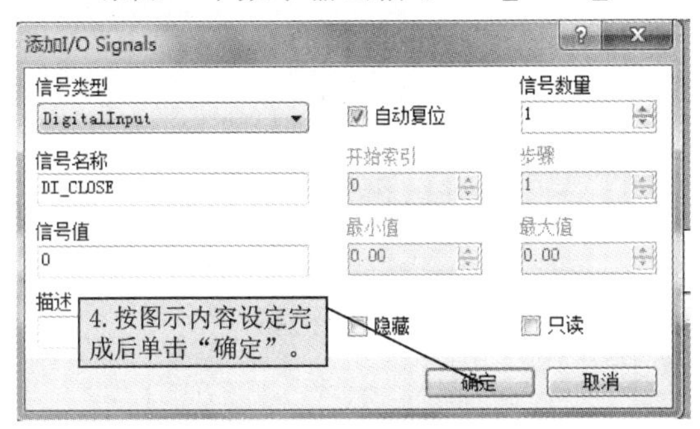

图 2-275

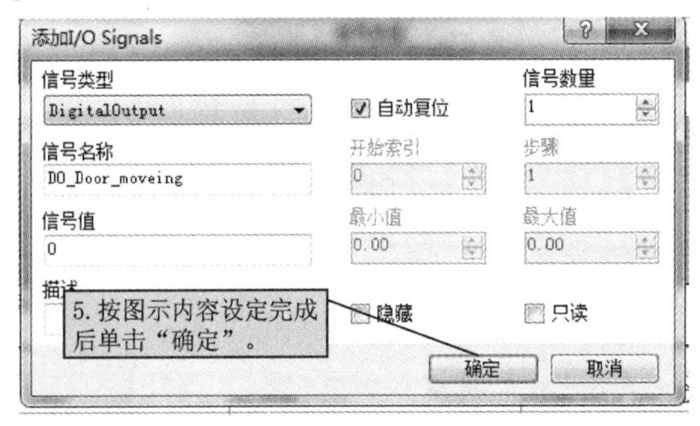

图 2-276

然后建立信号连接。创建的 DI_OPEN 触发组件 PoseMover_2，执行动作(Execute)，实现开门动作。

创建的 DI_CLOSE 触发组件 PoseMover 执行动作(Execute)，实现关门动作。

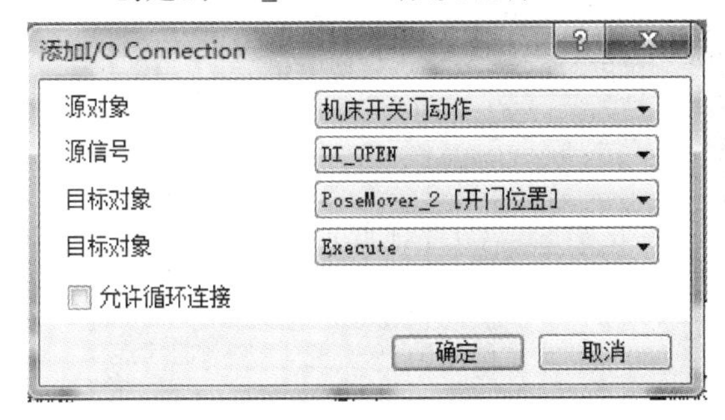

图 2-277

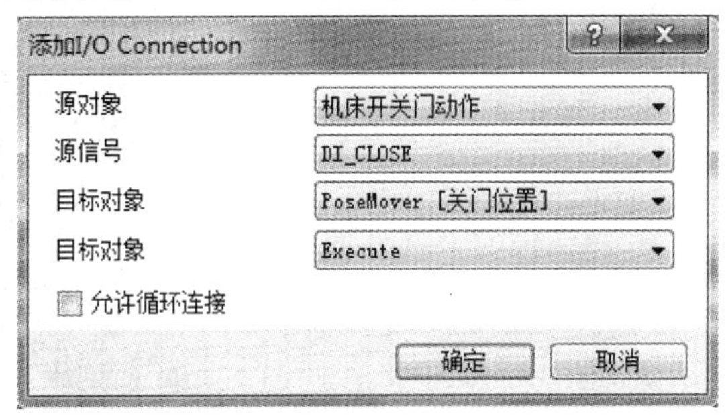

图 2-278

创建的 DO_Door_moveing 被 PoseMover 组件中的 Executing 触发，输出开关门动作状态。

创建的 DO_Door_moveing 被 PoseMover_2 组件中的 Executing 触发，输出开关门动作状态。

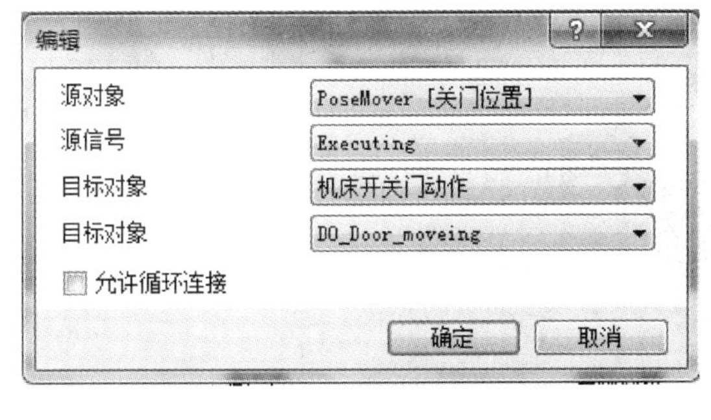

图 2-279

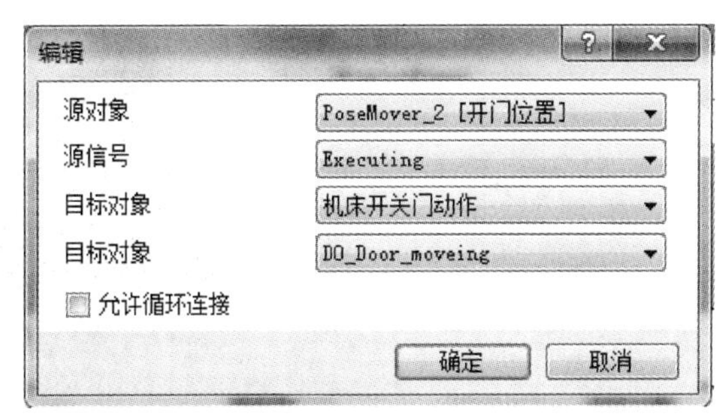

图 2-280

设计信号的流程图。

完成以上动作后仔细检查信号之间的关系，结果如图 2-282 所示。

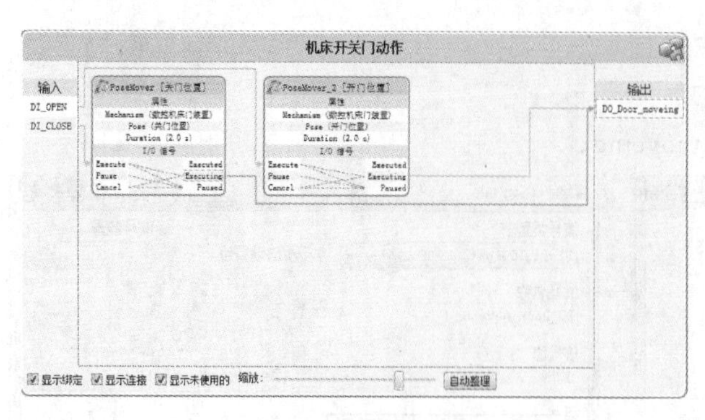

图 2-281

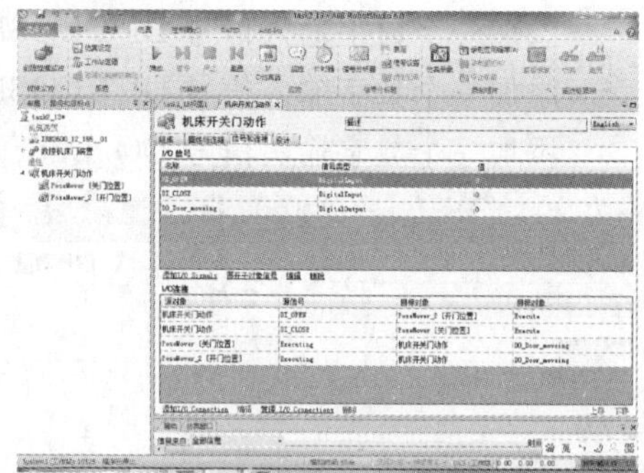

图 2-282

3. 仿真调试

完成了 Smart 组件的设置,要仿真调试动作的前提是在机器人控制器中存在可运行的 RAPID 程序(见图 2-283)。

仿真调试步骤如图 2-284 所示。

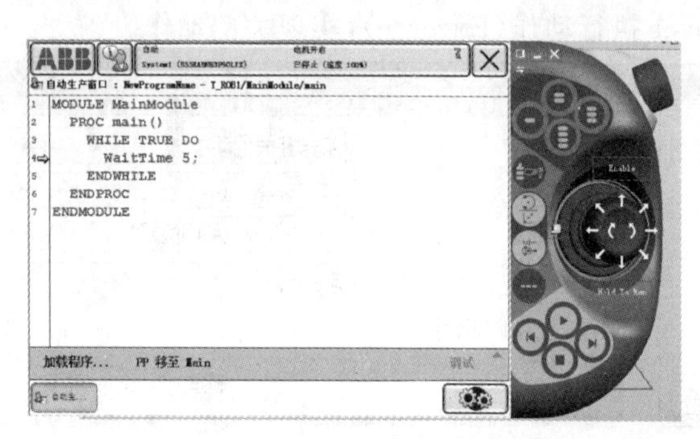

图 2-283

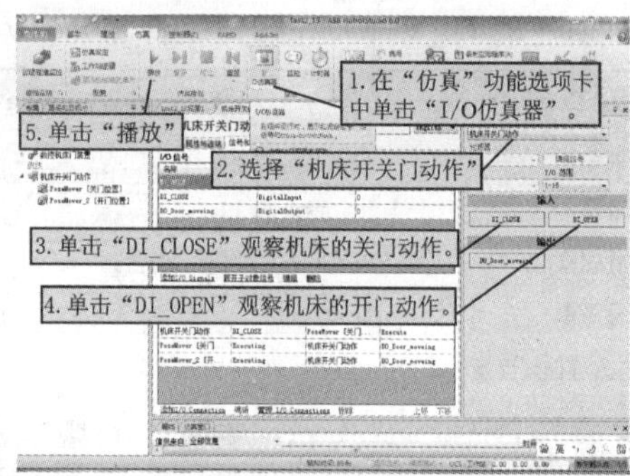

图 2-284

开门结果如图 2-285 所示。

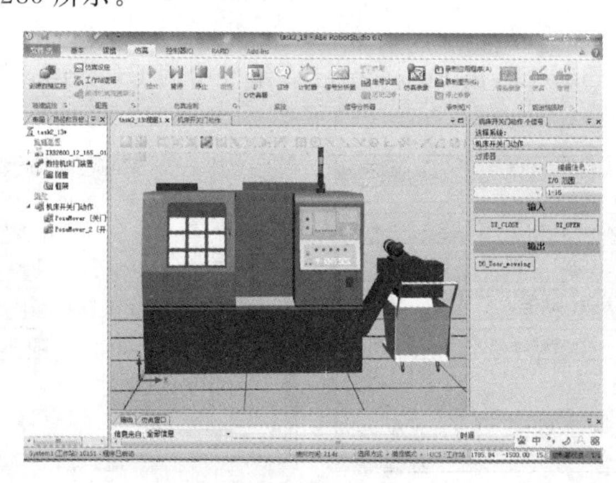

图 2-285

二、喷枪的喷漆效果

在虚拟系统里我们不可能加入真实的涂料来完成喷绘作业,在 RobotStudio 仿真系统中我们应用出现和消失喷涂状态的方法来实现喷涂的效果，模拟真实的喷涂环境。解包文件 task2_13_2 文件，然后如图 2-286～图 2-307 进行操作。

1. 创建喷涂效果 Smart 组件

应用“建模”功能选项卡中“固体”目录下的“圆锥体”(见图 2-286)来创建喷涂效果。

圆锥体设定的参数如图 2-287 所示，修改圆锥体的名称为“喷涂效果”。

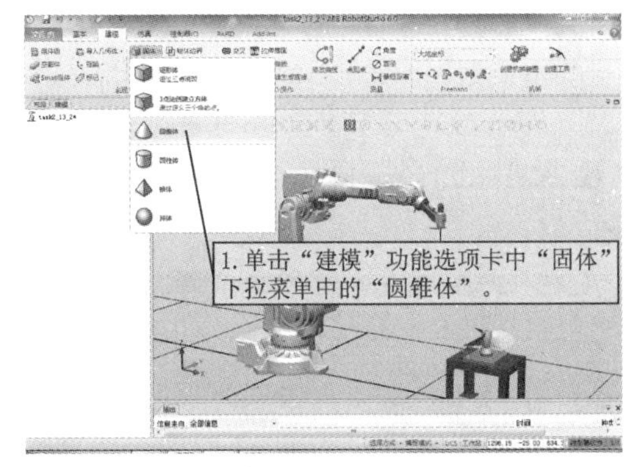

图 2-286

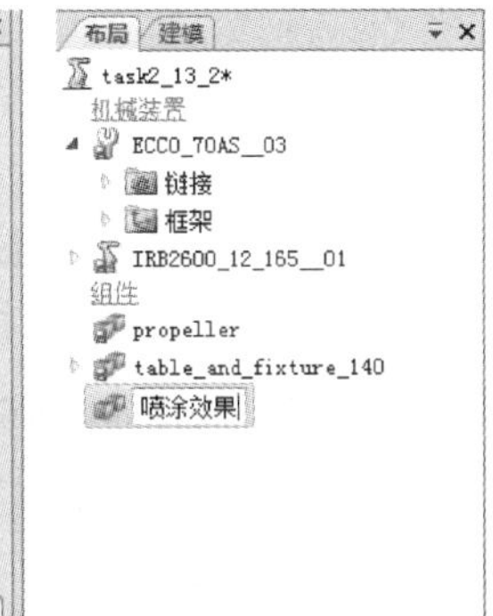

图 2-287

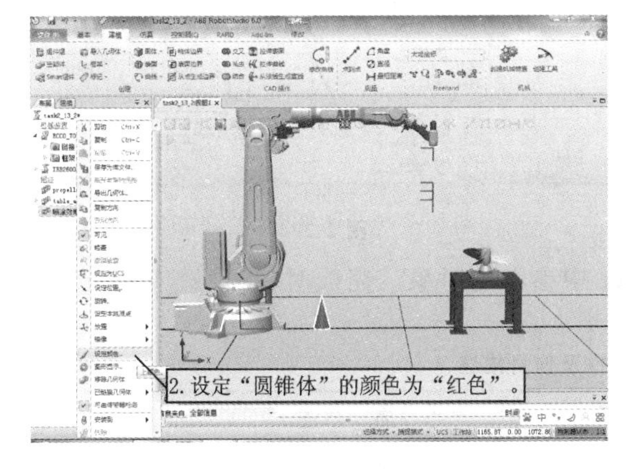

图 2-288

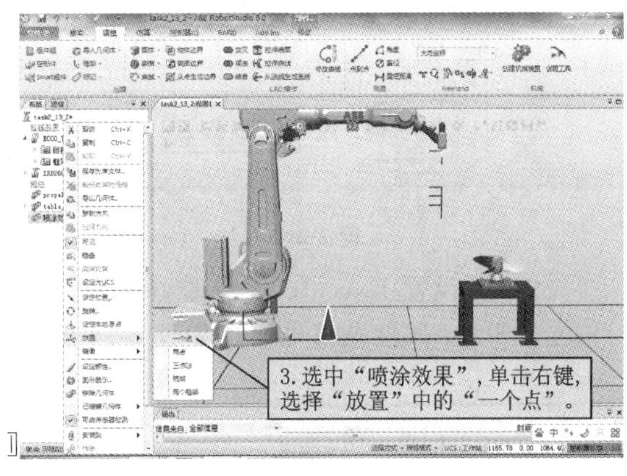

图 2-289

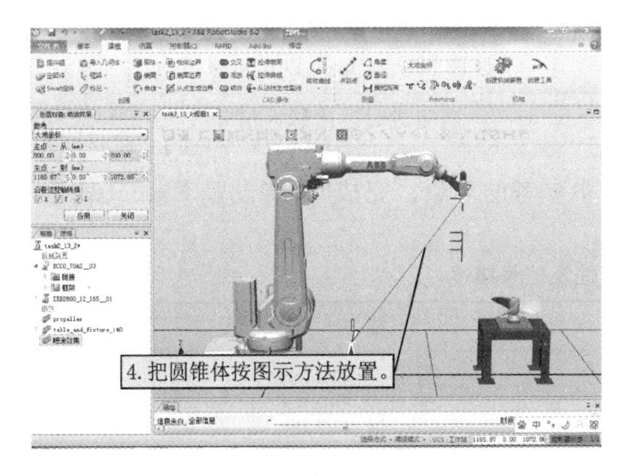

图 2-290

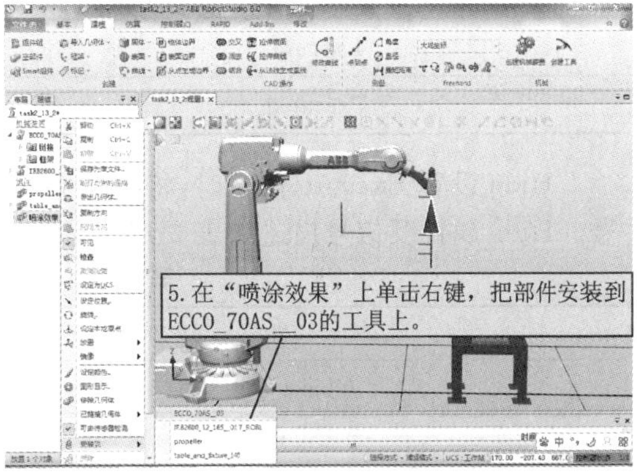

图 2-291

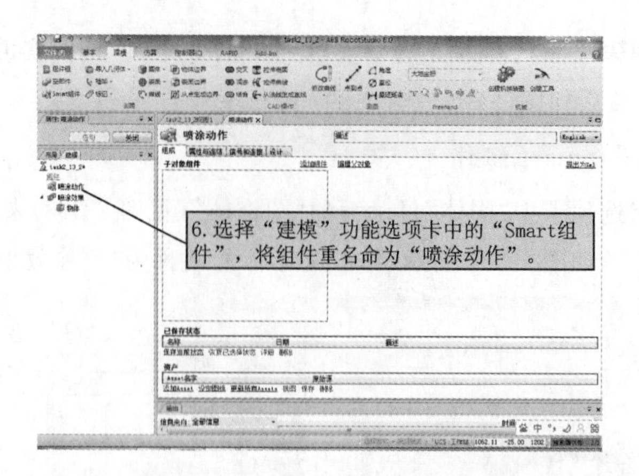

图 2-292

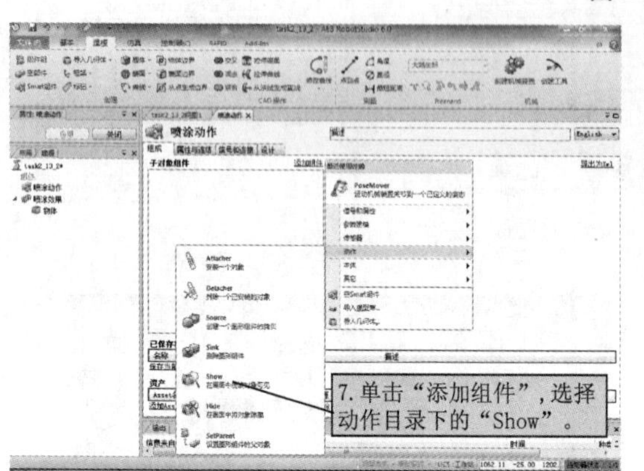

图 2-293

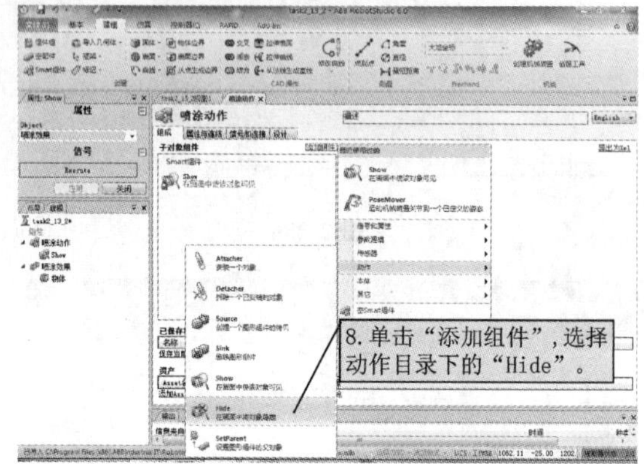

图 2-294

Show 设置 Execute 信号时，将显示 Object 中参考的对象。完成时，将设置 Executed 信号。Show 属性及信号描述如表 2-14 所示。

表 2-14 Show 属性及信号描述

属　性	描　述
Object	指定要显示的对象
信　号	描　述
Execute	设该信号为 True 以显示对象
Executed	当完成时发出脉冲信号

Hide 设置 Execute 信号时，将隐藏 Object 中参考的对象。完成时，将设置 Executed 信号。Hide 属性及信号描述如表 2-15 所示。

表 2-15 Hide 属性及信号描述

属　性	描　述
Object	指定要隐藏的对象
信　号	描　述
Execute	设该信号为 True 以隐藏对象
Executed	当完成时发出脉冲信号

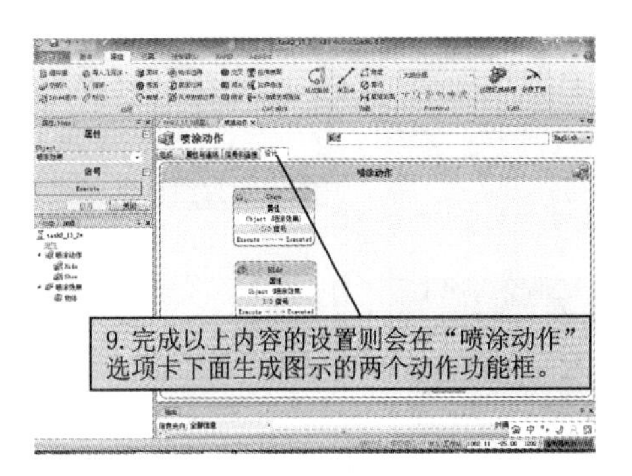

图 2-295

2. 创建信号连接

信号与连接是在 Smart 组件窗口中的“信号和连接”选项卡中设置的。操作过程如图 2-296～图 2-303 所示。

(1)添加一个数字输入信号 DI_SHOW,显示喷涂效果。

(2)添加一个数字输入信号 DI_HIDE,隐藏喷涂效果。

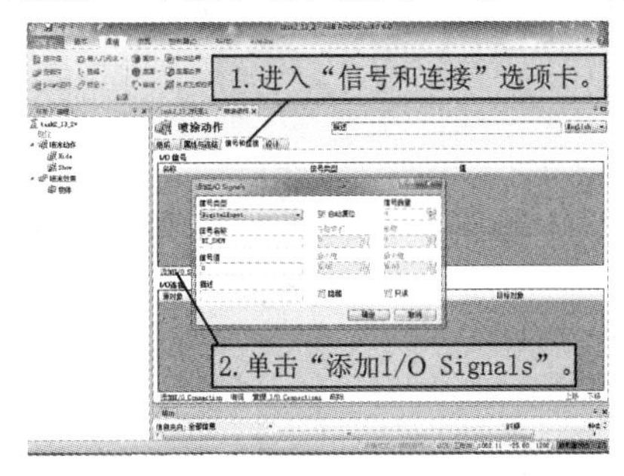

图 2-296

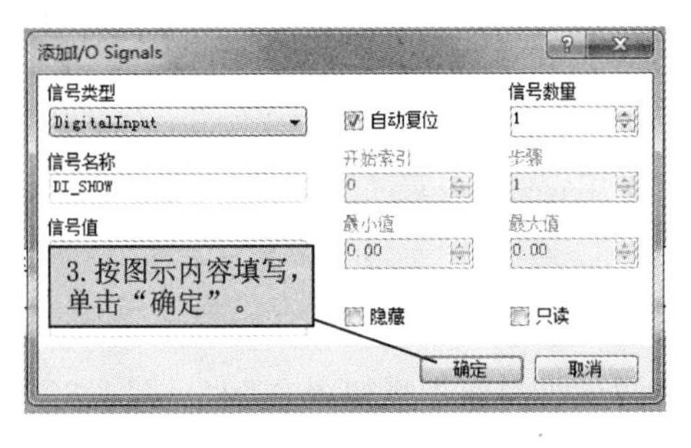

图 2-297

Auto-reset(自动复位):该信号拥有瞬变行为,这仅适用于数字信号,表明信号值自动被重置为 0。

Signal Value(信号值):指定信号的原始值。

Hidden(隐藏):选择属性在 GUI 的属性编辑器和 I/O 仿真器等窗口中是否可见。

Read only(只读):选择属性在 GUI 的属性编辑器和 I/O 仿真器等窗口中是否可编辑。

检查 I/O 信号中生成的两个信号,如图 2-299 所示。

然后建立 I/O 连接。

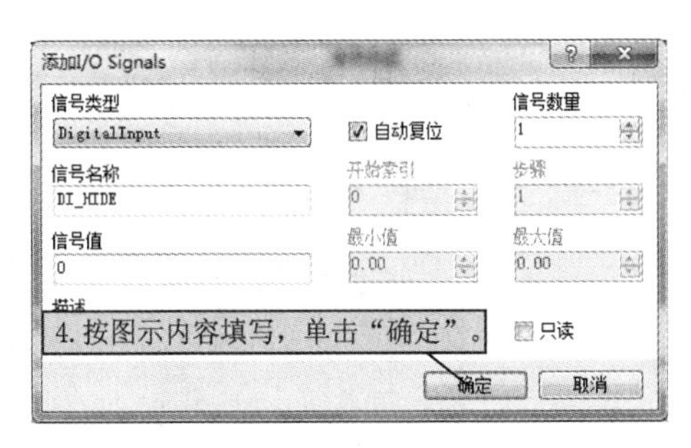

图 2-298

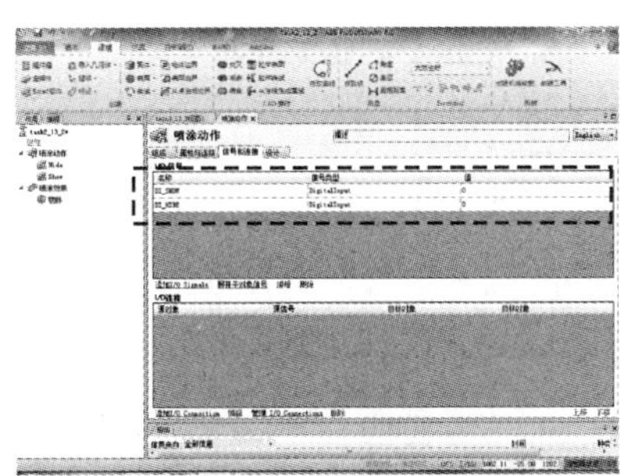

图 2-299

创建的 DI_SHOW 触发 Show 组件中的 Execute 动作，完成喷涂状态出现的效果。创建的 DI_HIDE 触发 Hide 组件中的 Execute 动作，完成喷涂状态隐藏的效果。

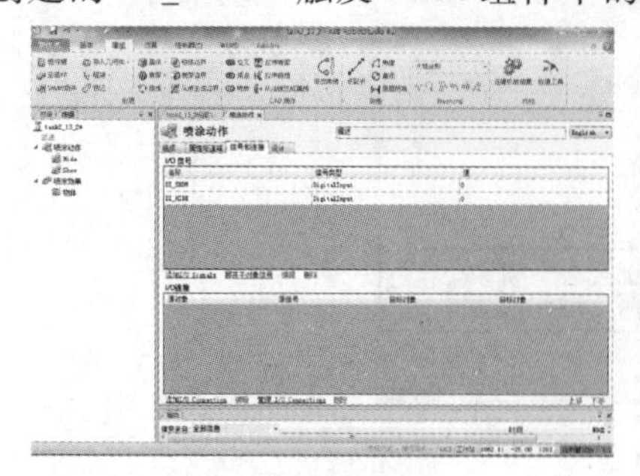

图 2-300

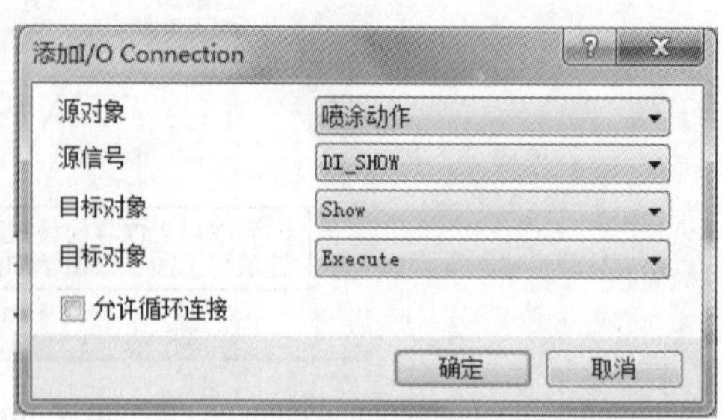

图 2-301

完成上述动作后在"喷涂动作"选项卡中会生成图 2-303 所示的网络图。

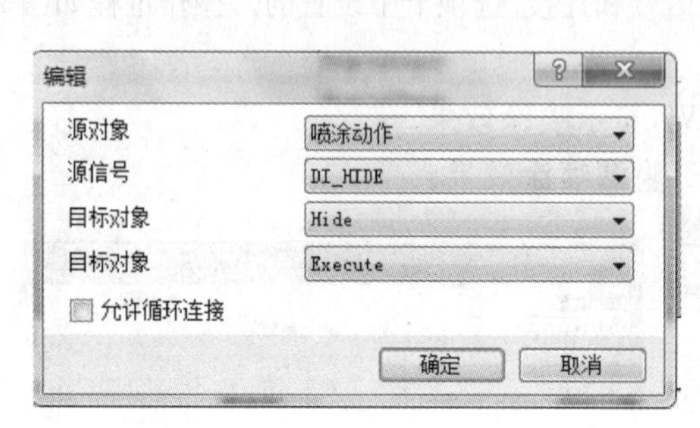

图 2-302

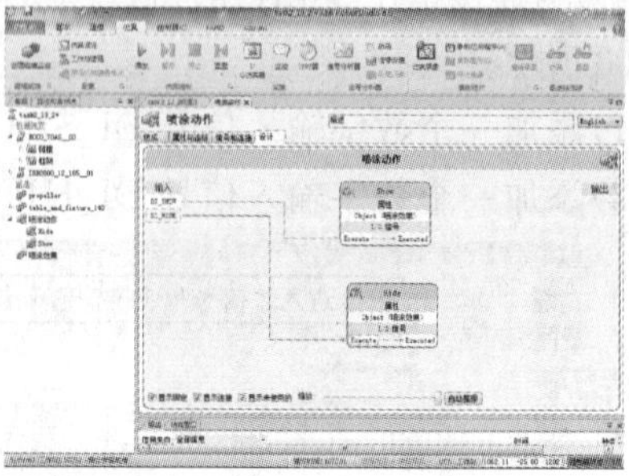

图 2-303

3. 仿真调试

仿真调试的操作步骤如图 2-304～图 2-307 所示。

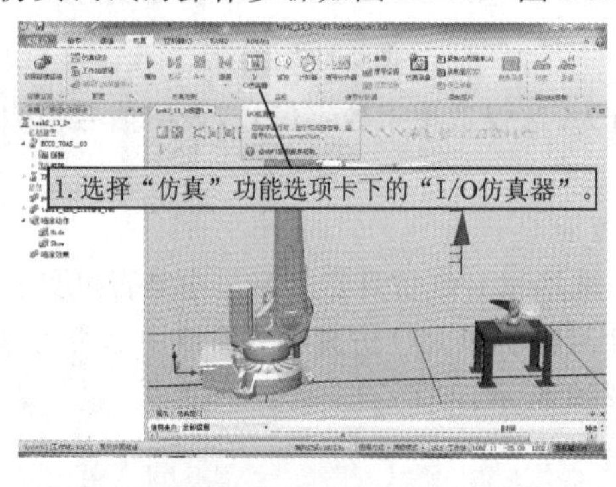

图 2-304

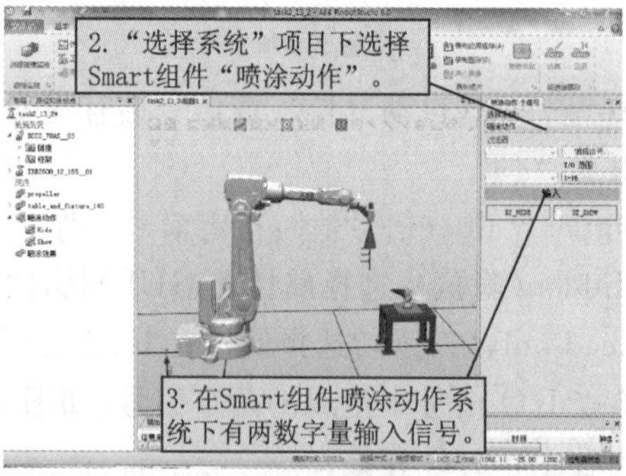

图 2-305

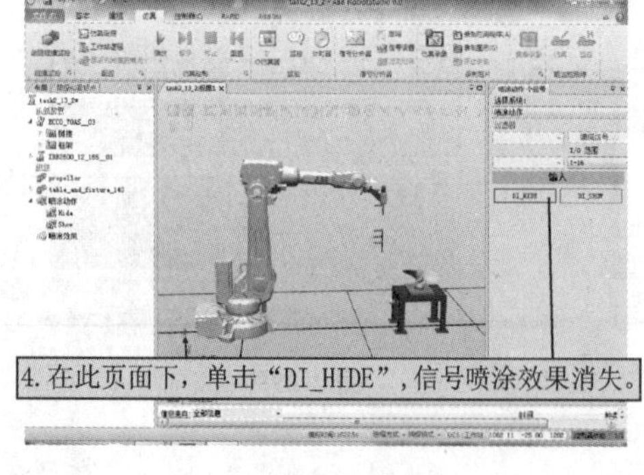

图 2-306

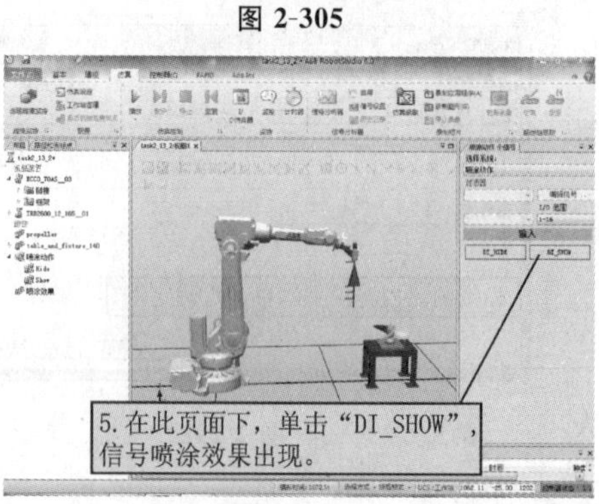

图 2-307

三、搬运物体效果

在创建搬运系统仿真工作站中，夹具的动态效果非常重要，应用一个海绵式的真空吸盘来进行产品的拾取释放，基于此吸盘来创建一个具有 Smart 组件特性的夹具。解包文件 task2_13_3 文件，然后按图 2-308～图 2-338 进行操作。

1. 创建搬运效果的 Smart 组件

设定夹具的属性如图 2-308 所示。

将机器人 5 轴设定为 90 度，将夹具 tGripper 从机器人末端拆卸下来，以便以后对 tGripper 独立操作。

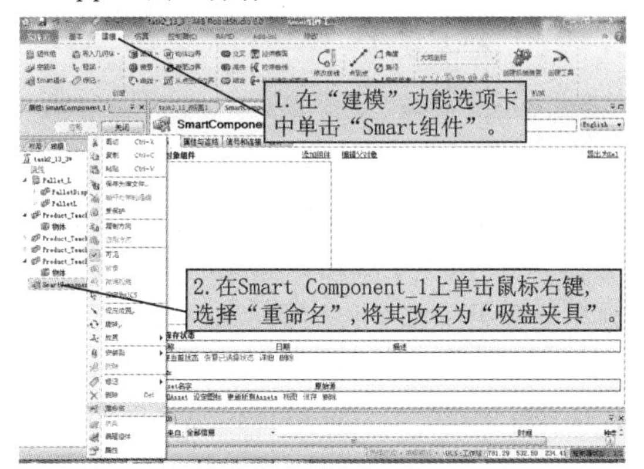

图 2-308

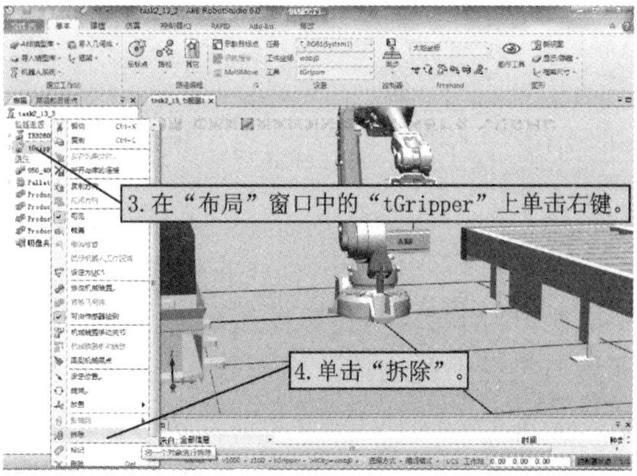

3. 在“布局”窗口中的“tGripper”上单击右键。
4. 单击“拆除”。

图 2-309

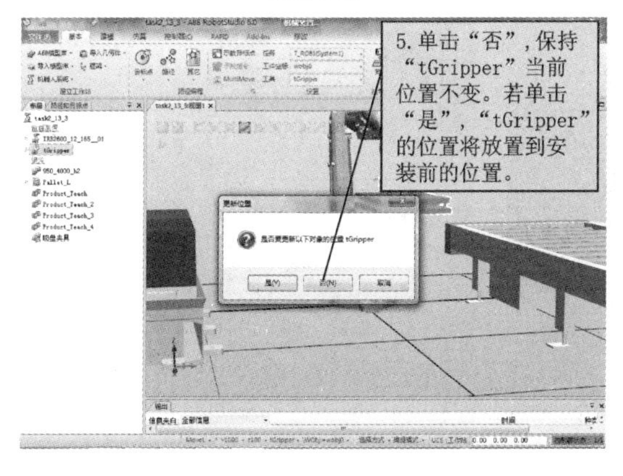

图 2-310

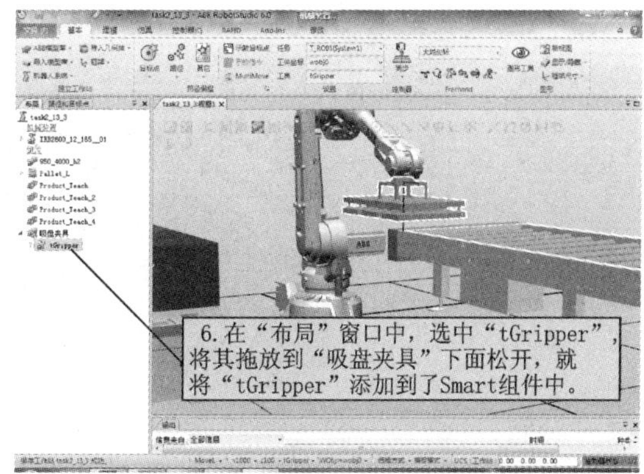

图 2-311

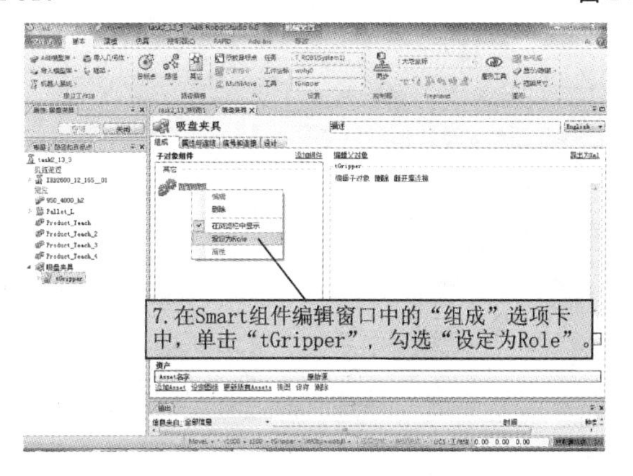

图 2-312

2. 设定检测传感器

设定检测传感器的操作步骤如图 2-313～图 2-320 所示。

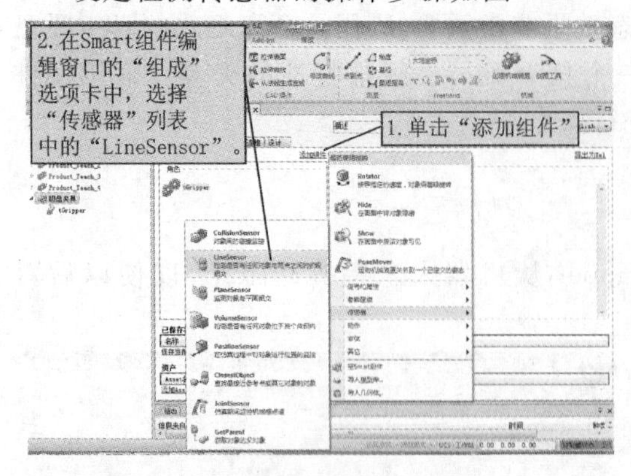

图 2-313

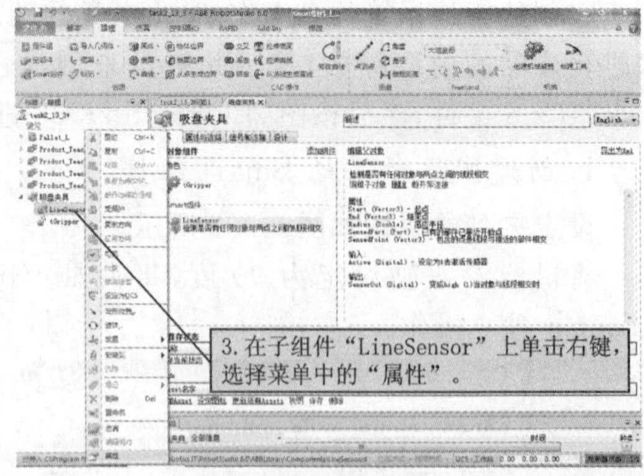

图 2-314

在当前工具姿态下，终点 End 只是相对于起始点 Start 在大地坐标系 Z 负方向偏移一定距离，所以可以参考 Start 直接输入 End 点的数值。此外，关于虚拟传感器的使用还有一项限制，即当物体与传感器接触时，如果接触部分完全覆盖了整个传感器，则传感器不能检测到与之接触的物体。换而言之，若要传感器准确地检测到物体，则必须保证在接触时传感器的一部分在物体内部，一部分在物体外部，所以为了避免在吸取产品时该传感器完全浸入物体内部，将起点 Z 值加大，保证在拾取产品时该传感器仅一部分在产品内，这样才能准确地检测到该产品。

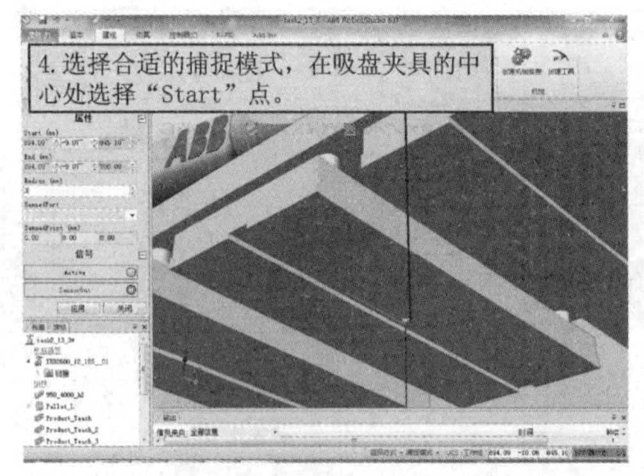

图 2-315

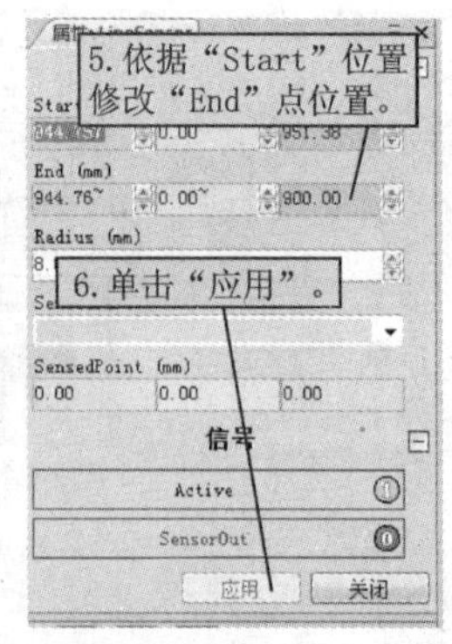

图 2-316

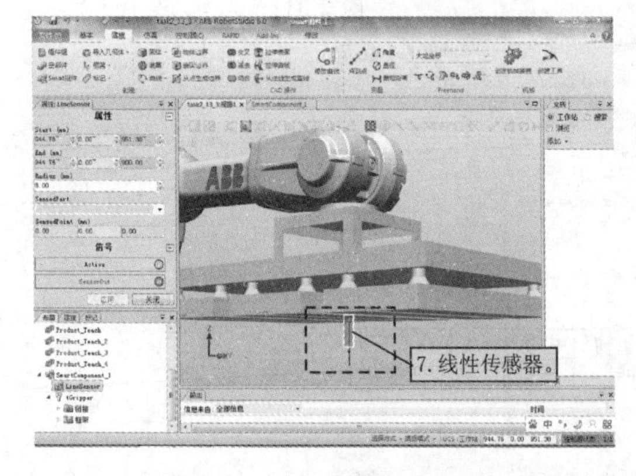

图 2-317

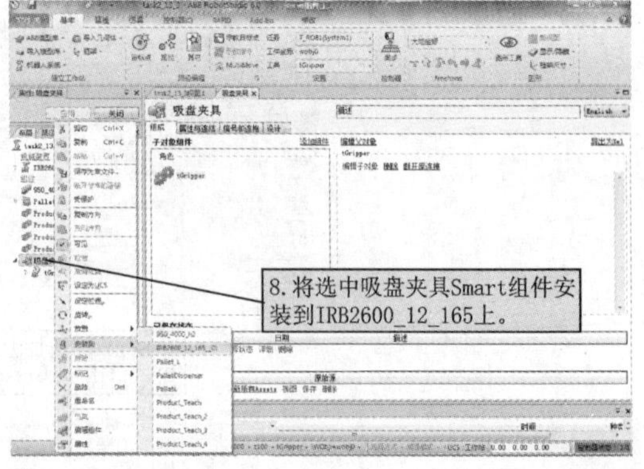

图 2-318

上述操作的目的是将 Smart 工具"吸盘夹具"当作机器人的工具。设定为 Role 可以让 Smart 获得 Role 的属性。在本任务中将"tGripper"设为 Role，就是让吸盘夹具获取了 tGripper 工具的属性。

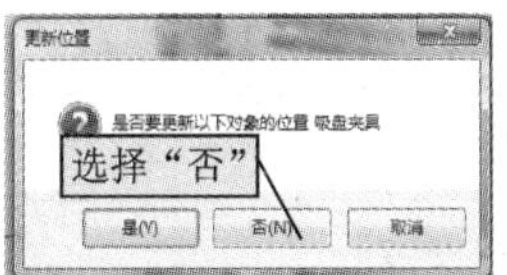

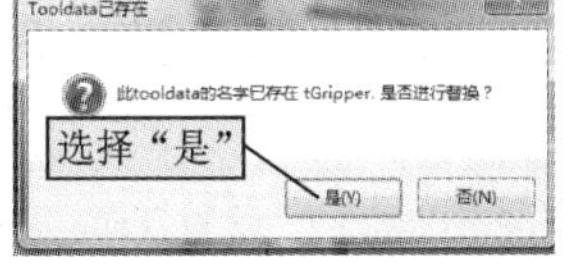

图 2-319

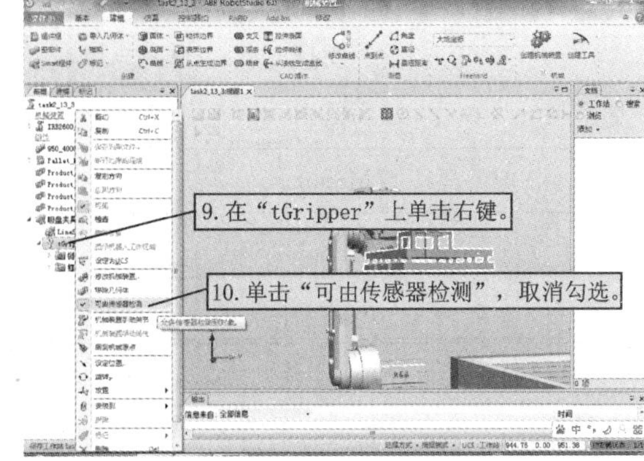

图 2-320

设置传感器后，要将工具设为"不可由传感器检测"，以免传感器与工具发生干涉。

3. 设定拾取动作

设定拾取动作的操作步骤如图 2-321～图 2-323 所示。

图 2-322 中 Attacher 的属性及信号描述如表 2-16 所示。

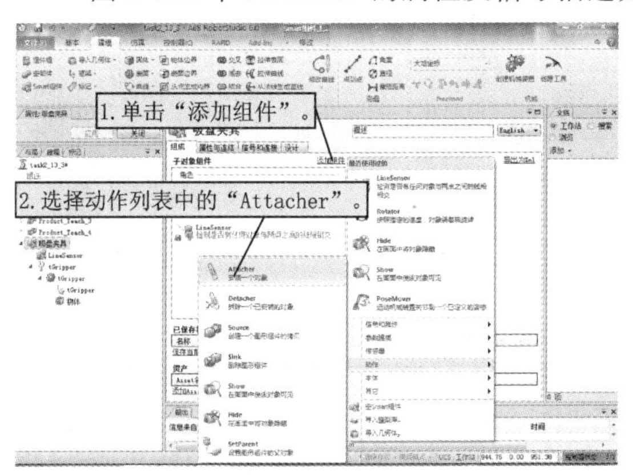

图 2-321

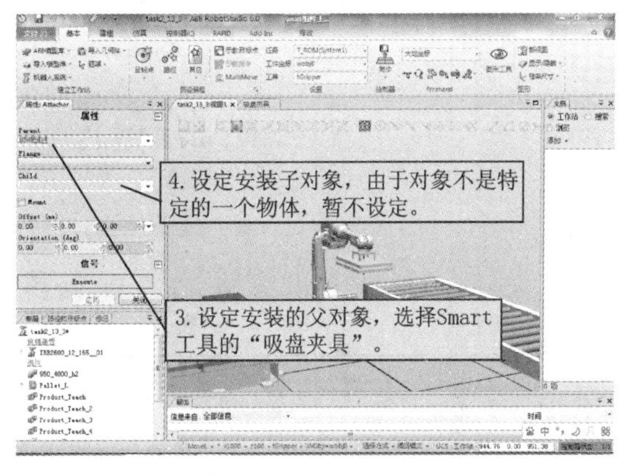

图 2-322

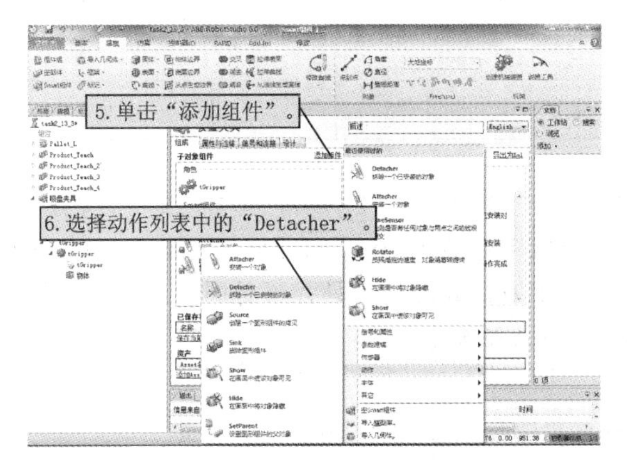

图 2-323

表 2-16　Attacher 的属性及信号描述

属　性	描　述
Parent	指定子对象要安装在哪个对象上
Flange	指定要安装在机械装置的哪个法兰上(编号)
Child	指定要安装的对象
Mount	如果为 True,子对象装配在父对象上
Offset	当使用 Mount 时,指定相对于父对象的位置
Orientation	当使用 Mount 时,指定相对于父对象的方向。
信　号	描　述
Execute	设为 True 进行安装
Executed	当完成时发出脉冲信号

Detacher 属性及信号如图 2-324 所示,参数描述如表 2-17 所示。

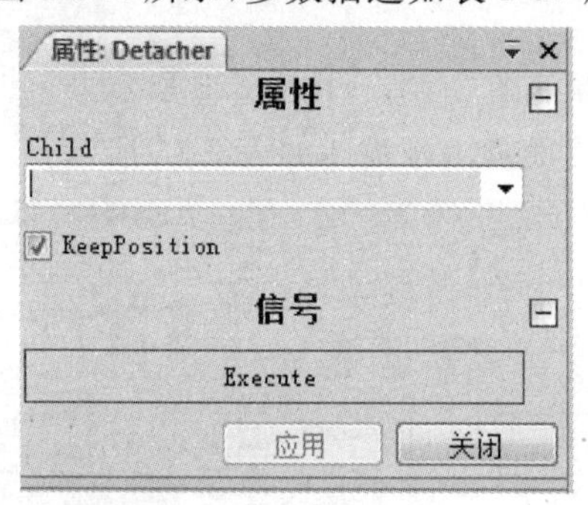

图 2-324

表 2-17　Detacher 属性及信号描述

属　性	描　述
Child	指定要拆除的对象
KeepPosition	如果为 False,被安装的对象将返回其原始的位置
信　号	描　述
Execute	设该信号为 True,移除安装的物体
Executed	当完成时发出脉冲信号

在上述设置过程中,拾取动作 Attacther 和释放动作 Detacher 中关于子对象 Child 暂时都未设定,是因为在本任务中我们处理的工具并不是同一个产品,所以无法在此处直接指定子对象。我们会在属性连接里关联此内容。

4. 创建属性连接

创建属性连接的操作步骤如图 2-325～图 2-327 所示。

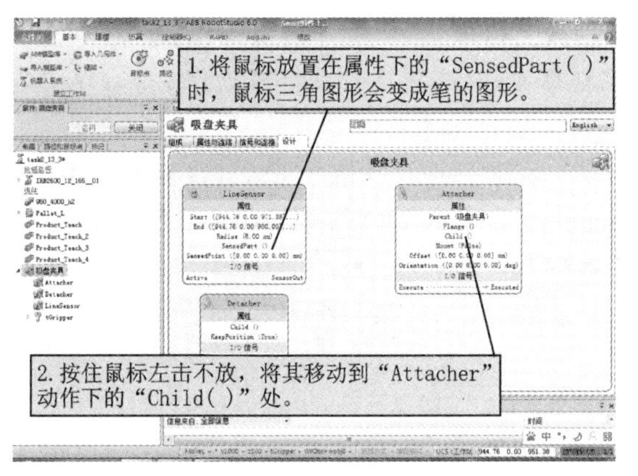

图 2-325

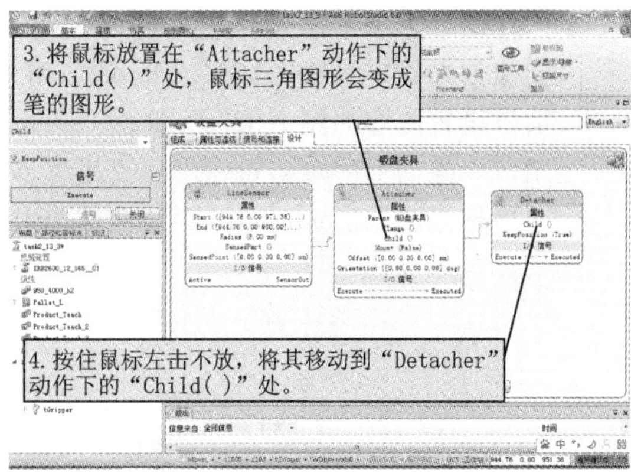

图 2-326

这样就把传感器检测到的物体关联到了“Attacher”动作中，确定了安装对象。但是Detached的“Child()”属性还没有关联，接下来就设定Detached的“Child()”属性。

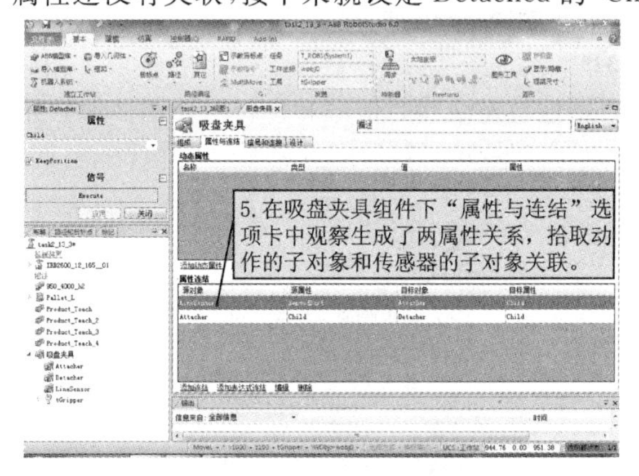

图 2-327

当机器人的工具运动到产品的拾取位置时，工具上的线传感器LineSensor检测到了产品A，产品A作为所要拾取的对象将A产品拾取之后，机器人工具运动到放置位置执行工具释放动作，则产品A作为释放对象，即该工具被放下。

5. 创建信号与连接

创建信号与连接的操作步骤如图2-328～图2-331所示。

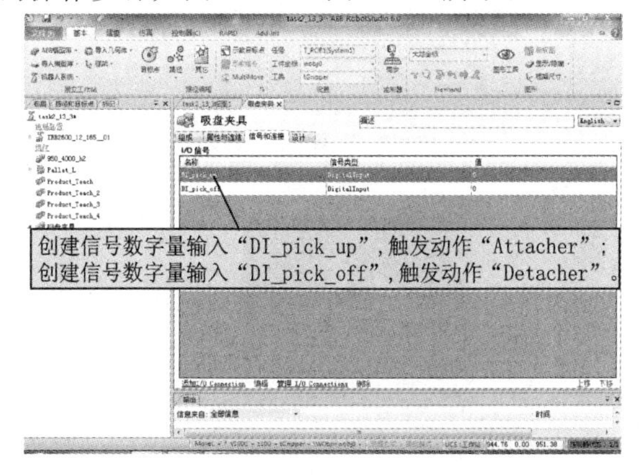

图 2-328

创建信号数字量输入“DI_pick_up”，用于控制夹具拾取，置 1 打开拾取动作。
创建信号数字量输入“DI_pick_off”，用于控制释放动作，置 1 打开释放动作。
信号设置内容如图 2-329 所示。
用鼠标拖动 DI_pick_up 信号，使其与 Attacher 动作下的 I/O 信号 Execute 信号关联。
用鼠标拖动 DI_pick_off 信号，使其与 Detacher 动作下的 I/O 信号 Execute 信号关联。

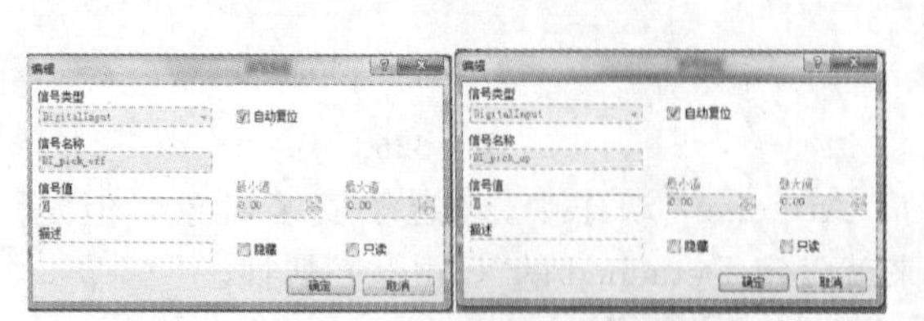

图 2-329

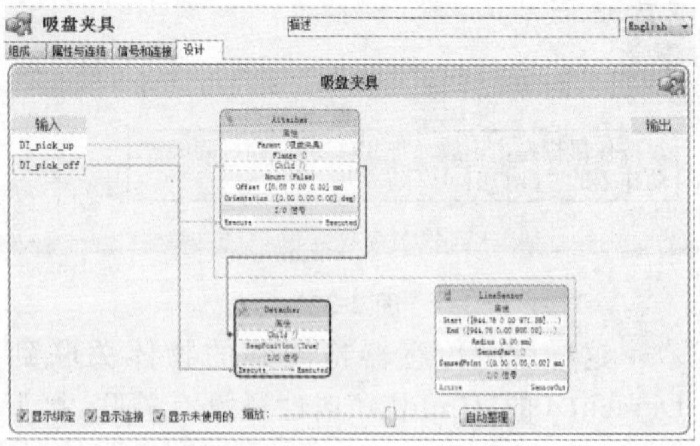

图 2-330

设置完成之后检查“属性与连结”和“信号和连接”，如图 2-331 所示。

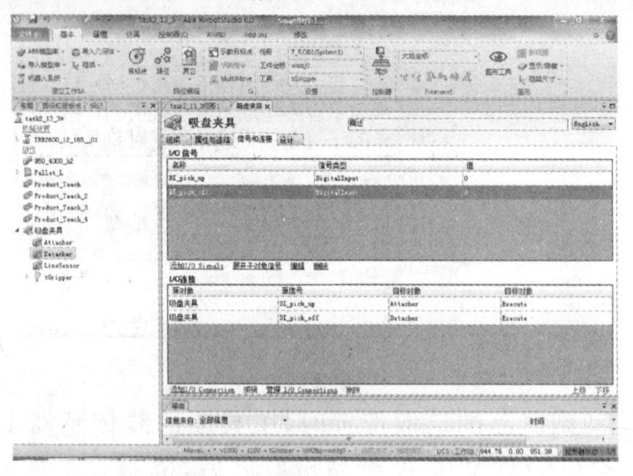

图 2-331

6. Smart 组件仿真调试

把机器人移动到图 2-332 所示位置。

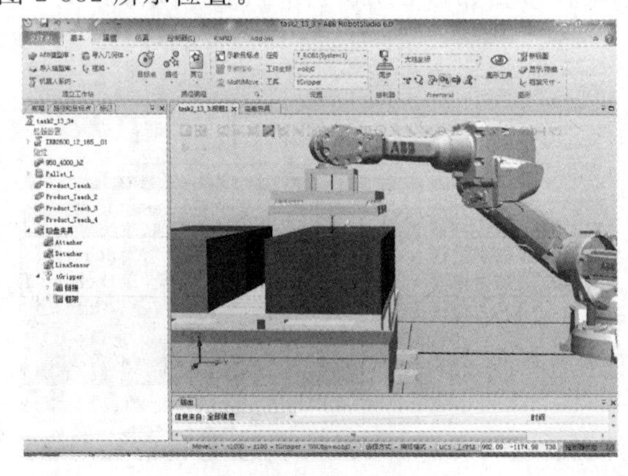

图 2-332

仿真调试的操作步骤如图 2-333～图 2-338 所示。

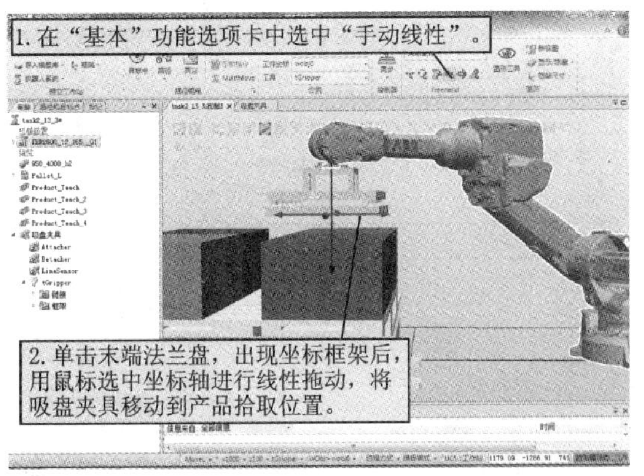

图 2-333

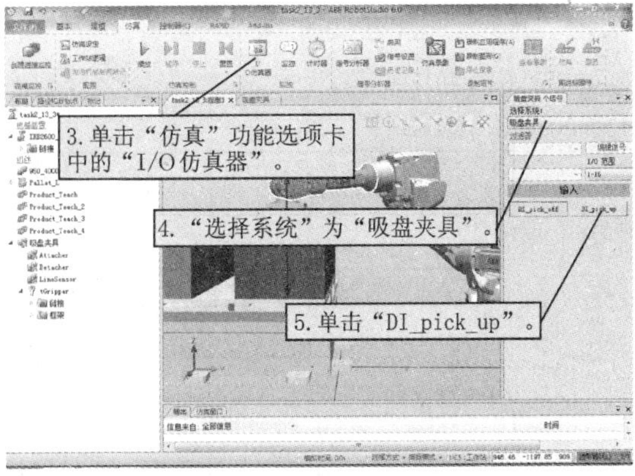

图 2-334

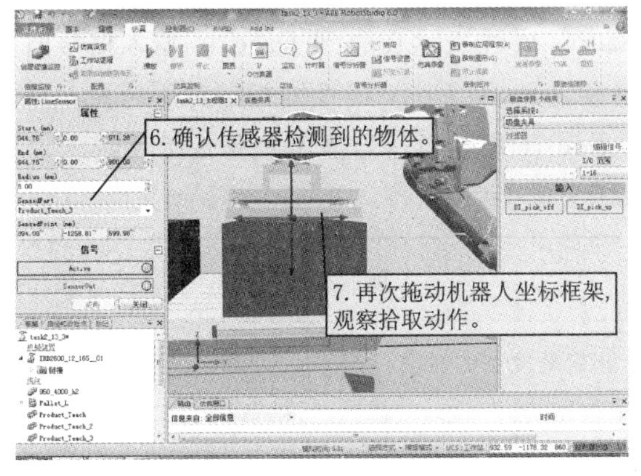

图 2-335

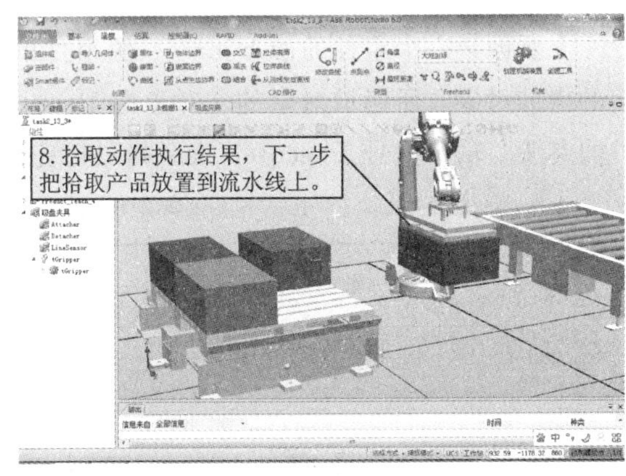

图 2-336

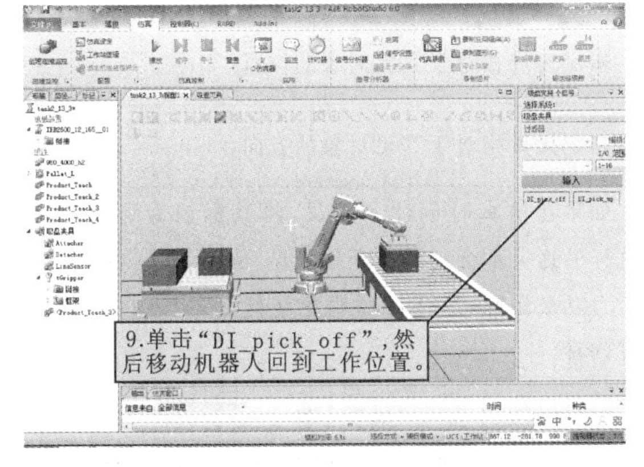

图 2-337

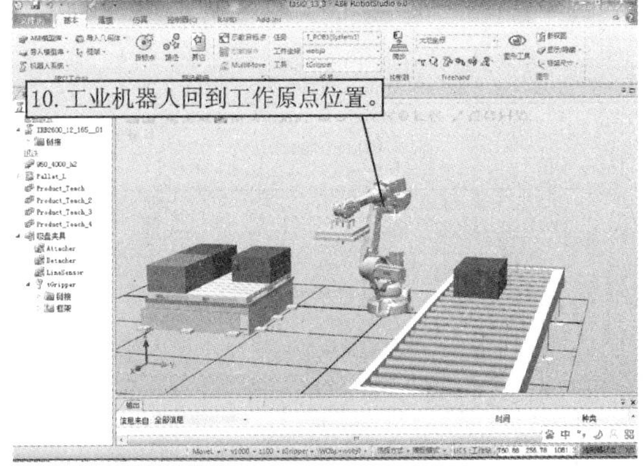

图 2-338

四、输送线动态仿真

Smart 组件输送线动态效果包含：输送线前段自动生成产品、产品随输送线向前运动、产品到达输送线末端停止运动、产品被队列剔除后输送线前段再次生成产品，依次循环。解包文件 task2_13_4 文件，然后按图 2-339～图 2-355 进行操作。

1. 设定输送线的产品

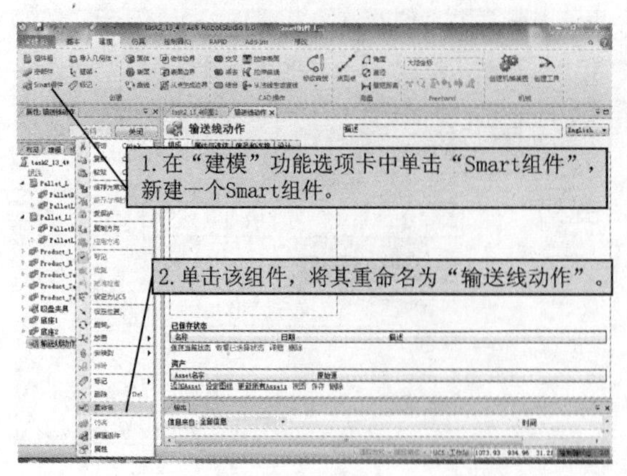

图 2-339

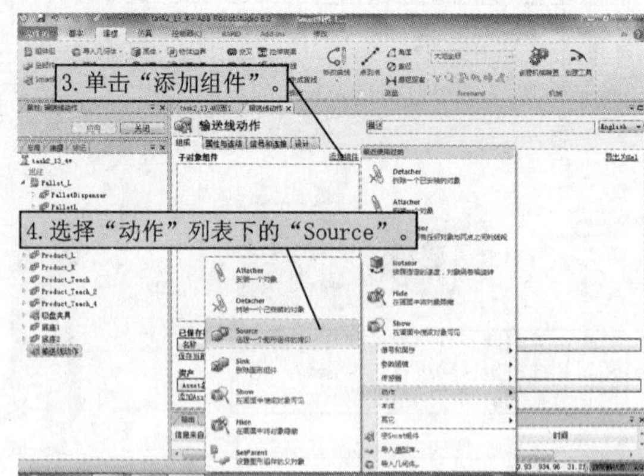

图 2-340

要创建一个组件的源 Source。源组件的 Source 属性表示在收到 Execute 输入信号时的拷贝对象。所拷贝对象的父对象由 Parent 属性定义，而 Copy 属性则指定对所拷贝对象的参考。输出信号 Executed 表示拷贝已完成。Source 属性及信号描述如表 2-18 所示。

表 2-18 Source 属性及信号描述

属　性	描　述
Source	指定要复制的对象
Copy	指定拷贝
Parent	指定要拷贝的父对象。如果未指定，则将拷贝与源对象相同的父对象
Position	指定拷贝相对于其父对象的位置
Orientation	指定拷贝相对于其父对象的方向
Transient	如果在仿真时创建了拷贝，将其标识为瞬时的。这样的拷贝不会被添加至撤销队列中且在仿真停止时自动被删除，这样可以避免在仿真过程中过分消耗内存
信　号	描　述
Execute	设该信号为 True，创建对象的拷贝
Executed	当完成时发出脉冲信号

子组件 Source 用于设定产品源，每触发一次 Source，都会自动生成一个产品源的复制品。

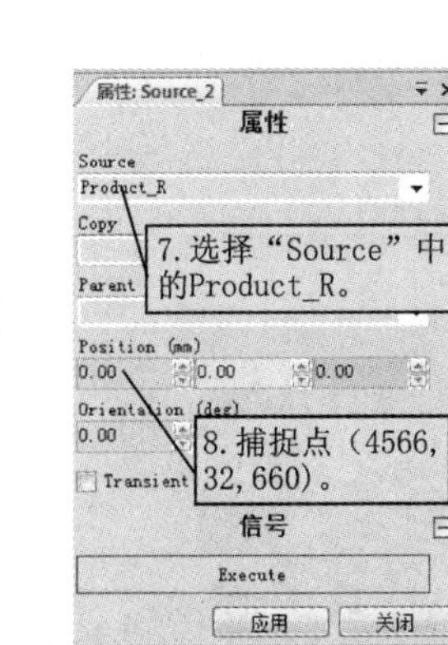

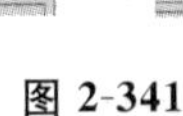

图 2-341

2. 设定输送线限位传感器

设定输送线限位传感器的操作步骤如图 2-342～图 2-346 所示。

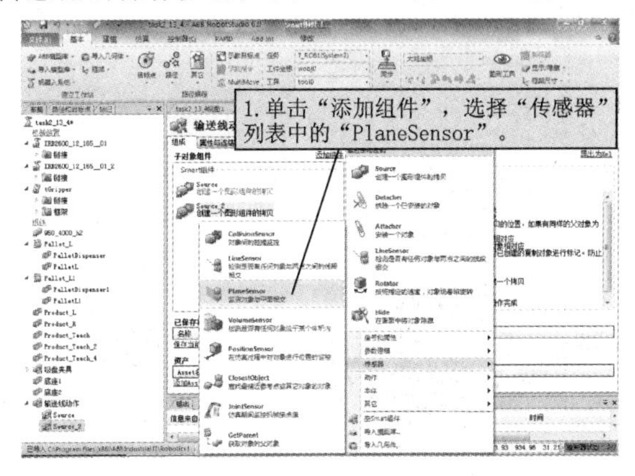

图 2-342

在输送线末端的挡板处设定面传感器，设定方法为捕捉一个点作为面的原点 A，然后设定基于原点 A 的两个延长轴的方向和长度(参考大地坐标方向)，这样就构成了一个平面。PlaneSensor 属性及信号描述如表 2-19 所示。

表 2-19 PlaneSensor 属性及信号描述

属　　性	描　　述
Origin	指定平面的原点
Axis1	指定平面的第一个轴
Axis2	指定平面的第二个轴
SensedPart	指定与 PlaneSensor 相交的部件。如果多个部件相交，则在“布局”窗口中第一个显示的部件将被选中
信　　号	描　　述
Active	指定 PlaneSensor 是否被激活
SensorOut	当 Sensor 与某一对象相交时为 True

2.选择输送线的此角点为"Origin"。设定Axis1和Axis2如图所示。

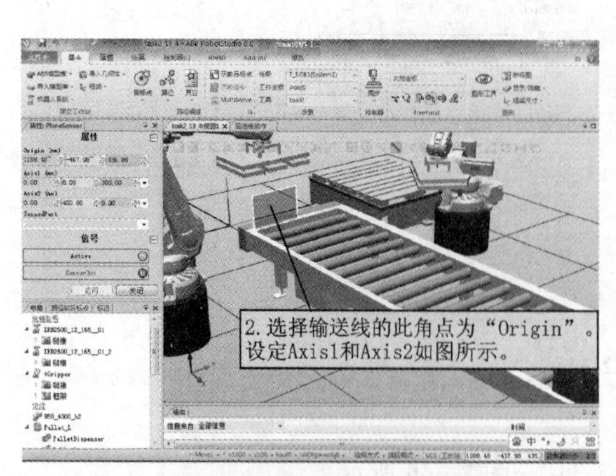

图 2-343

属性: PlaneSensor
属性
Origin (mm)
1288.48
-467.98
435.00
3.测量输入面传感器高度为300。
Axis1 (mm)
0.00
0.00
300.00
Axis2 (mm)
0.00
450.00
0.00
SensedPart
信号
4.测量输入面传感器宽度为450。
Active
SensorOut
应用
关闭

图 2-344

5.设定面传感器"PlaneSensor_2"的方法参考"PlaneSensor"。

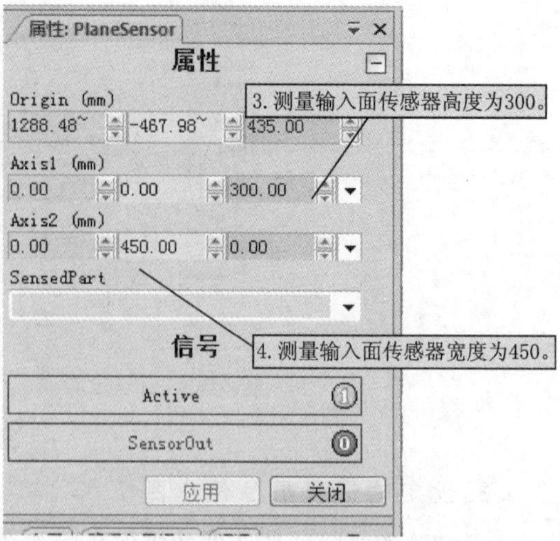

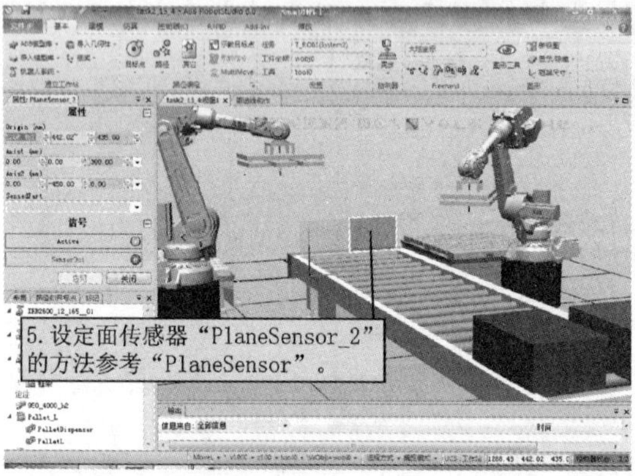

图 2-345

6.在"布局"窗口中选中950_4000_h2,取消此选项。

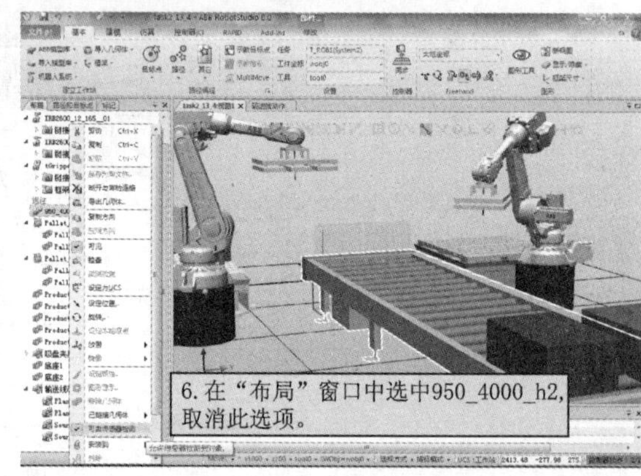

图 2-346

虚拟传感器一次只能检测一个物体,所以这里需要保证创建的传感器不能与周边设备接触,否则无法检测运动到输送线末端的产品。在创建时避开周边设备,将可能与该传感器接触的周边设备的属性设为"不可由传感器检测"。

3. 设定物体的直线运动

设定物体的直线运动的操作步骤如图 2-347～图 2-349 所示。

1.在"布局"窗口中选中打开。
2.选择"本体"列表中的"LinerMover"。

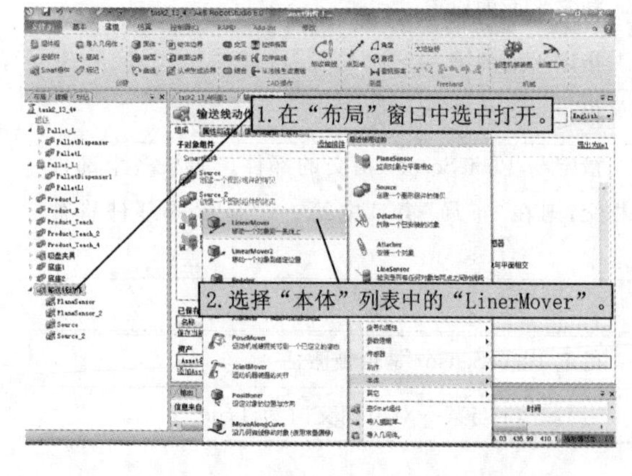

图 2-347

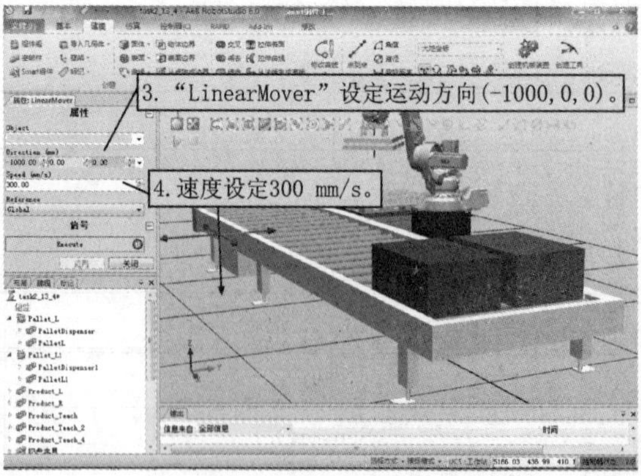

3. "LinearMover"设定运动方向(-1000,0,0)。
4.速度设定300 mm/s。

图 2-348

LinearMover 属性及信号描述如表 2-20 所示。

表 2-20 LinearMover 属性及信号描述

属　　性	描　　述
Object	指定要移动的对象
Direction	指定要移动对象的方向
Speed	指定移动速度
Reference	指定参考坐标系，可以是 Global、Local 或 Object
ReferenceObject	如果将 Reference 设置为 Object，指定参考对象
信　　号	**描　　述**
Execute	将该信号设为 True 开始移动对象，设为 False 时停止

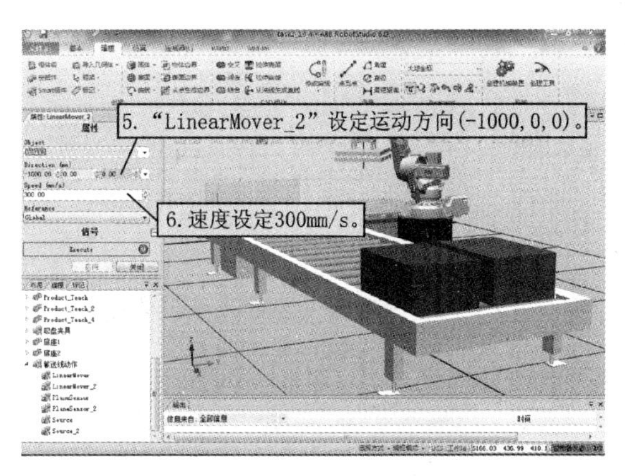

图 2-349

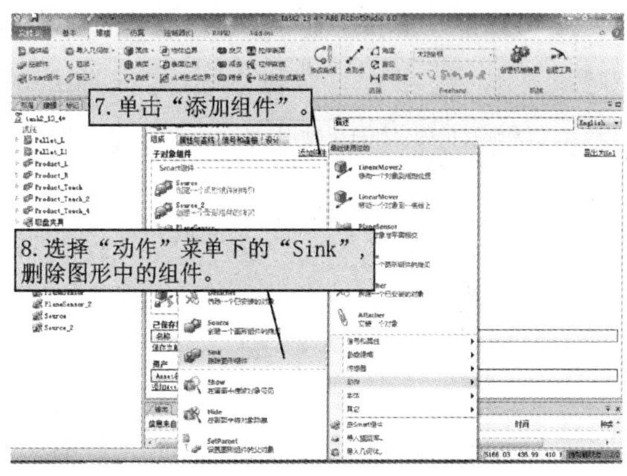

图 2-350

4. 设定删除物体动作

Sink 会删除 Object 属性参考的对象。收到 Execute 输入信号时开始删除。删除完成时设置 Executed 输出信号。Sink 属性及信号设置窗口如图 2-351 所示，参数描述如表 2-21 所示。

表 2-21 Sink 属性及信号描述

属　　性	描　　述
对象	指定要移除的对象
信　　号	**描　　述**
Execute	设该信号为 True，移除对象
Executed	当完成时发出脉冲信号

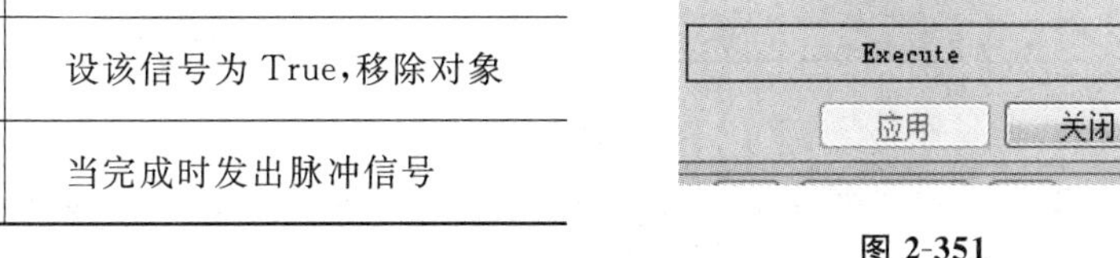

图 2-351

5. 创建属性连接

创建属性连接如图 2-352 所示。

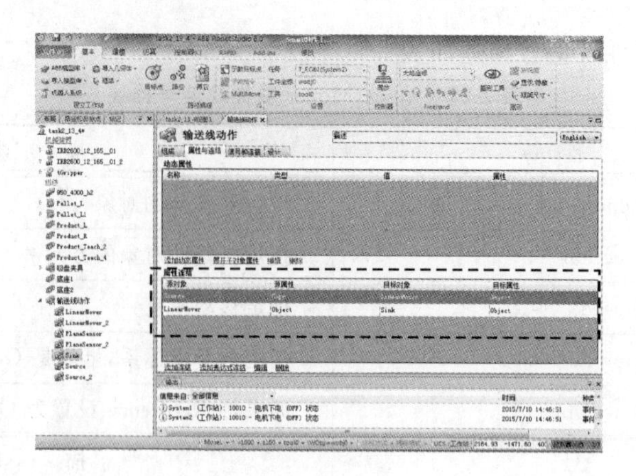

图 2-352

6.创建信号连接

创建信号连接如图 2-353～图 2-355 所示。

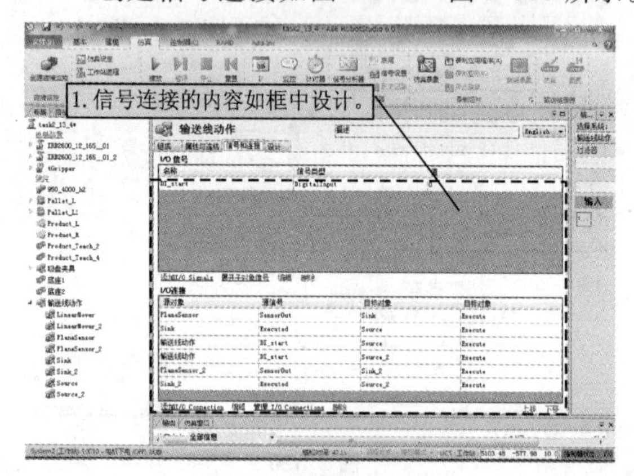

图 2-353

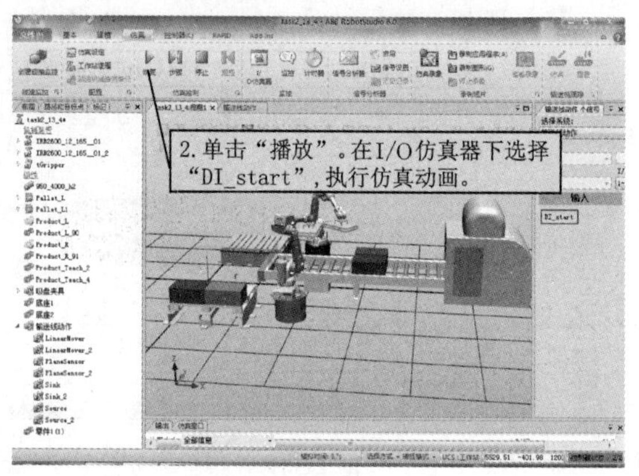

图 2-354

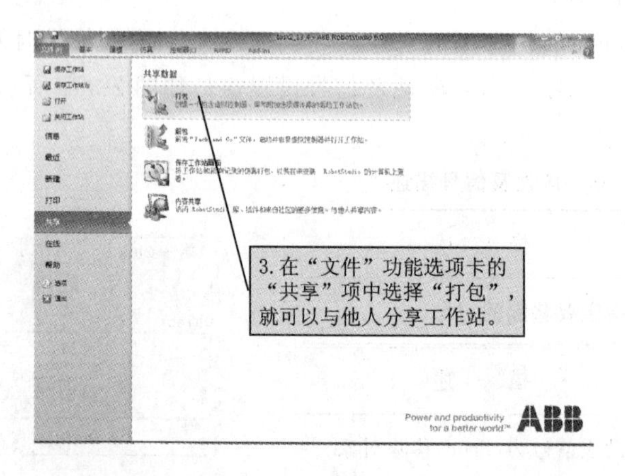

图 2-355

至此完成了 Smart 组件的常用动画设计，大家可以在此基础上进行扩展练习。

【学习检测】

自我学习检测评分表

项　　目	技术要求	分　值	评分细则	评分记录	备　　注
学会建立工业机器人系统	(1)掌握系统生成器建立虚拟系统。 (2)掌握从布局创建虚拟系统。 (3)掌握备份创建系统	5	(1)理解流程。 (2)操作流程		
掌握软件窗口的操作使用	(1)掌握软件窗口快捷操作方式。 (2)掌握文件的保存与打包/解包。 (3)掌握恢复默认 RobotStudio 界面的操作。 (4)显示工业机器人的工作区域	5	(1)理解流程。 (2)操作流程		
学会建模及导入几何体/摆放工作站	(1)使用 RobotStudio 建模功能进行 3D 模型的创建。 (2)对 3D 模型进行相关设置	10	(1)理解流程。 (2)操作流程		
学会测量工具的使用	正确使用测量工具进行测量的操作	5	(1)理解流程。 (2)操作流程		
学会加载机器人的工具	(1)正确加载库文件工具及创建机器人用工具的操作。 (2)设定工具的本地原点。 (3)创建工具坐标系框架。 (4)创建工具	5	(1)理解流程。 (2)操作流程		
学会工业机器人的手动操作	熟练掌握工业机器人的手动操作方法,进行手动关节、手动线性、手动重定位运动	5	(1)理解流程。 (2)操作流程		
学会创建机械装置	(1)加载放置一个数控机床的模型。 (2)创建数控门的机械装置	10	(1)理解流程。 (2)操作流程		
学会建立工业机器人坐标系	(1)工件坐标系建立。 (2)工具坐标系建立	5	(1)理解流程。 (2)操作流程		
学会创建机器人的运动轨迹程序	(1)建立空路径,创建运动指令。 (2)调试机器人的空路径	10	(1)理解流程。 (2)操作流程		

续表

项 目	技术要求	分 值	评分细则	评分记录	备 注
掌握仿真运行机器人及录制视频	(1)仿真运行机器人轨迹。 (2)录制多媒体视频。 (3)录制.exe可执行文件	5	(1)理解流程。 (2)操作流程		
学会模拟碰撞检测的设定	(1)机器人碰撞监控功能使用。 (2)机器人TCP跟踪功能的使用	5	(1)理解流程。 (2)操作流程		
学会从曲线生成路径操作	(1)创建机器人涂胶曲线。 (2)自动生成机器人涂胶轨迹	10	(1)理解流程。 (2)操作流程		
掌握Smart组件的应用	(1)应用Smart组件设定机械装置关节到一个已定义的姿态。 (2)创建Smart组件的信号连接。 (3)Smart组件的模拟动态运行。 (4)建模生成效果模型。 (5)创建Smart组件拾取,释放动作。 (6)创建Smart组件拾取出现,隐藏动作。 (7)创建Smart组件拾取直线运动动作	10	(1)理解流程。 (2)操作流程		
安全操作	符合上机实训要求	10			

【思考与练习】

1. 在RobotStudio软件中创建工作站有几种方式?总结各种方法的特点。

2. 简述本地原点、框架、基坐标、工具坐标的定义,说明其在应用上的联系。

3. 总结导入几何体后要使其放置在地面上的操作步骤。

4. 描述工具在安装到机器人之前的摆放位置的特点、本地原点的位置、本地坐标系的方向,思考如何在一个工具上创建两个工具坐标。

5. 比较在"控制器"功能选项卡下创建信号和在示教器中创建信号有什么不同。

6. 在任务task2_11的轨迹板上创建轨迹。

7. 在任务task2_13_2创建"旋转"类型机械装置,实现风扇旋转的动画效果。

8. 在任务task2_13_4实现双边码垛工作站效果。

【学习体会】

项目3

带导轨和变位机的机器人系统创建与应用

教学目标

（1）学会创建带导轨的机器人系统。

（2）学会创建导轨运动轨迹并仿真运行。

（3）学会创建带变位机的机器人系统。

（4）学会创建变位机运动轨迹并仿真运行。

任务3-1 创建带导轨的机器人系统

【工作任务】

(1)创建带导轨的机器人系统。

(2)创建带导轨的机器人系统运动轨迹并仿真运行。

【实践操作】

在工业应用过程中,为机器人系统配备导轨,可大大增加机器人的工作范围。在处理多工位以及较大工件时有着广泛的应用。在本任务中,将练习如何在 RobotStudio 软件中创建带导轨的机器人系统,创建简单的轨迹并仿真运行。

由于使用到机器人导轨,所以要安装与导轨相关的附加选项。过程如图 3-1 和图 3-2 所示。

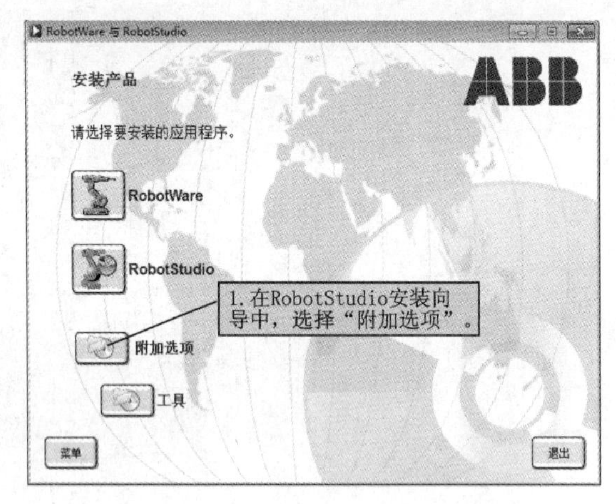

图 3-1

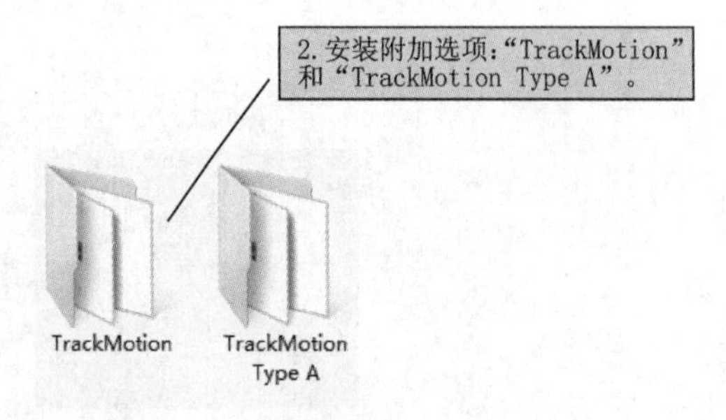

图 3-2

一、创建带导轨的机器人系统

创建带导轨的机器人系统过程如图 3-3～图 3-15 所示。

创建一个空的工作站,并导入机器人模型及导轨模型。

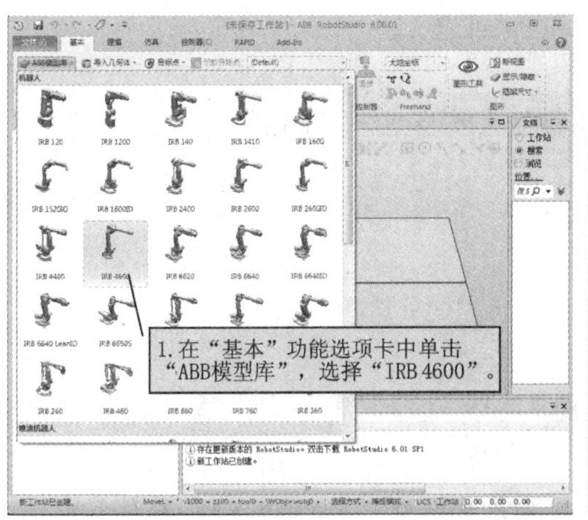

图 3-3

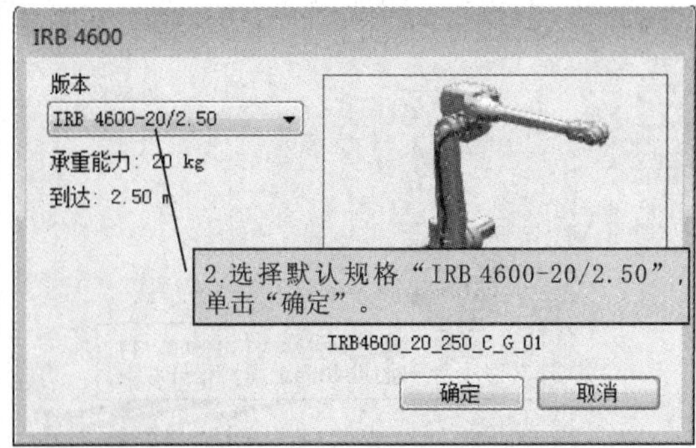

图 3-4

接下来添加导轨模型。

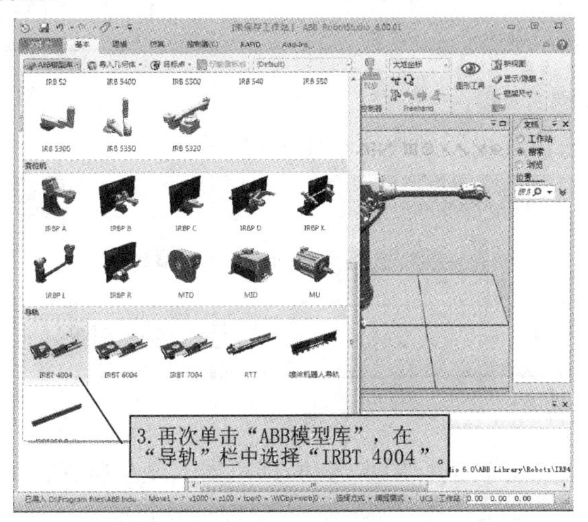

图 3-5

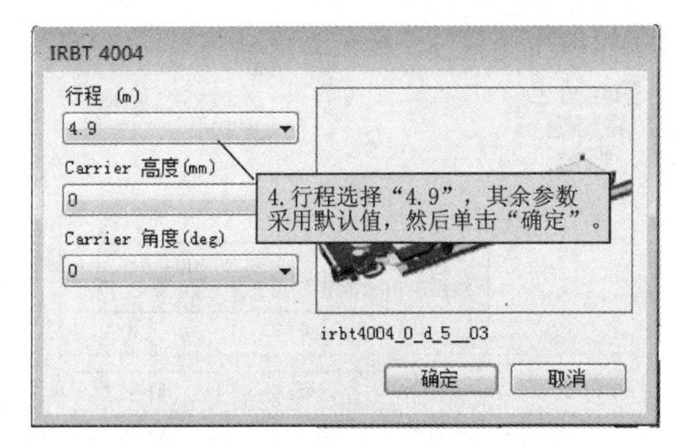

图 3-6

图 3-6 中参数说明如下：

行程：导轨的可运行长度。

Carrier 高度：导轨上面再加装机器人底座的高度。

Carrier 角度：加装的机器人底座方向，有 0°和 90°可选。

此处不加装底座，后两项参数默认为 0。

然后，在“基本”功能选项卡的“布局”窗口将机器人安装到导轨上面。

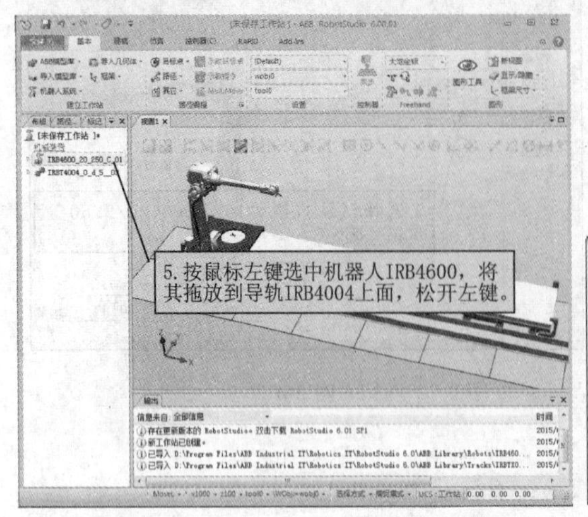

图 3-7

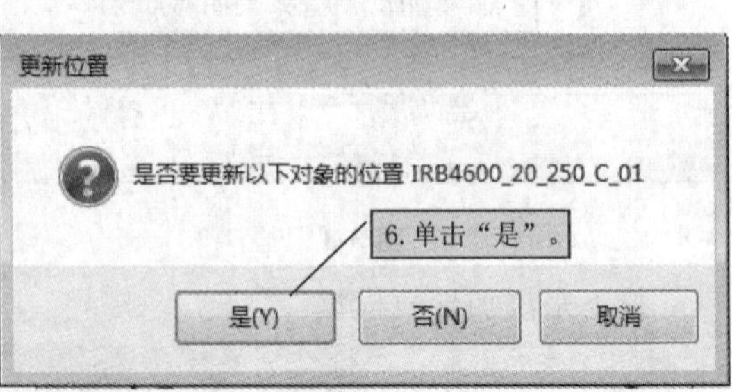

图 3-8

单击“是”，则机器人位置更新到导轨基座上面。

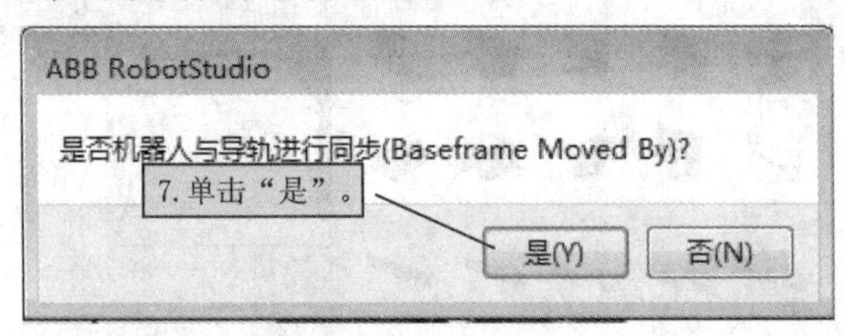

图 3-9

单击“是”，则机器人与导轨进行同步运动，即机器人基坐标系随着导轨同步运动。

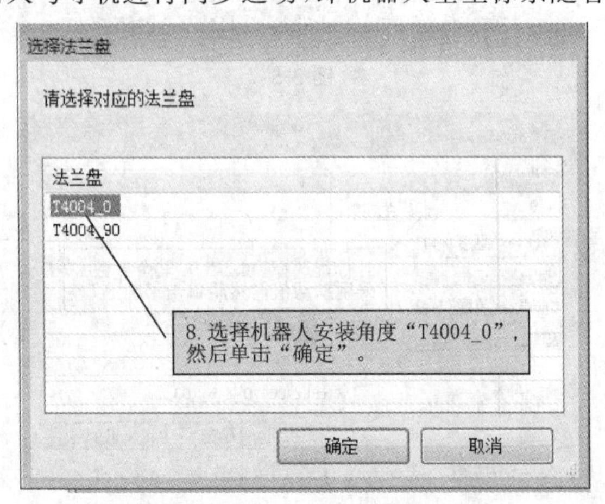

图 3-10

导轨基座上面的安装孔位可灵活选择，从而满足不同的安装需求。

安装完成后，开始创建机器人系统。

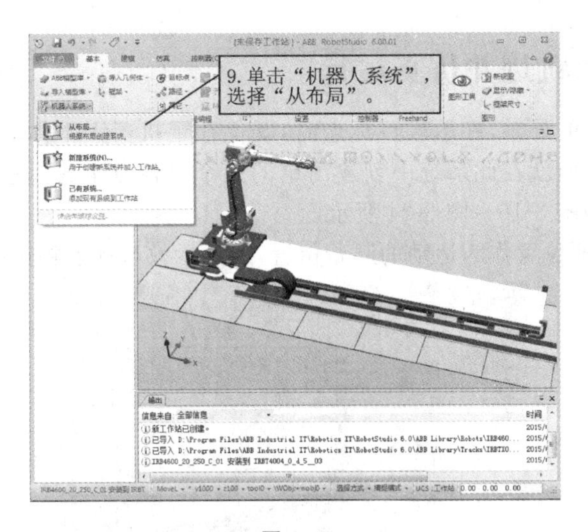

图 3-11

在创建带外轴的机器人系统时，建议使用“从布局”创建系统，这样在创建过程中，其会自动添加相应的控制选项以及驱动选项，无须用户配置。

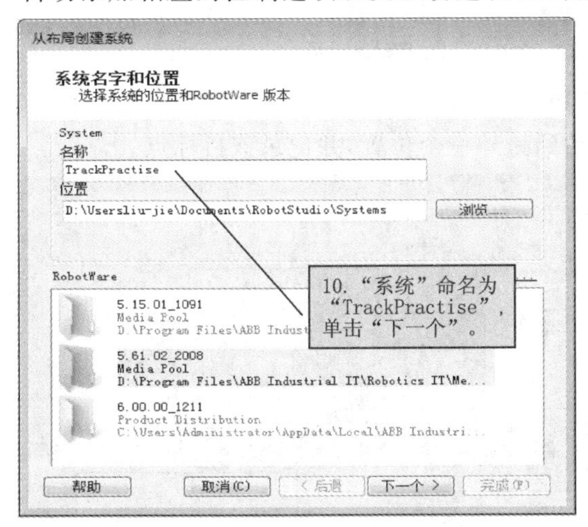

图 3-12

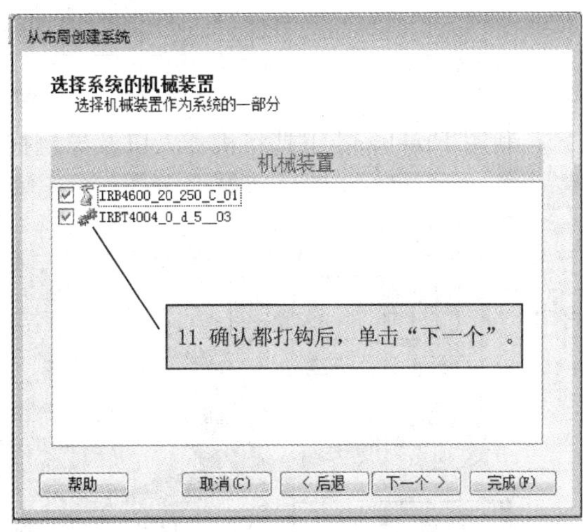

图 3-13

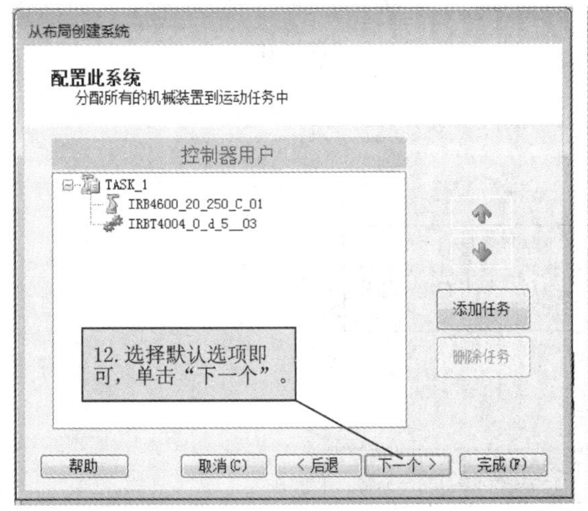

图 3-14

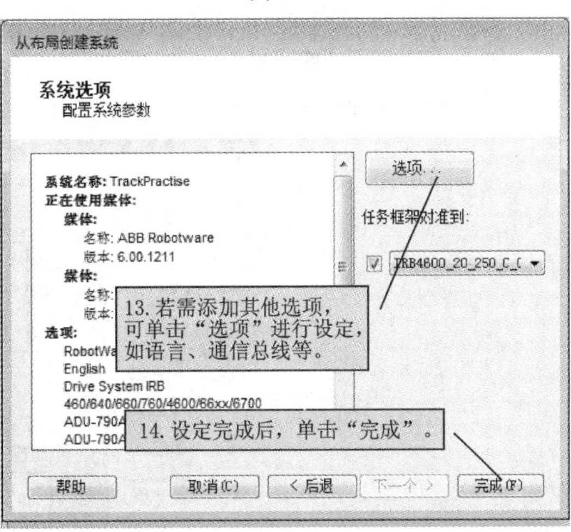

图 3-15

二、创建运动轨迹并仿真运行

导轨作为机器人的外轴，在示教目标点时，既保存了机器人本体的位置数据，又保存了导轨的位置数据。下面就在此系统中创建简单的几个目标点生成运动轨迹，使机器人与导轨同步运动。过程如图 3-16～图 3-24 所示。

例如，将机器人原位置作为运动的起始位置，通过示教目标点将这些位置记录下来。

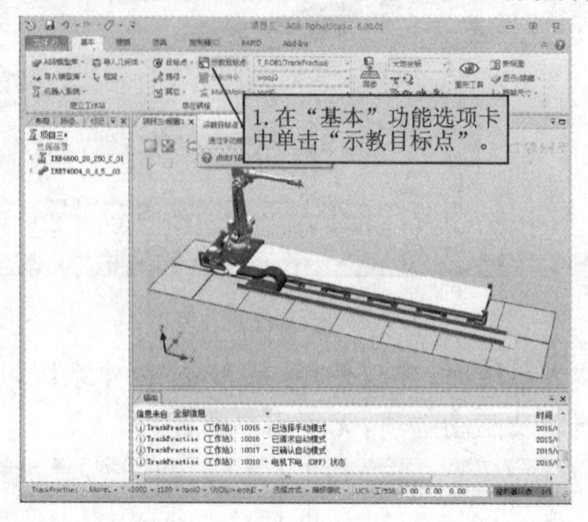

图 3-16

利用 Freehand 工具将机器人以及导轨拖动到另外一个位置，并记录该目标点。

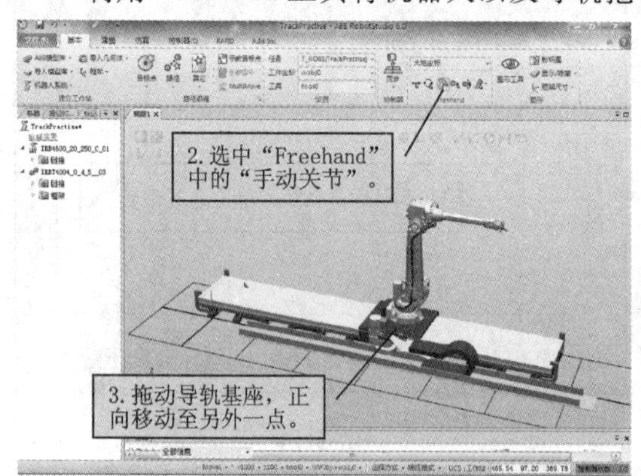

图 3-17

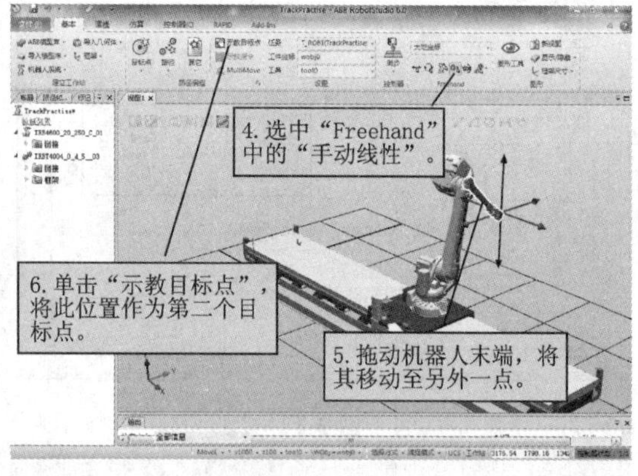

图 3-18

然后利用这两个目标点生成运动轨迹。

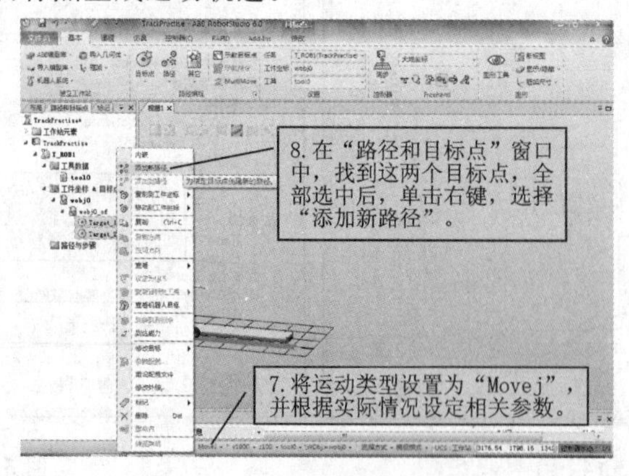

图 3-19

接下来为生成的路径 Path_10 自动配置轴配置参数。

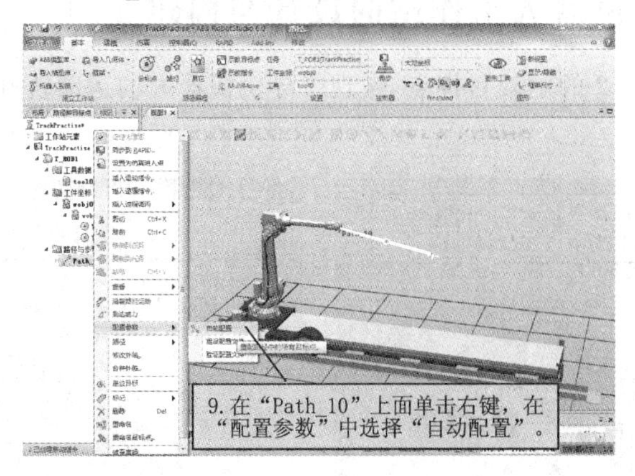

图 3-20

将此条轨迹同步到虚拟控制器。

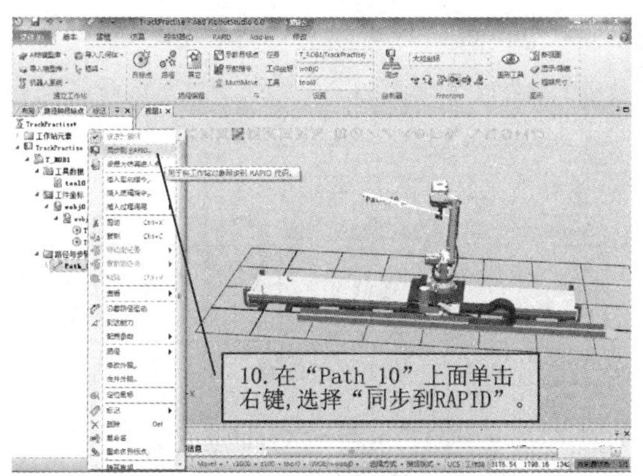

图 3-21

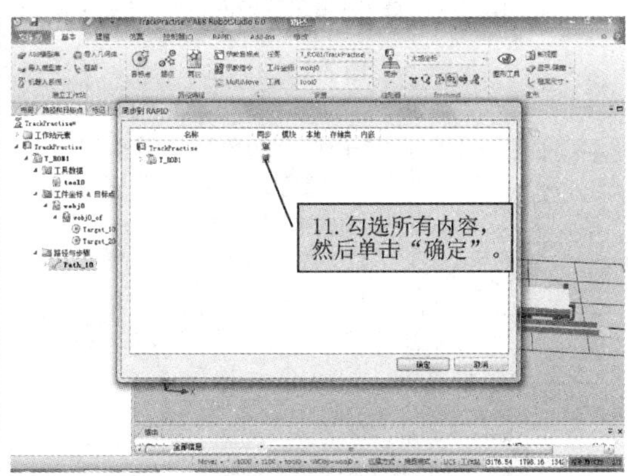

图 3-22

在“仿真”功能选项卡中单击“仿真设定”，进行仿真设定。

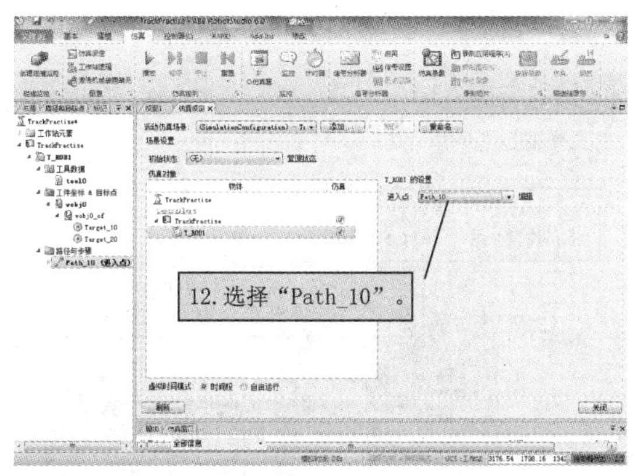

图 3-23

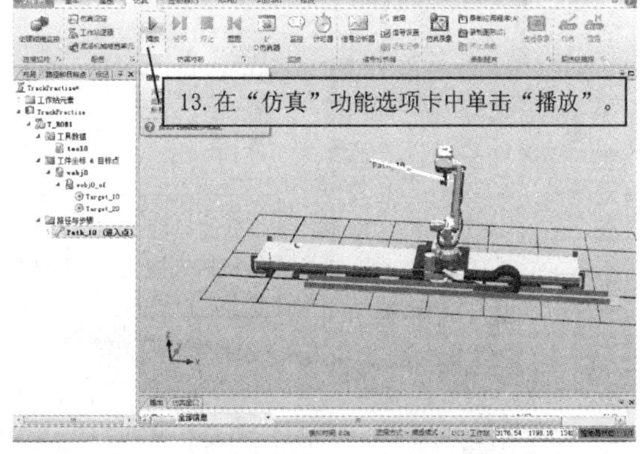

图 3-24

可以观察到，机器人与导轨实现了同步运动，接着就可以进行带导轨的机器人工作站的设计与构建了。

三、带导轨的机器人工作站的设计与构建

打开文件 task3_1_2 的示教目标点，实现带导轨机器人的运动轨迹，如图 3-25 至图 3-39 所示。

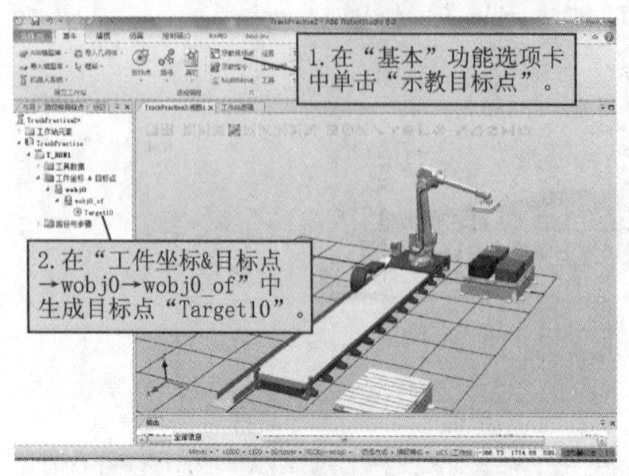

图 3-25

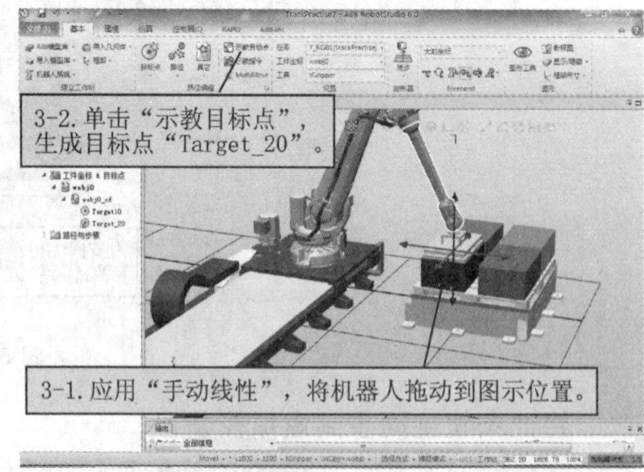

图 3-26

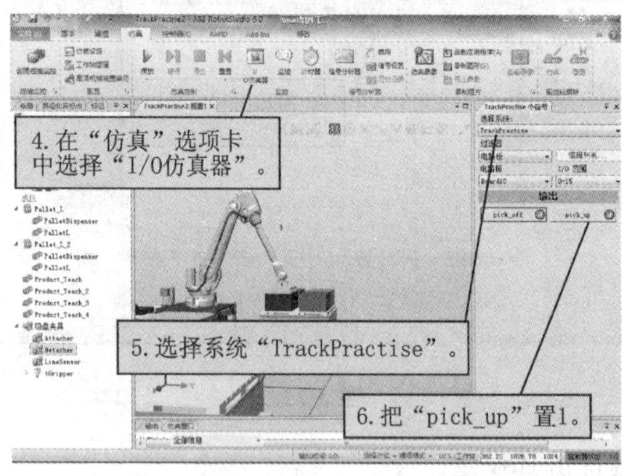

图 3-27

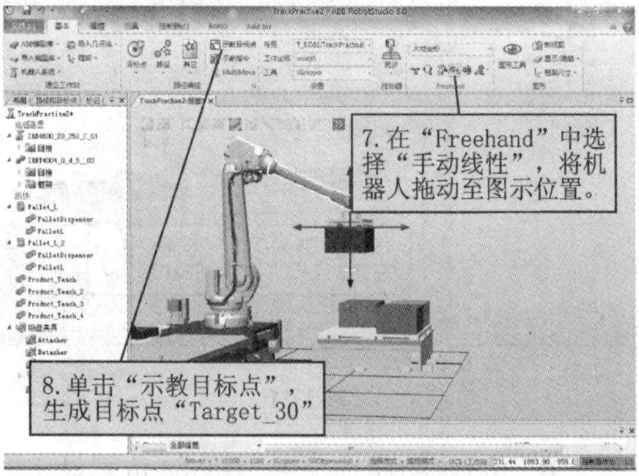

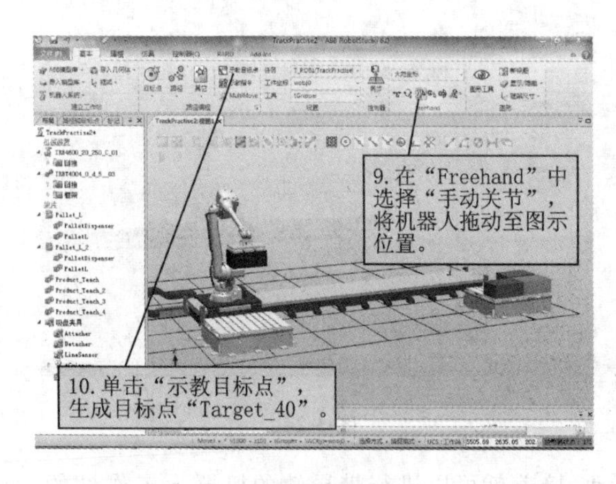

图 3-28

图 3-29

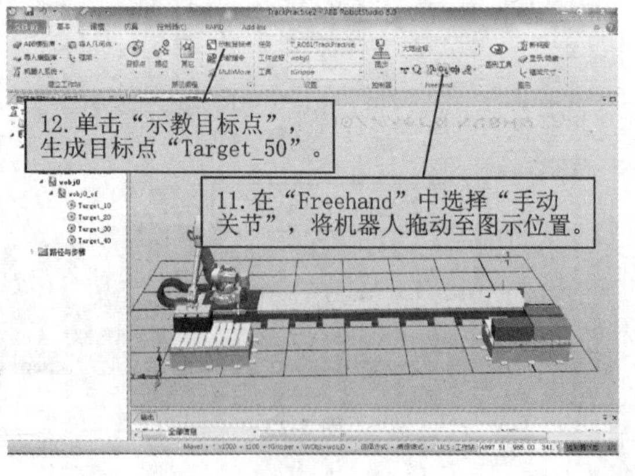

图 3-30

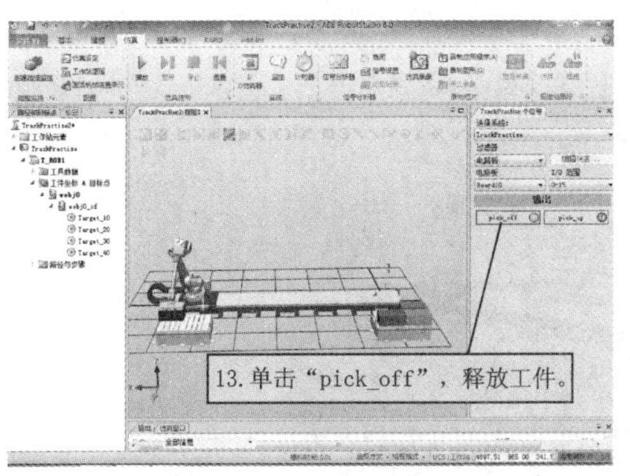

图 3-31

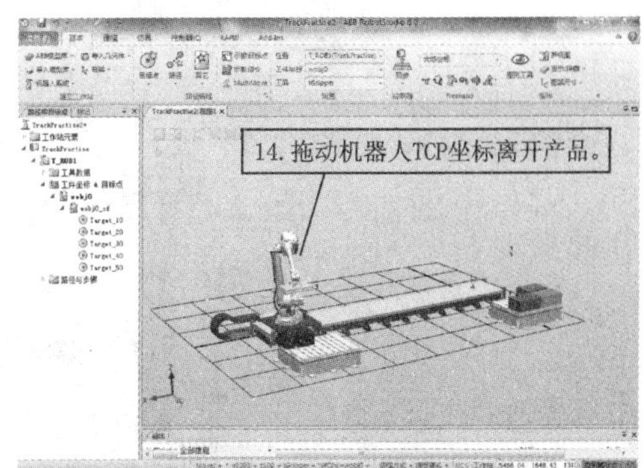

图 3-32

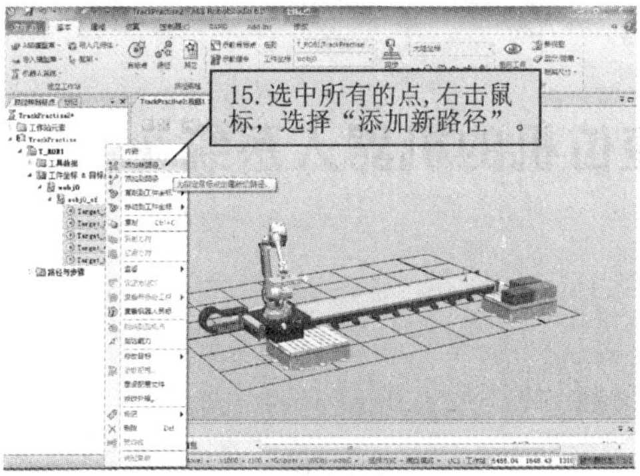

15. 选中所有的点，右击鼠标，选择“添加新路径”。

图 3-33

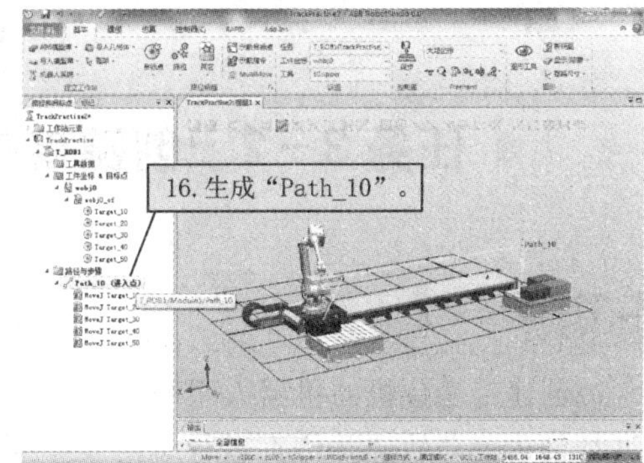

图 3-34

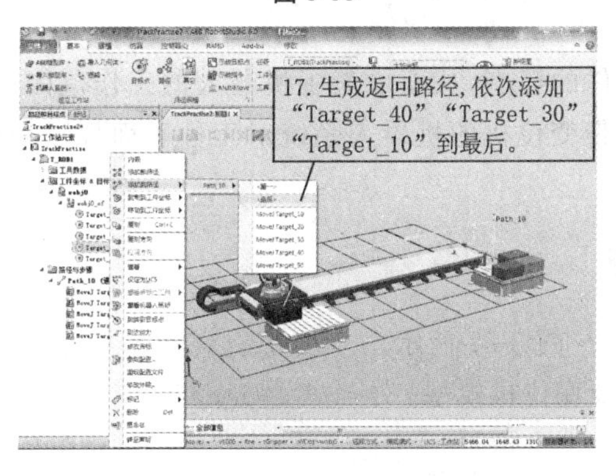

图 3-35

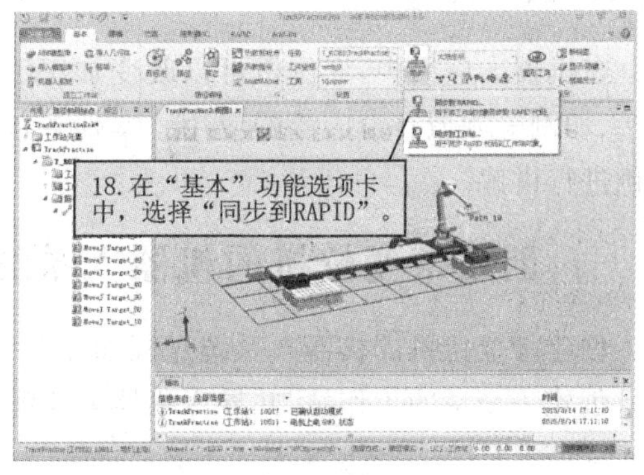

图 3-36

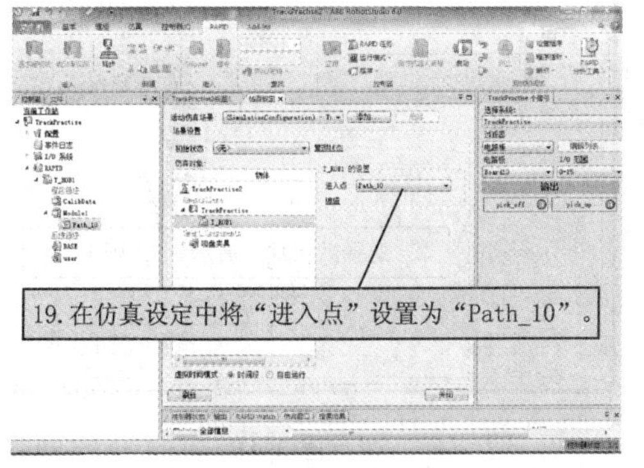

图 3-37

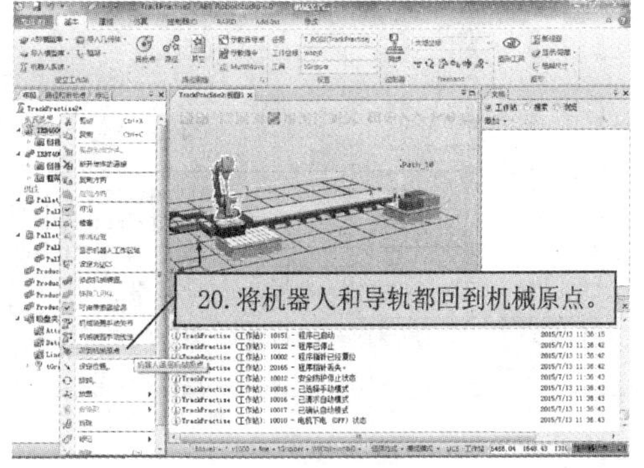

图 3-38

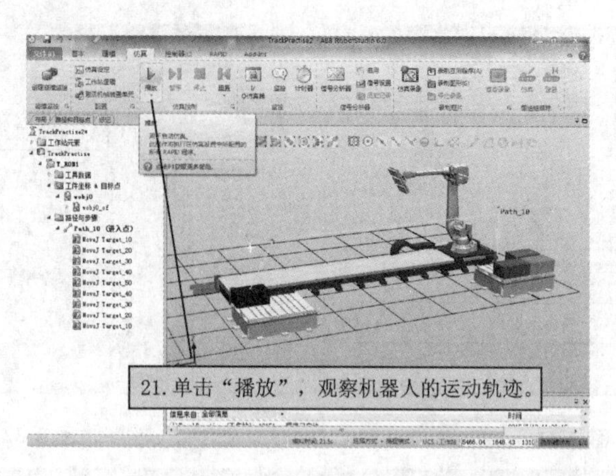

图 3-39

任务3-2 创建带变位机的机器人系统

【工作任务】

(1)创建带变位机的机器人系统。

(2)创建运动轨迹并仿真运行。

【实践操作】

在机器人应用中,变位机可以改变加工工件的姿态,从而增大了机器人的工作范围,在焊接、切割等领域有着广泛的应用。本任务以带变位机的机器人系统对工件表面焊接处理为例进行讲解。

一、创建带变位机的机器人系统

创建带变位机的机器人系统过程如图 3-40～图 3-57 所示。

创建一个空的工作站,并导入机器人模型及变位机模型。

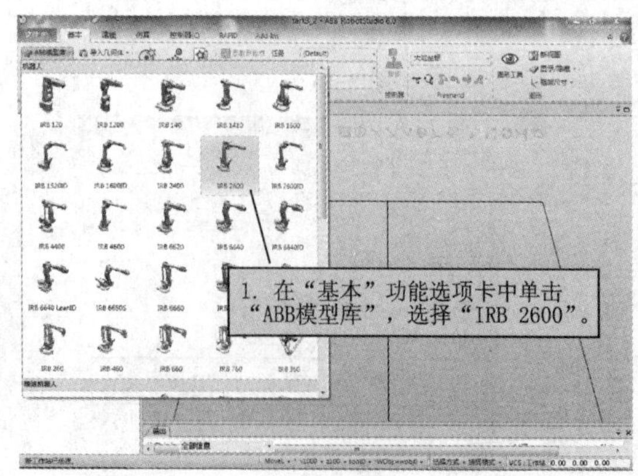

图 3-40

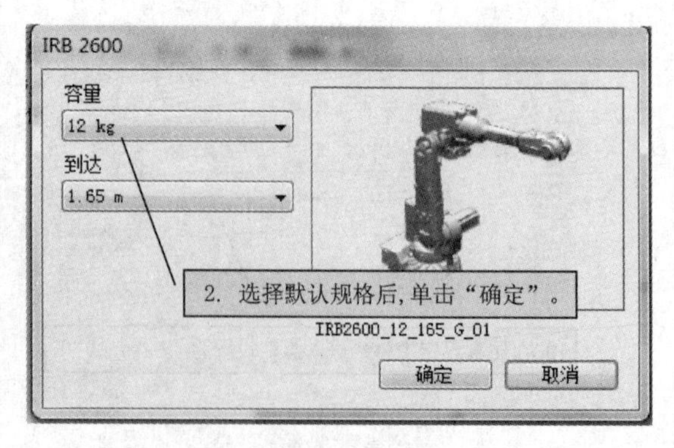

图 3-41

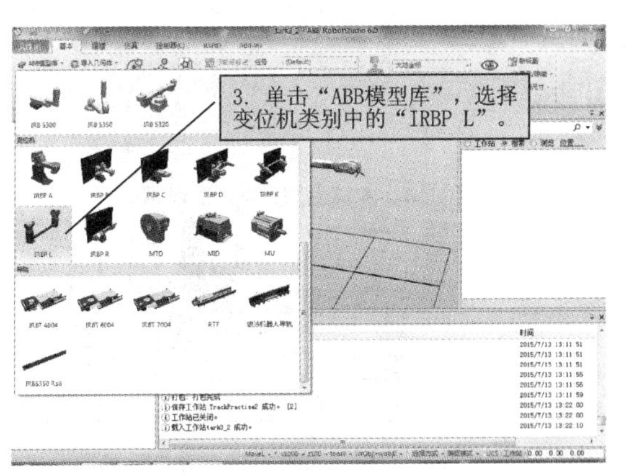

图 3-42

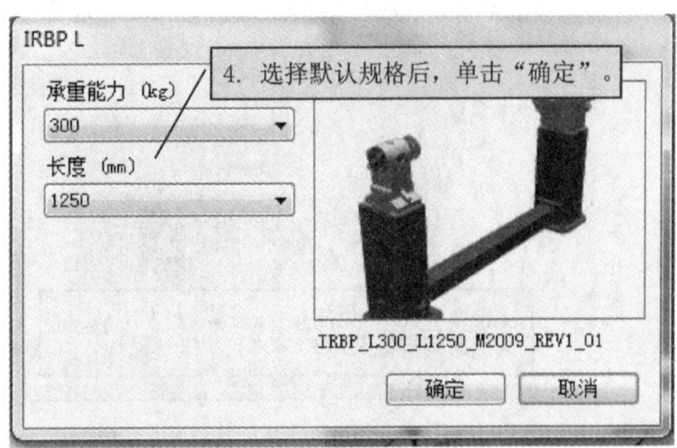

图 3-43

添加之后，在“布局”窗口中，右键单击变位机 IRBP_L300，选择“设定位置”。

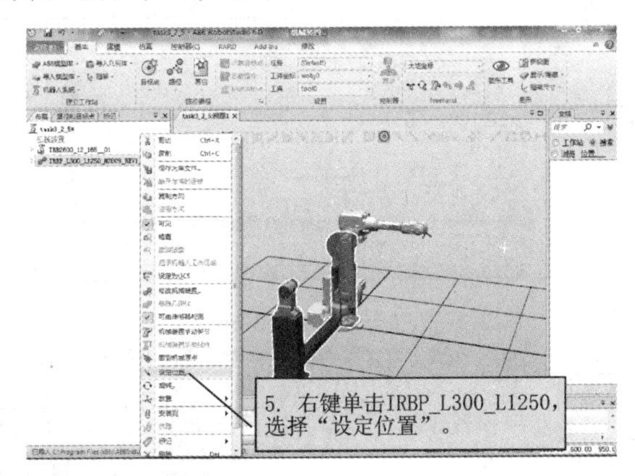

图 3-44

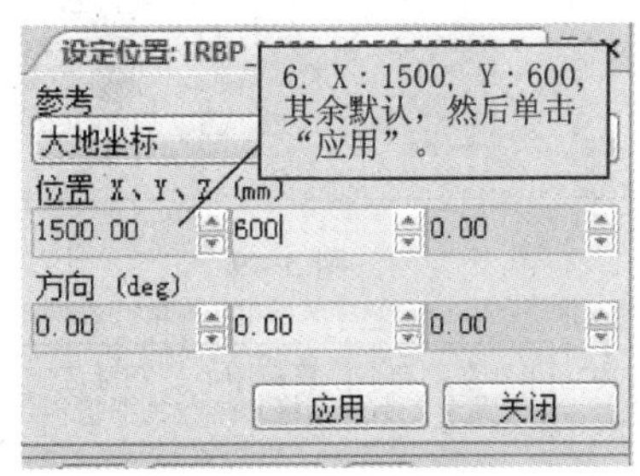

图 3-45

接下来为机器人添加一个工具。

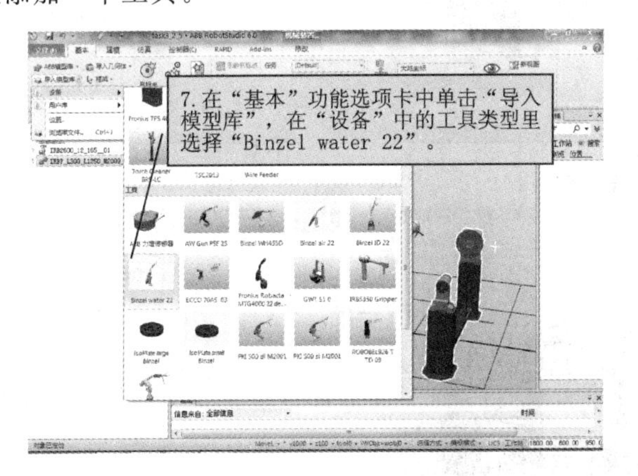

图 3-46

然后将工具安装到机器人的法兰面上。

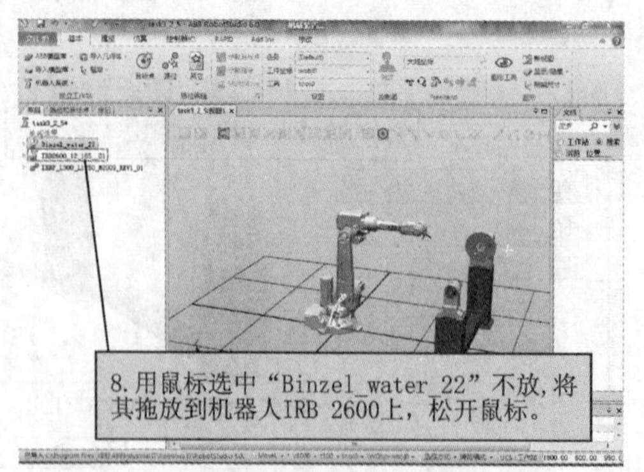

图 3-47

图 3-48

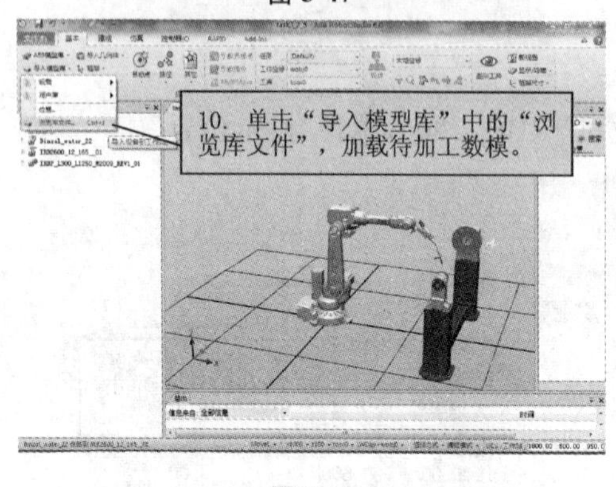

图 3-49

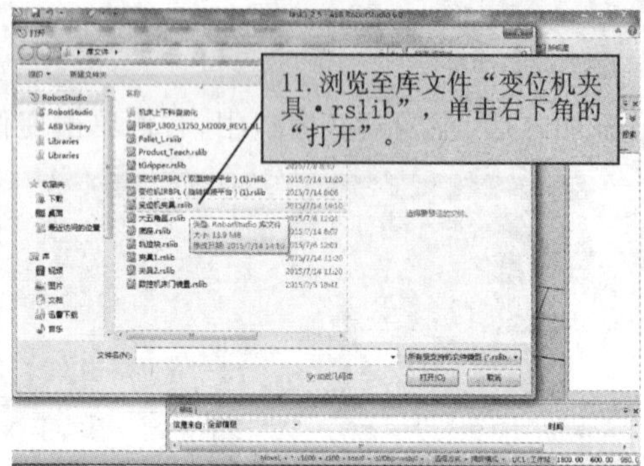

图 3-50

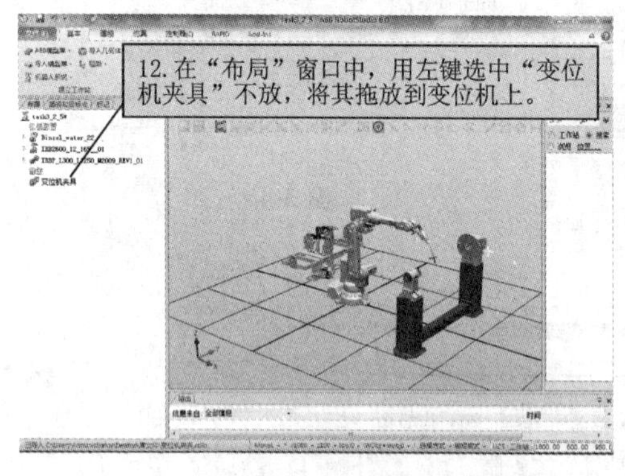

图 3-51

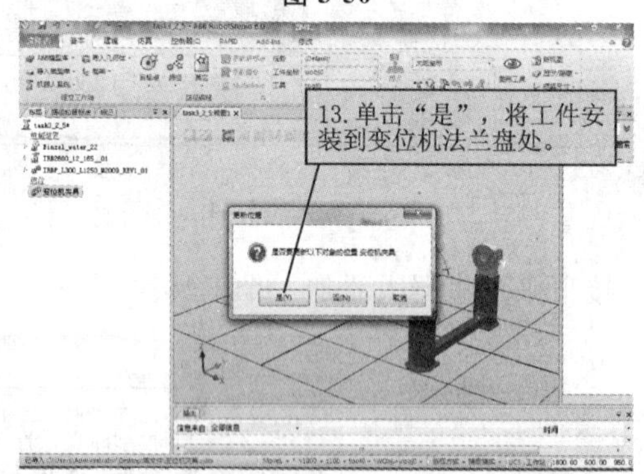

图 3-52

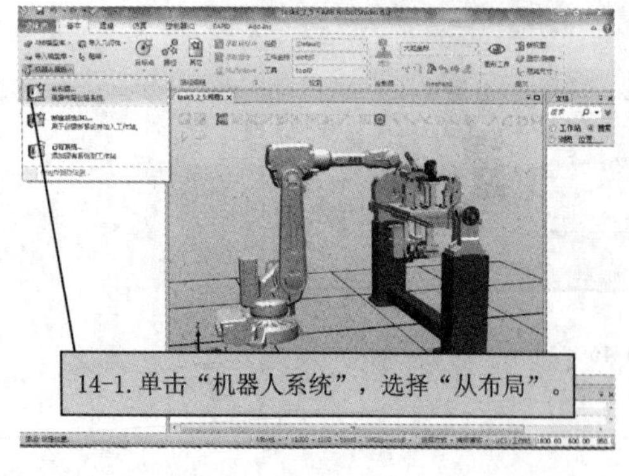

图 3-53

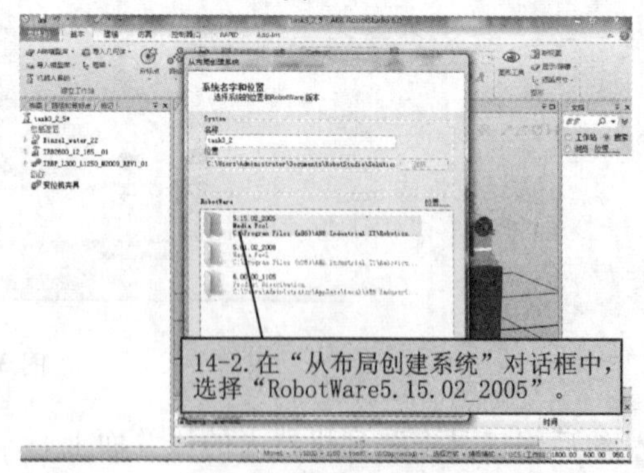

图 3-54

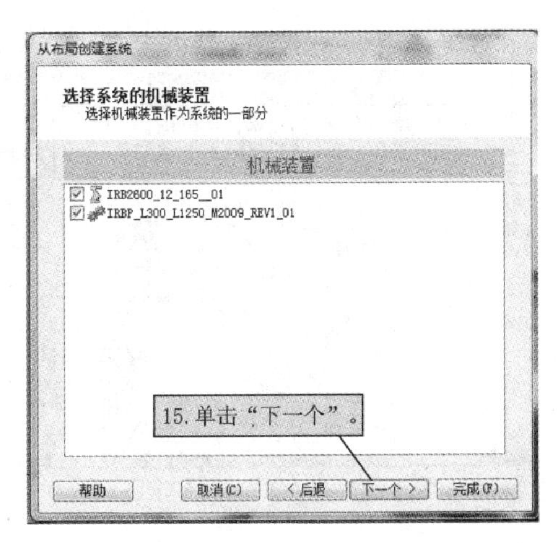

图 3-55

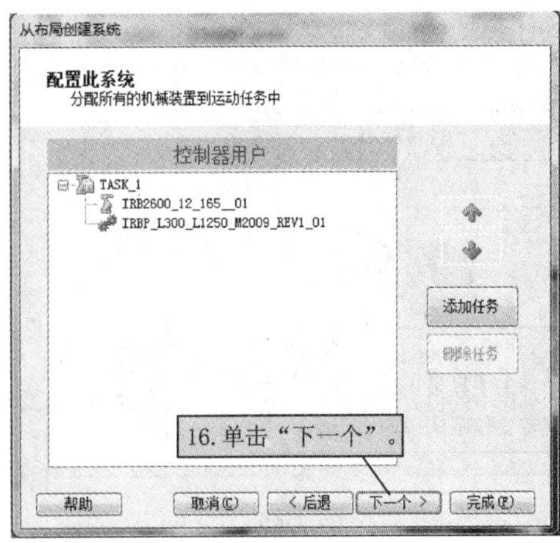

图 3-56

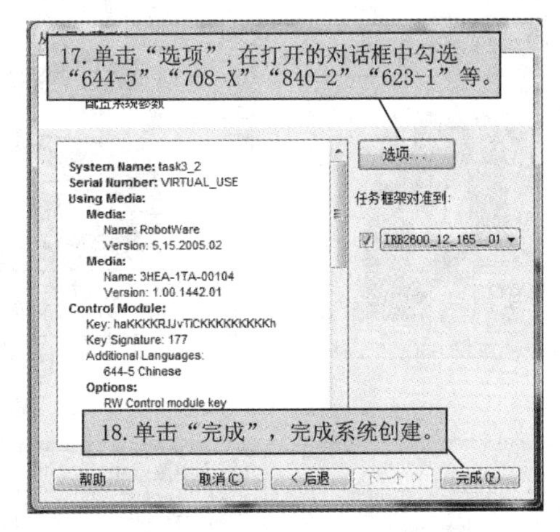

图 3-57

二、创建运动轨迹并仿真运行

图 3-58 所示为机器人焊接区域。

在带变位机的机器人系统中示教目标点时，需要保证变位机处于激活状态，才能同时将变位机的数据记录下来。在带变位机的机器人系统中创建运动轨迹并仿真运行的过程如图 3-59～3-78 所示。

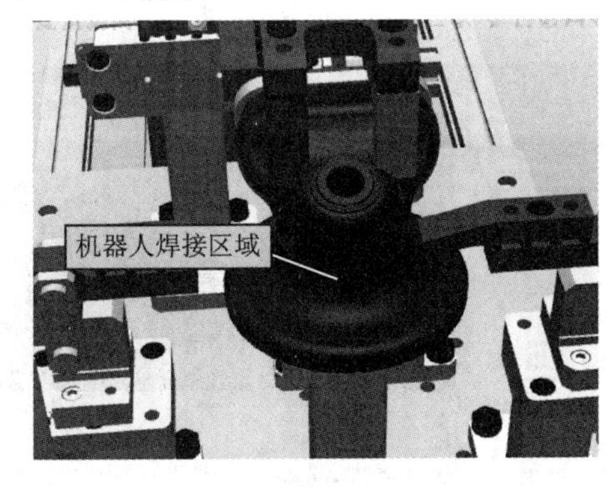

图 3-58

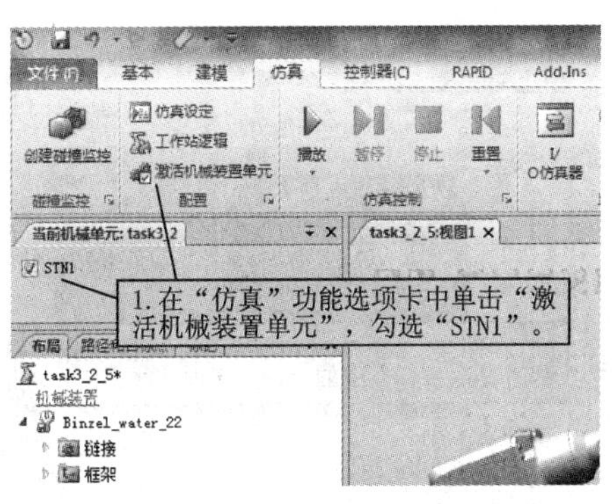

图 3-59

这样，在示教目标点时才可记录变位机的关节数据。下面先示教一个安全位置。

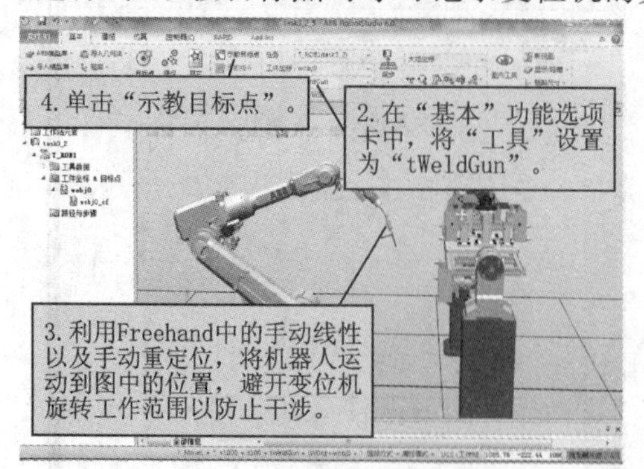

图 3-60

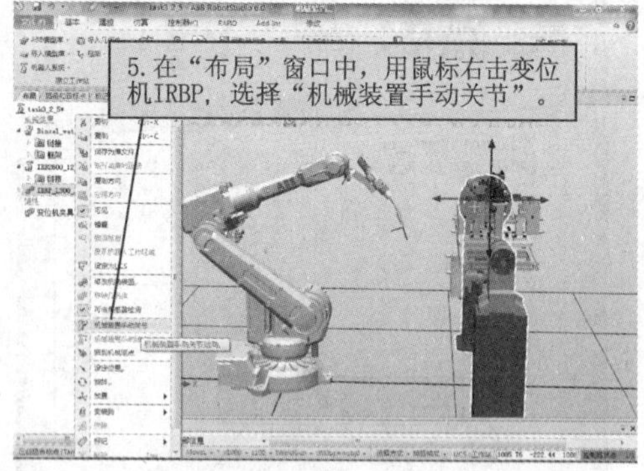

图 3-61

7. 单击“示教目标点”，将此位置记录下来。

6. 单击关节条，从键盘输入45后按回车键，则变位机转至图示位置。

图 3-62

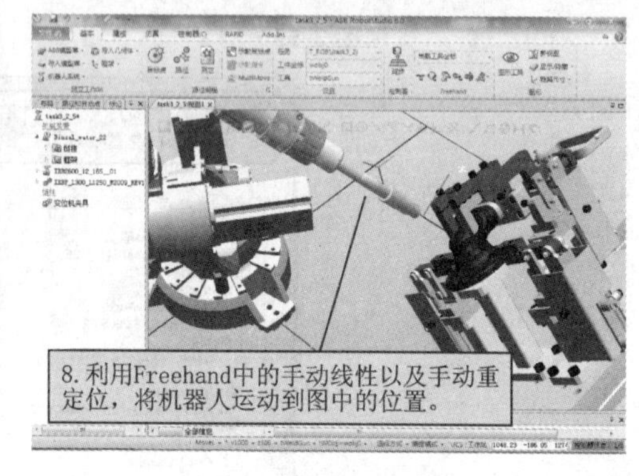

图 3-63

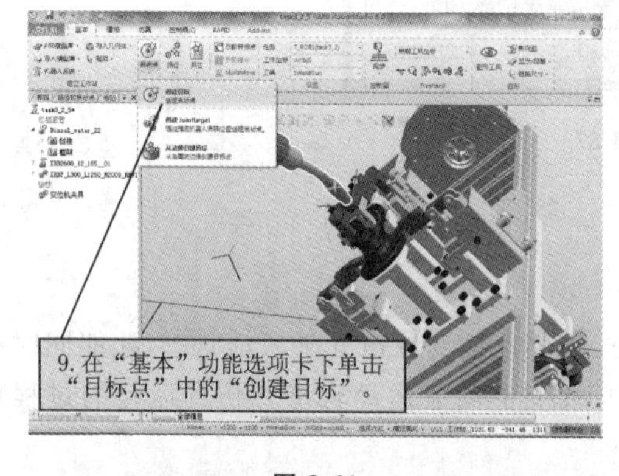

图 3-64

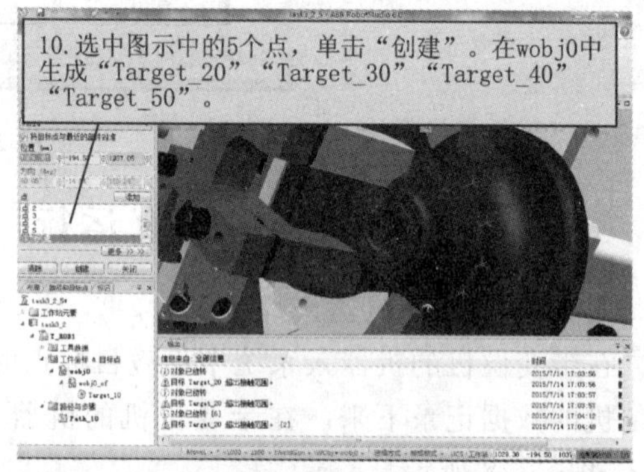

图 3-65

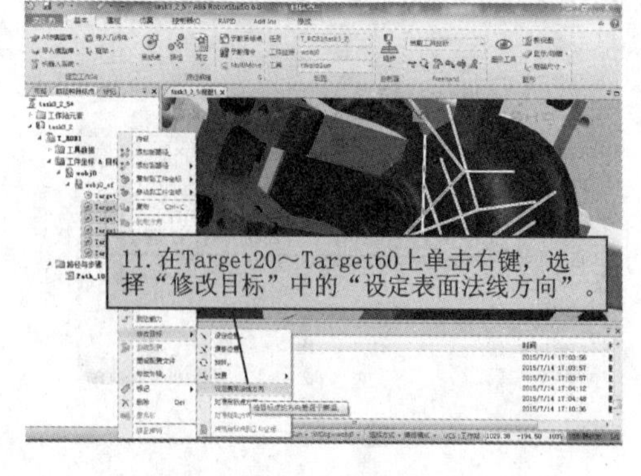

图 3-66

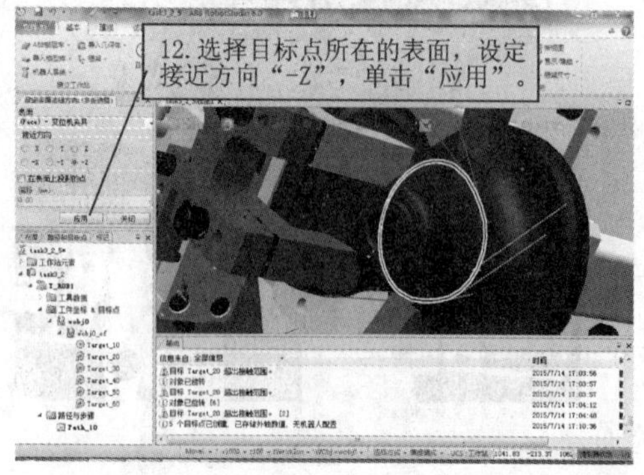

图 3-67

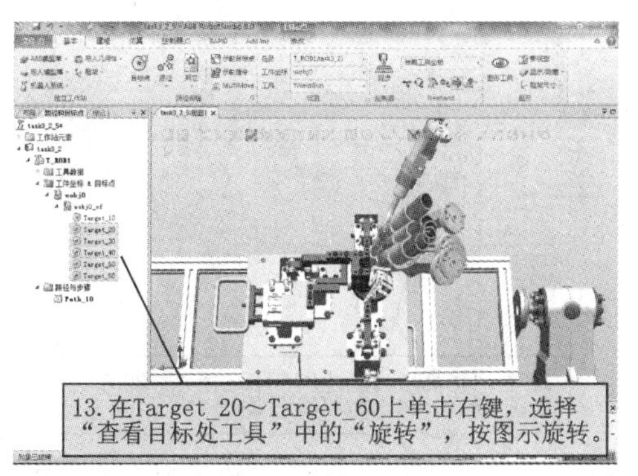

图 3-68

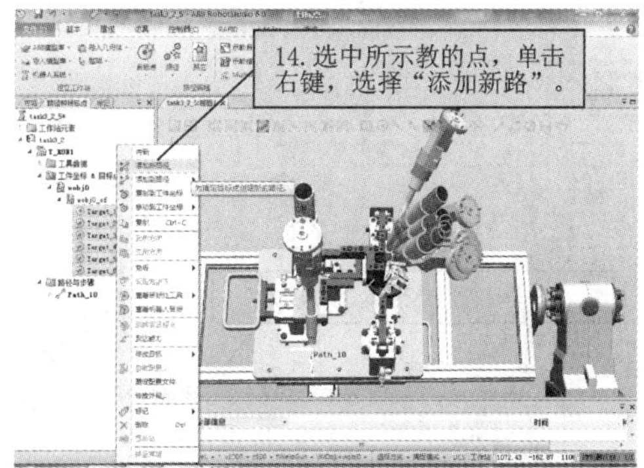

图 3-69

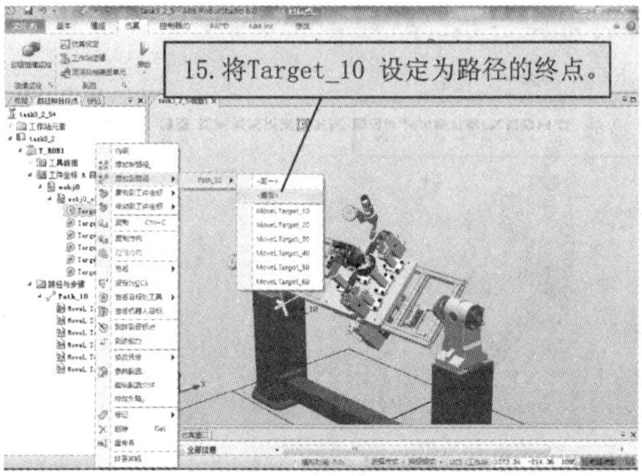

15. 将Target_10 设定为路径的终点。

图 3-70

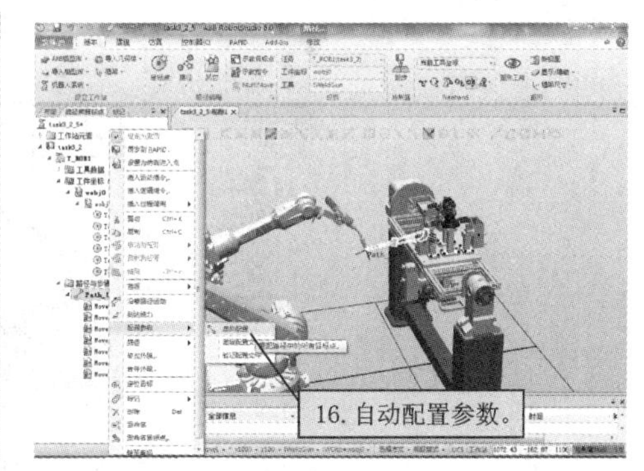

图 3-71

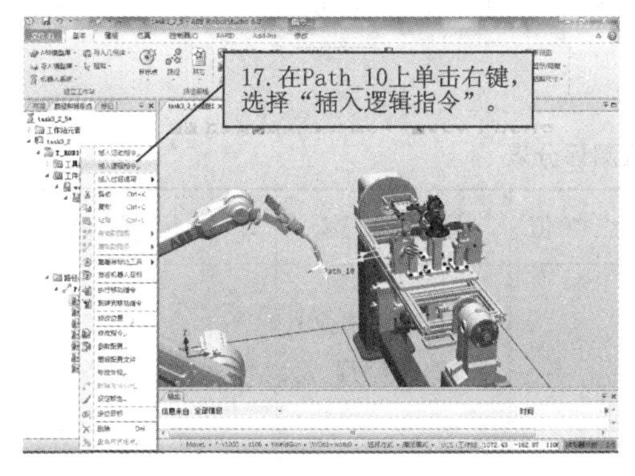

图 3-72

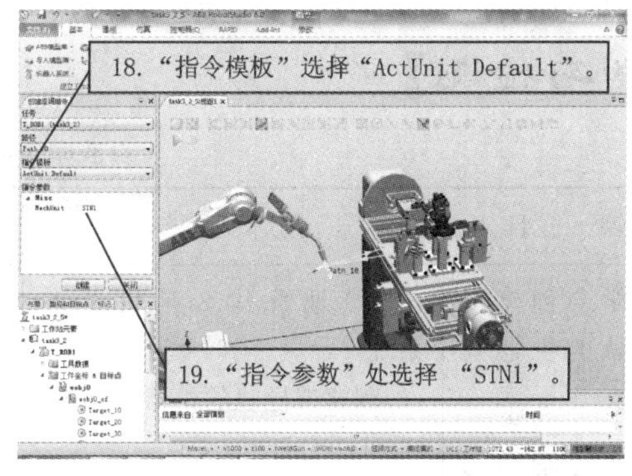

图 3-73

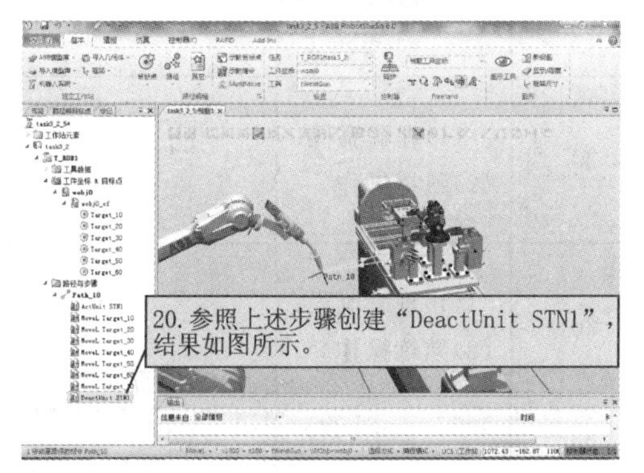

图 3-74

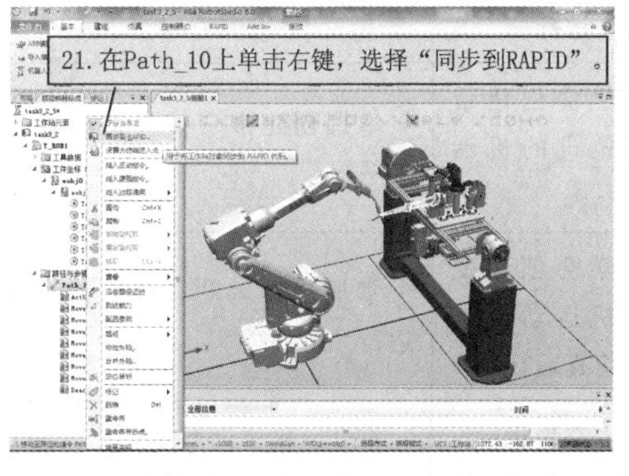

图 3-75

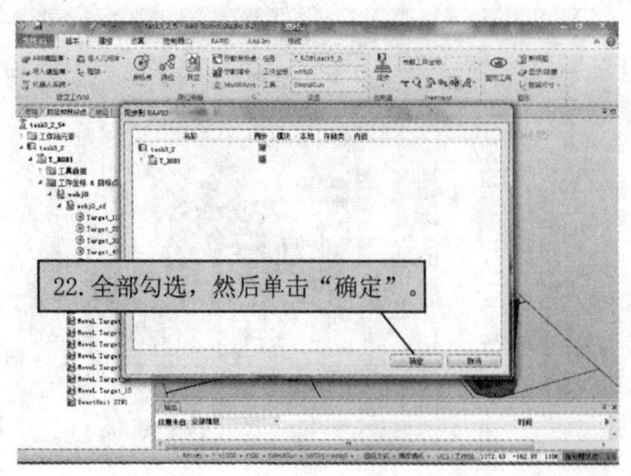

图 3-76

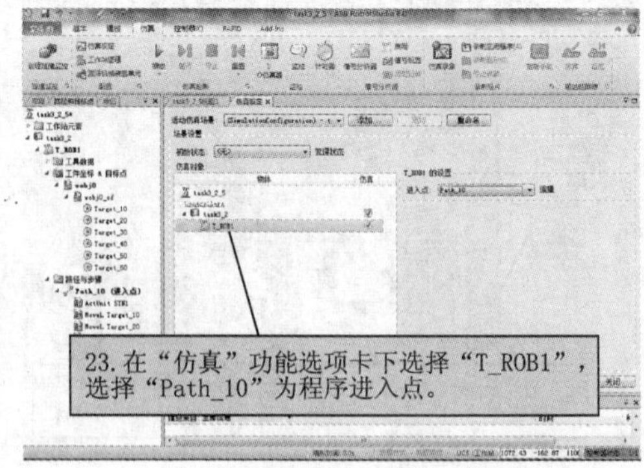

图 3-77

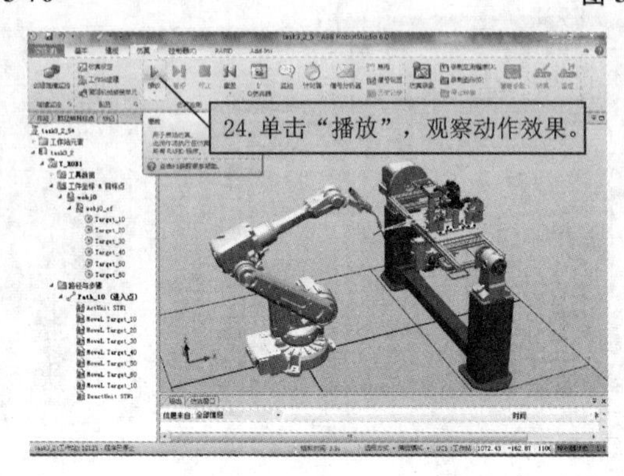

图 3-78

【学习检测】

自我学习检测评分表

项　目	技术要求	分　值	评分细则	评分记录	备　注
学会创建带导轨的机器人系统	(1)理解什么是机器人系统。 (2)创建带导轨的机器人系统	20	(1)理解概念； (2)熟悉流程		
学会创建导轨运动轨迹并仿真运行	掌握创建运动轨迹的方法并能运行仿真	20	熟练操作		
学会创建带变位机的机器人系统	掌握创建带变位机的机器人系统	20	(1)理解流程； (2)熟练操作		
学会创建变位机运动轨迹并仿真运行	掌握创建运动轨迹并仿真运行	20	(1)理解流程； (2)熟练操作		
安全操作	符合上机实训要求	20			

【思考与练习】

1. 简述导轨和变位机的功能。

2. 举两个以上例子说明导轨和变位机应用的场合，并做简要的工艺描述。

3. ABB IRBP C 变位机和 IRBT 7004 导轨的轴的个数、工作范围、负载、自由度分别是多少?

4. 根据任务 Task3_1 中的教学内容，将 Product_teach2、Product_teach3 和 Product_teach4 从 A 边示教至 B 边，并编辑离线程序。

5. 根据任务 Task3_2 中的教学内容，离线编辑 B 面夹具的轨迹如图 3-79 所示。

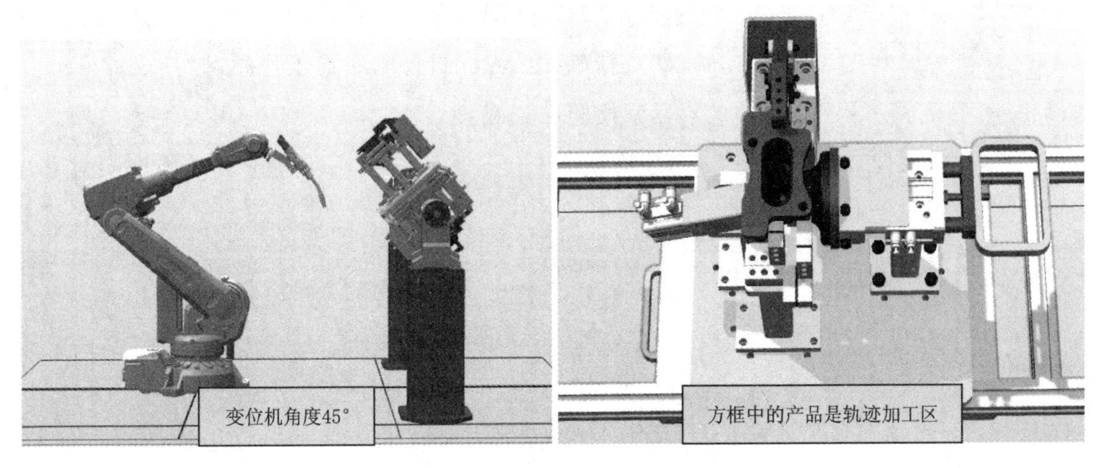

图 3-79

【学习体会】

项目4
工业机器人标准实训室工作站的构建

教学目标

（1）掌握LAYOUT布局相对关系。

（2）了解LAYOUT布局部件功能。

（3）精确按LAYOUT说明布局工作站。

（4）检验布局精度。

任务 4-1 仿真工作站 LAYOUT 布局解读

【工作任务】

(1)掌握 LAYOUT 布局相对关系。

(2)熟悉 LAYOUT 部件功能用途。

【实践操作】

为实现高精度的仿真及离线编程与实际运作项目相匹配,本项目以标准实训室单元为例,向大家介绍如何实现精准的仿真布局。在布局前我们需要熟练掌握布局 LAYOUT 的相对关系、部件组成、设计者思路等信息,才能更有效地完成精准度较高的布局。

在本任务中,将练习如何在 RobotStudio 软件中准确地结合 LAYOUT 及部件说明要求进行布局,同时检验布局的精准度。

由于使用的 LAYOUT 部件是由第三方软件设计的,所以在练习前必须有完整的. sat 文件。

一、工作站 LAYOUT 布局说明

工作站 LAYOUT 布局说明如图 4-1 所示。

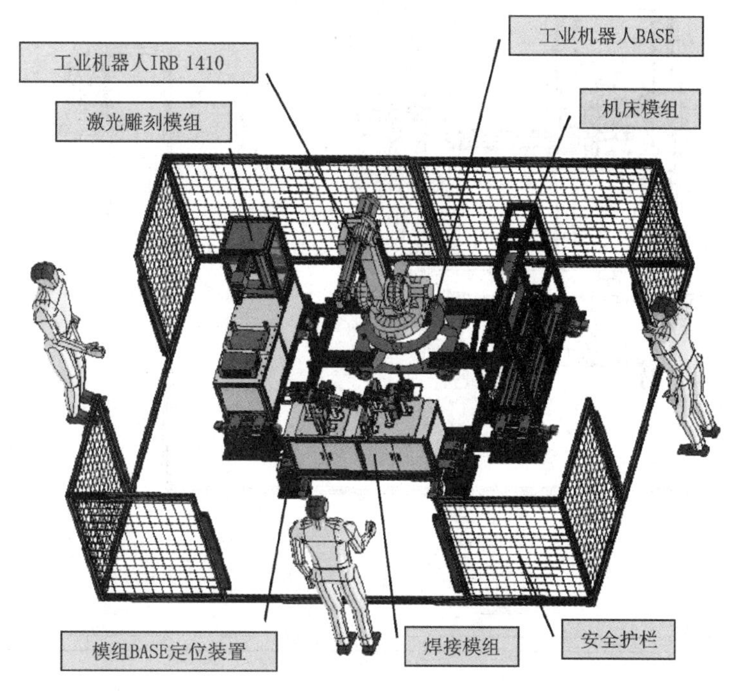

图 4-1

工作站 LAYOUT 尺寸说明如图 4-2～图 4-4 所示。

图 4-2 为前视图,图 4-3 为右视图,图 4-4 为下视图。

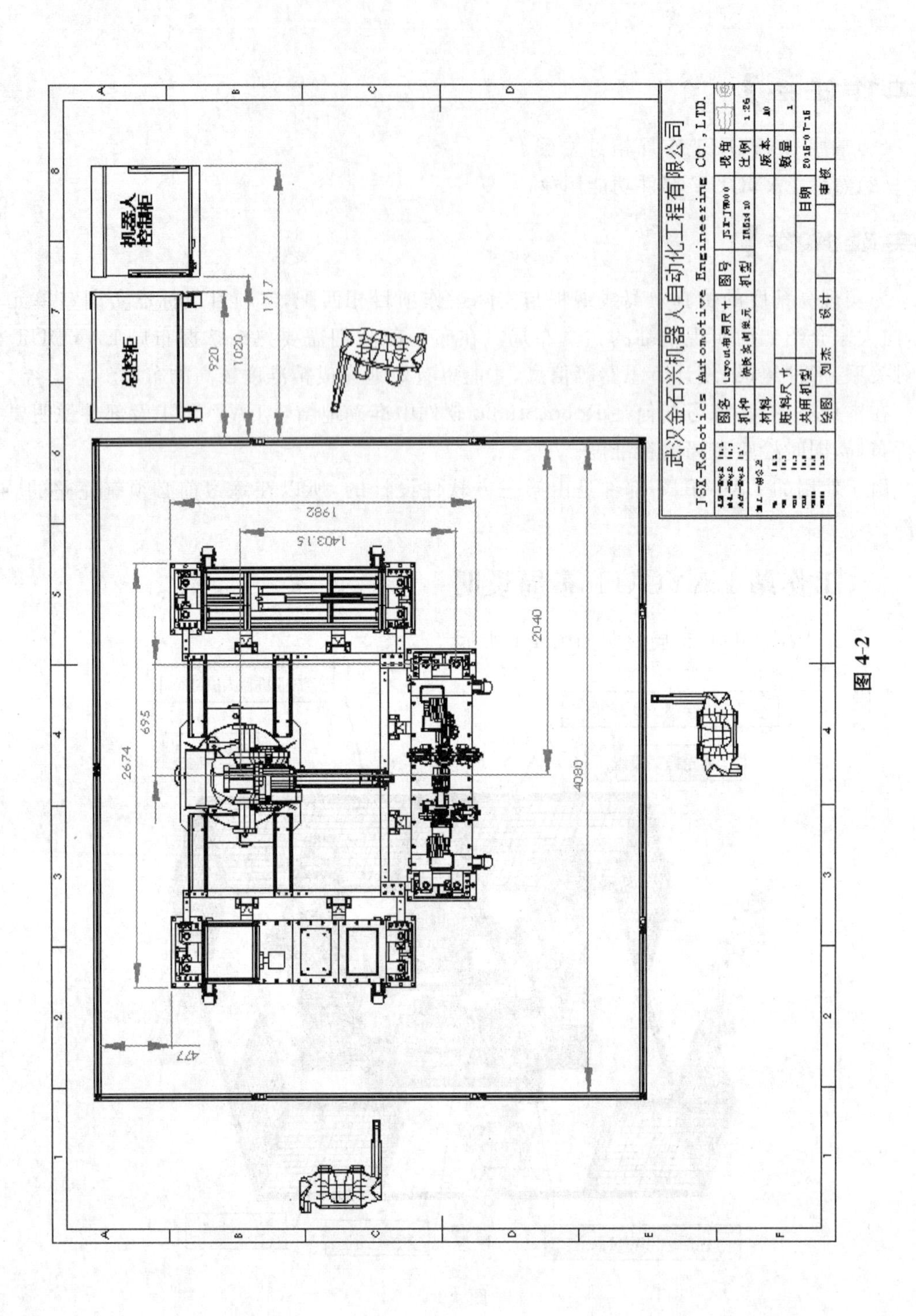
武汉金石兴机器人自动化工程有限公司
JSX-Robotics Automotive Engineering CO.,LTD.
机器人控制柜
总控柜
920
1020
1717
1982
1403.15
2040
2674
695
4080
477

图 4-2

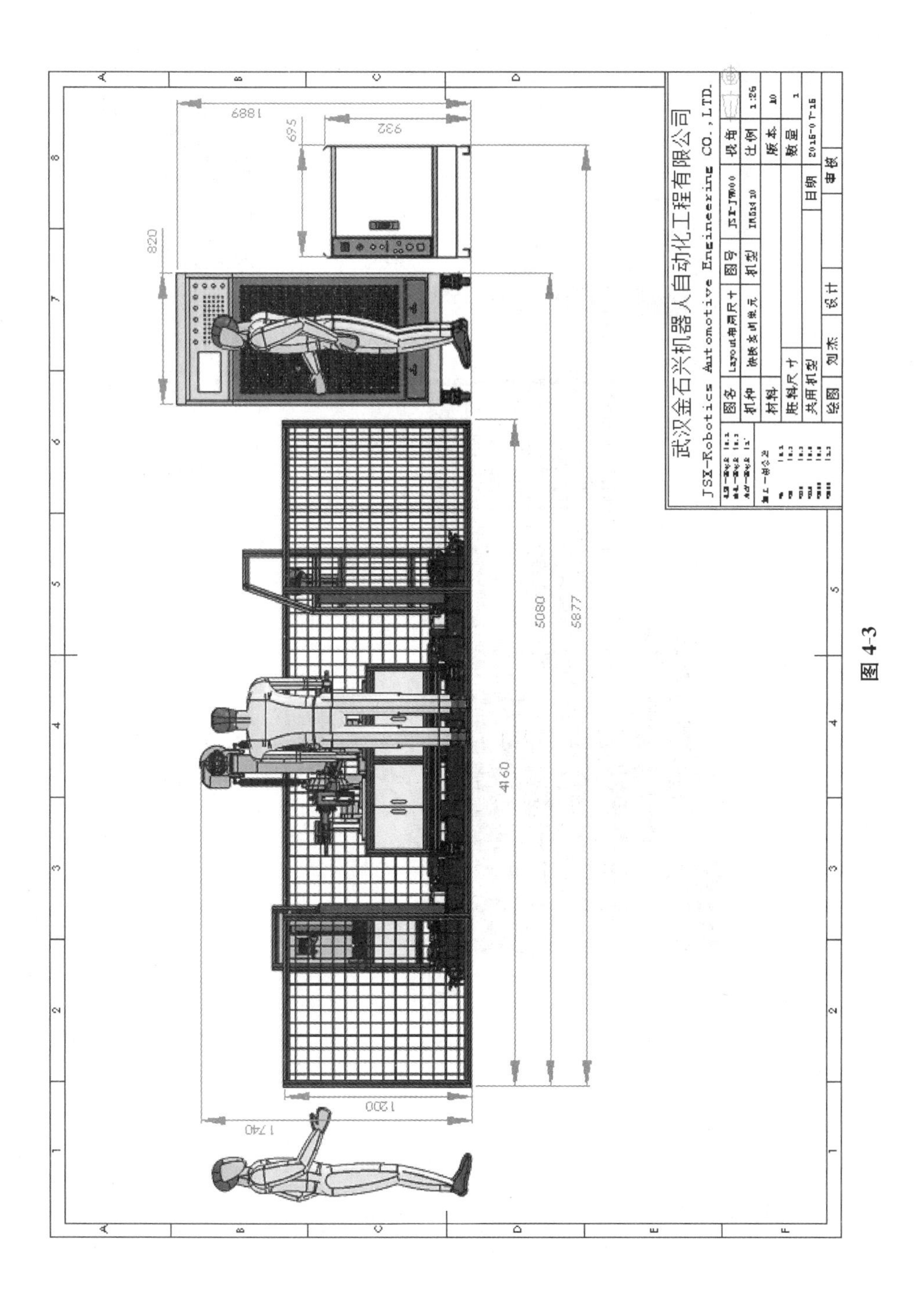
1889
932
695
820
5080
5877
4160
1200
1740
武汉金石兴机器人自动化工程有限公司
JSX-Robotics Automotive Engineering CO.,LTD.

图 4-3

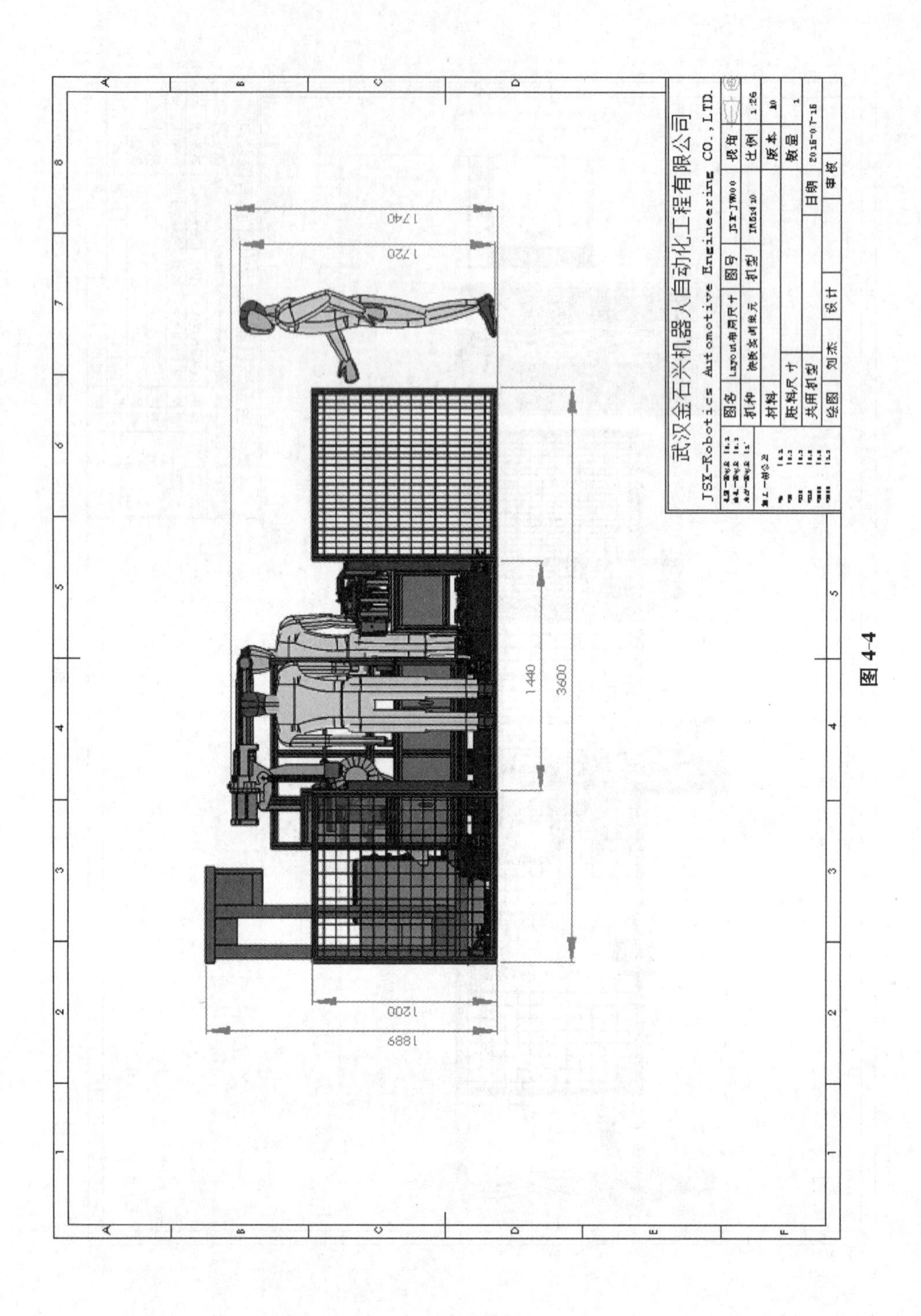
武汉金石兴机器人自动化工程有限公司
JSX-Robotics Automotive Engineering CO.,LTD.
1740
1720
1440
3600
1200
1889
图名
机种
材料
胚料尺寸
共用机型
绘图
刘杰
设计
图号
机型
日期
审核
视角
比例
1:26
版本
数量
1

图 4-4

二、工作站LAYOUT组成部件介绍

1. 工业机器人IRB1410

工业机器人IRB1410如图4-5所示。

技术参数：

运动范围：1.44 m

承重能力：5 kg

重复精度：0.05 mm(ISO试验平均值)

TCP最大速度：2.1 m/s

电源电压：200～600 V，50/60 Hz

防护等级：IP67

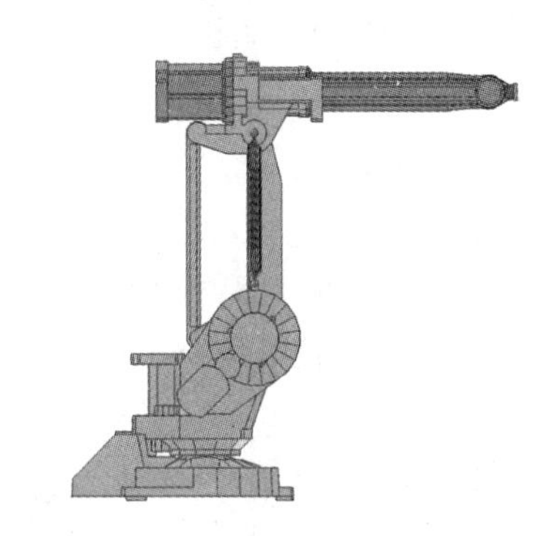

图4-5

适用行业：搬运、焊接

本体重量：225 kg

结构组成：6轴

2. 工业机器人移动式底座

在实训室为移动机器人提供方便，本底座结构为移动式(见图4-6)，将机器人移动到规定位置后，将四个支撑脚调整为高200 mm，让万向轮腾空，然后将四根连接筋与模组BASE固定锁死。

技术参数：尺寸：1540 mm×825 mm×397 mm，重量：450 kg，材质：A3钢。

技术指标：承载力1000 kg。

适用范围：高校工业机器人专业实训室　适用机型：IRB 1410。

结构组成：底座本体、连接筋、支撑肢、万向轮。

3. 激光雕刻模组

激光雕刻模组(见图4-7)的主要功能是实现工业机器人物体的搬运解决方案及与外部设备的联动通信交换。

技术参数：尺寸：1450 mm×558 mm×1263 mm，重量：65 kg，材质：铝型材。

技术指标：承载力500 kg。

适用范围：高校工业机器人专业实训室　适用机型：IRB 1410。

结构组成：产品定位平台、激光雕刻机、工作平台、模组BASE、电控模组。

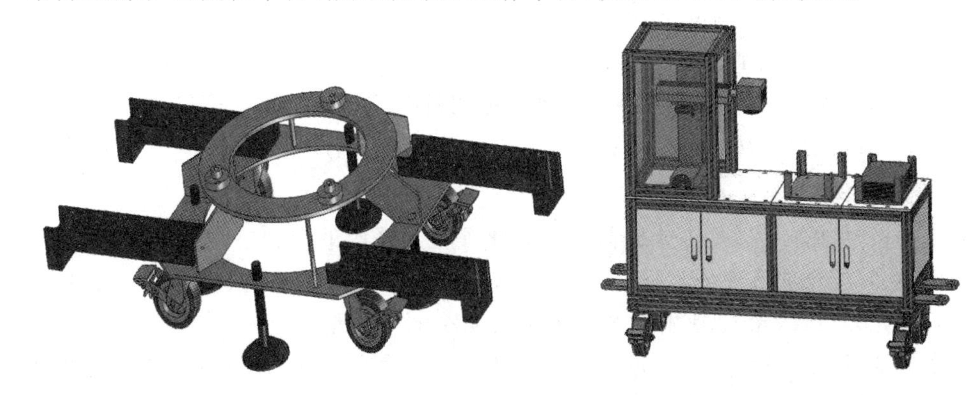

图4-6　　图4-7

4. 机床模组

机床模组(见图 4-8)主要配合工业机器人，集成机器人机床上下料单元，实现机床自动化领域方向的应用。

技术参数：尺寸：1450mm×W558×H1453mm，重量：45kg，材质：铝型材。

技术指标：承载力 500 kg。

适用范围：高校工业机器人专业实训室　适用机型：IRB 1410。

结构组成：卡盘、顶针、模组 BASE、电控模组。

5. 焊接模组

焊接模组(见图 4-9)以焊接领域 MIG 焊接工艺教学为主导，是工业机器人焊接自动化入门的重点教具，以产品结构为载体，实现焊装自动夹具设计，以柔性快速定位装夹为目标，实现移动式自动定位模组 BASE，以自动化控制理念，实现智能焊装夹具。

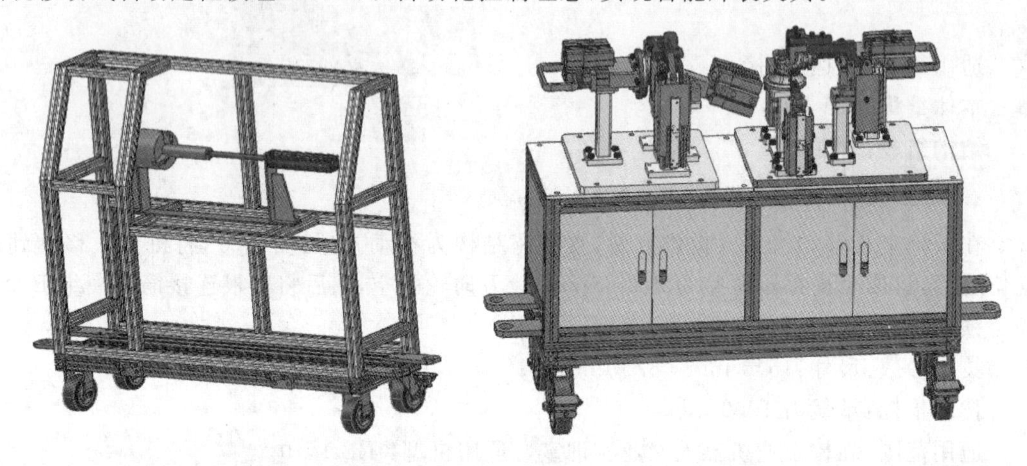

图 4-8　　图 4-9

技术参数：尺寸：1450 mm×558 mm×1078 mm，重量：60 kg，材质：铝型材。

技术指标：承载力 500 kg。

适用范围：高校工业机器人专业实训室　适用机型：IRB 1410。

结构组成：焊装夹具、工件、焊装平台、模组 BASE、电控模组。

6. 模组 BASE 定位装置

模组 BASE 定位装置(见图 4-10)主要用于自动快换实训模组，是一款新型实训室 BASE 定位置。

技术参数：尺寸：2674 mm×1982 mm×265.5 mm，重量：110kg，材质：A3 钢。

技术指标：承载力 1T。

适用范围：高校工业机器人专业实训室　适用机型：IRB 1410。

结构组成：自动升降机构、导向装置。

7. 安全护栏

安全护栏(见图 4-11)是工业机器人自动化项目上采取最多的一种硬件安全保护装置，护栏种类很多，结合项目现场实际情况设计，有网栅型、封闭型、区域电网等。本护栏采取网栅型＋安全光幕组合，若人误闯入，机器人会自动停止并报错。

技术参数：尺寸：4160 mm×3600 mm×1200 mm，重量：25kg，材质：铝型材＋网栅。

技术指标：防止人员进入，无直接承载。

适用范围：高校工业机器人专业实训室　适用机型：IRB 1410。

结构组成：铝型材 40 mm×40 mm、网栅、安全光幕。

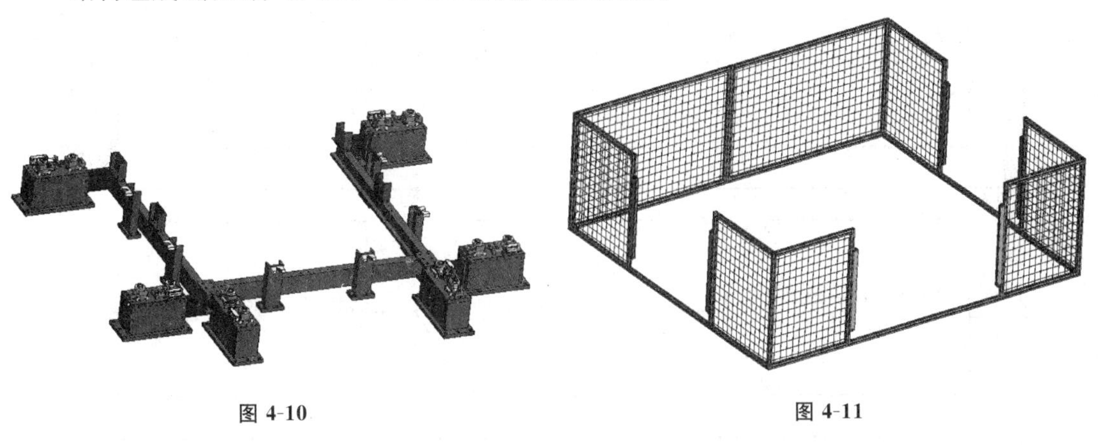

图 4-10　　图 4-11

8. 其他

仿真工程师在完成项目核心数据的仿真后，会在布局单元周边加入一些环境物体，以达到更逼真的仿真效果。例如，在单元周边加入主控制柜（见图 4-12）、机器人控制柜（见图 4-13）、操作侧人物（见图 4-14）、线槽、叉车或货车等。

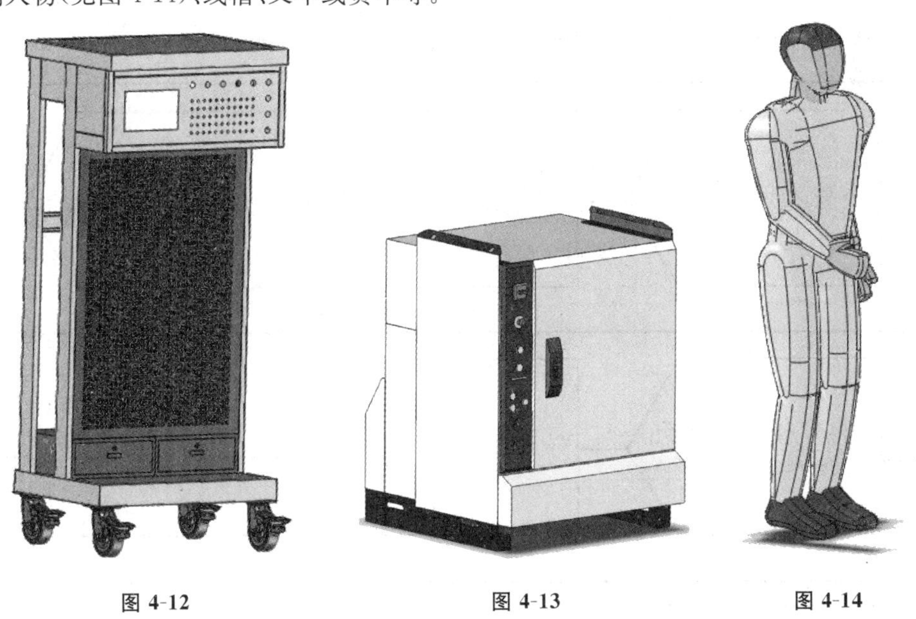

图 4-12　　图 4-13　　图 4-14

三、实验室工作站 LAYOUT 布局流程

工作站布局装配就是按照设计的技术要求实现工作站的连接，把设备部件组合成工作站。工作站布局装配是系统集成和维护的重要环节，特别是对于系统集成来说，工作站的合理布局可以缩短新产品的研发时间，提高产品质量，降低生产成本，提供全方位的售后服务。工作站 LAYOUT 布局流程图如图 4-15 所示。

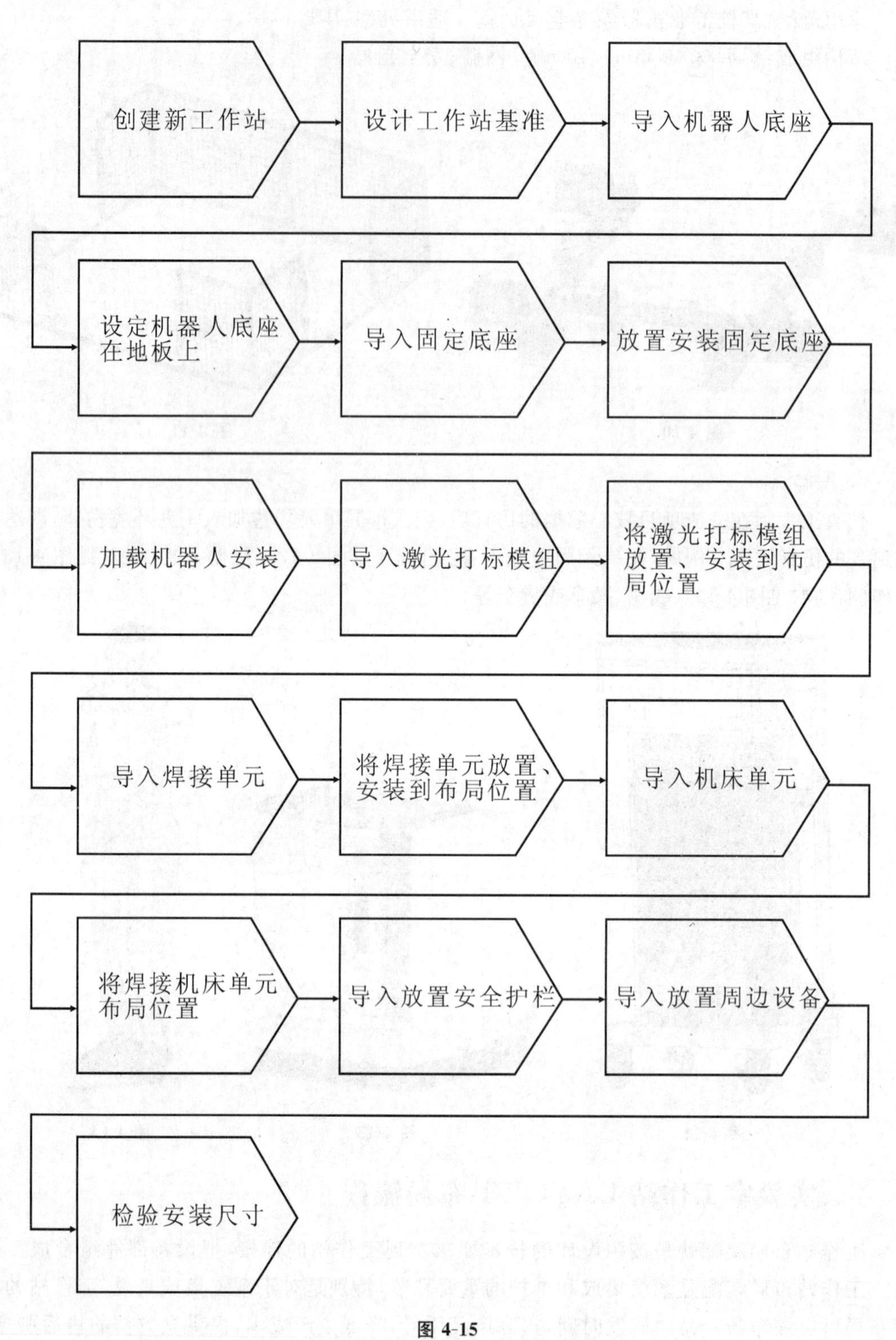
创建新工作站
设计工作站基准
导入机器人底座
设定机器人底座在地板上
导入固定底座
放置安装固定底座
加载机器人安装
导入激光打标模组
将激光打标模组放置、安装到布局位置
导入焊接单元
将焊接单元放置、安装到布局位置
导入机床单元
将焊接机床单元布局位置
导入放置安全护栏
导入放置周边设备
检验安装尺寸

图 4-15

四、RobotStudio 布局常用功能

1. 设定本地原点

操作步骤：

(1)在“布局”窗口或“图形”窗口中，选择要修改的对象；

(2)单击“设定本地原点”以打开对话框；

(3)在“设定本地原点”对话框中，选择要使用的参考坐标系。

功能设定：在位置 X,Y,Z 框中输入新位置的值，如图 4-16 所示；或先在其中一个框中单击，然后在图形窗口中单击所需的点。

2. 设定位置

操作步骤：

(1)右键单击要移动的项；

(2)单击“设定位置”以打开设定位置对话框；

(3)在此对话框中，选择要使用的参考坐标系。

功能设定：在位置 X, Y, Z 框中输入新位置，如图 4-17 所示；或者在其中一个框中单击，然后在图形窗口中单击该点进行选择。

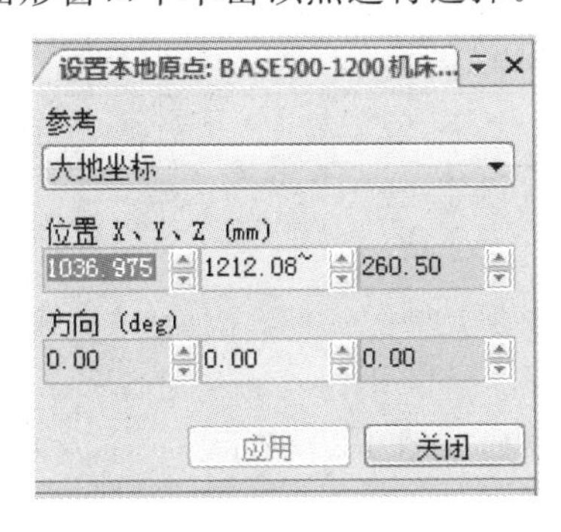

图 4-16

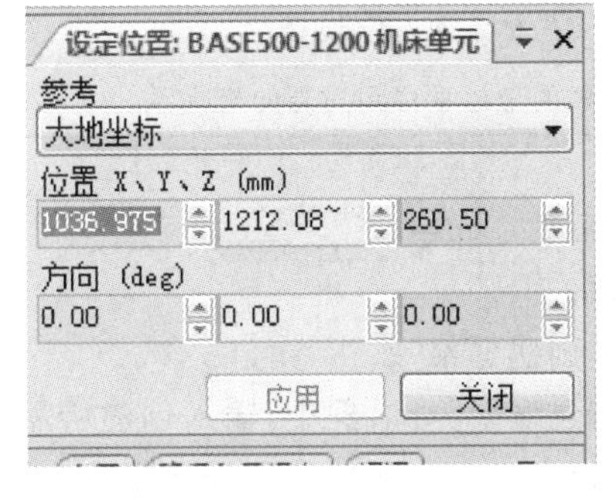

图 4-17

3. 旋转

操作步骤：

(1)选择想要进行旋转的项目；

(2)单击“旋转”以打开对话框，如图 4-18 所示；

(3)选择要使用的参考坐标系。

功能设定：输入旋转角度值并选择旋转时所围绕的轴。

4. 放置

操作步骤：

(1)选择要移动的项目；

(2)单击“放置”，然后选择图 4-19 所示命令之一以打开对话框；

(3)选择要使用的参考坐标系。

图 4-18

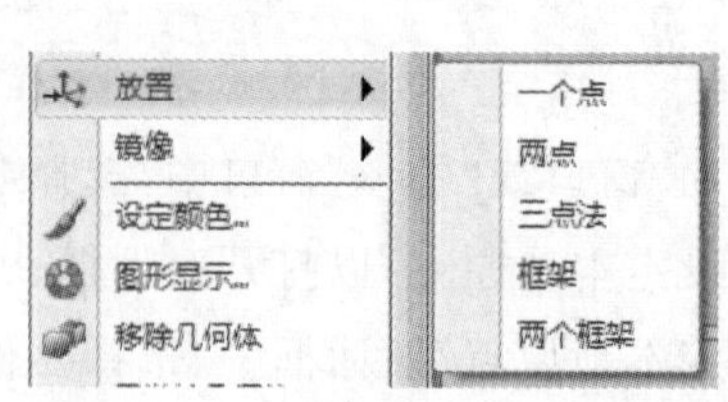

图 4-19

布局功能说明表如表 4-1 所示。

表 4-1 布局功能说明表

要移动项目	对　　象
从一个位置到另一个位置而不改变对象的方位，选择受影响的轴	一个点
根据起始行和结束行之间的关系，对象将会移动并与第一个点相匹配，再进行旋转与第二个点相匹配	两点
根据起始平面和结束平面之间的关系，对象将会移动并与第一个点相匹配，再进行旋转与第三个点相匹配	三点法
从一个位置移动到目标位置或框架位置，同时根据框方位更改对象的方位，对象位置随终点坐标系的方位改变	框架
由一个相关联的坐标系移到另外的坐标系	两个框架

5. 创建框架　创建框架 创建一般框架。

操作步骤：

(1)单击“创建框架”；

(2)在“创建框架”对话框中，输入创建所需信息，如图 4-20 所示。

功能设定：在工作站中的特殊位置定义坐标系。

6. 表面边界　表面边界

操作步骤：

(1)单击“表面边界”按钮以打开对话框(见图 4-21)。

(2)在打开的对话框中选择表面，然后单击“创建”。

功能设定：在选择表面对话框中选择表面，生成表面轮廓。

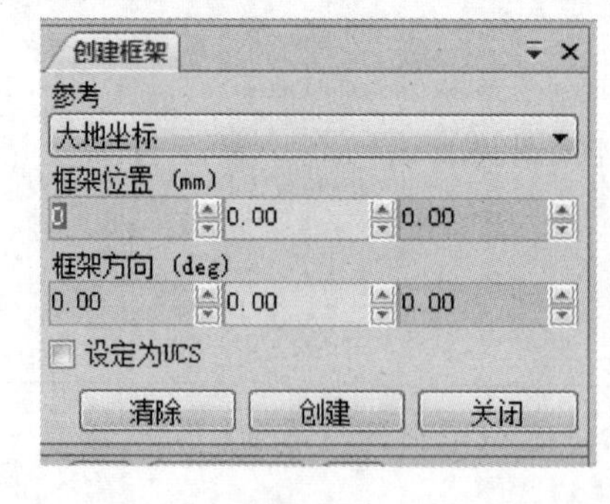

图 4-20

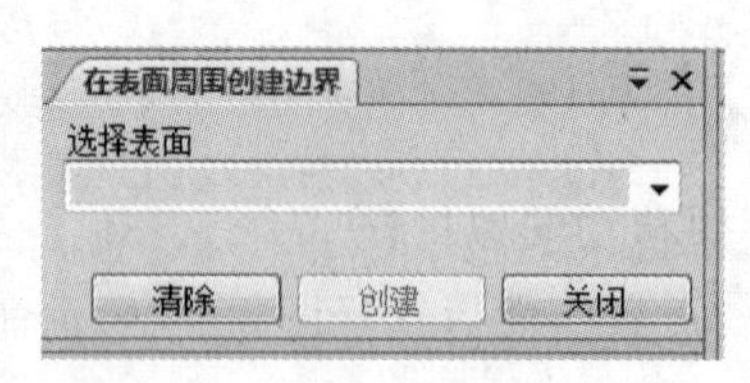

图 4-21

任务4-2 按 LAYOUT 解读布局工作站

【工作任务】

(1)数模关键位置的捕捉方法。

(2)放置功能和安装功能的合理应用。

【实践操作】

在工业应用过程中,为系统布局设计,可以直观仿真设计缺陷,通过人机交互为布局方案的评估和规划方案的优化提供依据。在本任务中,将练习如何在 RobotStudio 中布局机器人工作站系统,为工作站的仿真设计奠定基础。

【工作准备】

(1)核对项目的 LAYOUT 布局尺寸图;

(2)建立工作站需要的数模库(见图 4-22);

(3)确认工作站的布局流程。

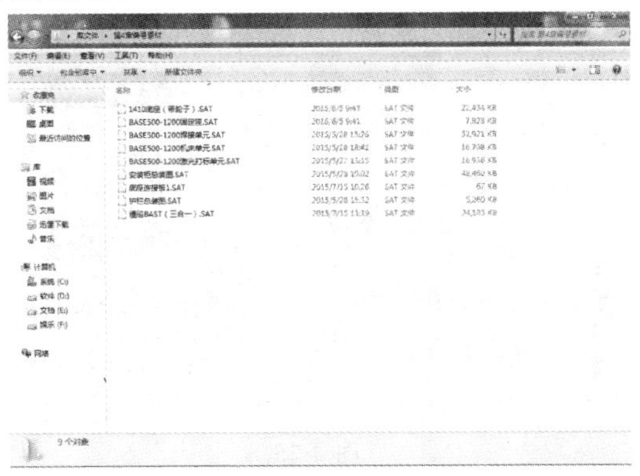

图 4-22

一、创建新工作站,导入几何体

创建新工作站,导入几何体的过程如图 4-23~图 4-62 所示。

(1)创建新工作站的操作:文件→新建→命名→创建。

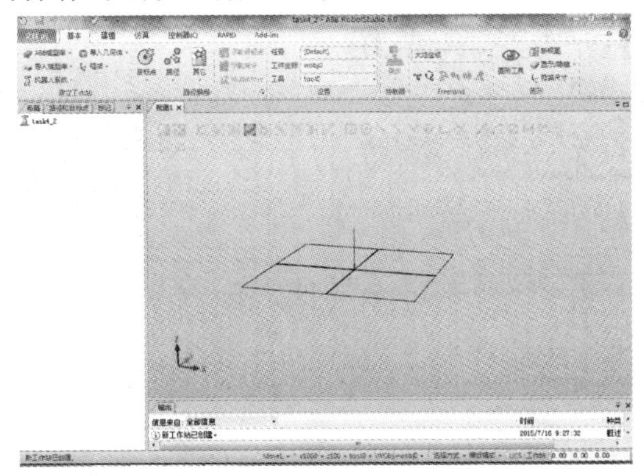

图 4-23

(2)按布局流程导入几何体并放置。

①机器人 BAST 导入、放置。

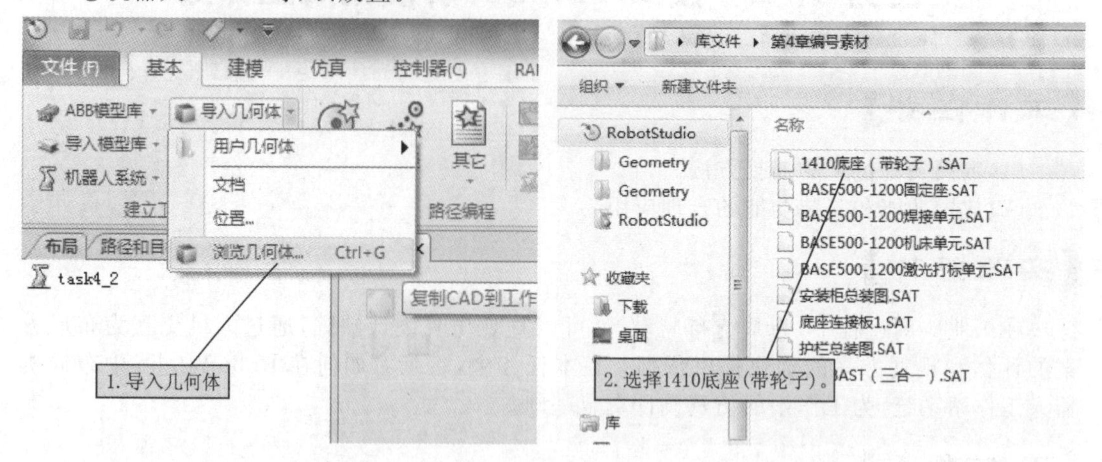

图 4-24

设定工作站的基准。

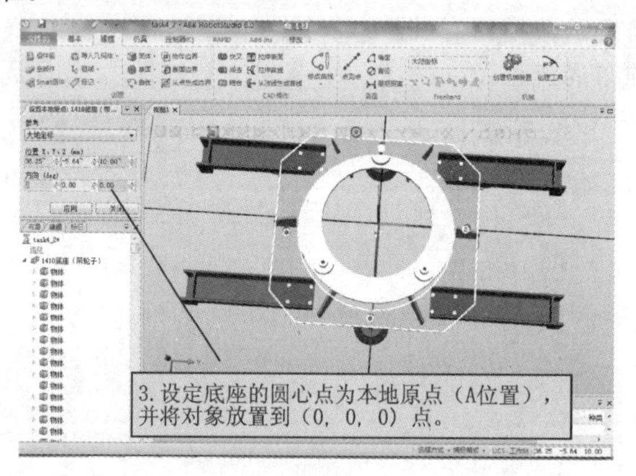

图 4-25

将机器人底座放置到地面上。

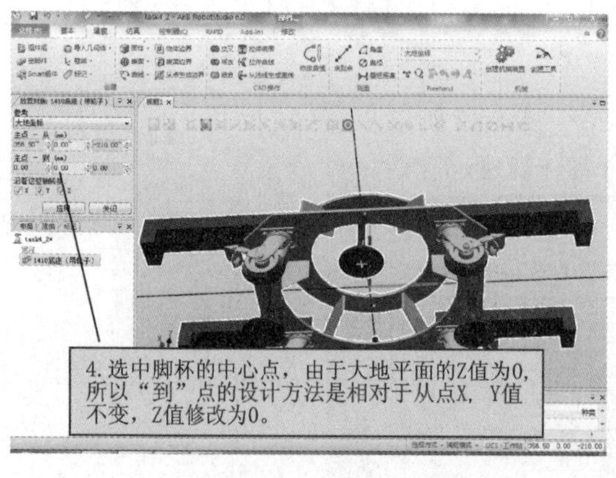

图 4-26

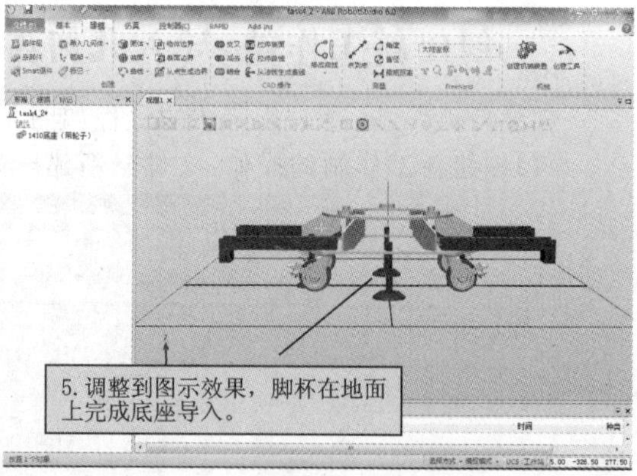

5. 调整到图示效果，脚杯在地面
上完成底座导入。

图 4-27

②模组 BAST 导入及放置。

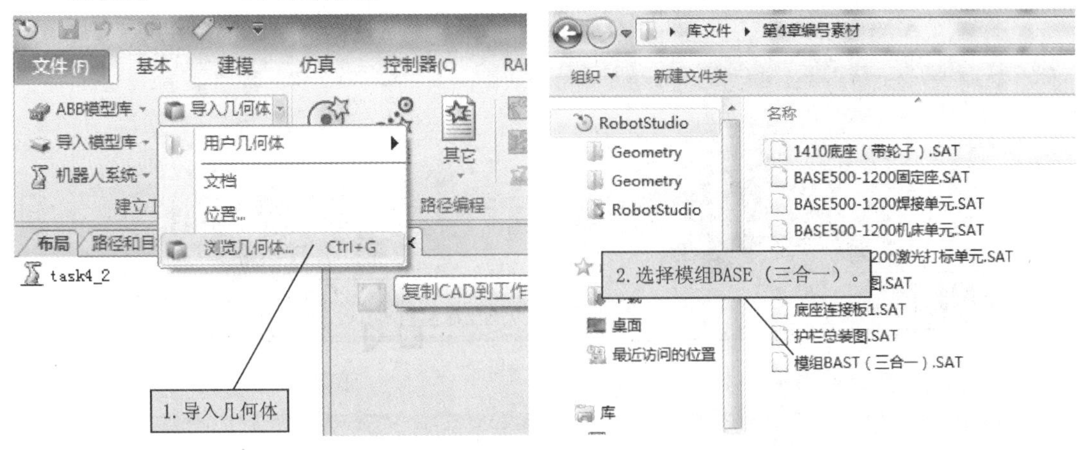

图 4-28

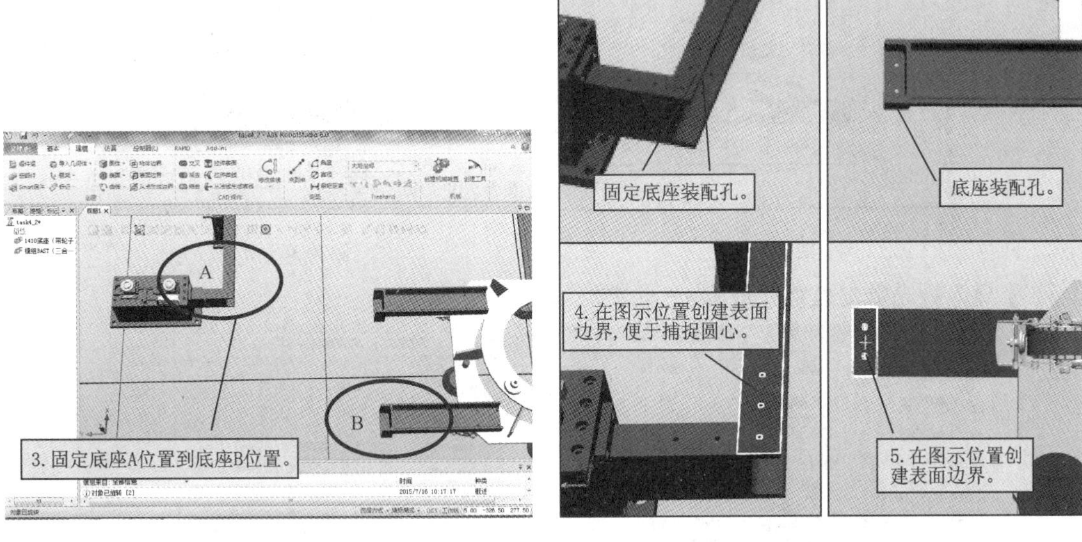

图 4-29　　图 4-30

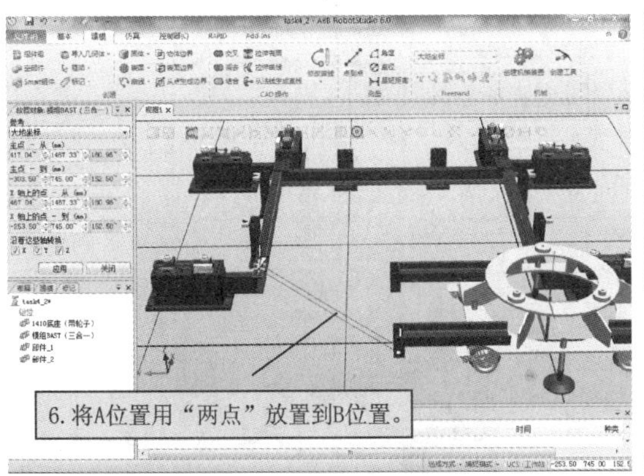

图 4-31

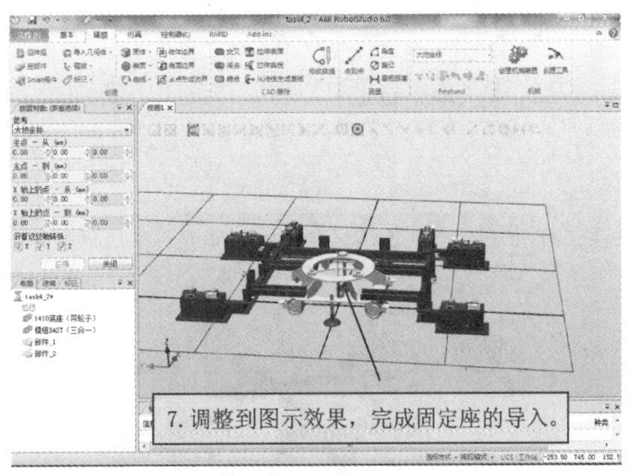

图 4-32

③机器人本体的安装。

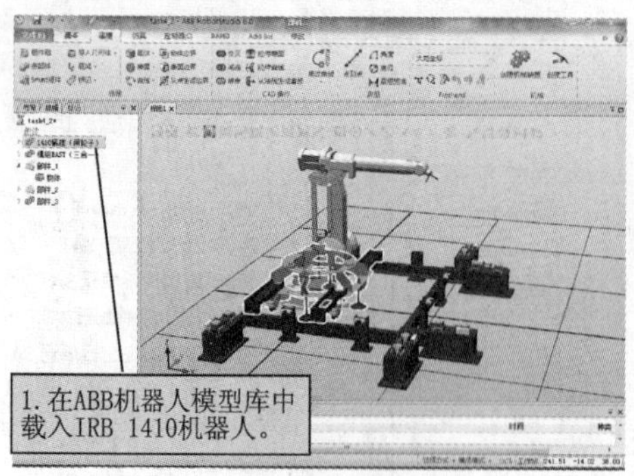

图 4-33

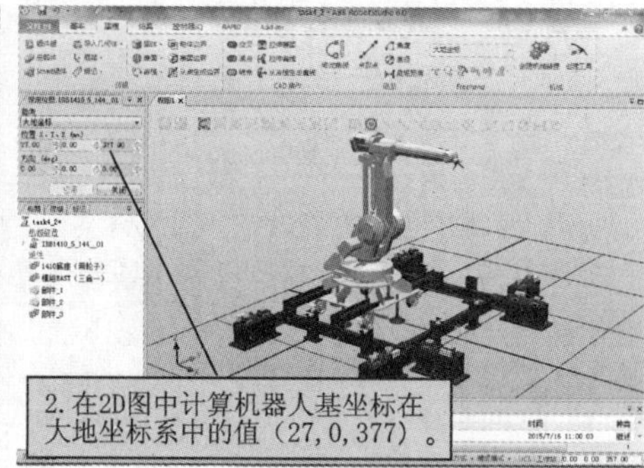

图 4-34

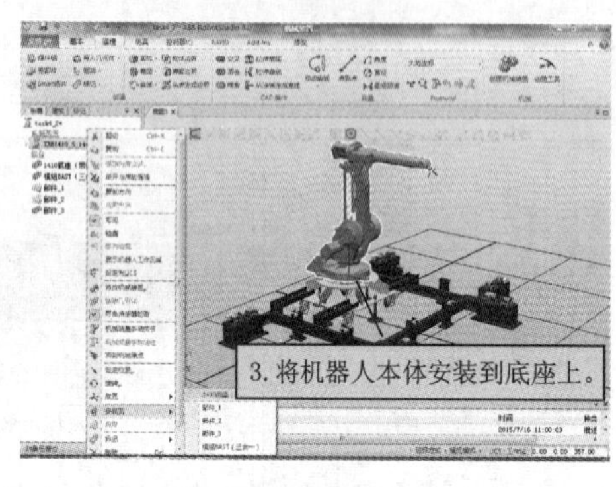

图 4-35

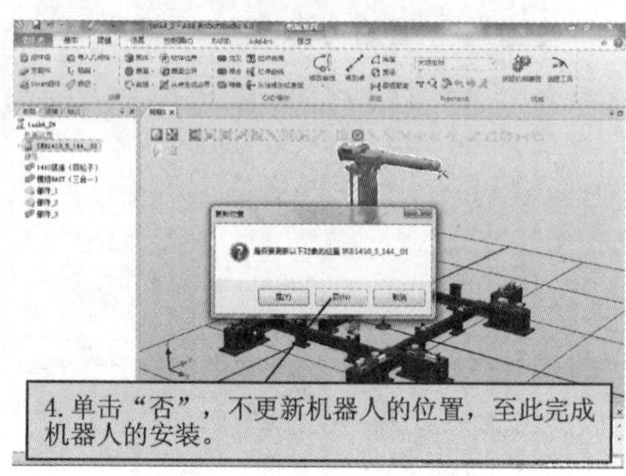

图 4-36

④导入激光雕刻模组并放置(三点法)。

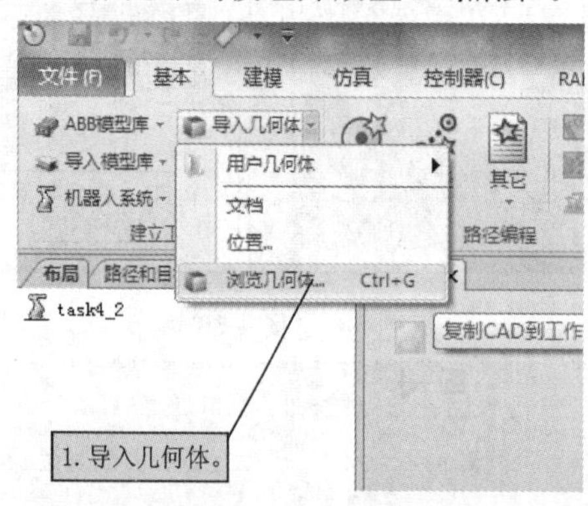

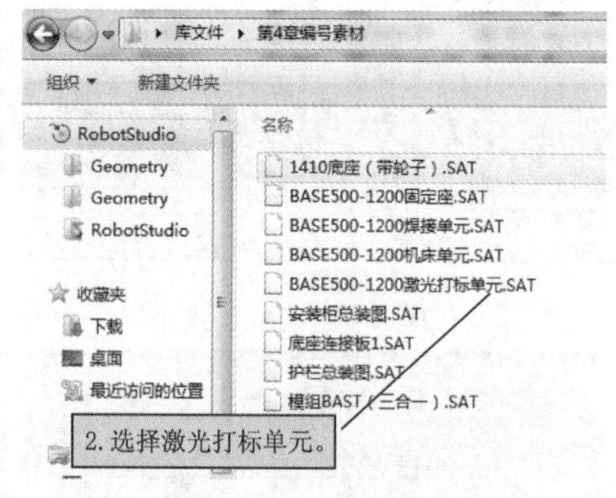

图 4-37

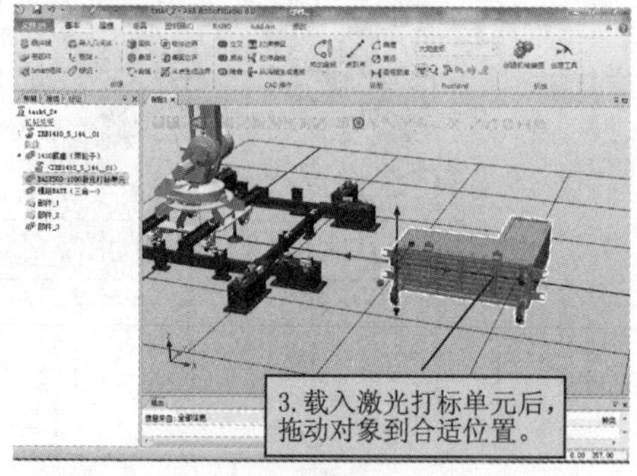

图 4-38

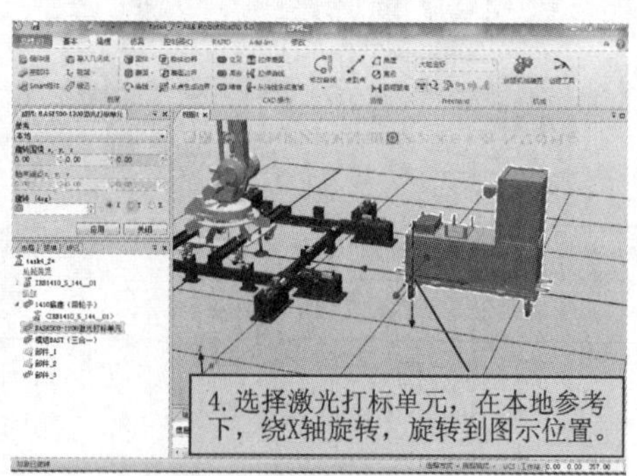

图 4-39

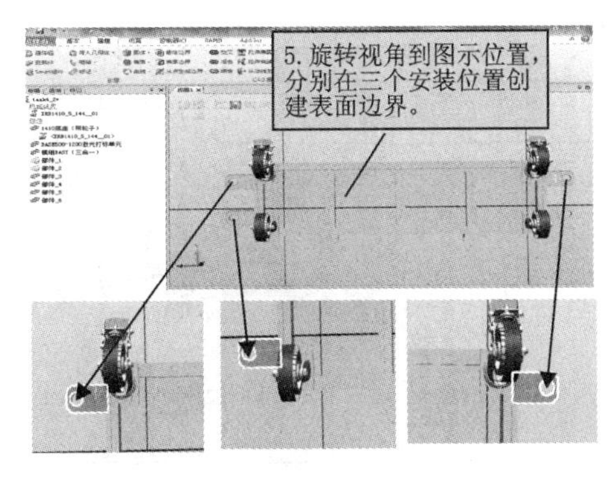

图 4-40

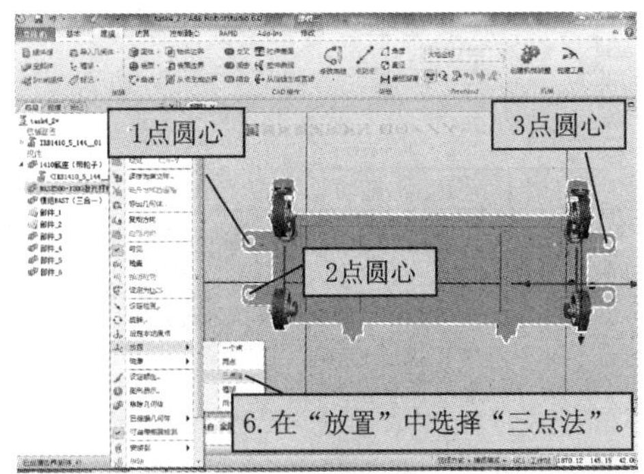

图 4-41

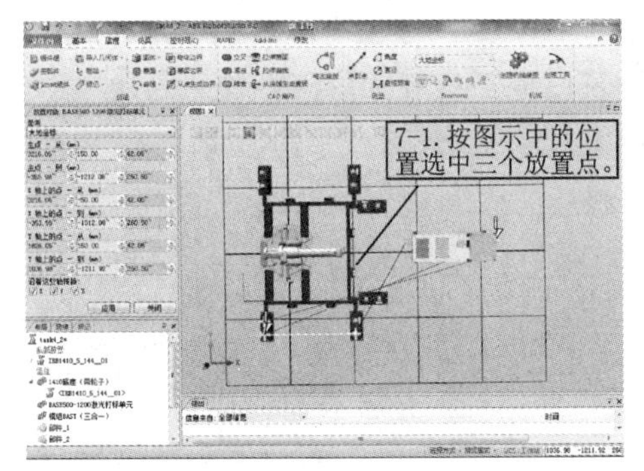

图 4-42

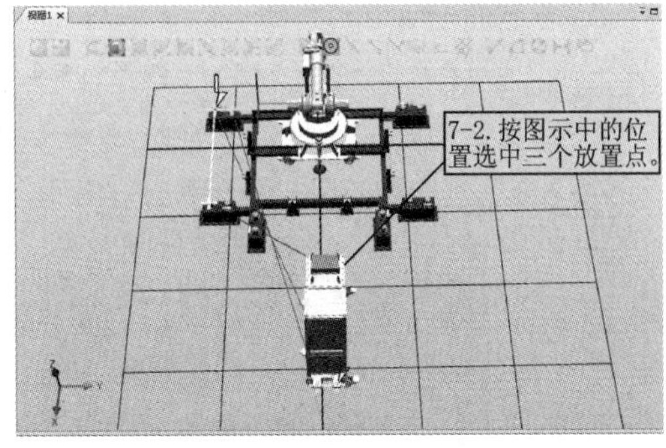

图 4-43

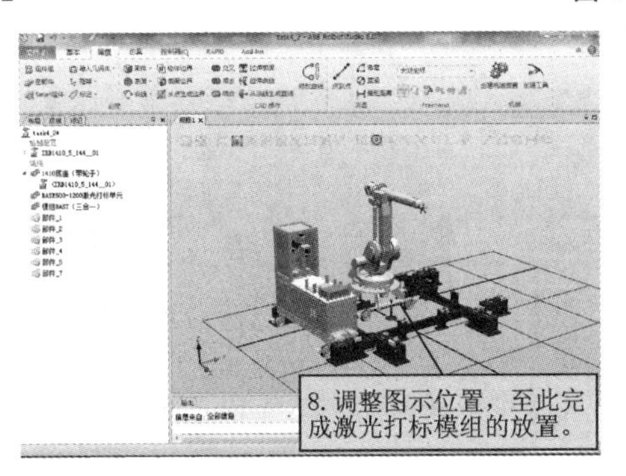

图 4-44

⑤导入焊接模组（设置位置法）。

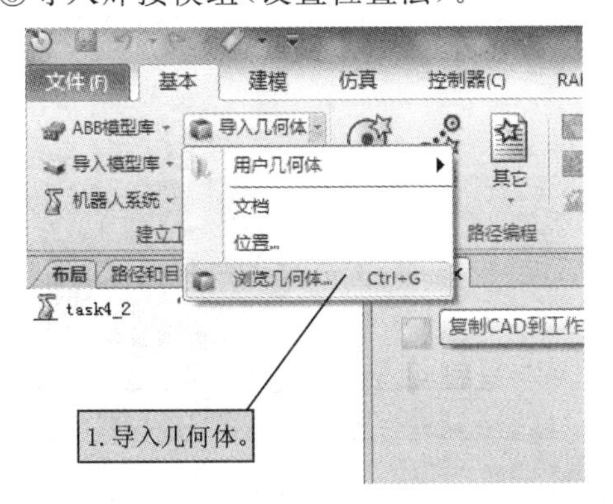

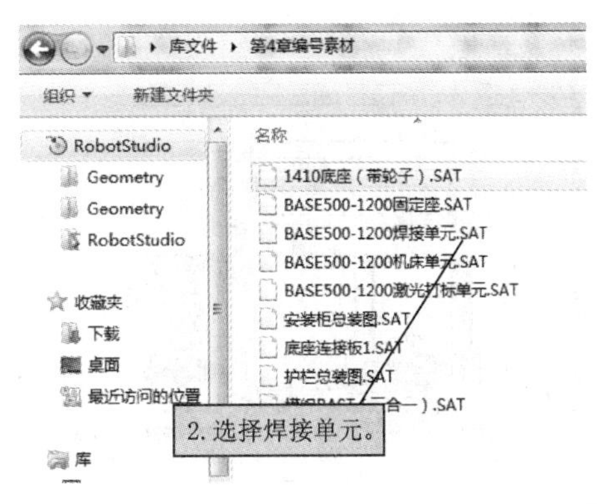

图 4-45

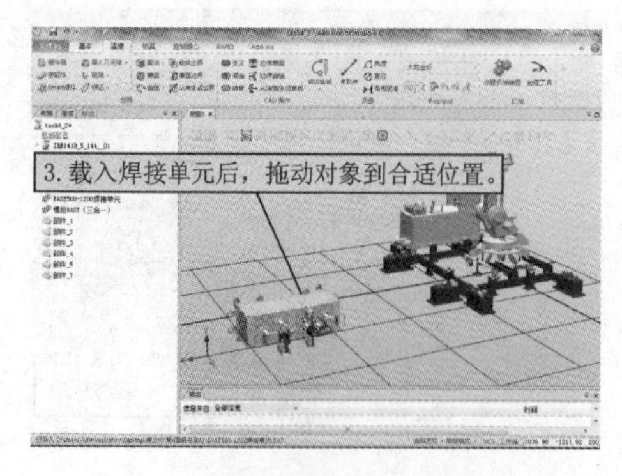

图 4-46

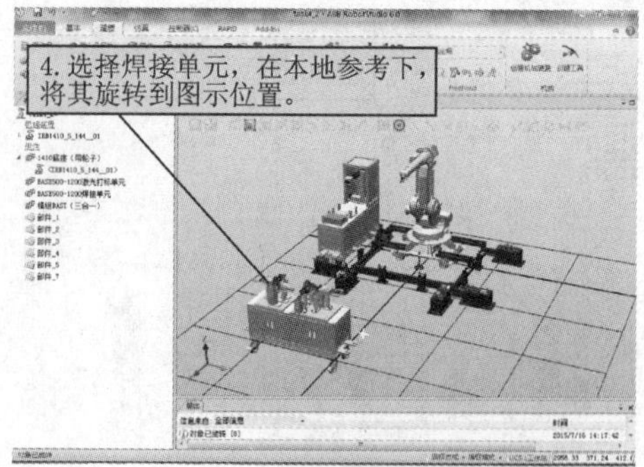

图 4-47

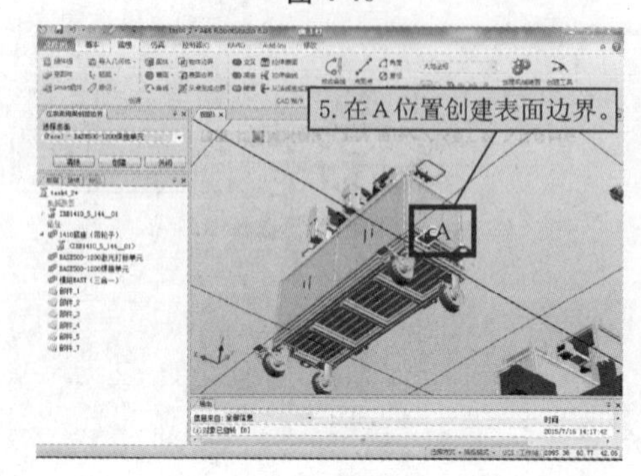

图 4-48

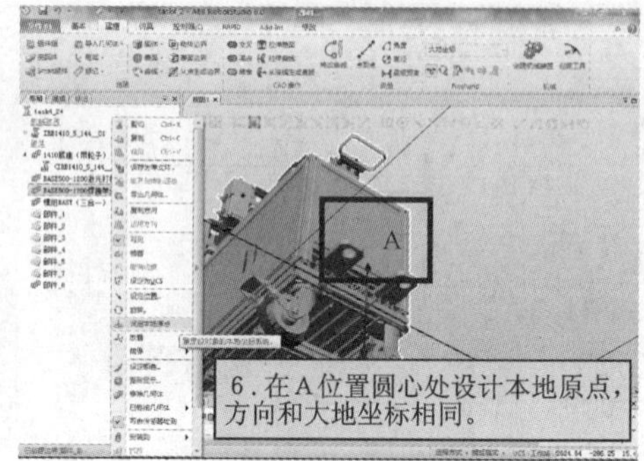

图 4-49

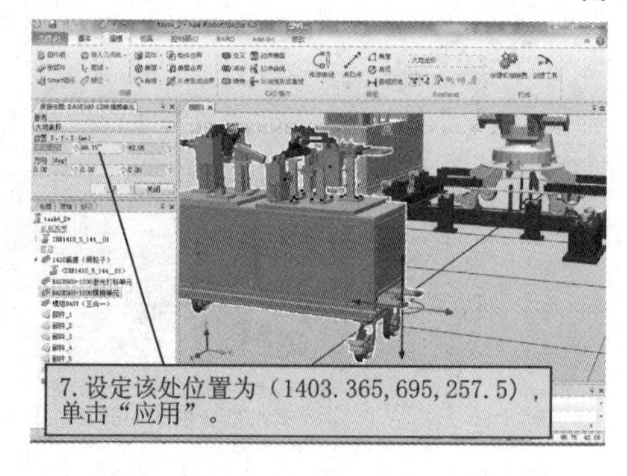

图 4-50

在上面步骤设定位置中 X 值和 Y 值的来源。

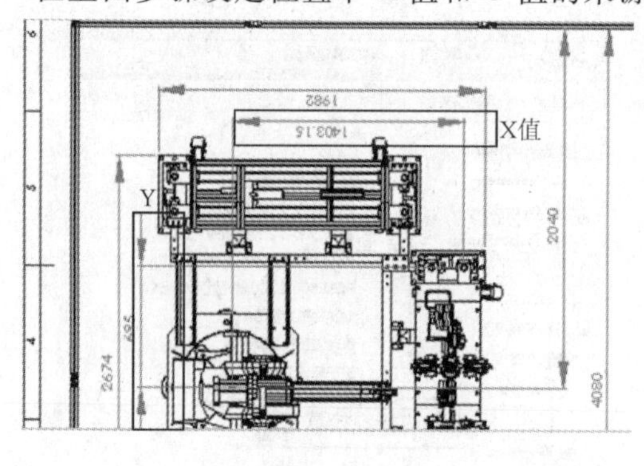

图 4-51

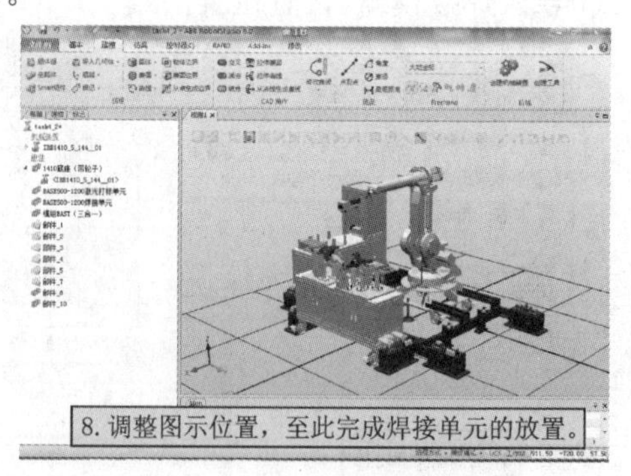

图 4-52

⑥导入机床上下料模组(框架放置法)。

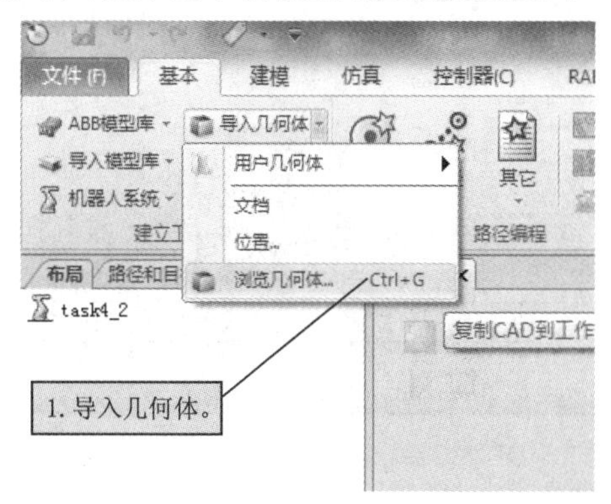

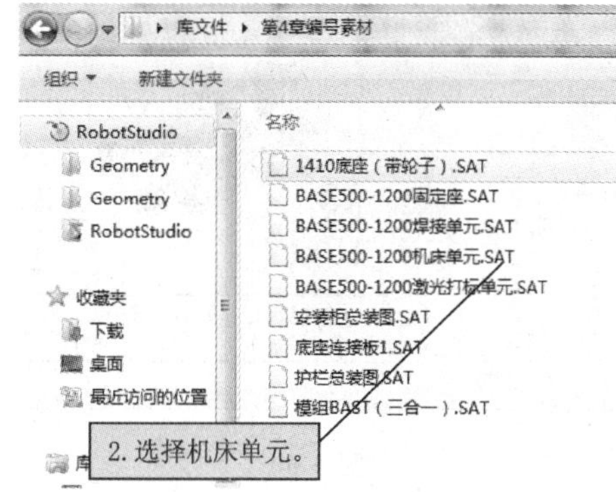

图 4-53

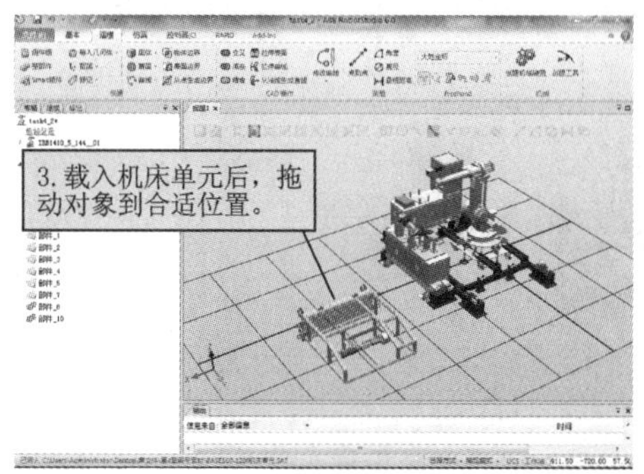

图 4-54

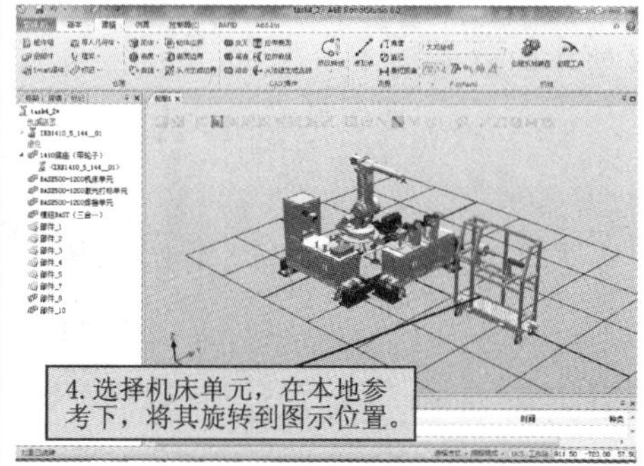

图 4-55

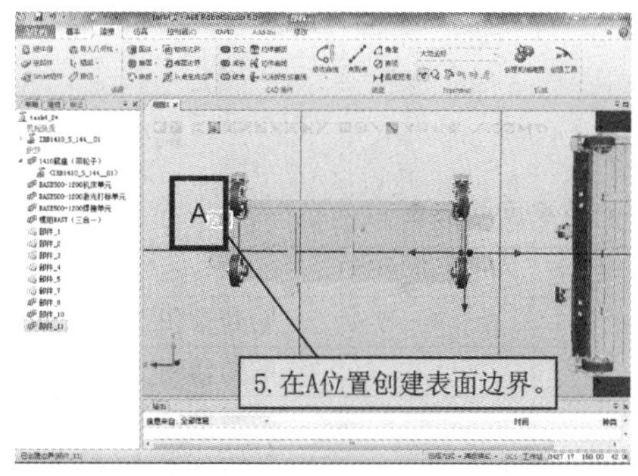

图 4-56

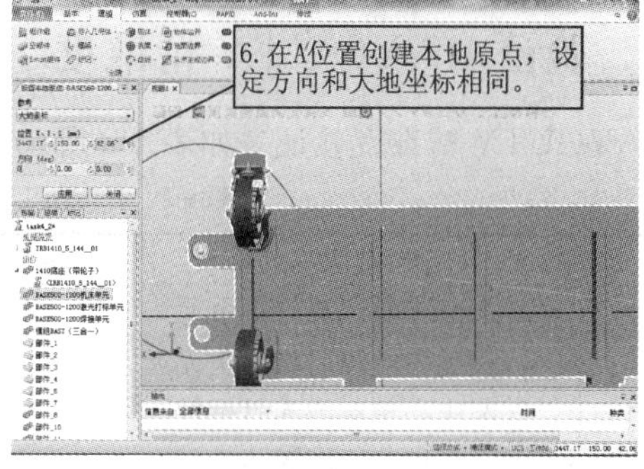

图 4-57

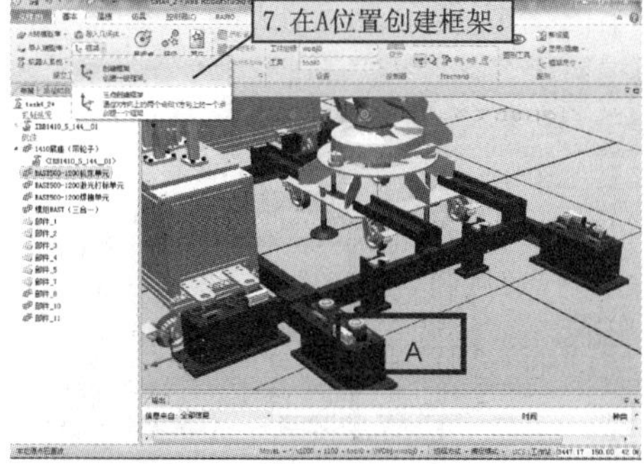

图 4-58

8. 在A位置创建框架结果，方向和大地坐标相同。

图 4-59

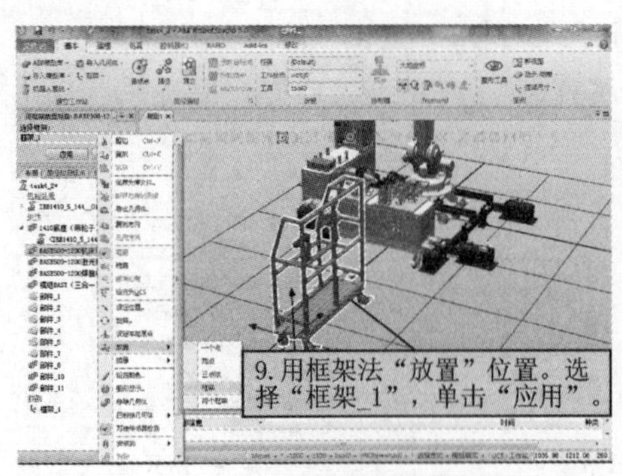

图 4-60

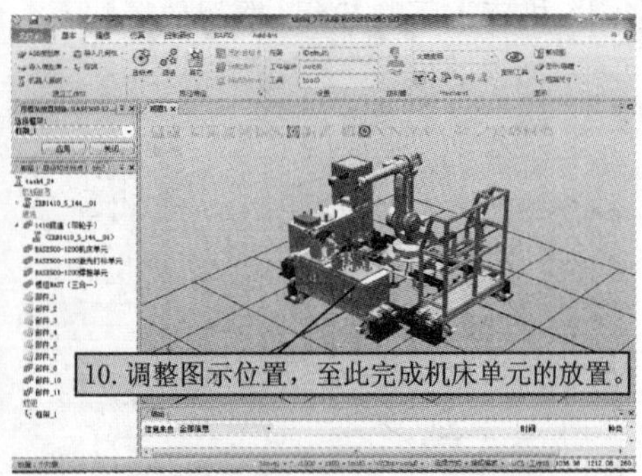

图 4-61

⑦导入其他部件(护栏、主控制器、机器人控制柜、人物)。

综合应用以上方法，结合 LAYOUT 布局图，完成其他部件的导入、放置、安装，完成图 4-62 所示的效果。

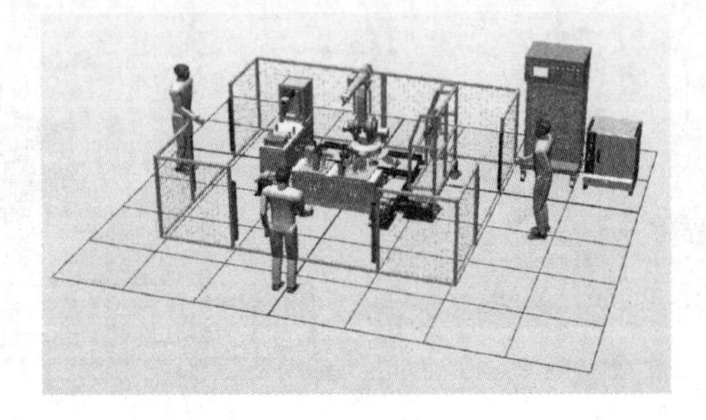

图 4-62

二、验证 LAYOUTY 精准度

LAYOUTY 精准度验证表如表 4-2 所示。

表 4-2　LAYOUTY 精准度验证表

序　号	相对应部件	设计尺寸	布局尺寸	备　注
1	底座中心相对焊接单元			见测量图 1(见图 4-63)
2	底座中心相对机床单元			见测量图 2(见图 4-64)
3	底座中心相对激光打标模组			见测量图 3(见图 4-65)
4	固定座相对护栏 X 方向尺寸			见测量图 4(见图 4-66)
5	固定座相对护栏 Y 方向尺寸			见测量图 5(见图 4-67)

验证 LAYOUTY 精准度的过程如图 4-63 至图 4-67 所示。

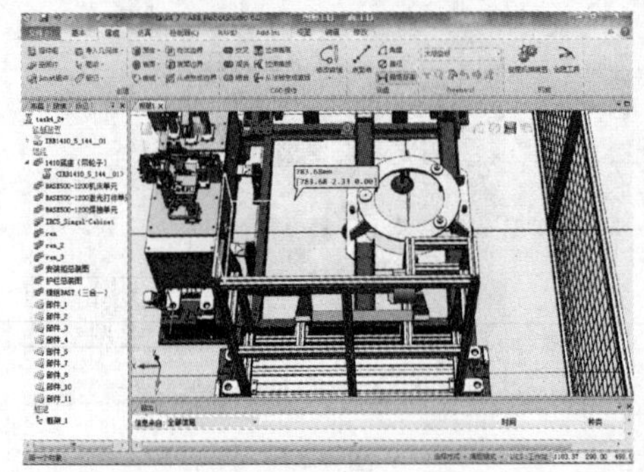

图 4-63

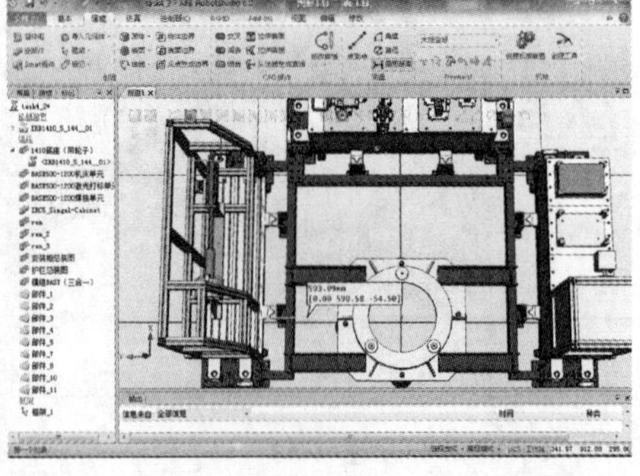

图 4-64

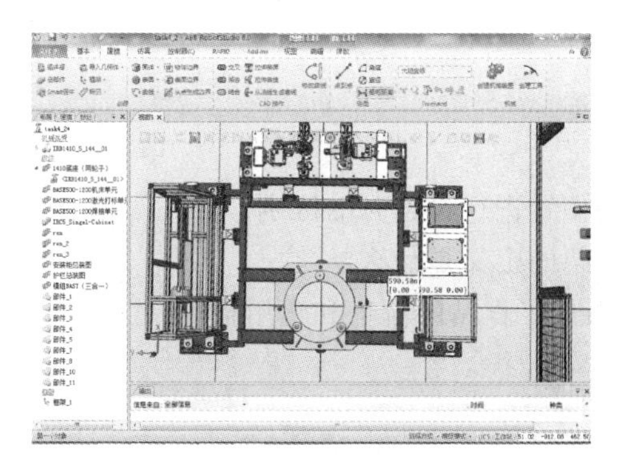

图 4-65

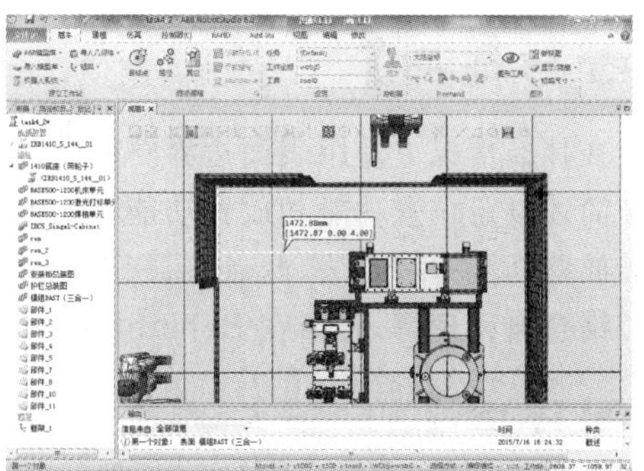

图 4-66

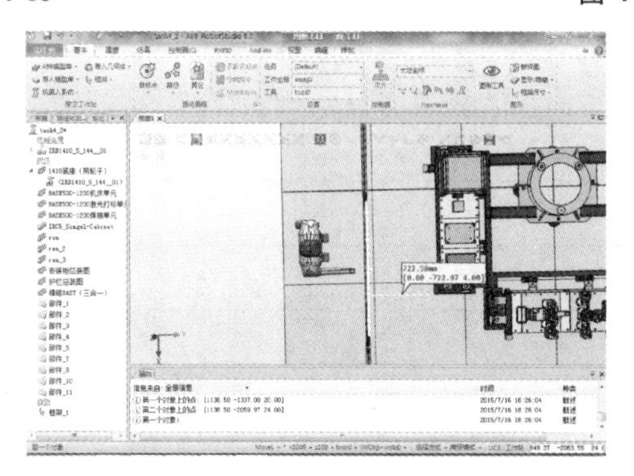

图 4-67

【学习检测】

自我学习检测评分表

项　目	技术要求	分　值	评分细则	评分记录	备　注
掌握 LAYOUT 布局相对关系	理解 LAYOUT 布局相对关系	20	理解内容		
了解 LAYOUT 布局部件功能	(1)熟悉 LAYOUT 布局部件功能用途。 (2)熟练使用 LAYOUT 布局部件功能	20	(1)理解流程； (2)掌握操作		
精确按 LAYOUT 说明布局工作站	(1)数模关键位置的捕捉方法。 (2)放置功能和安装功能的合理应用	20	熟练操作		
学会检验布局精度	(1)掌握测量布局部件位置间距方法。 (2)学会检验布局精度	20	(1)理解流程； (2)熟练操作		
安全操作	符合上机实训要求	20			

【思考与练习】

1. 在什么情况下使用表面边界功能？

2. 简述设定位置功能和放置功能在对产品位置进行设置时的区别。

3. 放置功能中一点法、两点法、三点法和框架的定义是什么？

4. 结合自己理解，总结在 RobotStudio 中布局工作站的流程和常用指令。

【学习体会】

项目5
RobotStudio 流水线码垛工作站的构建

教学目标

（1）流水线码垛工作站说明。

（2）创建流水线动作。

（3）创建夹具动作。

（4）流水线码垛工作站流程图。

（5）流水线码垛工作站程序解析。

任务5-1 工作站的布局工艺流程说明

【工作任务】

(1)工作站布局和部件说明。

(2)工作站工艺解读。

【实践操作】

在工业应用过程中,机器人码垛以其柔性工作能力和很小的占地面积,能够同时处理多种物料、码垛多个料垛,越来越受到广大用户的青睐并迅速占据码垛市场。码垛机器人有极强的柔性,被广泛用于水泥、啤酒、盐业、饮料、速冻食品、化工、家电、钢铁、制药、粮食、化肥、物流、自动化等行业中,具有定位精度高的特点。本项目以码垛为背景,解读码垛工作站的仿真设计。解压文件包 Task5-1-1 项目文件,然后按照下列步骤进行仿真。

一、工作站 LAYOUT 布局说明

工作站 LAYOUT 布局说明如图 5-1 所示。

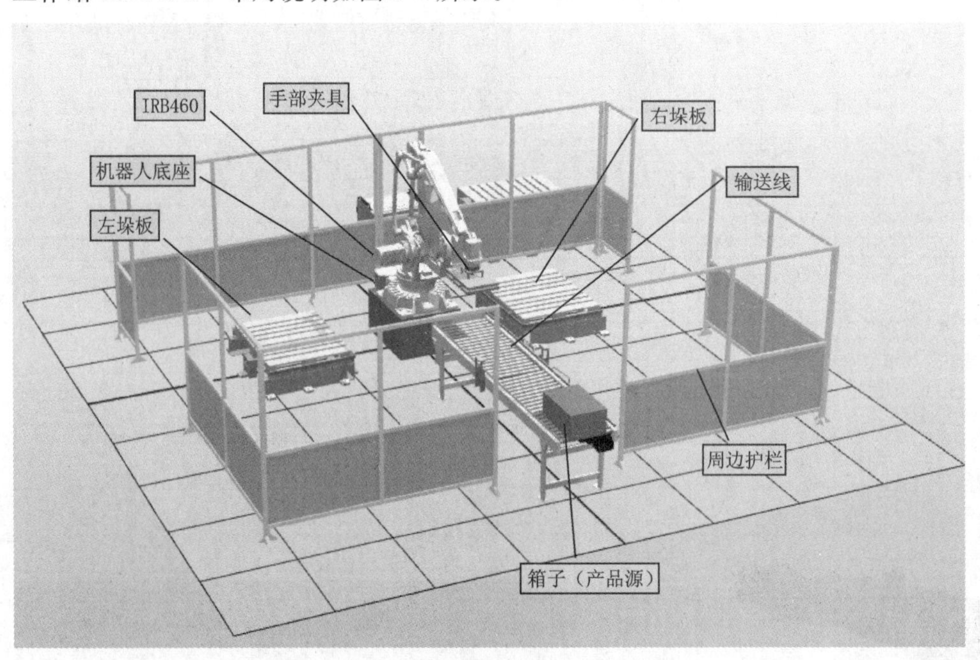

图 5-1

二、输送线流程图

输送线流程图如图 5-2 所示。

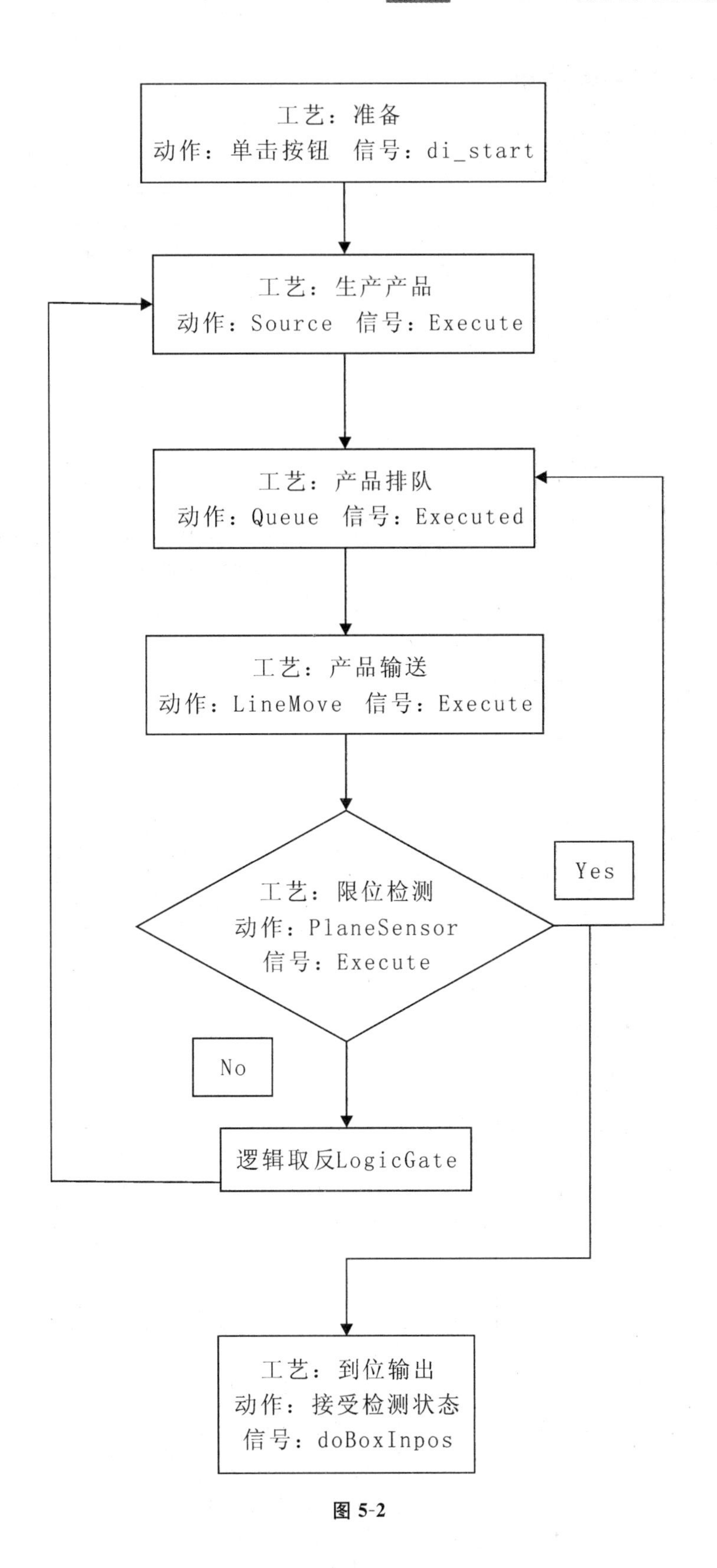
工艺：准备
动作：单击按钮 信号：di_start
工艺：生产产品
动作：Source 信号：Execute
工艺：产品排队
动作：Queue 信号：Executed
工艺：产品输送
动作：LineMove 信号：Execute
工艺：限位检测
动作：PlaneSensor
信号：Execute
Yes
No
逻辑取反LogicGate
工艺：到位输出
动作：接受检测状态
信号：doBoxInpos

图 5-2

三、手部夹具流程图

手部夹具流程图如图 5-3 所示。

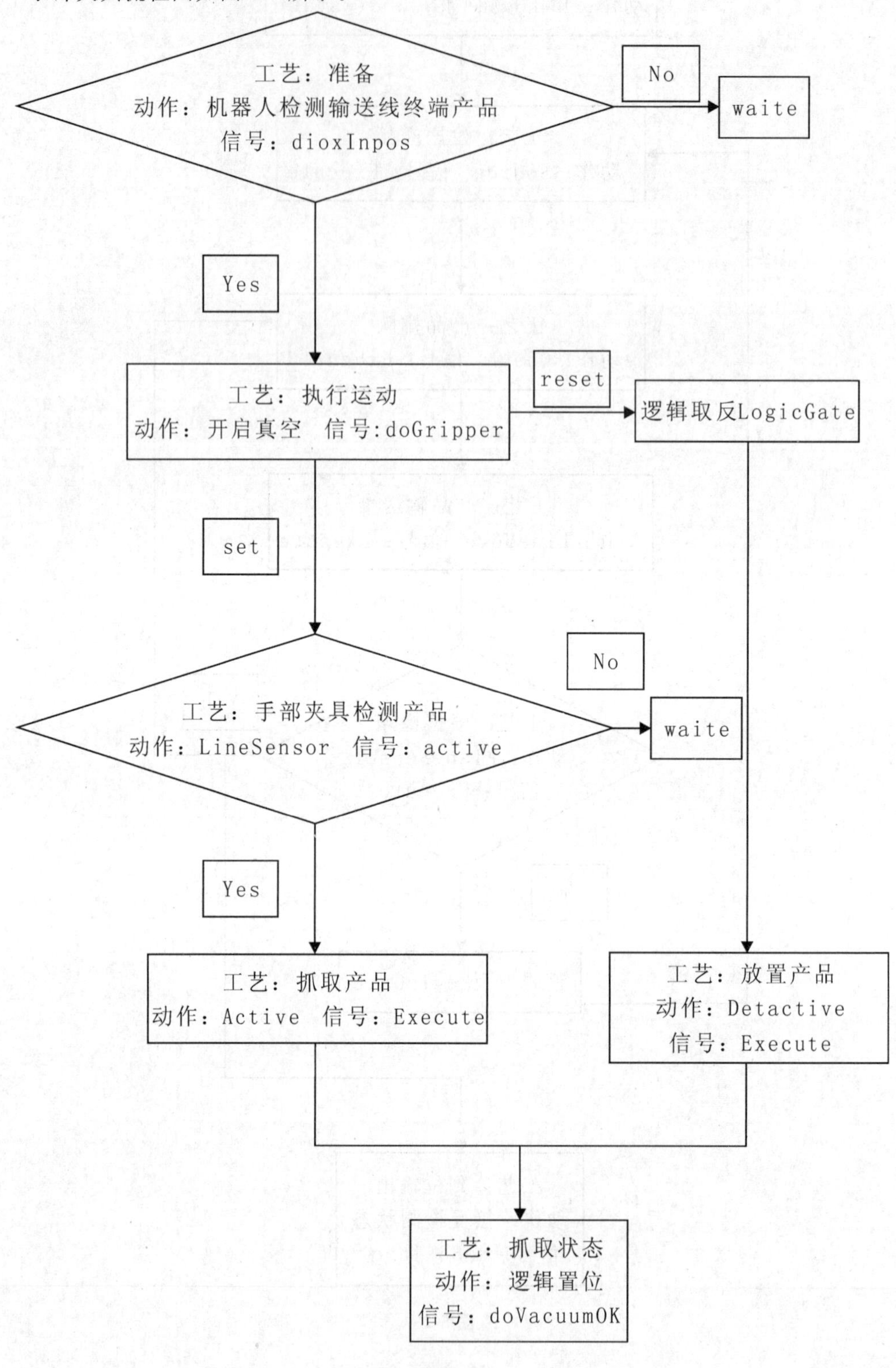

图 5-3

任务5-2 创建码垛工作站的 Smart 组件设计

【工作任务】

(1)输送线动作效果设计。

(2)手部夹具的动作效果设计。

(3)系统属性和信号设计。

【实践操作】

综合应用 Smart 组件设计工具,实现输送线的动态效果,输送线前段自动生成产品,产品随输送线向前运动,产品到达末端后停止,产品被移走后再次生成产品,依次循环。

【设计步骤】

(1)设定工作站输送线的产品源。

(2)设定工作站输送线的动作。

(3)设定工作站的输送线传感器。

(4)设定工作站输送线的属性和信号连接。

(5)设定工作站的末端操作器传感器。

(6)设定工作站末端操作器的动作。

(7)设定工作站末端操作器的属性和信号连接。

(8)设定机器人的 I/O 信号。

(9)建立机器人控制器和 Smart 组件的连接。

(10)工作站程序解析与仿真调试。

一、工作站输送线动作效果设计

1. 设定工作站输送线的产品源

设定工作站输送线的产品源,其过程如图 5-4 和图 5-5 所示。

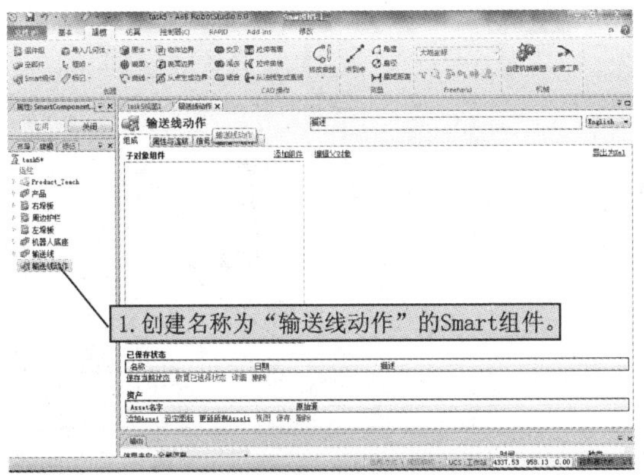

图 5-4

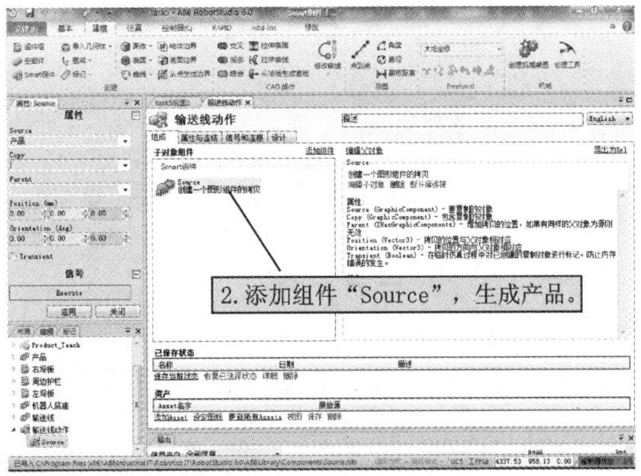

图 5-5

2. 设定工作站输送线的动作

设定工作站输送线的动作，其过程如图 5-6 和图 5-7 所示。

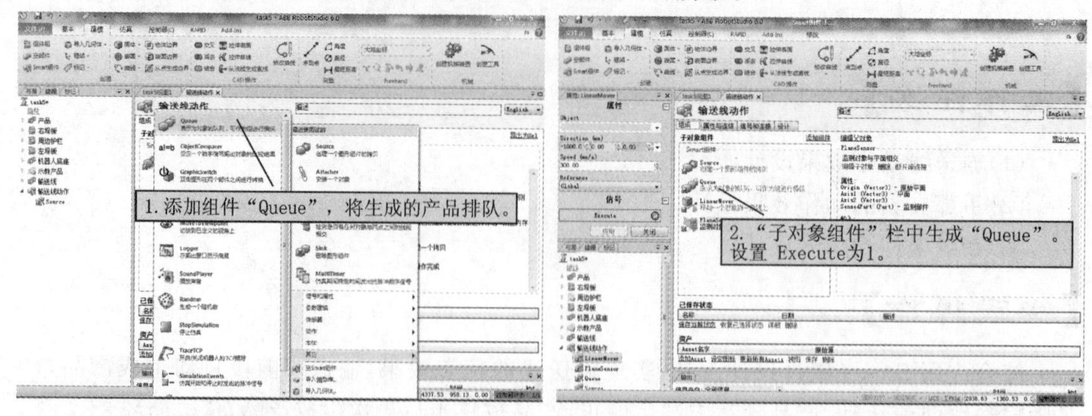

图 5-6　　　　图 5-7

3. 设定工作站的输送线传感器

设定工作站的输送线传感器，其过程如图 5-8 和图 5-9 所示。

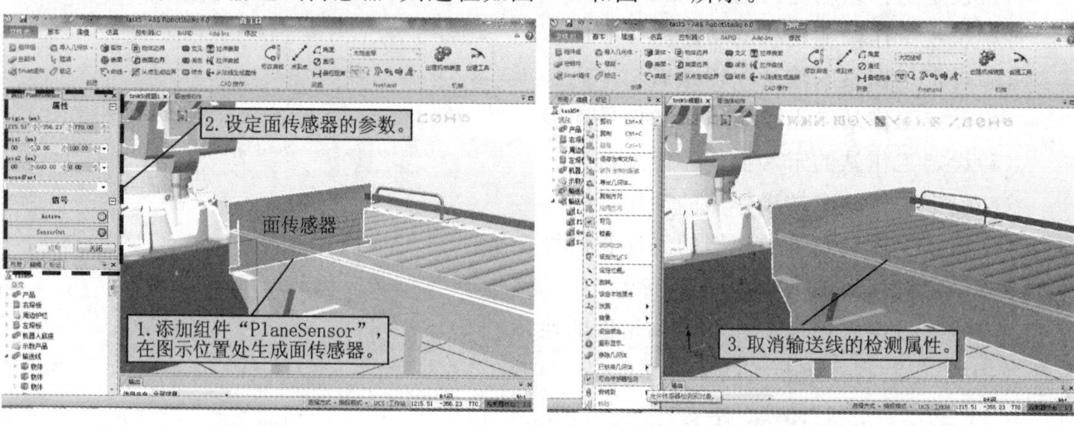

图 5-8　　　　图 5-9

4. 设定工作输送线的属性和信号连接

设定工作输送线的属性和信号连接，其过程如图 5-10～图 5-15 所示。

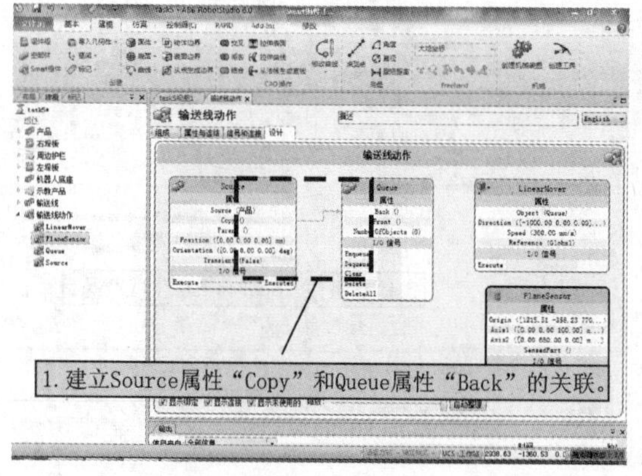

图 5-10

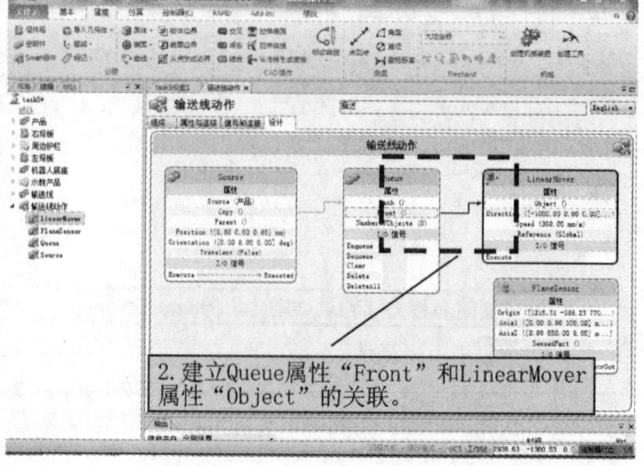

图 5-11

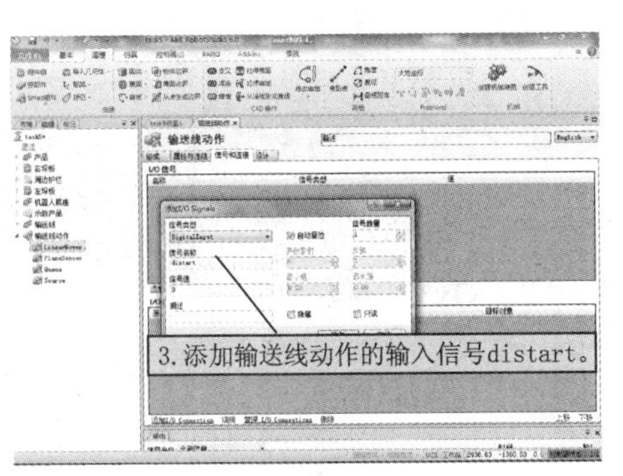

图 5-12

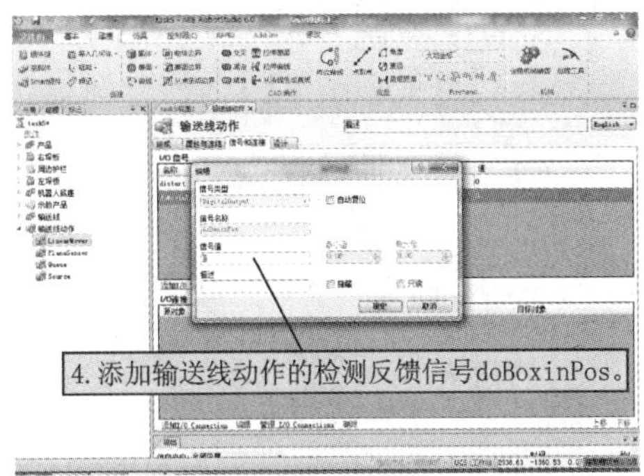

图 5-13

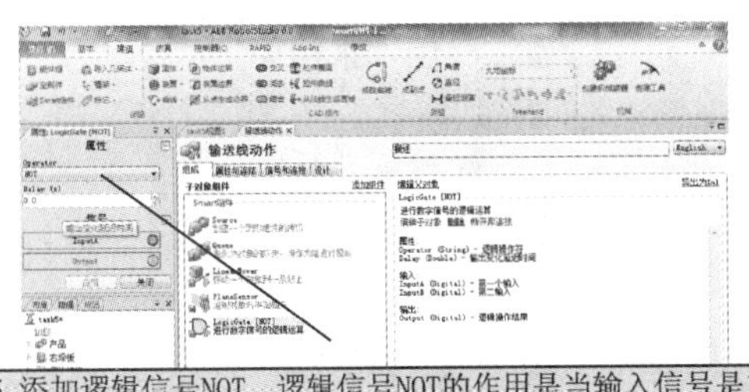

图 5-14

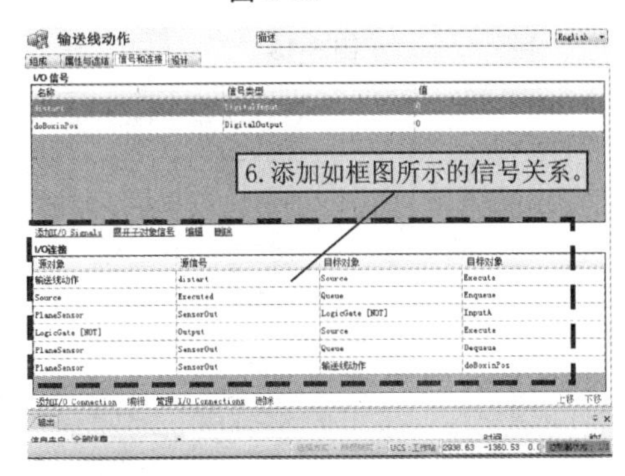

图 5-15

工作站输送线动作效果设计总结：

(1)利用自己创建的启动信号 distart 触发一次 Source，使其产生一个复制品；

(2)复制品产生之后自动加到设定好的队列中，且复制品随着 Queue 一起沿着输送线运动；

(3)当复制品运动到输送线的末端，与设置好的面传感器 PlaneSensor 接触后，该复制品退出队列 Queue，并将产品到位信号 doBoxinPos 设置为 1；

(4)通过非门的中间链接，实现在复制品与面传感器不接触后，自动触发 Source，再产生一个复制品。

二、工作站末端操作器动作效果设计

1. 设定工作站的末端操作器传感器

设定工作站的末端操作器传感器，其过程如图 5-16～图 5-20 所示。

图 5-16

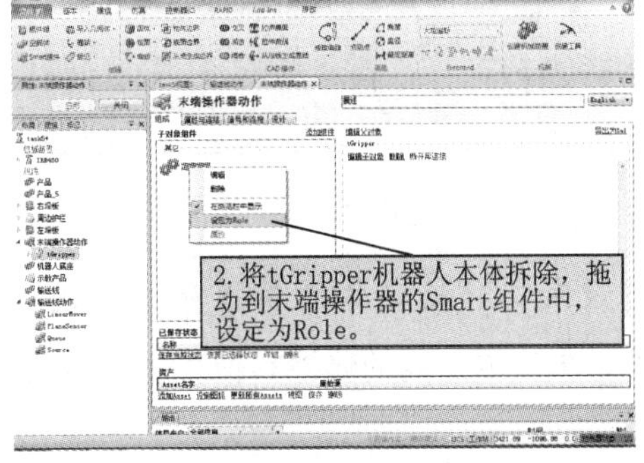

图 5-17

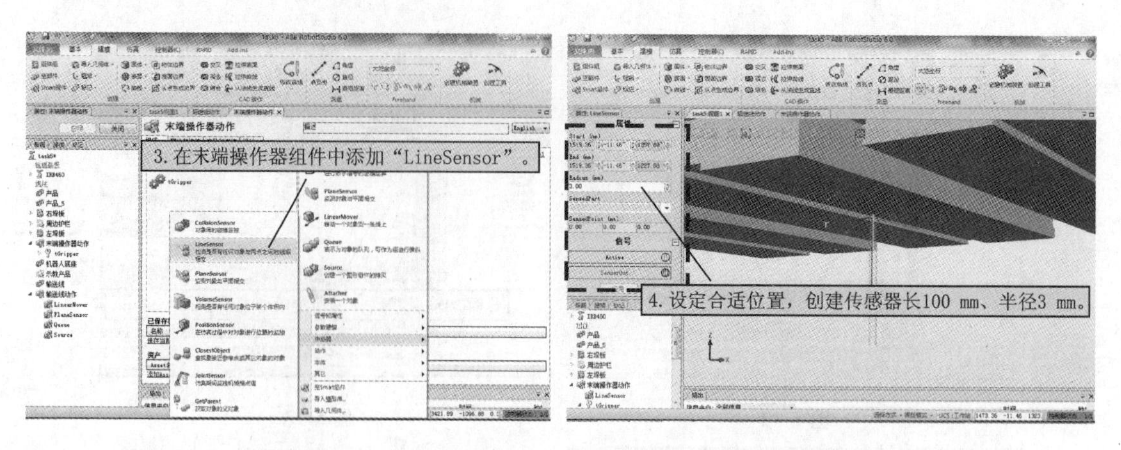

图 5-18　　　　图 5-19

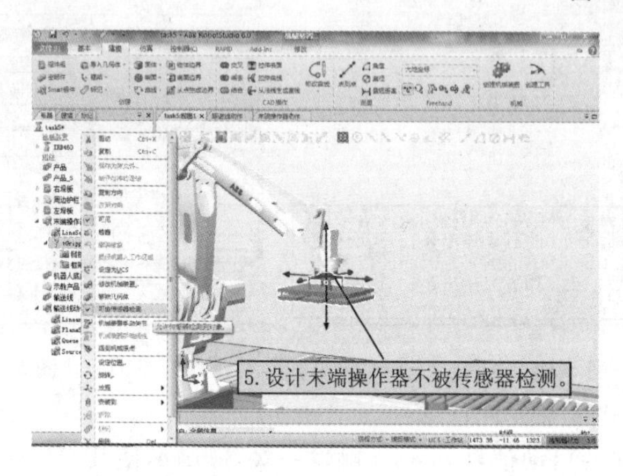

图 5-20

2. 设定工作站末端操作器的动作

设定工作站末端操作器的动作，其过程如图 5-21 和图 5-22 所示。

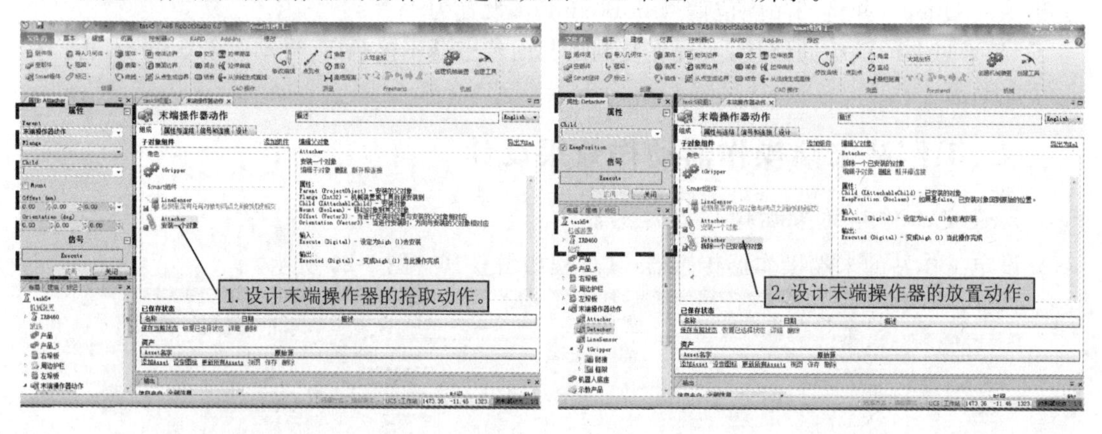

图 5-21　　　　图 5-22

3. 设定工作输送线的属性和信号连接

设定工作输送线的属性和信号连接，其过程如图 5-23～图 5-26 所示。

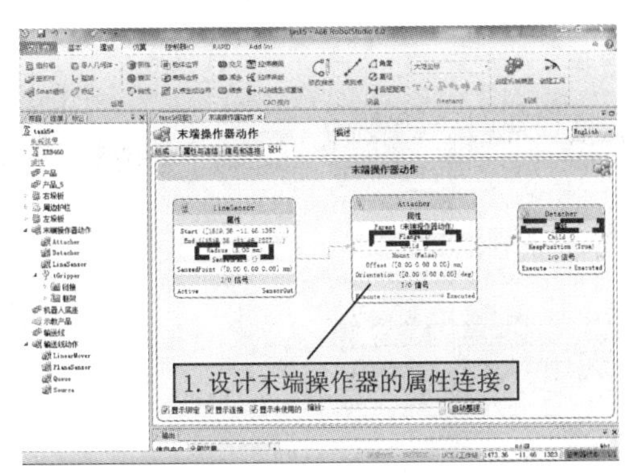

图 5-23

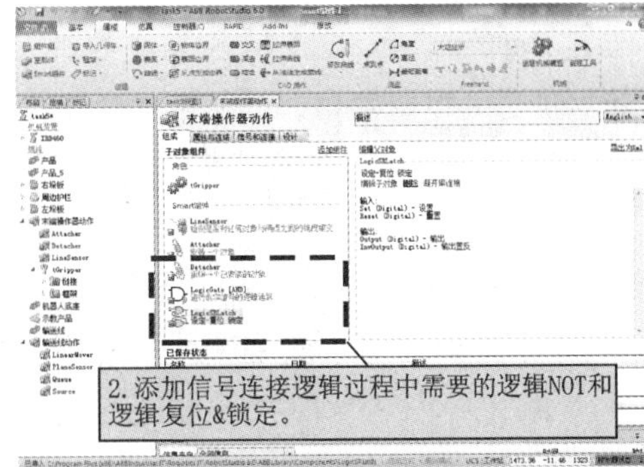

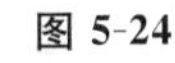

图 5-24

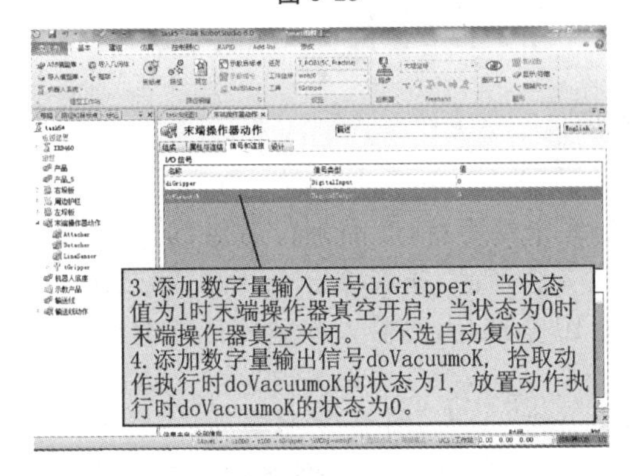

图 5-25

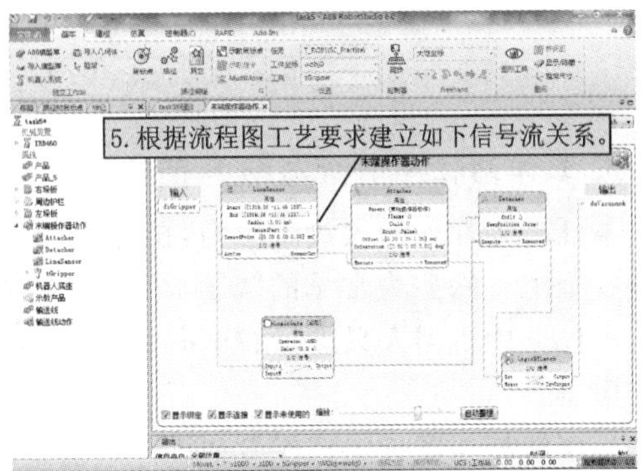

图 5-26

工作站末端操作器动作效果设计的 I/O 连接如图 5-27 所示。

添加I/O Signals　展开子对象信号　编辑　删除

I/O连接

源对象	源信号	目标对象	目标对象
末端操作器动作	diGripper	LineSensor	Active
末端操作器动作	diGripper	LogicGate [AND]	InputA
LineSensor	SensorOut	Attacher	Execute
LogicGate [AND]	Output	Detacher	Execute
Attacher	Executed	LogicSRLatch	Set
LogicSRLatch	Output	末端操作器动作	doVacuumok
Detacher	Executed	LogicSRLatch	Reset

添加I/O Connection　编辑　管理 I/O Connections　删除　　上移　下移

图 5-27

4. 设定机器人的 I/O 信号

设定机器人的 I/O 信号，其过程如图 5-28 和图 5-29 所示。

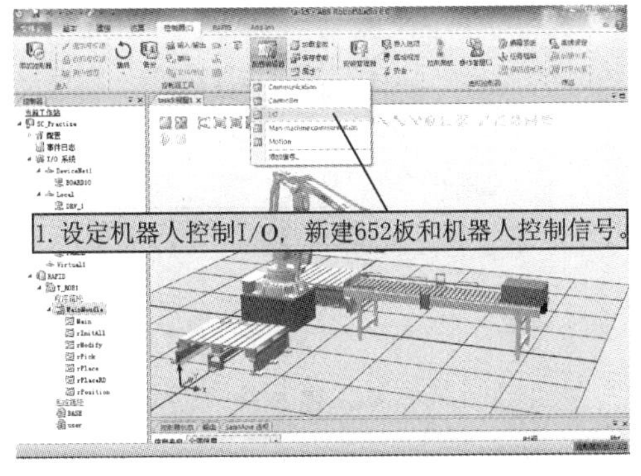

图 5-28

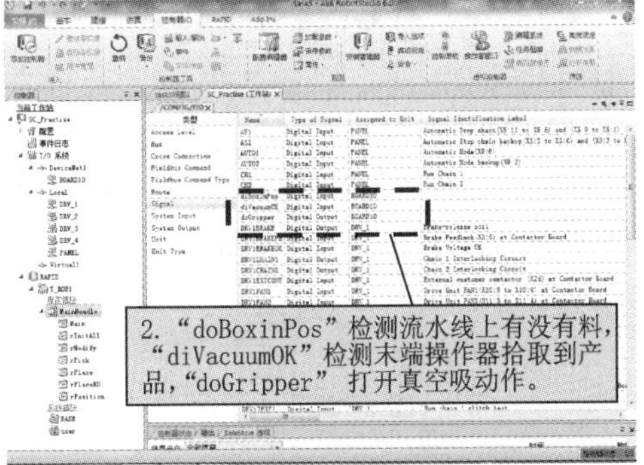

图 5-29

5. 建立机器人控制器和 Smart 组件的连接

建立机器人控制器和 Smart 组件的连接，其过程如图 5-30 所示。

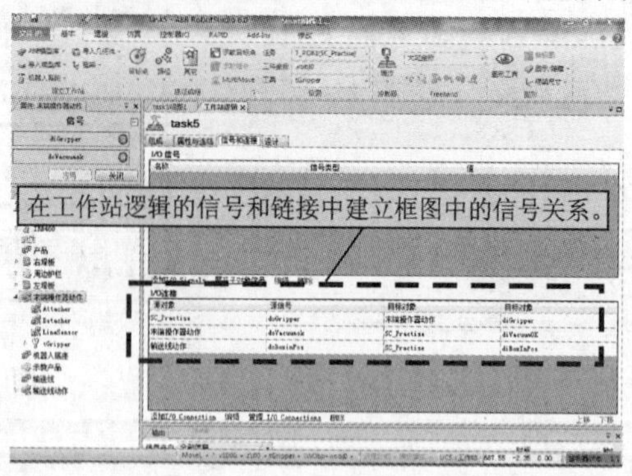

图 5-30

6. 工作站程序解析与仿真调试

本任务中程序的大致流程为：机器人在输送线末端等待，产品到位后将其拾取，放置在右侧栈板上。垛型为常见的"3＋2"型，即竖着放 3 个产品，横着放 2 个产品，第二排位置交错。本任务中机器人只进行右侧码垛，共计码垛 10 个产品，机器人回到等待位继续等待，仿真结束。

程序解析如图 5-31～图 5-36 所示，仿真调试如图 5-37～图 5-42 所示。

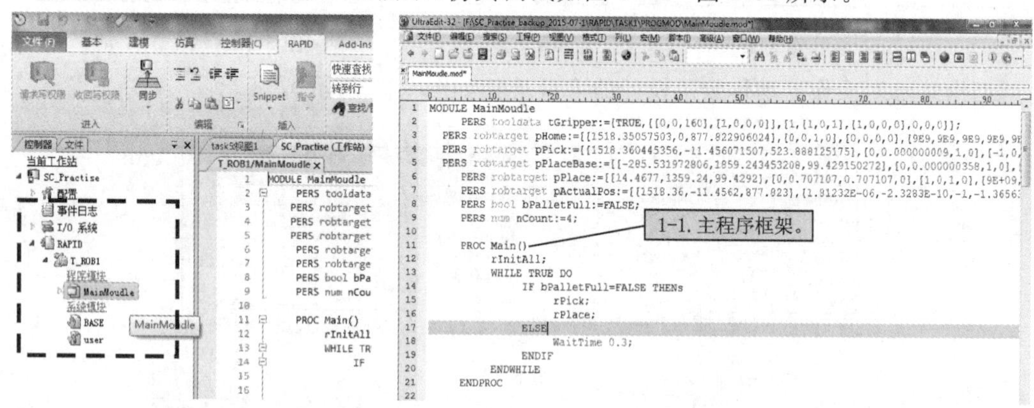

图 5-31　　　　图 5-32

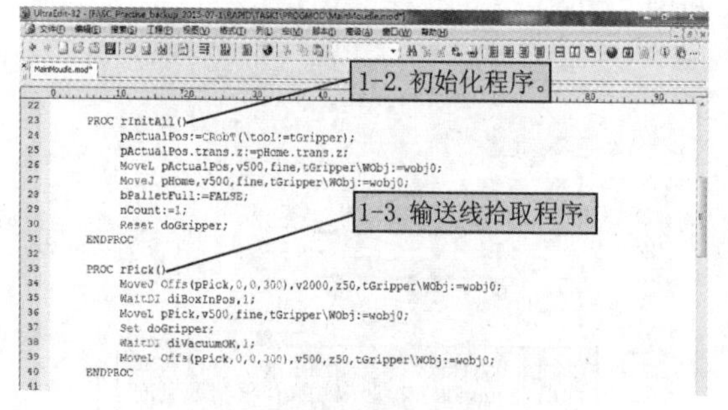

图 5-33

```
40  ENDPROC
41
42  PROC rPlace()
43      rPosition;
44      MoveJ Offs(pPlace,0,0,300),v2000,z50,tGripper\WObj:=wobj0;
45      MoveL pPlace,v500,fine,tGripper\WObj:=wobj0;
46      Reset doGripper;
47      WaitDI diVacuumOK,0;
48      MoveL Offs(pPlace,0,0,300),v500,z50,tGripper\WObj:=wobj0;
49      rPlaceRD;
50  ENDPROC
51
52  PROC rPlaceRD()
53      Incr nCount;
54      IF nCount>=11 THEN
55          nCount:=1;
56          bPalletFull:=TRUE;
57          MoveJ pHome,v1000,fine,tGripper\WObj:=wobj0;
58      ENDIF
59  ENDPROC
60
```

1-4. 栈板码垛程序。

1-5. 码垛产品数量限制。

图 5-34

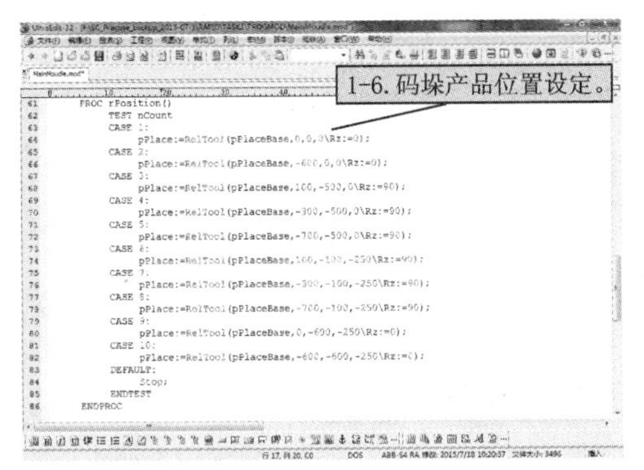

图 5-35

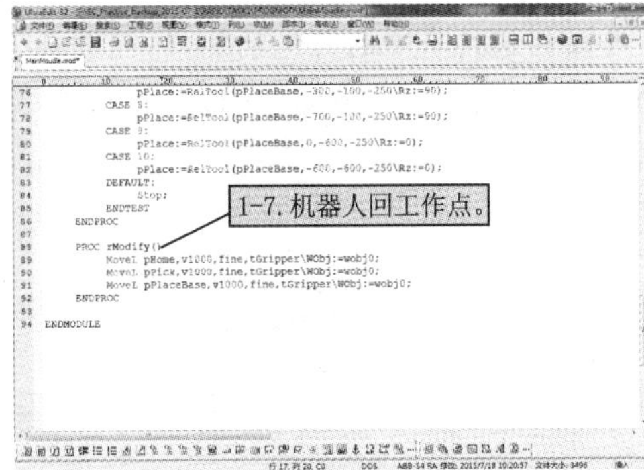

图 5-36

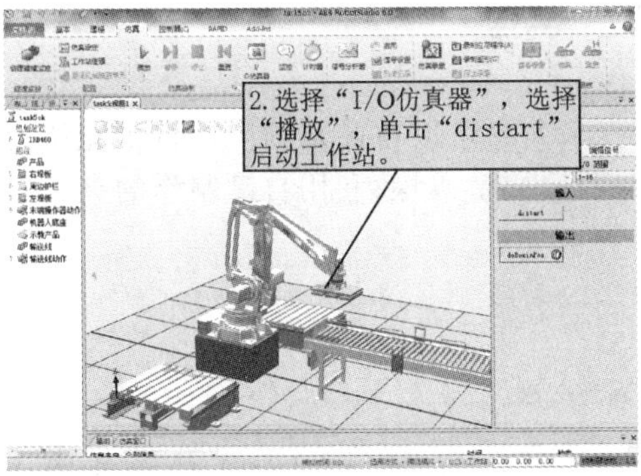

2. 选择“I/O仿真器”，选择“播放”，单击“distart”启动工作站。

图 5-37

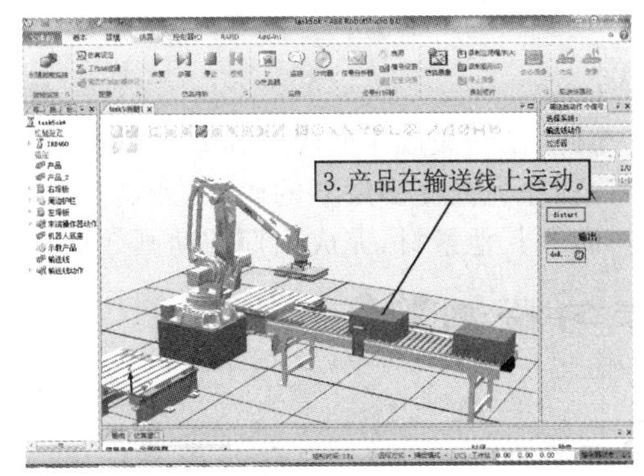

图 5-38

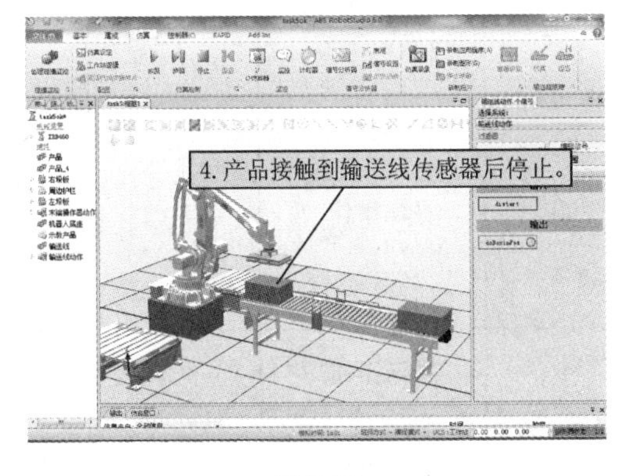

图 5-39

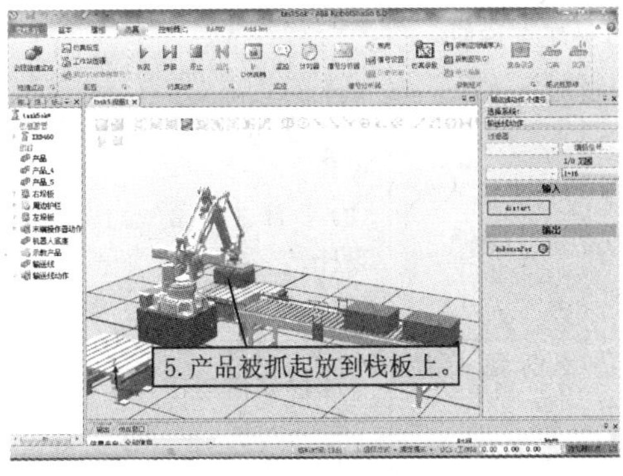

图 5-40

图 5-41

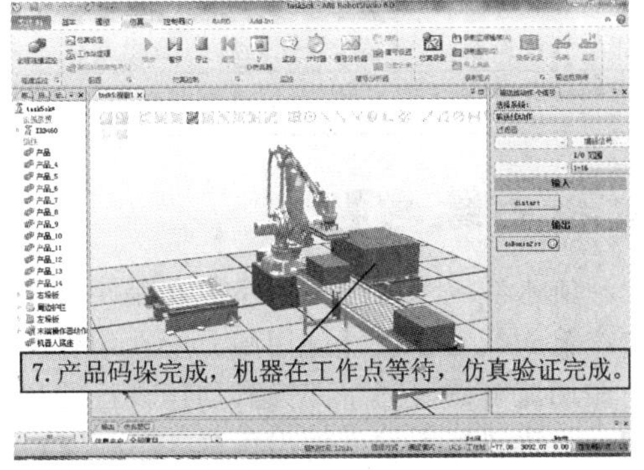

图 5-42

可以利用共享中的打包功能，将完成的工作站打包并与他人分享，如图 5-43 所示。

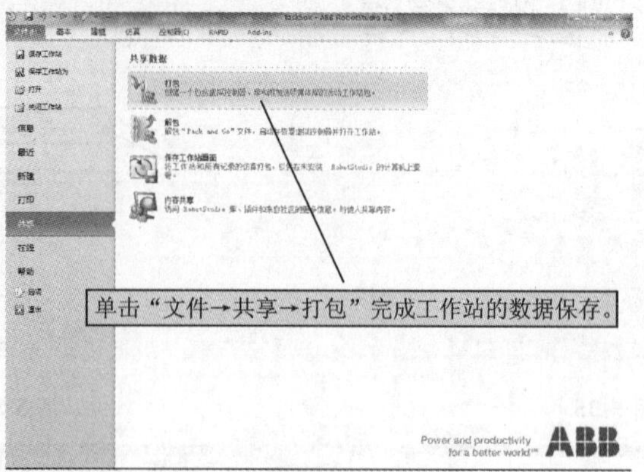

图 5-43

至此，已经完成了码垛工作站的动画效果制作，大家可以在此基础上进行扩充练习，例如修改程序完成更多层数的码垛，或者完成左右两边交替码垛；利用自己制作的夹具、输送线、产品等其他素材，完成预期的动画效果。

【学习检测】

自我学习检测评分表

项目	技术要求	分值	评分细则	评分记录	备注
了解流水线码垛工作站工艺说明	(1)工作站布局和部件说明。 (2)工作站工艺流程解读	20	(1)理解流程； (2)熟悉工艺		
学会创建流水线动作	(1)输送线动作效果设计。 (2)手部工具的动作效果设计。 (3)系统属性和信号设计	20	熟练操作		
学会创建夹具动作	掌握如何创建夹具动作	15	熟练操作		
掌握流水线码垛工作站流程图	熟悉码垛流程，理解码垛工艺	15	理解流程		
理解流水线码垛工作站程序解析	了解实现码垛的编程思路，掌握码垛的编程方法	15	(1)理解思路； (2)掌握方法		
安全操作	符合上机实训要求	15			

【思考与练习】

1. 流水线码垛工作站的组成有哪些？
2. 输送线动作设计应用的 Smart 组件有哪些？
3. 用流程图表述手部夹具动作设计的步骤。
4. 简述机器人输入输出信号、工作站信号、Smart 组件信号的区别和联系。
5. 在任务 Task5_1 中实现流水线左边栈板的码垛效果。

【学习体会】

项目6

工业机器人激光切割项目仿真技术

教学目标

（1）掌握LAYOUT布局相对关系。

（2）了解LAYOUT布局部件功能。

（3）精确按LAYOUT说明布局工作站。

（4）仿真动画设计。

（5）程序解读。

（6）I/O仿真设定调试。

任务 6-1 仿真工作站 LAYOUT 布局解读

【工作任务】

(1)掌握 LAYOUT 布局相对关系。

(2)熟悉 LAYOUT 部件功能用途。

【实践操作】

在激光切割行业,为实现工业机器人运动范围更合理的利用,通常选择将工业机器人倒置安装;同时,大的工件需要设计配置移动平台,来辅助切割行程范围。

在工业机器人轨迹应用过程中,如切割、涂胶、焊接等,常会需要处理一些不规则的曲线,通常的做法是采用描点法,即根据工艺精度要求去示教相应数量的目标点,从而生成机器人的轨迹。此种方法费时、费力且不容易保证轨迹精度;图形化编程就是根据 3D 模型的曲线特征自动转换成机器人的运行轨迹。此种方法省时、省力且容易保证轨迹精度。本任务学习根据三维模型曲线特征,如何利用 RobotStudio 自动路径功能自动生成机器人激光切割的运行轨迹路径。解包文件 Task6_1_1,然后按下列步骤进行仿真。

由于使用的 LAYOUT 部件是由第三方软件设计的,所以在练习前必须有完整的. sat 文件。

一、工作站 LAYOUT 布局说明

激光设备系统图如图 6-1 所示。

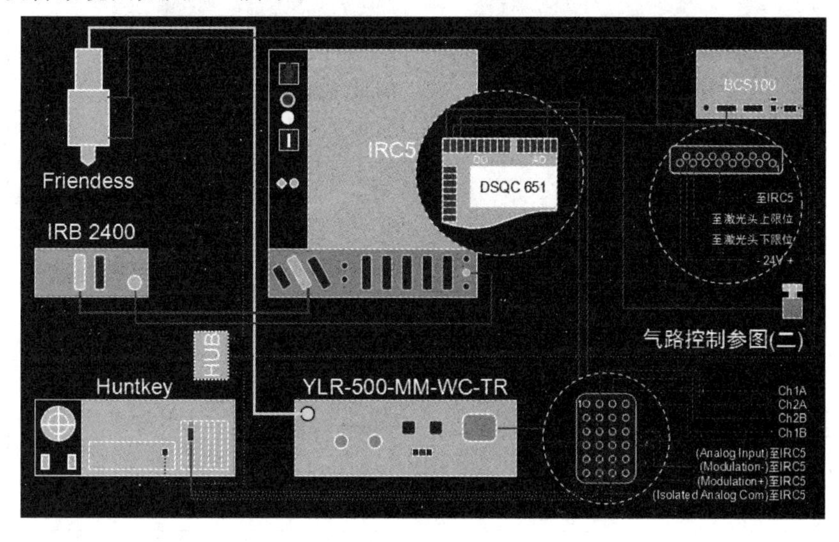

图 6-1

激光切割工作站 LAYOUT 核心部件说明如图 6-2 所示。

工作站 LAYOUT 尺寸说明如图 6-3～图 6-5 所示。

图 6-3 为前视图,图 6-4 为右视图,图 6-5 为下视图。

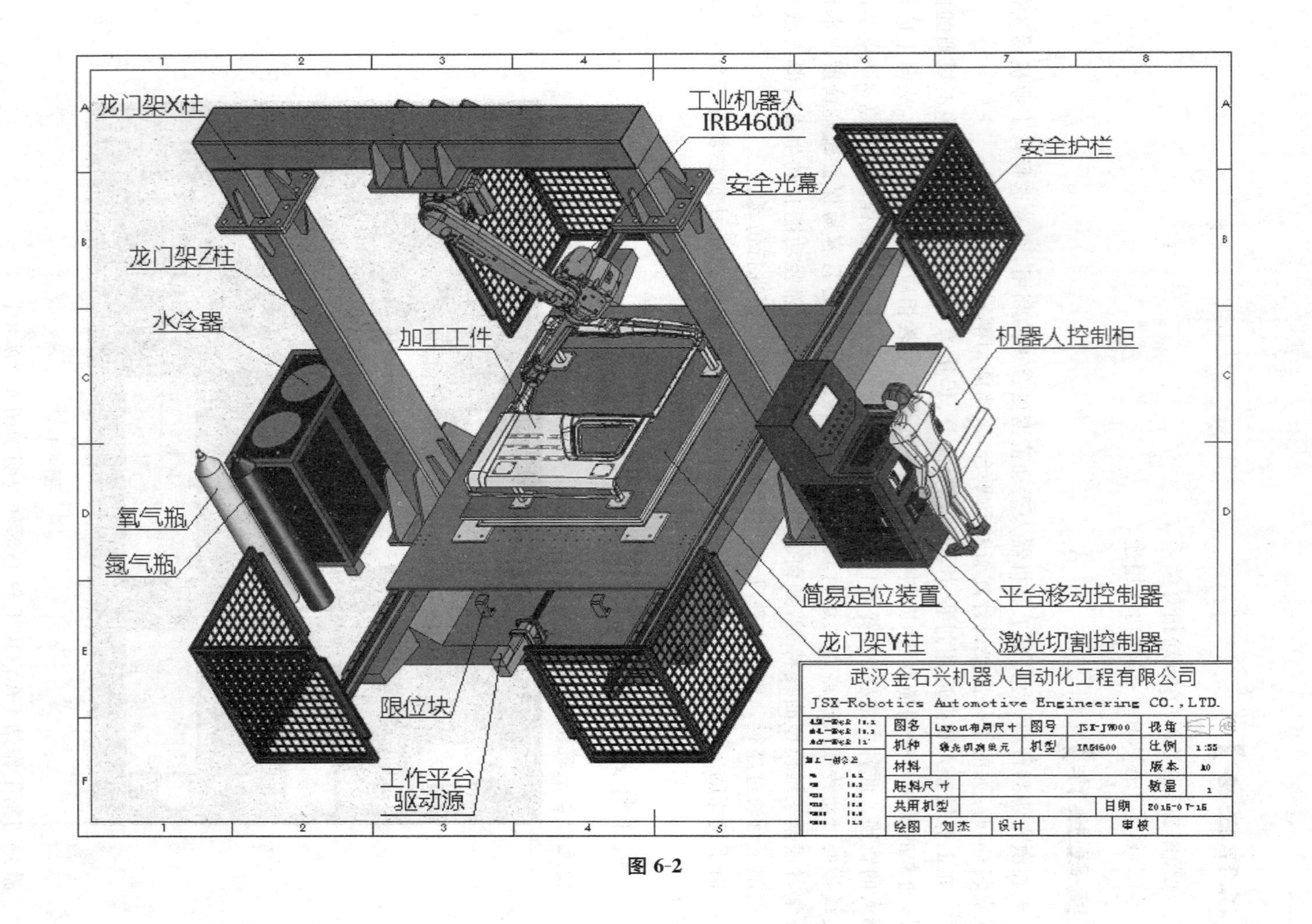
龙门架X柱
工业机器人
IRB4600
安全护栏
安全光幕
龙门架Z柱
水冷器
加工工件
机器人控制柜
氧气瓶
氮气瓶
简易定位装置
平台移动控制器
龙门架Y柱
激光切割控制器
限位块
工作平台
驱动源
武汉金石兴机器人自动化工程有限公司
JSX-Robotics Automotive Engineering CO.,LTD.
图名
Layout布局尺寸
图号
JSX-JW000
视角
机种
激光切割单元
机型
IRB4600
比例
1:35
材料
版本
A0
胚料尺寸
数量
1
共用机型
日期
2015-07-15
绘图
刘杰
设计
审核

图 6-2

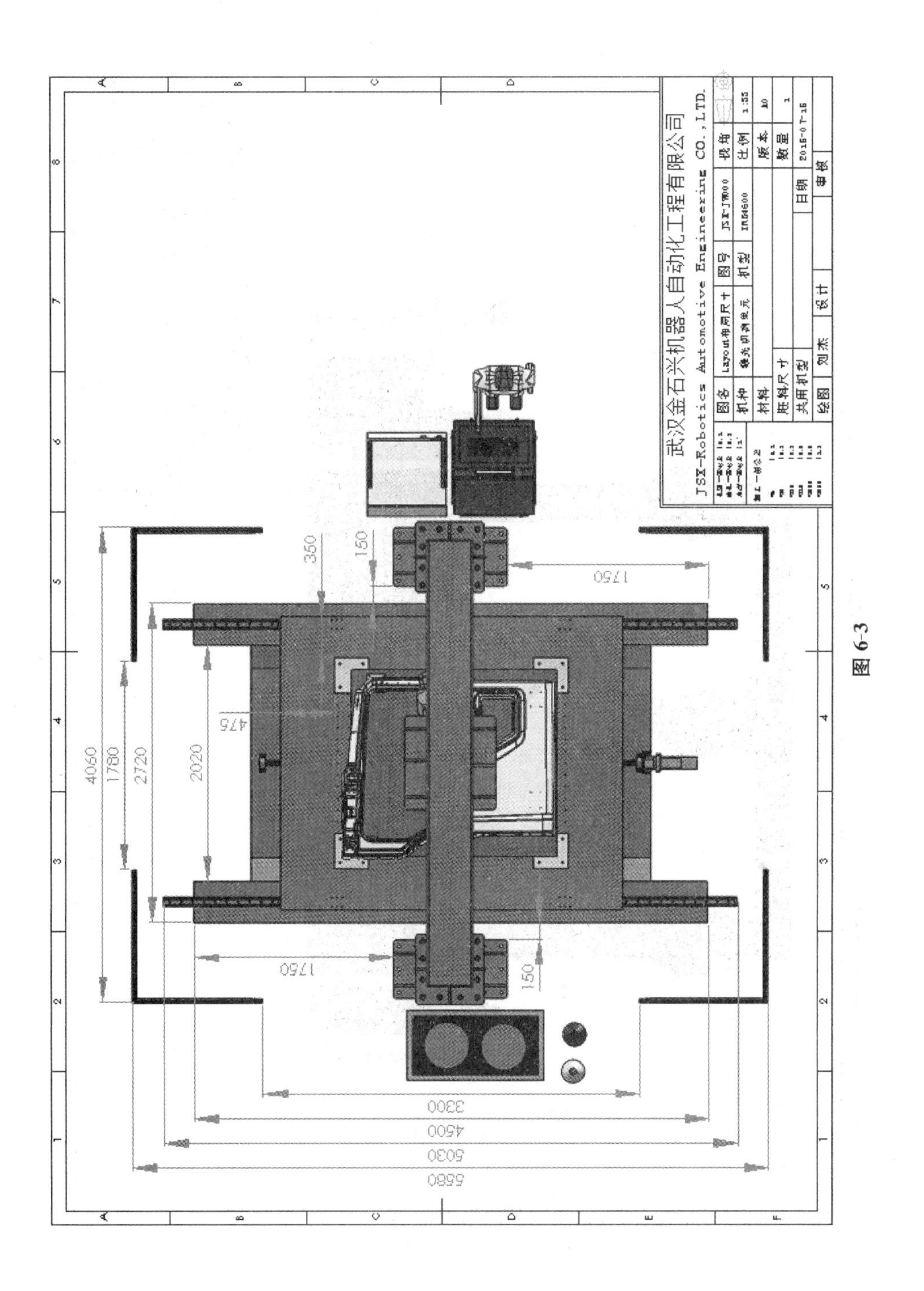
武汉金石兴机器人自动化工程有限公司
JSX-Robotics Automotive Engineering CO.,LTD.
图名
Layout布局尺寸
图号
JSX-JW000
视角
机种
激光切割单元
机型
IRB4600
比例
1:35
材料
版本
1.0
用料尺寸
数量
1
共用机型
日期
2015-07-15
绘图
刘杰
设计
审核
5580
5030
4500
3300
1750
1750
150
150
350
475
2020
2720
1780
4060

图 6-3

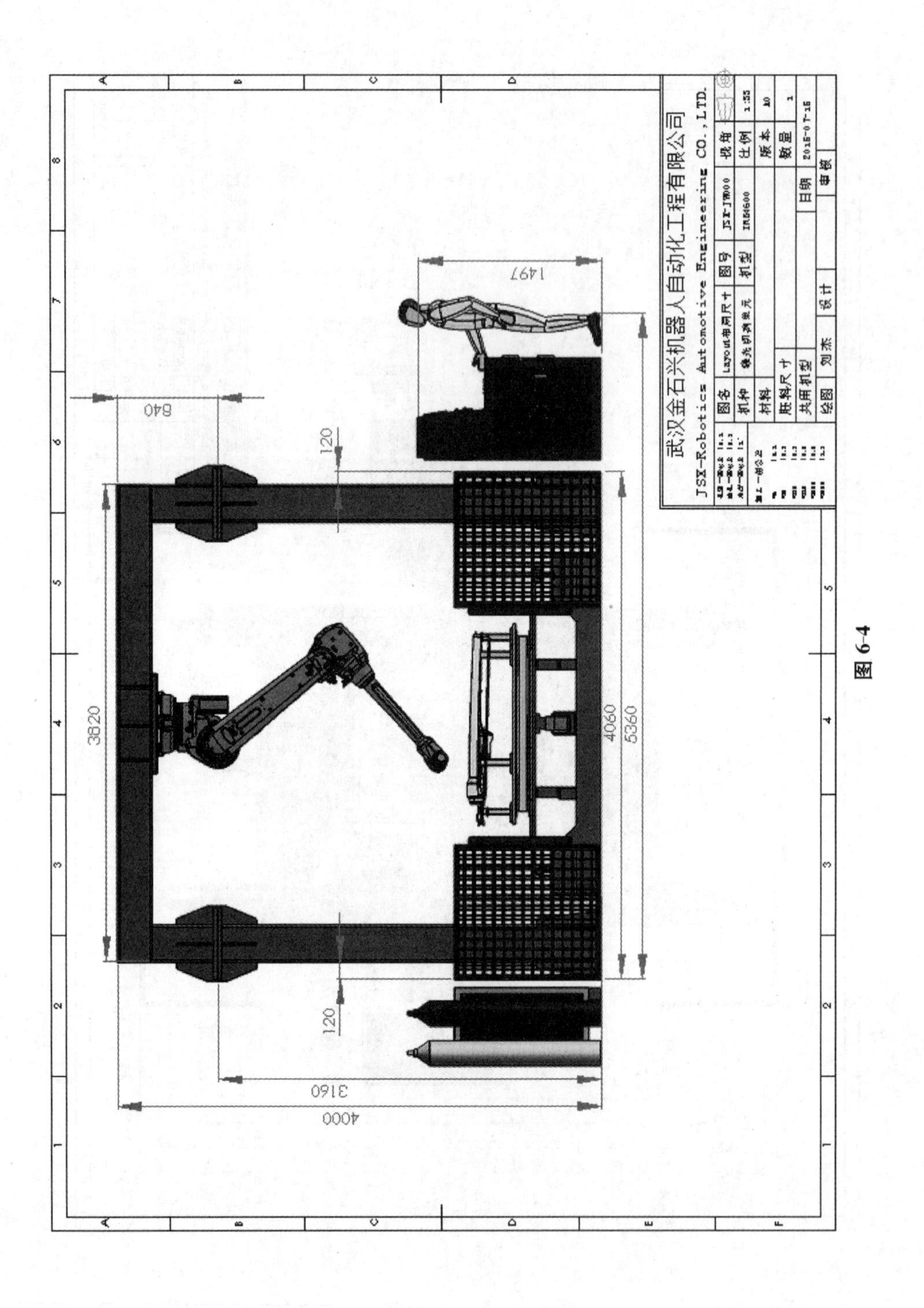

840
1497
120
3820
4060
5360
120
3160
4000
武汉金石兴机器人自动化工程有限公司
JSX-Robotics Automotive Engineering CO.,LTD.

图 6-4

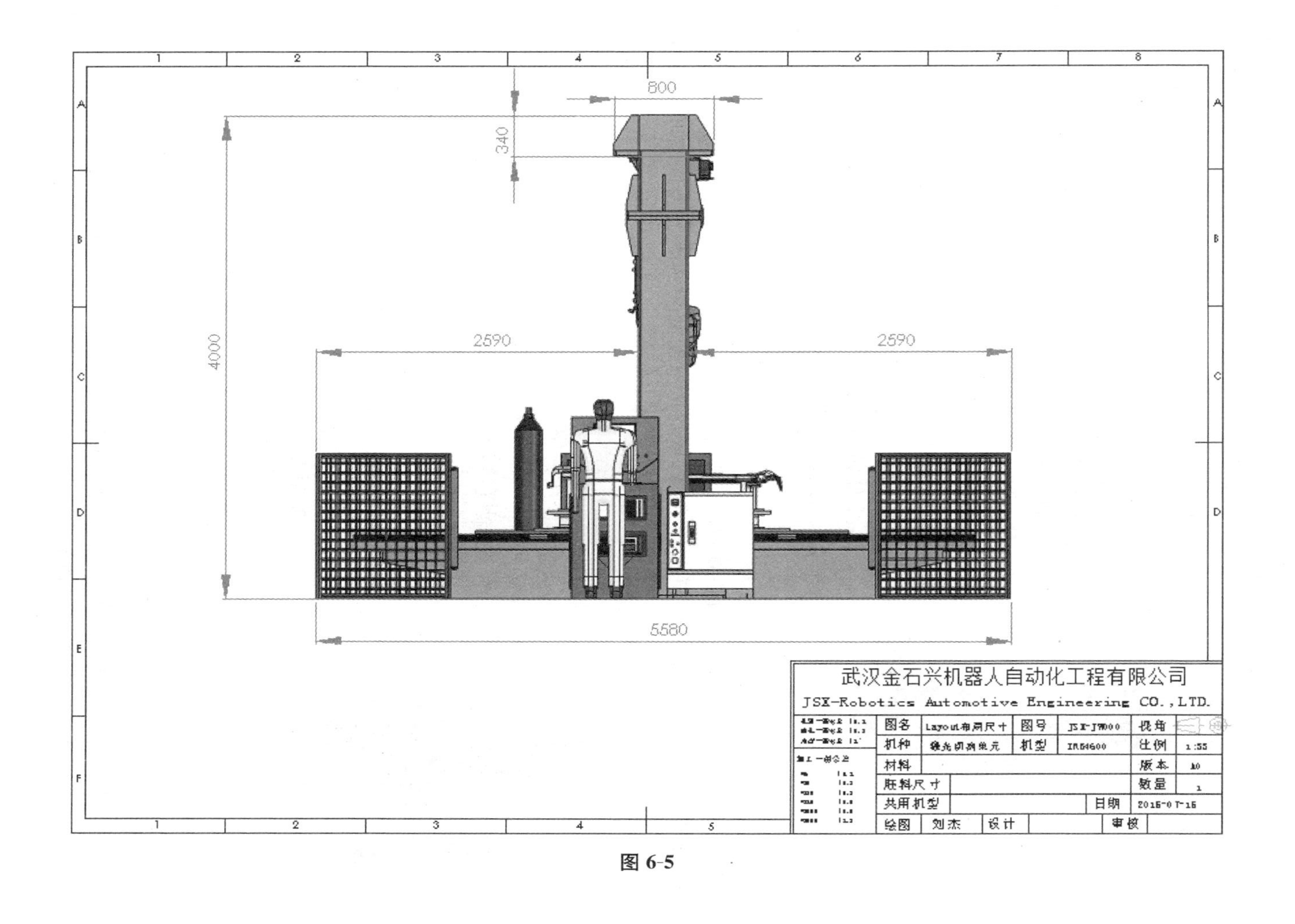
800
340
4000
2590
2590
5580
武汉金石兴机器人自动化工程有限公司
JSX-Robotics Automotive Engineering CO.,LTD.
图名
Layout布局尺寸
图号
JSX-JW000
视角
机种
激光切割单元
机型
IRB4600
比例
1:33
材料
版本
胚料尺寸
数量
1
共用机型
日期
2016-07-15
绘图
刘杰
设计
审核

图 6-5

二、工作站 LAYOUT 组成部件介绍

1. 工业机器人 IRB4600-60-2.05

图 6-6

工业机器人 IRB4600-60-2.05 如图 6-6 所示。

技术参数:

运动范围:2.05 m

承重能力:60 kg

重复精度:0.05 mm(ISO 试验平均值)

TCP 最大速度:2.5 m/s

电源电压:200～600 V,50/60 Hz

防护等级:IP67

适用行业:搬运、焊接

本体重量:412～435 kg

结构组成:6 轴

2. 激光切割末端操作器

激光切割末端操作器(随动装置,如图 6-7 所示)由控制器、驱动电机、驱动丝杆组合而成,在切割头的下端设置电容式距离传感器,来调整和控制切割头与工件的间隙,保证切割光能准确地聚焦在工件表面上,实现高能效的切割工作。

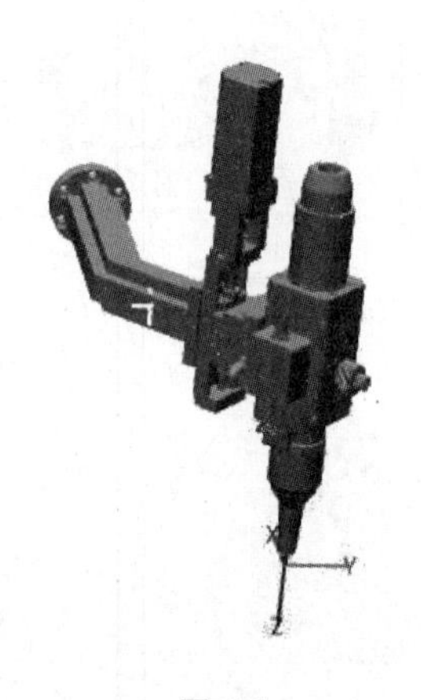

图 6-7

技术参数:

供电电压:AC220 V±10%, 50/60 Hz

升降电机:高性能伺服电机

工作温度:控制器:－10～60 ℃,取样同轴电缆:－10～150 ℃,探头组件:－10～250 ℃

随动控制精度:±0.1 mm

离焦量调节范围:1.0 ～4.0 mm

控制器壳体尺寸:130 mm×75 mm×40 mm

最大运行速度:与步进电机及丝杆相关

检测取样频率:40 次/秒

3. 工业机器人倒置安装架

工业机器人倒置安装架(俗称龙门钢构,如图 6-8 所示)是一个非标机构,种类繁多,结合项目需求进行设计。本倒置安装架由立柱、横梁、机器人倒置底座、水平调平机构四部分组成。

技术参数:4000 mm×3820 mm×800 mm,重量:650 kg,材质:A3 钢。

技术指标:承载力 1000 kg。

适用范围:激光切割项目　适用机型:IRB 2600。

结构组成：立柱、横梁、机器人倒置底座、水平调平机构。

4. 工件定位移动平台

为方便大、长工件满足机器人切割范围，通常工件平台设计为移动式。本工件移动平台（见图 6-9）主要由底座、导轨、限位装置、驱动系统、柔性定位平台五大部分组成。

技术参数：5030 mm×2720 mm×600 mm，重量：1800 kg，材质：A3 钢。

技术指标：承载力 1600 kg。

适用范围：激光切割项目　适用机型：IRB 2600。

结构组成：底座、导轨、限位装置、驱动系统、柔性定位平台。

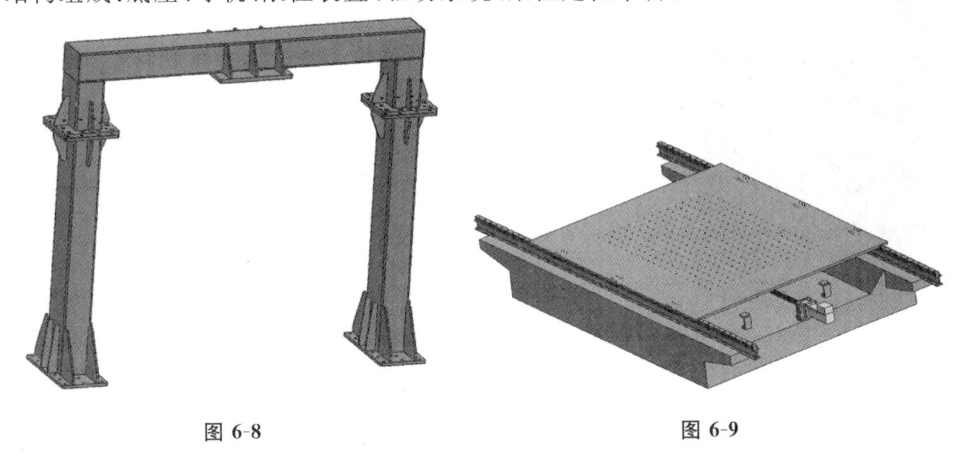

图 6-8　　　　图 6-9

5. 产品工件

利用激光三维切割技术可以实现三维结构成型工艺。激光产品切割的共性是多曲面三维数模，在做自动生成 RAPID 程序时，需要对产品切割轮廓进行处理。产品工件如图 6-10 所示。

6. 安全护栏

安全护栏（见图 6-11）是工业机器人自动化项目上采取最多的一种硬件安全保护装置，护栏种类很多，结合项目现场实际情况设计，有网栅型、封闭型、区域电网等。本护栏采取网栅型＋安全光幕组合，当系统处于自动模式时，若人误闯入，机器人会自动停止并报错。

技术参数：尺寸：5580 mm×4060 mm×1200 mm，重量：25 kg，材质：铝型材＋网栅。

技术指标：防止人员进入，无直接承载。

适用范围：激光切割单元　适用机型：IRB 2600。

结构组成：铝型材 40 mm×40 mm、网栅、安全光幕。

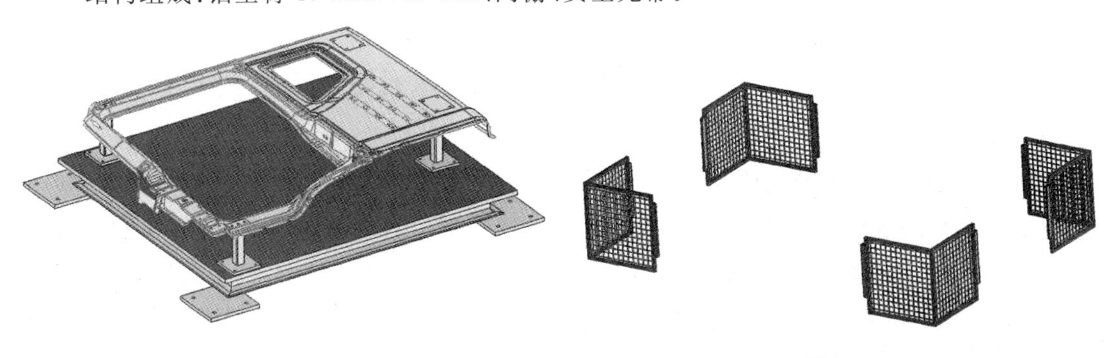

图 6-10　　　　图 6-11

7. 激光控制器

用聚焦的高功率密度激光束照射工件，使被照射的材料迅速熔化、汽化、烧蚀或达到燃点，同时借助与光束同轴的高速气流吹开熔融物质，从而实现工件切割激光控制器如图 6-12 所示。

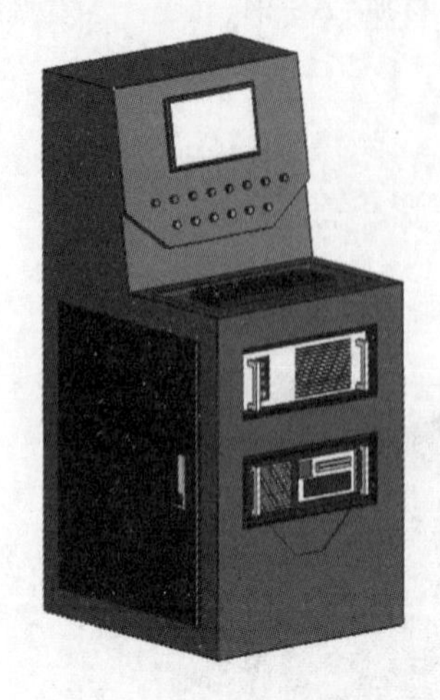

图 6-12

技术参数：700 mm×800 mm×1500 mm，重量：65 kg，材质：镀锌板。

技术指标：承载力 50 kg。

适用范围：激光切割。

结构组成：激光发生器、激光器主控制卡、脉冲发生器及数据传输卡、双通道快门控制卡、电源及安全开关信号控制卡。

8. 水冷器

水冷器如图 6-13 所示。

图 6-13

技术参数：1200 mm×600 mm×1200 mm，重量：800 kg，材质：镀锌板。

技术指标：承载力 500 kg。

适用范围：激光切割水冷循环。

结构组成：去离子和杂质过滤器、电导率传感器、水位传感器、温度传感器、水冷系统信号接口、水泵、过热保护传感器、热交换器、水流控制阀。

9. 保护气体

激光切割采用的辅助气体的作用：一是吹走残余废渣，达到最好的切割效果；二是利用气体吹走金属熔渣的同时，保护镜片，避免熔渣贴附在镜片上，影响切割质量；三是利用氮气切割，可以有效地达到切割面光洁，无毛刺、无挂渣的效果，属于精切割；四是利用氧气切割，氧气可以助燃，与材料产生反应，提高切割速度。保护气体及流动过程分别如图 6-14 和图 6-15所示。

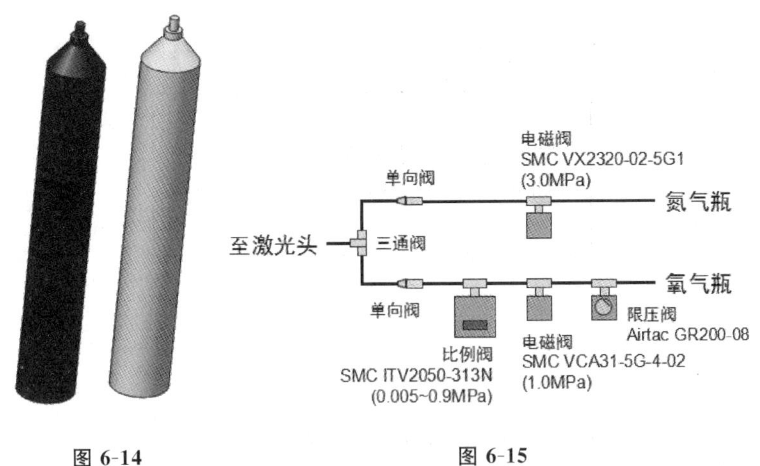

图 6-14　　　　图 6-15

10. 其他

仿真工程师在完成项目核心数据的仿真后，会在布局单元周边加入一些环境物体，以达到更逼真的仿真效果，例如在单元周边加入主控制柜、机器人控制柜、操作侧人物、线槽、叉车或货车等。

三、工作站工艺流程说明

激光切割是用聚焦镜将 CO_2 激光束聚焦在材料表面使材料熔化，同时用与激光束同轴的压缩气体吹走被熔化的材料，并使激光束与材料沿一定轨迹做相对运动，从而形成一定形状的切缝。激光切割技术广泛应用于金属和非金属材料的加工中，可大大减少加工时间，降低加工成本，提高工件质量。

切口宽度小(一般为 0.1～0.5 mm)、精度高(一般孔中心距误差 0.1～0.4 mm，轮廓尺寸误差 0.1～0.5 mm)、切口表面粗糙度好(一般 Ra 为 12.5～25 μm)。

本任务切割位置如图 6-16 中黑色框内区域。

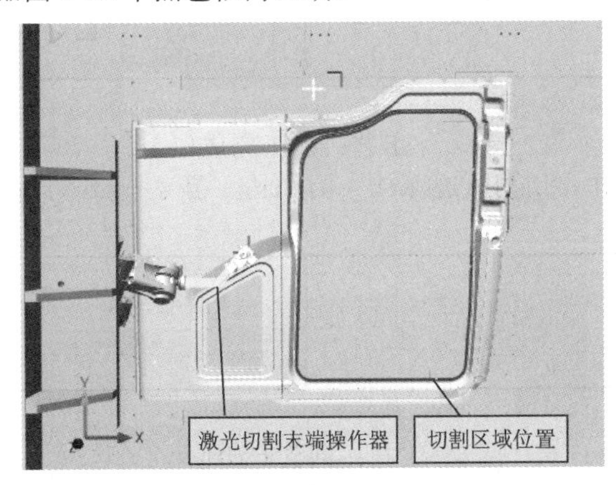

图 6-16

切割仿真工作流程图如图 6-17 所示。

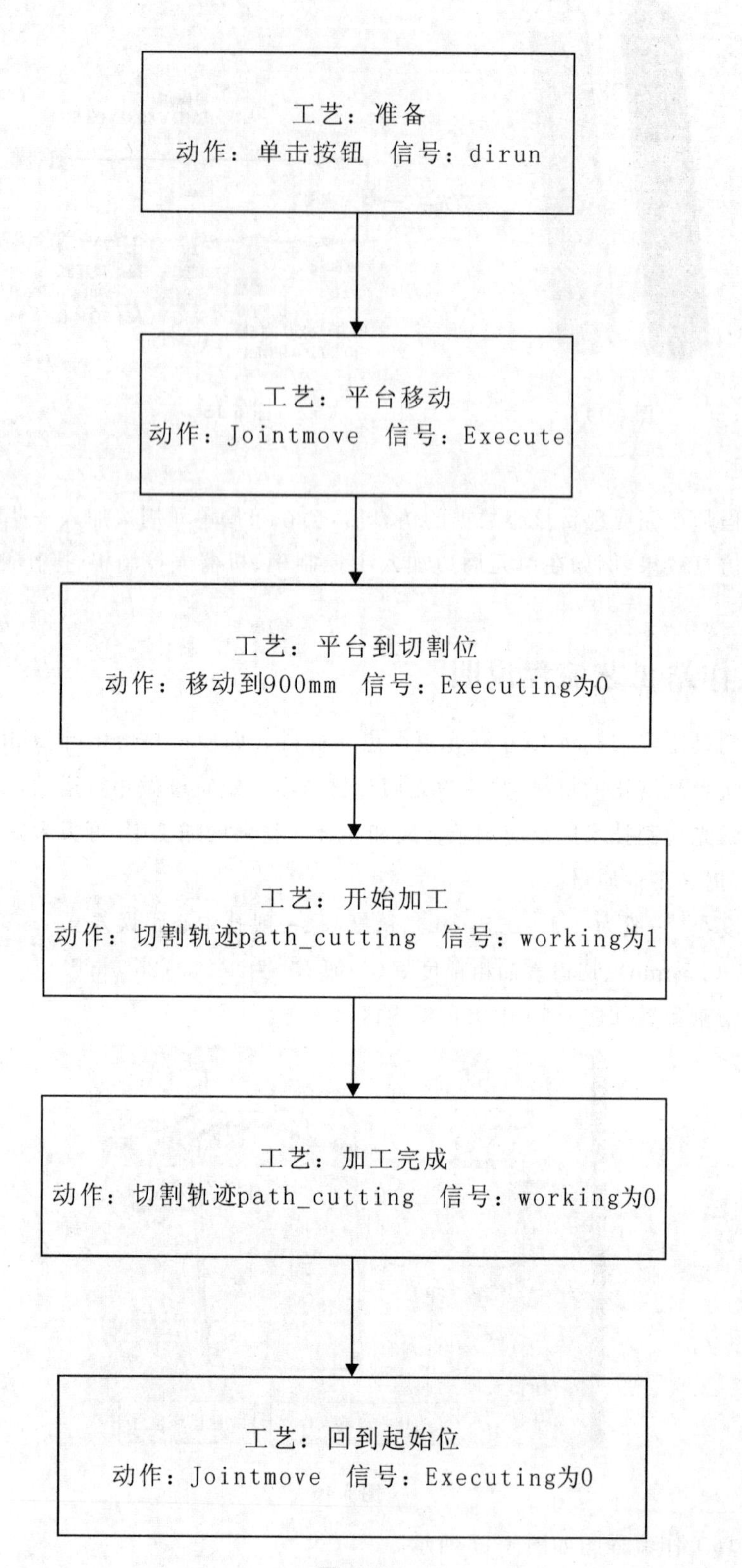
工艺：准备
动作：单击按钮　信号：dirun
工艺：平台移动
动作：Jointmove　信号：Execute
工艺：平台到切割位
动作：移动到900mm　信号：Executing为0
工艺：开始加工
动作：切割轨迹path_cutting　信号：working为1
工艺：加工完成
动作：切割轨迹path_cutting　信号：working为0
工艺：回到起始位
动作：Jointmove　信号：Executing为0

图 6-17

任务6-2 创建激光切割工作站仿真设计

【工作任务】

(1)安装机器人创建系统。

(2)移动平台机械装置设计。

(3)离线轨迹设计。

(4)仿真动画设计。

【实践操作】

综合应用设计工具,实现移动平台的动态配合切割作业,当工作站启动移动平台开始动作,到达指定位置后停止,切割机器人准备完成,开始切割,切割过程中平台保持停止状态,切割完成后机器人回到工作准备位置等待,依次循环。

【设计步骤】

(1)安装机器人到倒置龙门钢构上。

(2)导入库文件 Tlaser,安装到机器人。

(3)从布局创建系统。

(4)创建移动平台机械装置。

(5)创建工件坐标。

(6)测试机器人可达性。

(7)修改定位滑台的位置,再次测试可达性,直至 OK。

(8)离线调试轨迹。

(9)创建定位平台 Smart 组件。

(10)工作站程序编辑仿真调试。

一、安装机器人从布局创建系统

1. 安装机器人到倒置龙门钢构上

安装机器人到倒置龙门钢构上的操作步骤如图 6-18～图 6-22 所示。

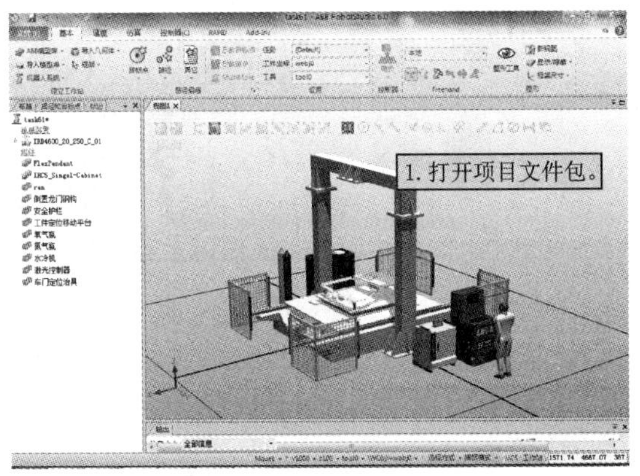

图 6-18

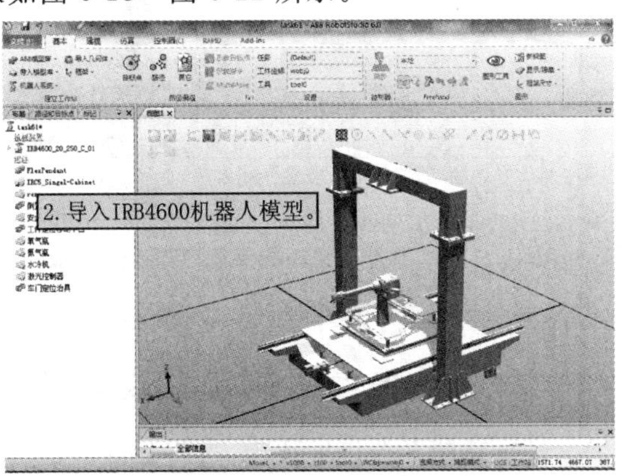

图 6-19

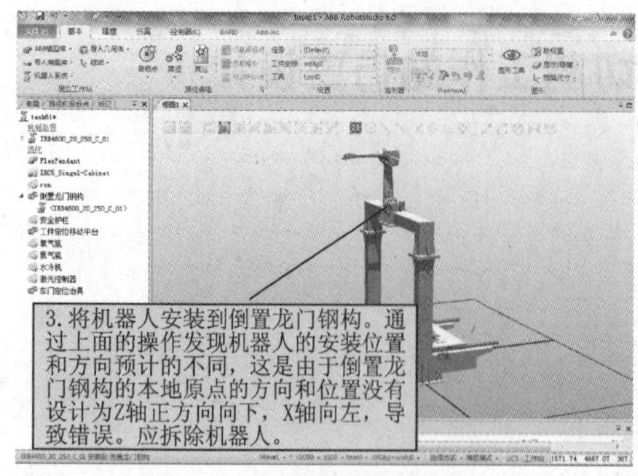

图 6-20

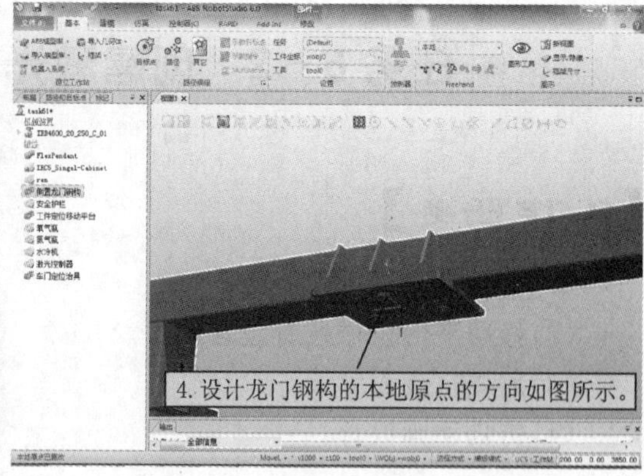

图 6-21

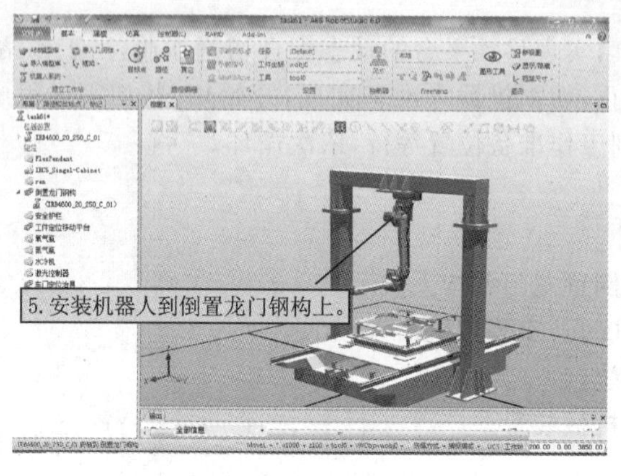

图 6-22

2. 导入库文件 Tlaser，安装到机器人

导入库文件 Tlaser，安装到机器人，如图 6-23 所示。

3. 从布局创建系统

从布局创建系统，如图 6-24 所示。

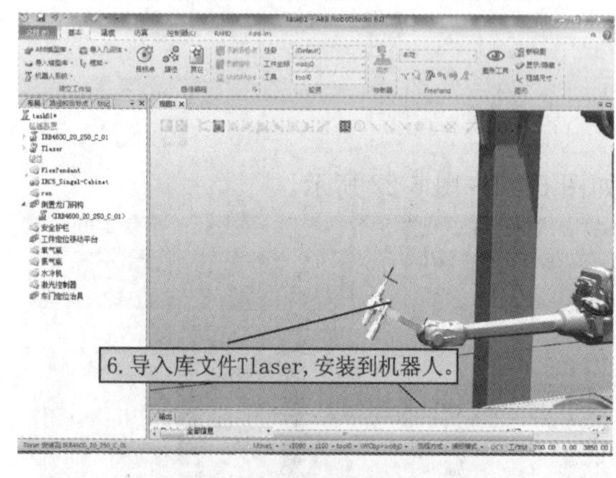

图 6-23

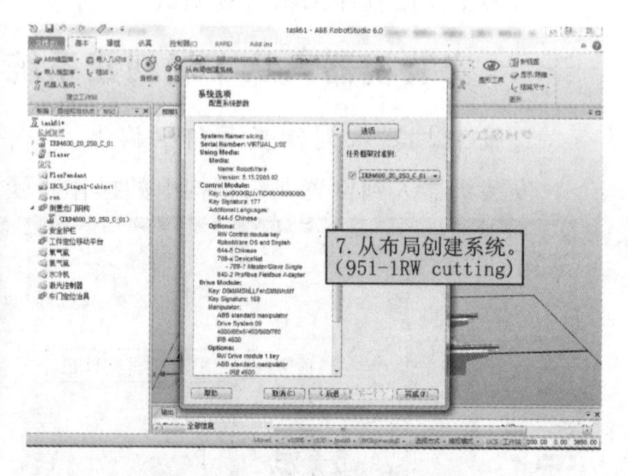

图 6-24

二、移动平台机械装置设计

设计移动平台机械装置，过程如图 6-25～图 6-31 所示。

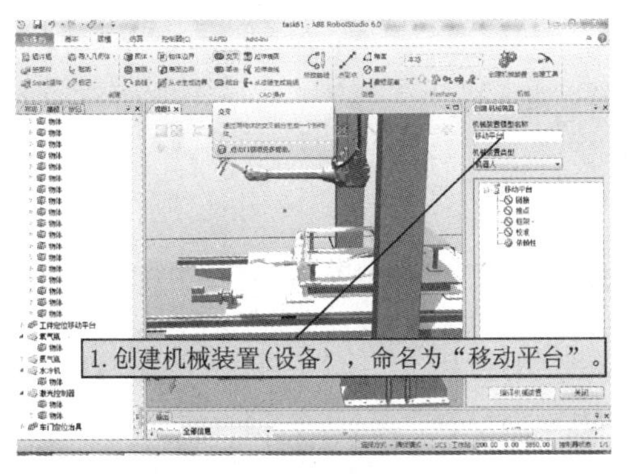

图 6-25

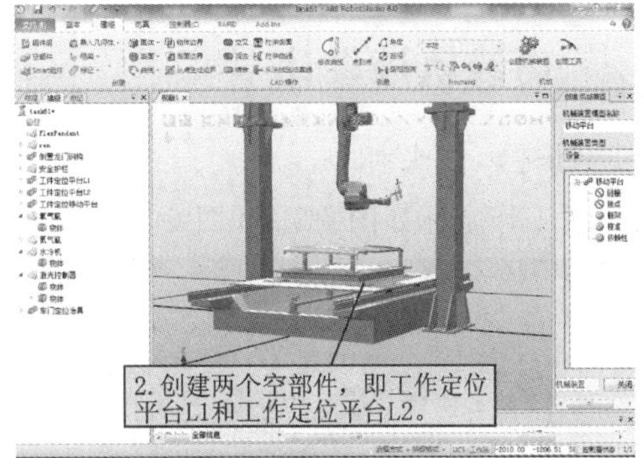

图 6-26

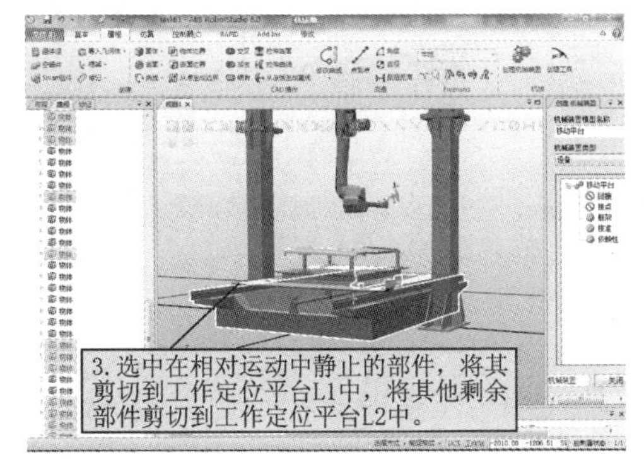

图 6-27

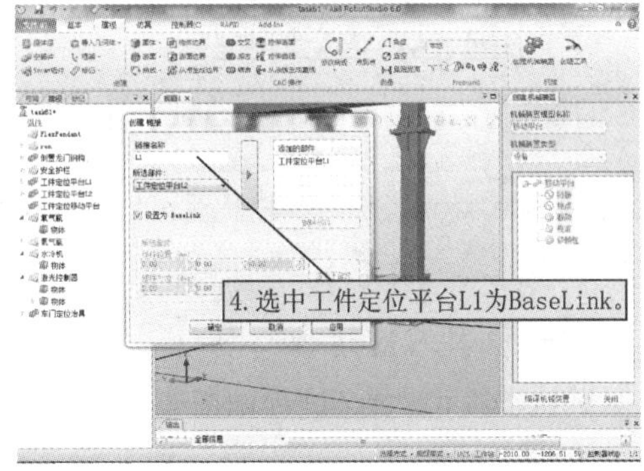

图 6-28

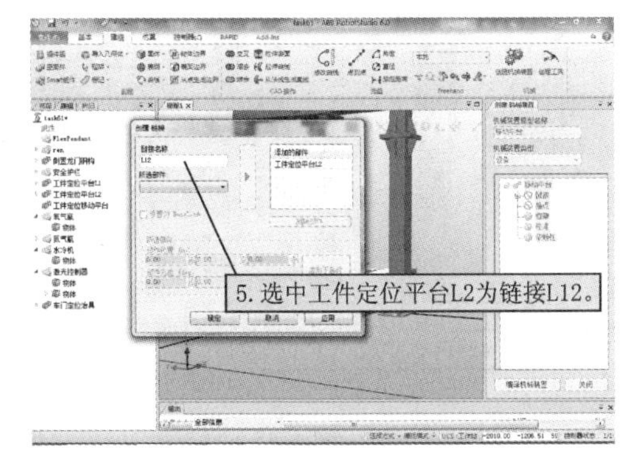

图 6-29

图 6-30

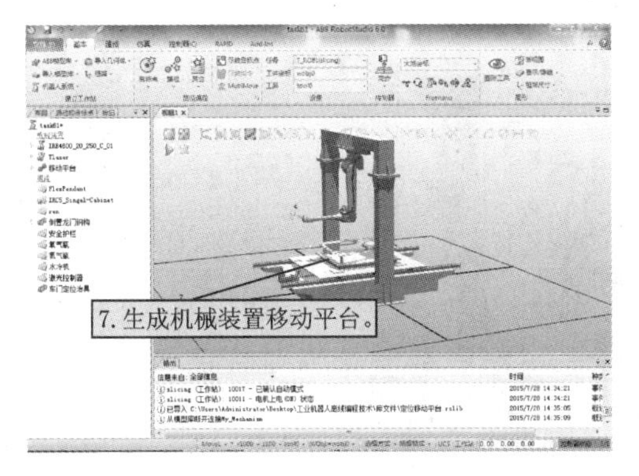

图 6-31

三、离线轨迹设计

1. 创建工件坐标

创建工作坐标如图 6-32 和图 6-33 所示。

图 6-32

图 6-33

2. 测试机器人可达性

测试机器人可达性，过程如图 6-34～图 6-37 所示。

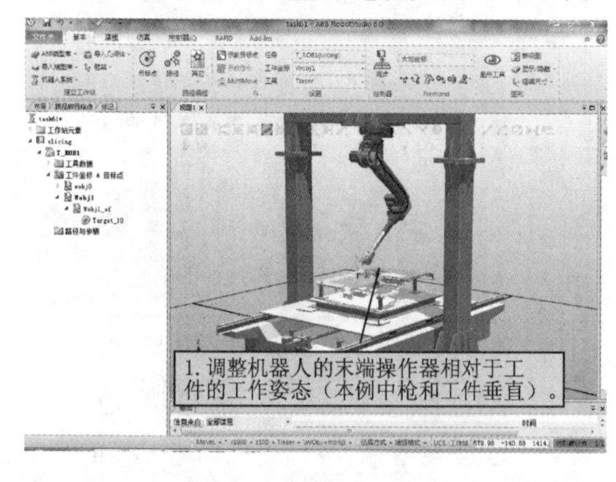

图 6-34

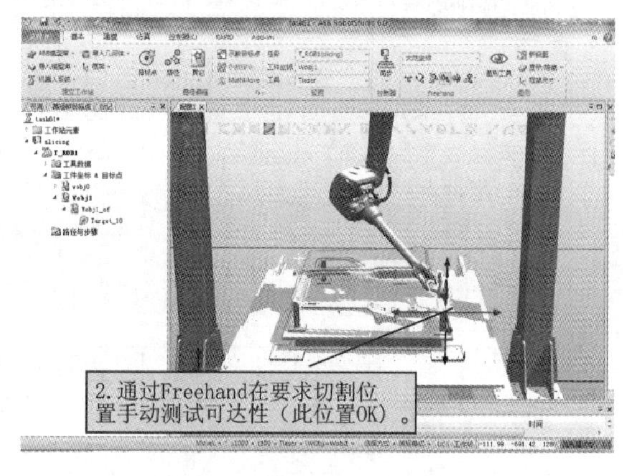

图 6-35

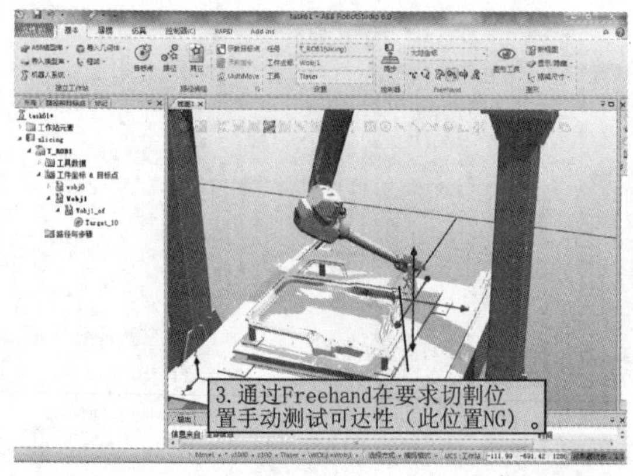

图 6-36

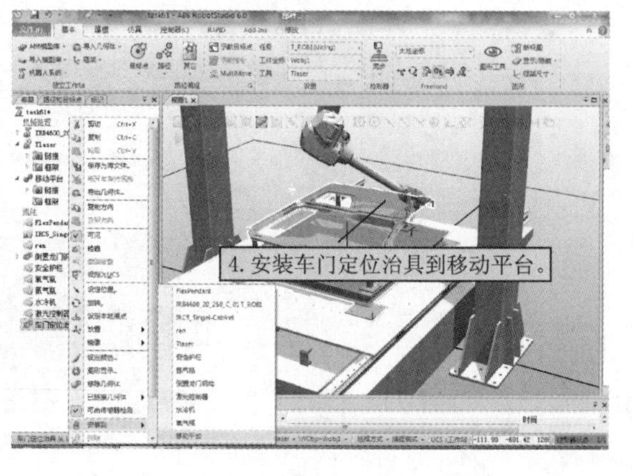

图 6-37

3. 修改定位滑台的位置，再次测试可达性，直至 OK

修改定位滑台的位置，再次测试可达性，直至 OK，过程如图 6-38 和图 6-39 所示。

图 6-38

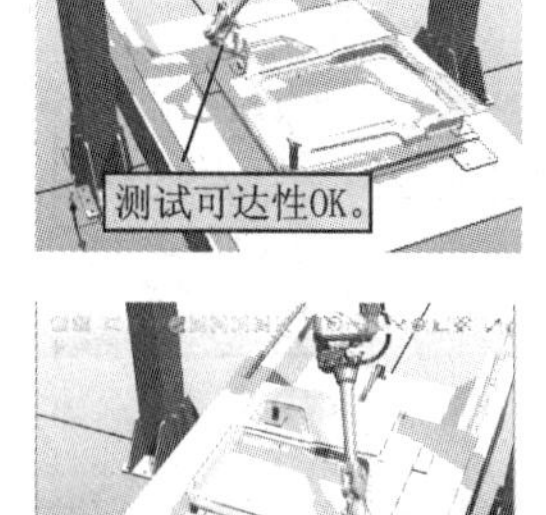

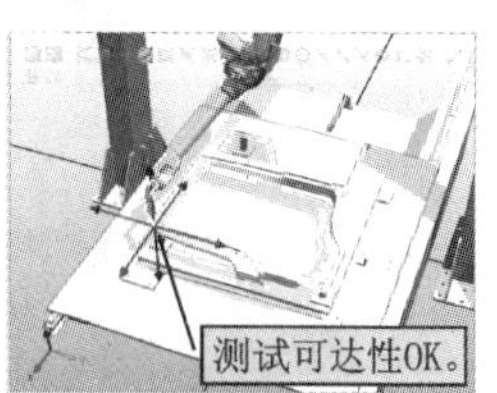

图 6-39

4. 离线轨迹调试

离线轨迹调试的过程如图 6-40～图 6-50 所示。

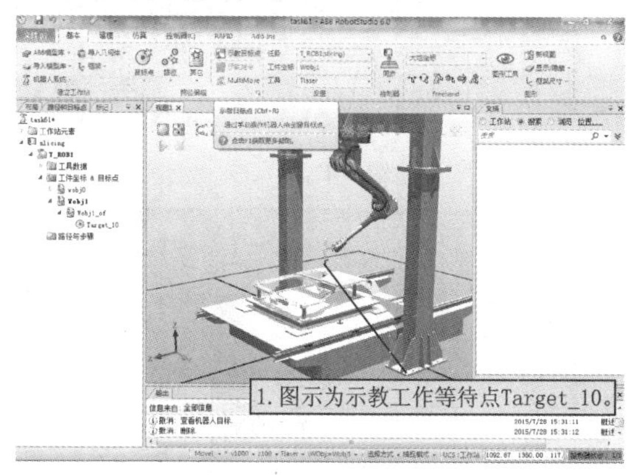

图 6-40

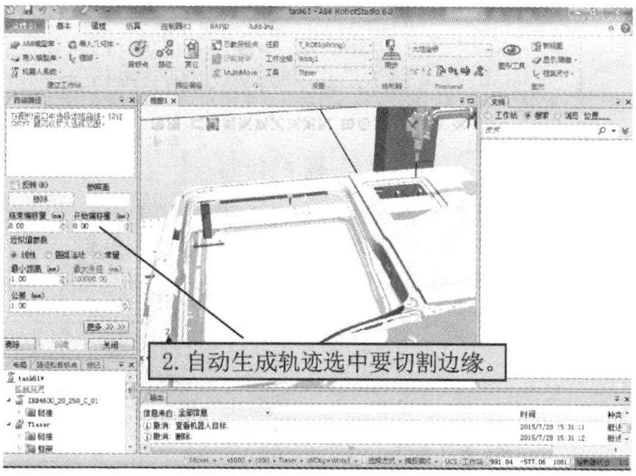

2. 自动生成轨迹选中要切割边缘。

图 6-41

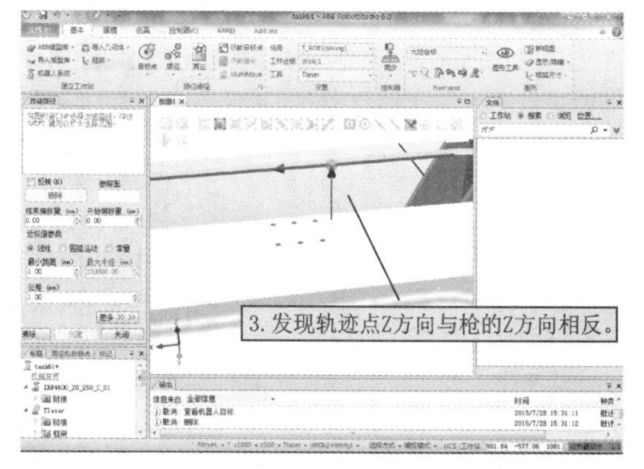

图 6-42

4. 选中该轨迹面转换方向。

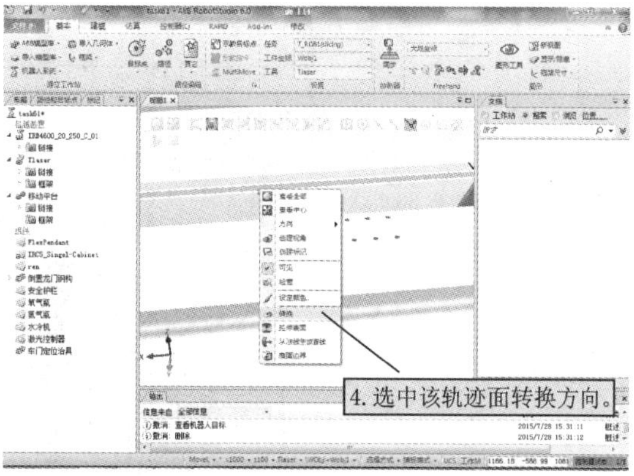

图 6-43

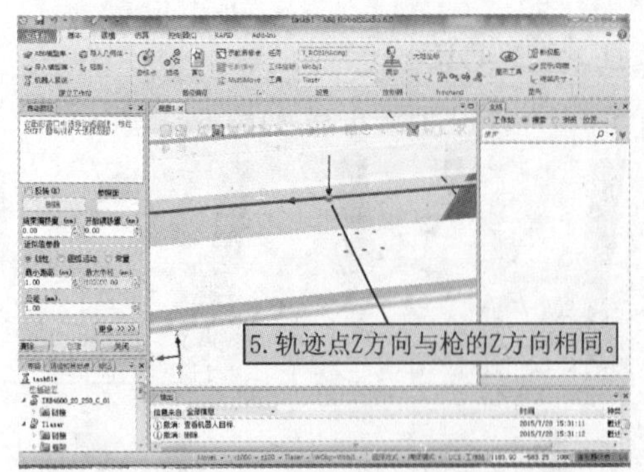

图 6-44

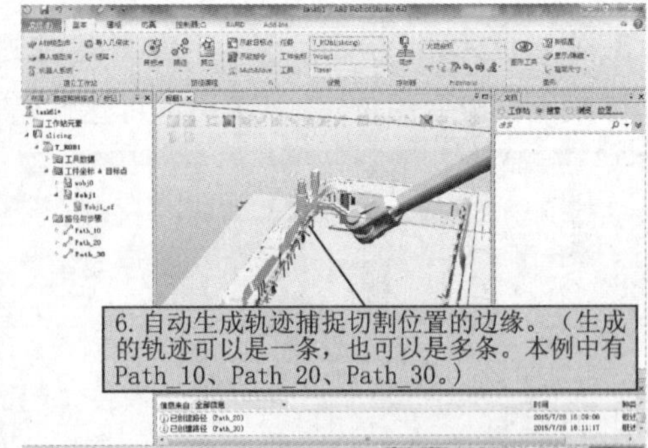

图 6-45

7. 新建空轨迹path_cutting，将Path_10、Path_20和Path_30所有轨迹复制到path_cutting中。

图 6-46

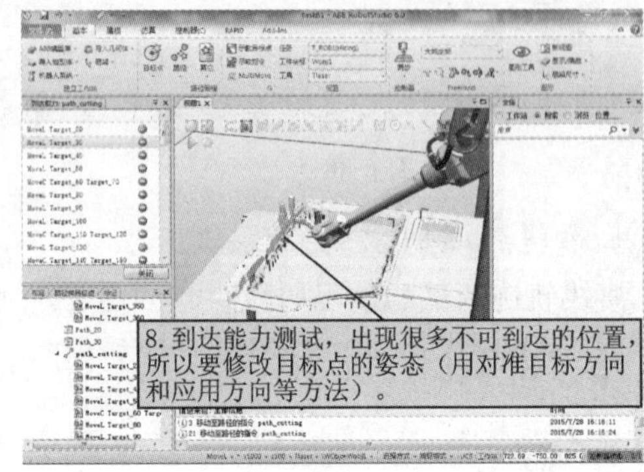

图 6-47

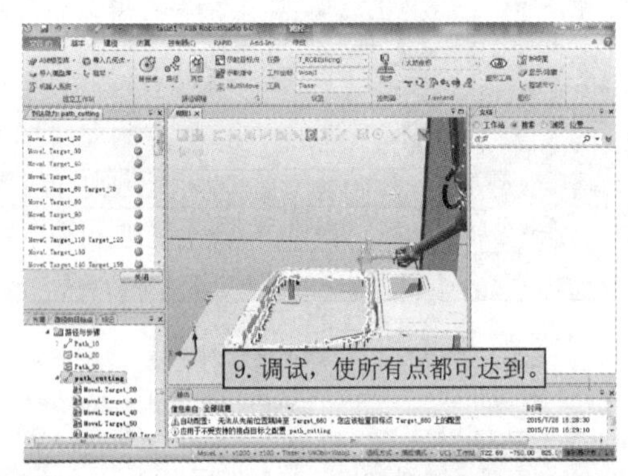

图 6-48

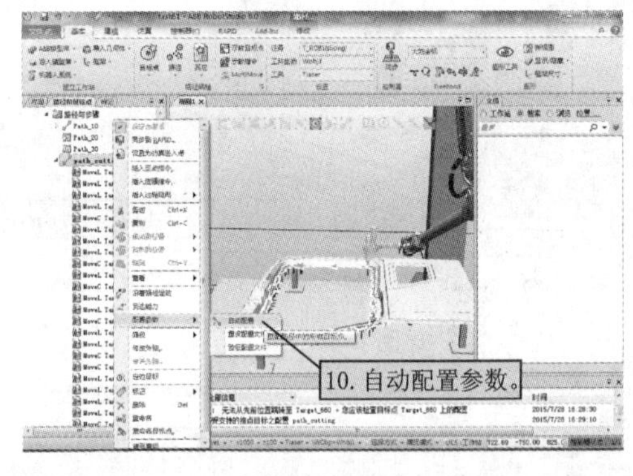

图 6-49

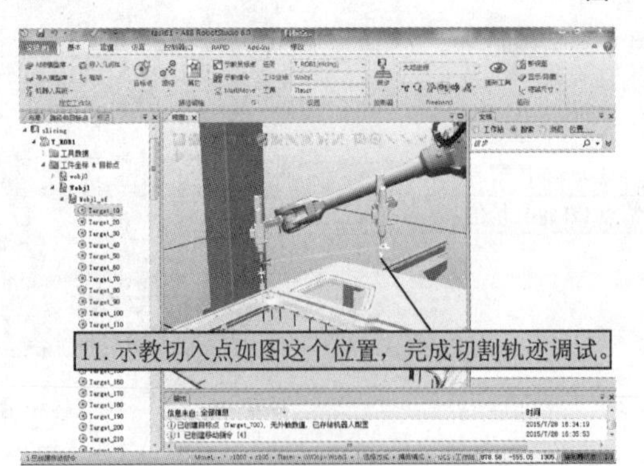

图 6-50

四、仿真动画设计

1. 创建定位平台 Smart 组件

过程如图 6-51～图 6-56 所示。

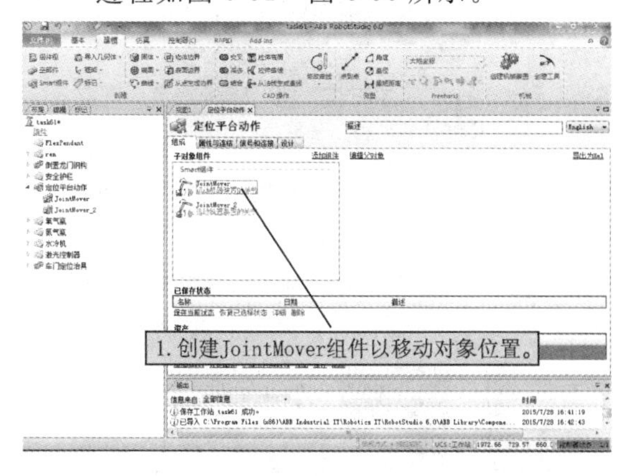

图 6-51

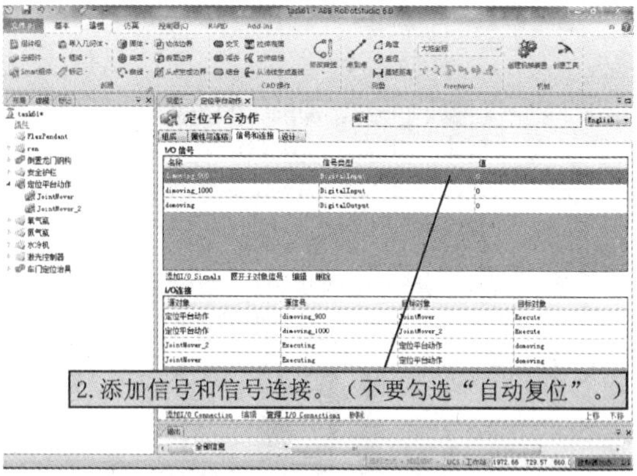

task61 - ABB RobotStudio 6.0
定位平台动作
组成
属性与连结
信号和连接
设计
I/O 信号
名称 信号类型 值
dimoving_1000 DigitalInput 0
domoving DigitalOutput 0
添加I/O Signals 展开子对象信号 编辑 删除
I/O连接
源对象 源信号 目标对象 目标对象
定位平台动作 dimoving_900 JointMover Execute
定位平台动作 dimoving_1000 JointMover_2 Execute
JointMover_2 Executing 定位平台动作 domoving
JointMover Executing 定位平台动作 domoving
2. 添加信号和信号连接。（不要勾选“自动复位”。）
添加I/O Connection 编辑 管理 I/O Connections 删除

图 6-52

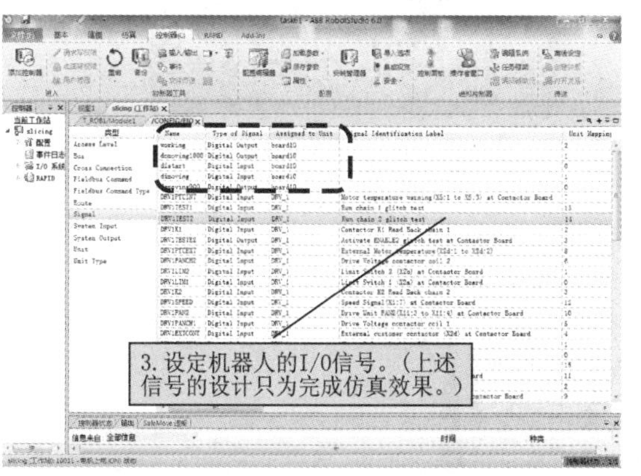

图 6-53

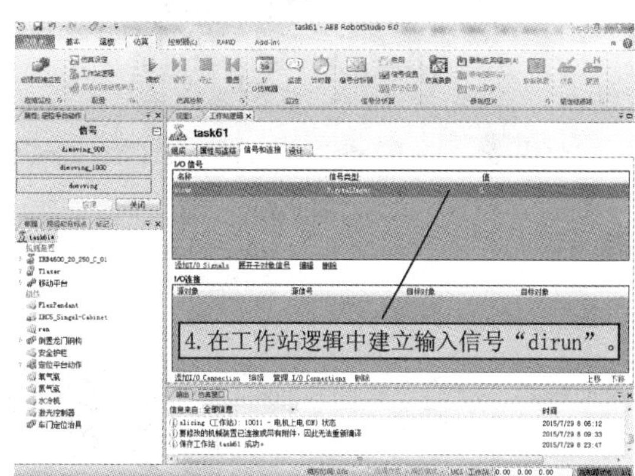

图 6-54

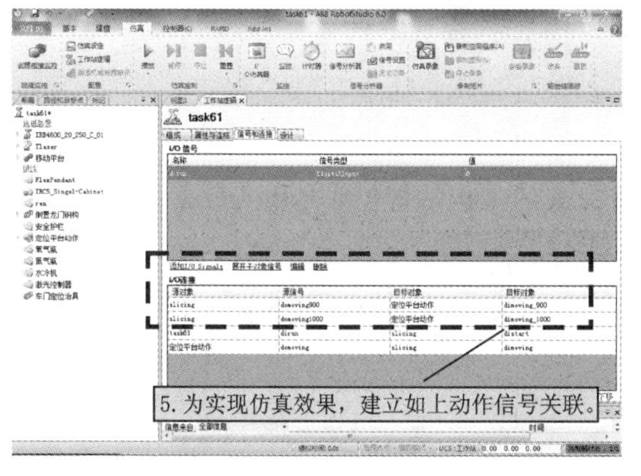

图 6-55

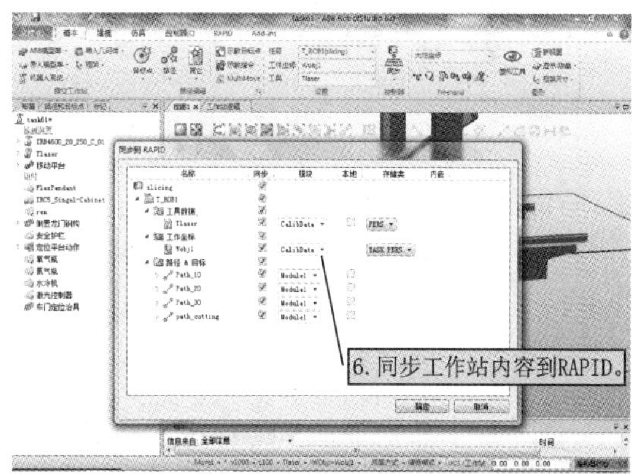

图 6-56

2. 工作站程序编辑仿真调试

过程如图 6-57～图 6-61 所示。

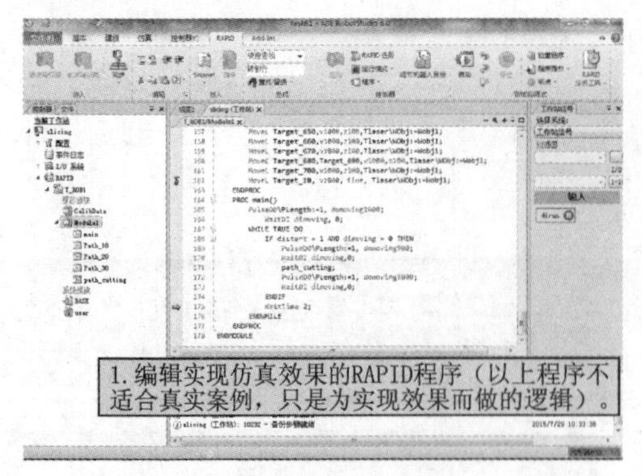

图 6-57

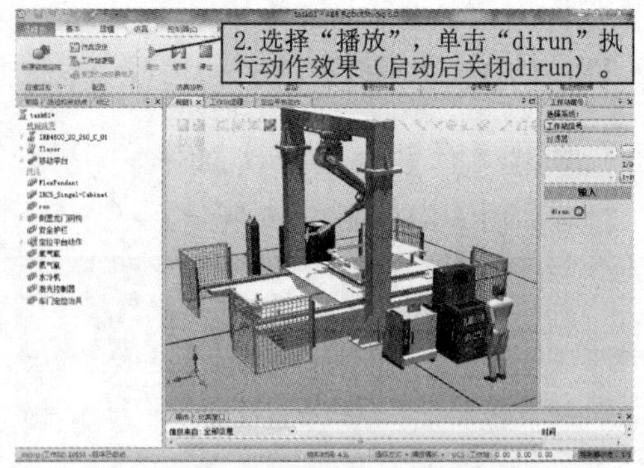

图 6-58

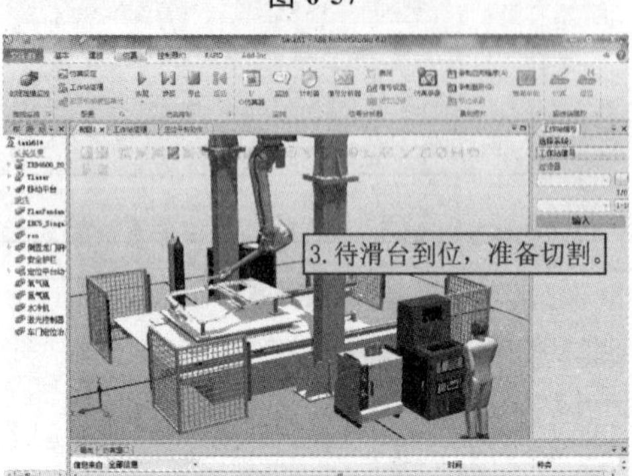

图 6-59

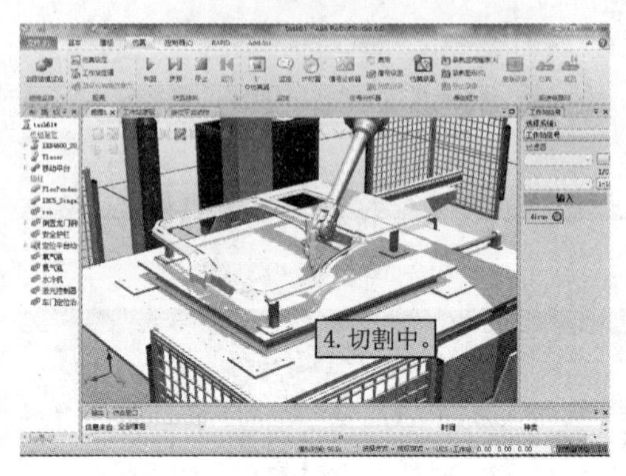

图 6-60

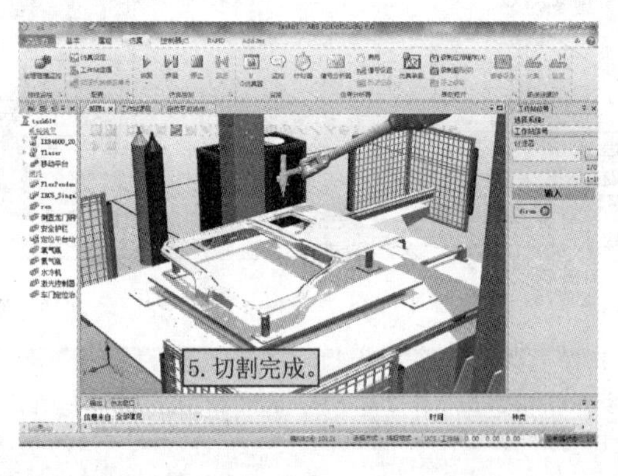

图 6-61

可以利用共享中的打包功能（见图 6-62），将完成的工作站打包并与他人分享。

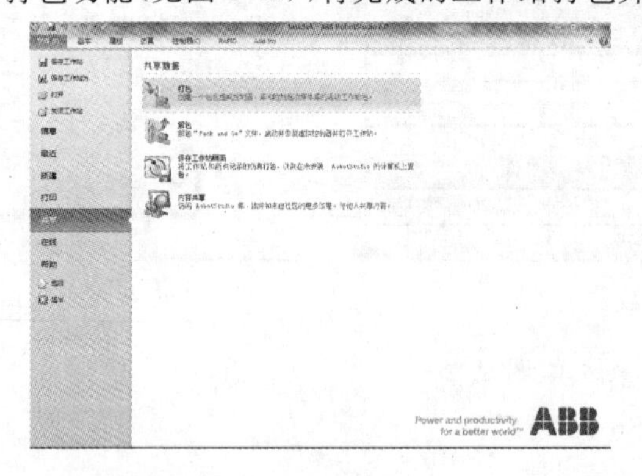

图 6-62

至此，完成了切割工作站的动画效果制作，大家可以在此基础上进行扩张练习，完成其他曲面加工案例，例如汽车前挡风玻璃的涂胶、发动机外壳的打磨等工艺类型。

【学习检测】

自我学习检测评分表

项目	技术要求	分值	评分细则	评分记录	备注
掌握LAYOUT布局相对关系	理解LAYOUT布局相对关系	10	(1)理解流程； (2)熟悉工艺		
了解LAYOUT布局部件功能	掌握LAYOUT布局部件的相关功能	20	理解与掌握		
学会精确按LAYOUT说明布局工作站	(1)掌握精确布局方法。 (2)完成精确布局和验证	10	(1)理解流程； (2)熟练操作		
学会仿真动画设计	完成激光切割动画设计	20	熟练操作		
理解程序解读内容	(1)理解激光切割程序构架。 (2)理解激光切割程序具体内容	10	理解与掌握		
掌握I/O仿真器设定调试	完成I/O信号仿真器设定及调试	10	熟练操作		
安全操作	符合上机实训要求	20			

【思考与练习】

1. 工业机器人激光切割工作站由哪些设备组成？
2. 简述定位平台机械装置的创建过程。
3. 倒装机器人任务框架在移动后如何与虚拟示教器的Baseframe同步？
4. 在RobotStudio中创建曲线轨迹有几种方式？
5. 在任务Task6_1中实现工艺轨迹的逆向运动效果。

【学习体会】

项目7

ScreenMaker 示教器用户自定义界面

教学目标

（1）了解ScreenMaker的功能。

（2）学会设定与示教器用户自定义界面关联的PAPID程序与数据。

（3）学会使用ScreenMaker创建示教器用户自定义界面。

（4）学会使用ScreenMaker中的控件构建示教器用户自定义界面。

（5）学会使用ScreenMaker调试和修改示教器用户自定义界面。

任务 7-1 ScreenMaker 示教器用户自定义界面

【工作任务】

(1)了解什么是 ScreenMaker。

(2)为注塑机取件机器人创建示教器用户自定义界面的准备工作。

【实践操作】

一、什么是 ScreenMaker

ScreenMaker 是用来创建用户自定义界面的 RobotStudio 工具。使用该工具,无须学习 Visual Studio 开发环境和.NET 编程即可创建自定义的示教器图形界面。

使用自定义的操作界面能简化机器人系统操作。设计合理的操作界面能在正确的时间以正确的格式将正确的信息显示给用户。

图形用户界面(GUI)通过将机器人的内在工作转化为图形化的前端界面,从而简化了工业机器人的操作。在示教器的 GUI 应用中,图形化界面由多个屏幕组成,每个占用示教器触摸屏的用户窗口区域。每个屏幕又由一定数量的较小的图形组件构成,并按照设计的布局进行摆放。常用的控件有(有时又称作窗口部件或图形部件)按钮、菜单、图像和文本框。示教器如图 7-1 所示。

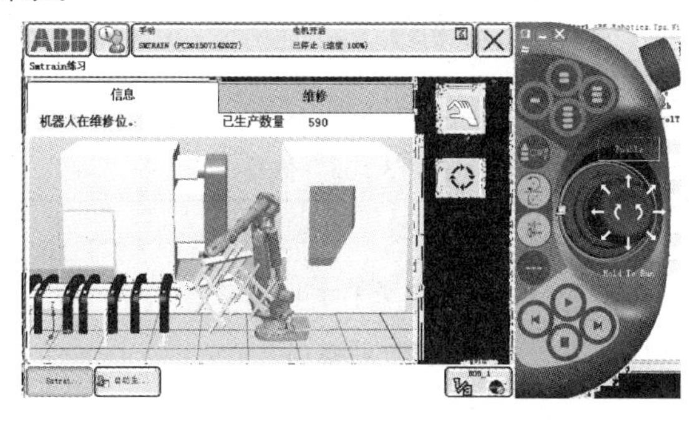

图 7-1

二、注塑机取件机器人创建示教器用户自定义界面的准备工作

在本项目中,为了简化注塑机取件机器人的操作,将一些常用的工业机器人控制操作进行图形化。

图形化界面需要与机器人的 RAPID 程序、程序数据以及 I/O 信号进行关联。为了调试方便,一般在 RobotStudio 中创建一个与真实一样的工作站,在调试完成后,再输送到真实的机器人控制器中去。

RSmaterial_0702

图 7-2

已构建好一个用于创建注塑机取件机器人示教器用户自定义界面的工作站,如图 7-2 所示。双击进行解包打开,如图 7-3 所示。

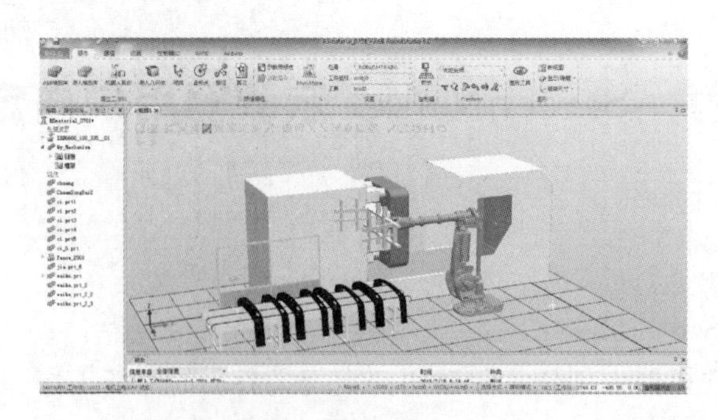

图 7-3

与示教器用户自定义界面有关的数据已在此站中准备完成，具体如表 7-1～表 7-3 所示。

表 7-1　RAPID 程序

模　块	说　明
ModuleForSM	存放关联的程序数据、例行程序
Main	测试程序，用于测试用户自定义界面
rToService	机器人运行到维修位置

表 7-2　程序数据

程序数据	储存类型	数据类型	说　明
nProducedParts	PERS	num	已生产工件数量
nRobotPos	PERS	num	机器人当前位置
bServicePos	PERS	num	机器人在维修位置

表 7-3　I/O 信号

信　号	类　型	说　明
DO_ToService	数字量输出	机器人在维修位置
DO_VacummOn	数字量输出	夹具打开真空
GI_FeederSpeed	组输入	输送带速度调节

要使用示教器用户界面自定义功能，机器人必须有图 7-4 所示虚线框中的选项。

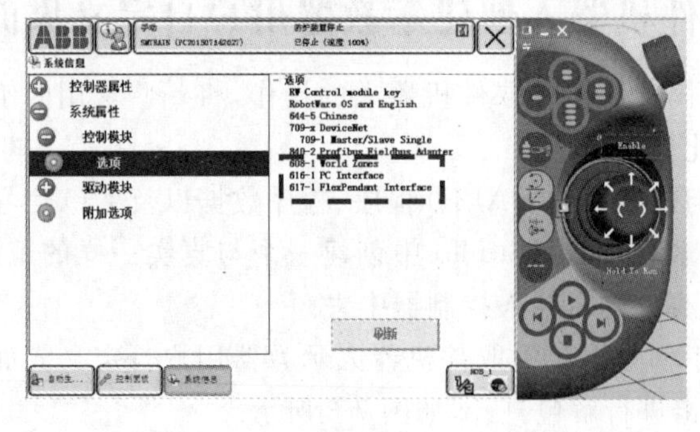

图 7-4

任务 7-2 创建注塑机取件机器人用户自定义界面

【工作任务】

(1)使用 ScreenMaker 创建一个新项目。

(2)使用 ScreenMaker 对界面进行布局。

(3)对项目进行保存。

【实践操作】

一、使用 ScreenMaker 创建一个新项目

使用 ScreenMaker 创建一个新项目,过程如图 7-5～图 7-9 所示。

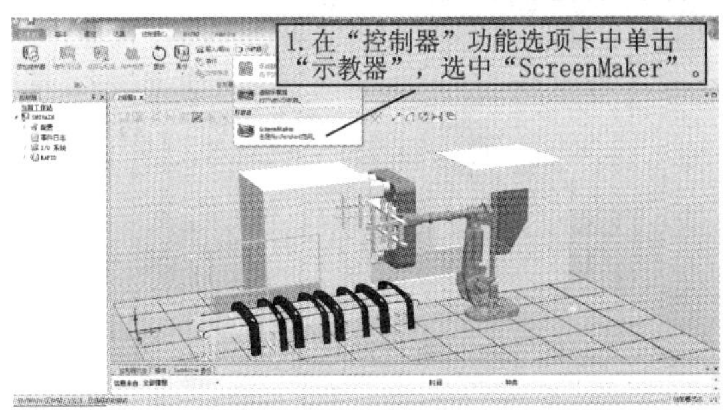

图 7-5

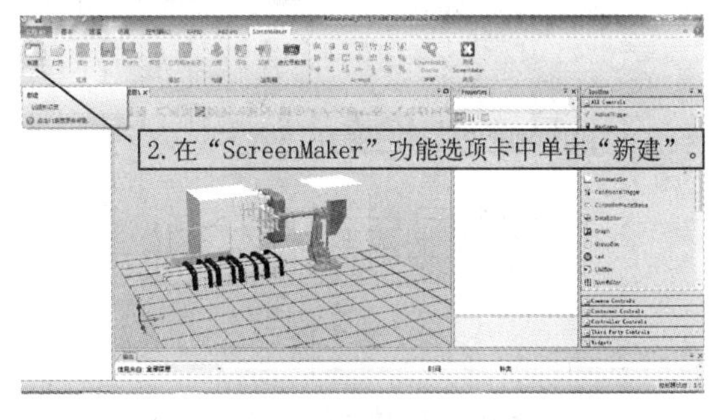

图 7-6

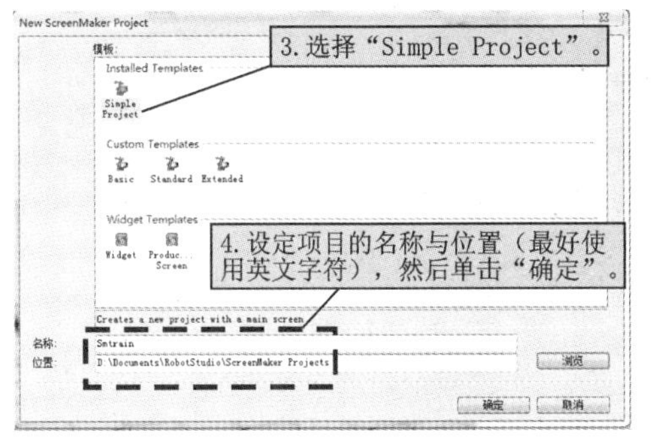

图 7-7

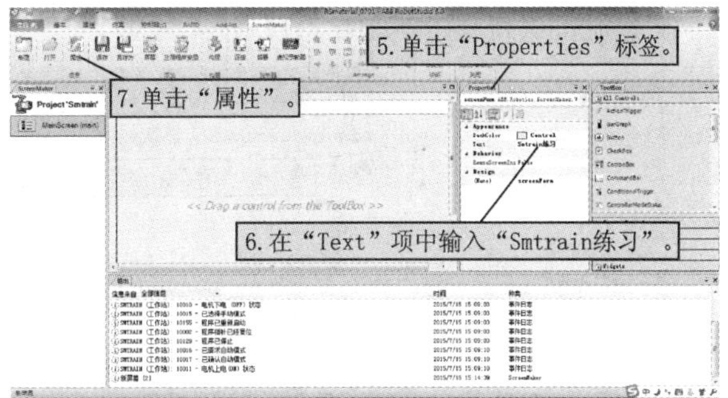

图 7-8

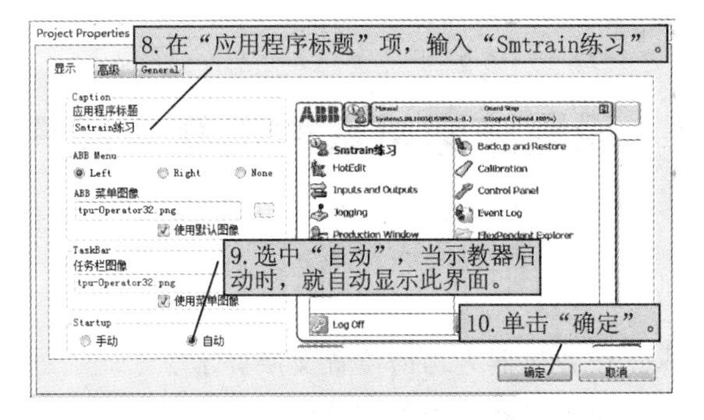

图 7-9

二、使用 ScreenMaker 对界面进行布局

使用 ScreenMaker 对界面进行布局，过程如图 7-10～图 7-13 所示。

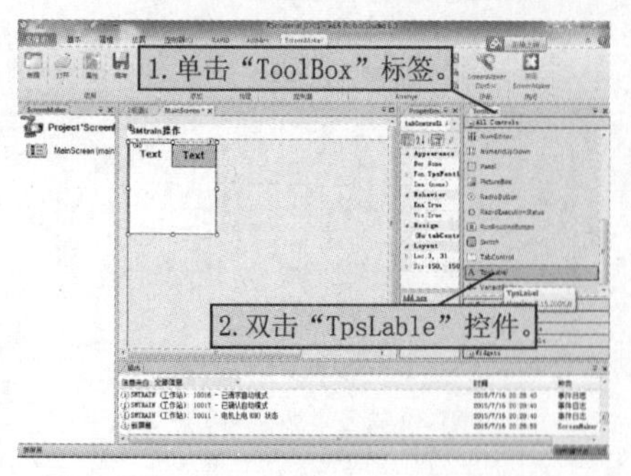

图 7-10

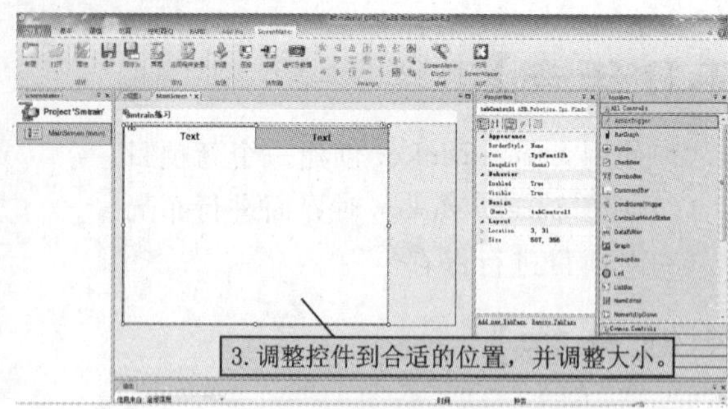

图 7-11

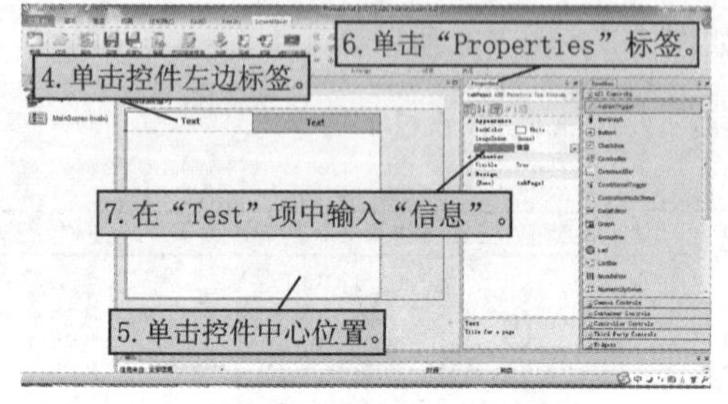

图 7-12

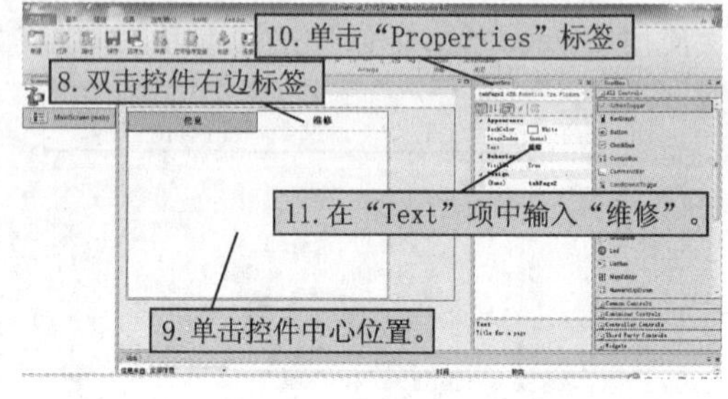

图 7-13

三、对项目进行保存

对项目进行保存，如图 7-14 所示。

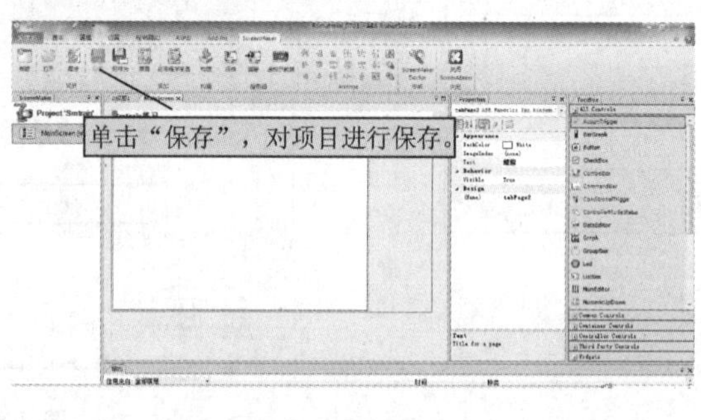

图 7-14

任务 7-3 设置注塑机取件机器人用户信息界面

【工作任务】

(1)使用 ScreenMaker 设置机器人当前位置文字提示。

(2)使用 ScreenMaker 设置机器人当前位置图形提示。

(3)使用 ScreenMaker 设置机器人已取件数量。

(4)调试“信息”界面。

【实践操作】

一、使用 ScreenMaker 设置机器人当前位置文字提示

机器人当前位置文字提示是与程序数 nRobotPos 相关联的，具体的定义如下：

nRobotPos=0　机器人在 HOME 点位置

nRobotPos=1　机器人在输送带

nRobotPos=2　机器人在注塑机中

nRobotPos=3　机器人在维修位

在编程的时候，在对应的位置对 nRobotPos 这个程序数据进行赋值，从而使界面做出响应。

使用 ScreenMaker 设置机器人当前位置，文字提示过程如图 7-15～图 7-23 所示。

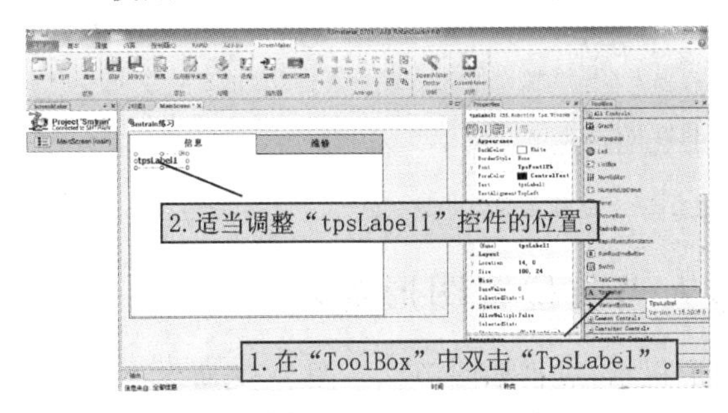

图 7-15

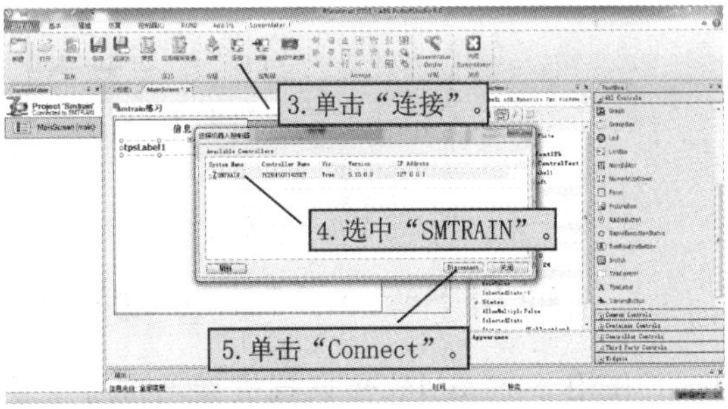

图 7-16

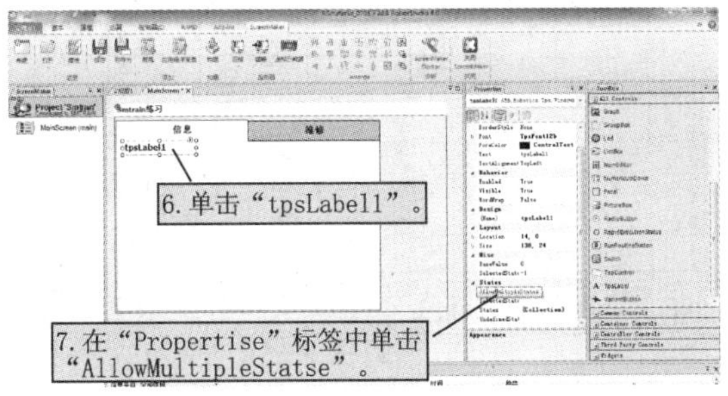

图 7-17

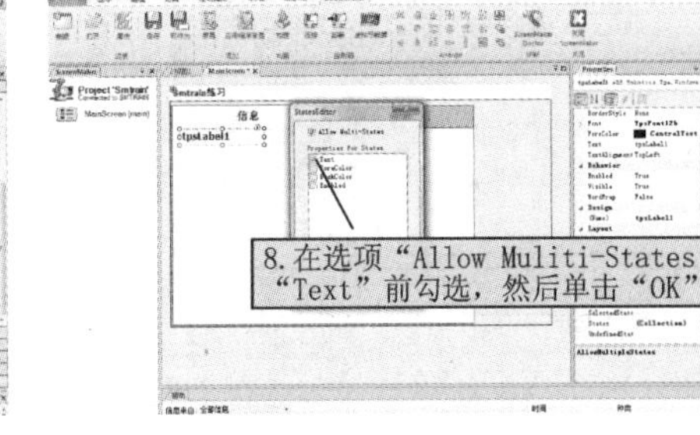

图 7-18

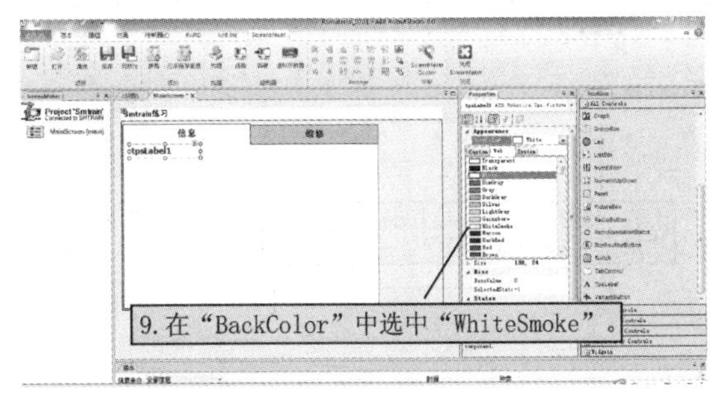

图 7-19

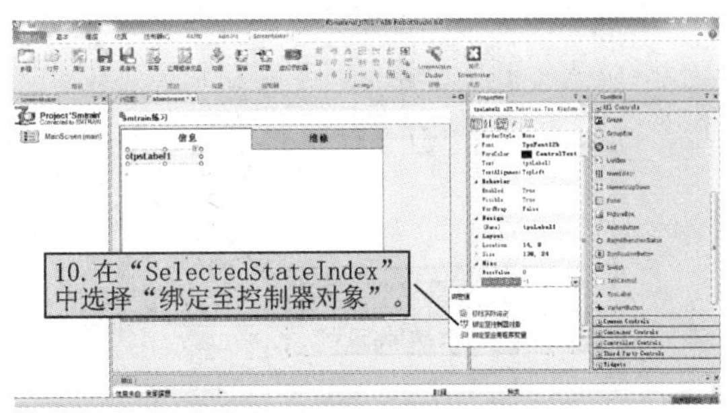

图 7-20

以下，我们将机器人的动作说明与程序数据 nRobotPos 关联起来。

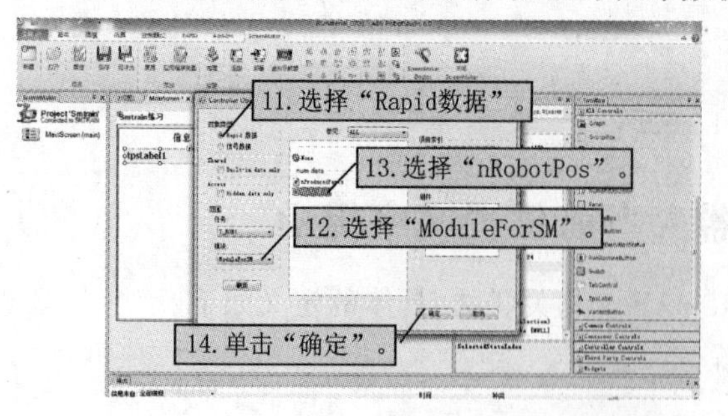

图 7-21

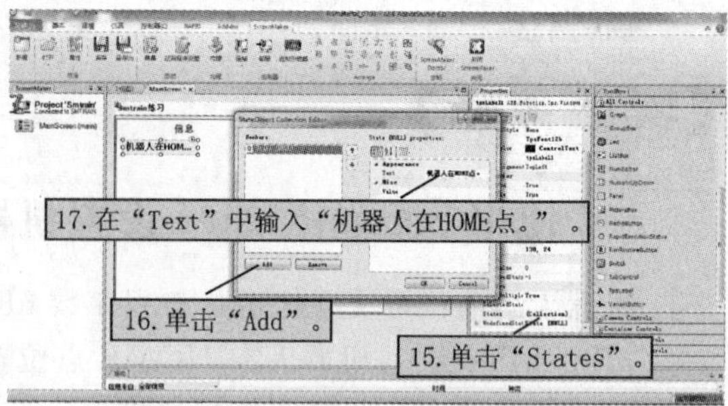

图 7-22

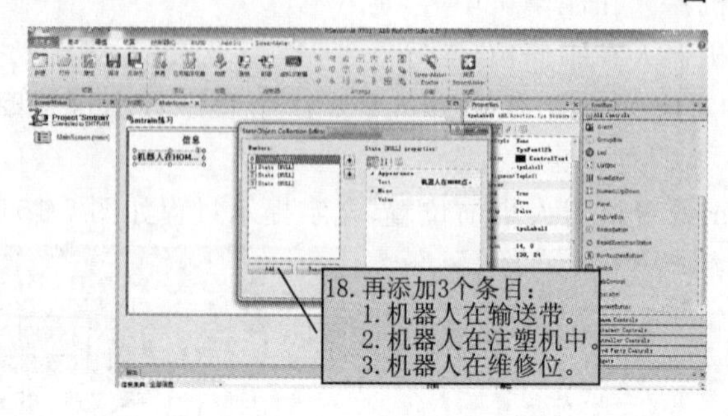

图 7-23

二、使用 ScreenMaker 设置机器人当前位置图形提示

使用 ScreenMaker 设置机器人当前位置图形提示，过程如图 7-24～图 7-31 所示。

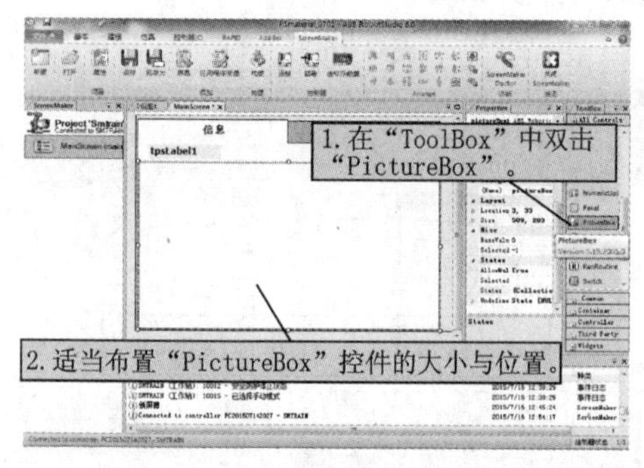

图 7-24

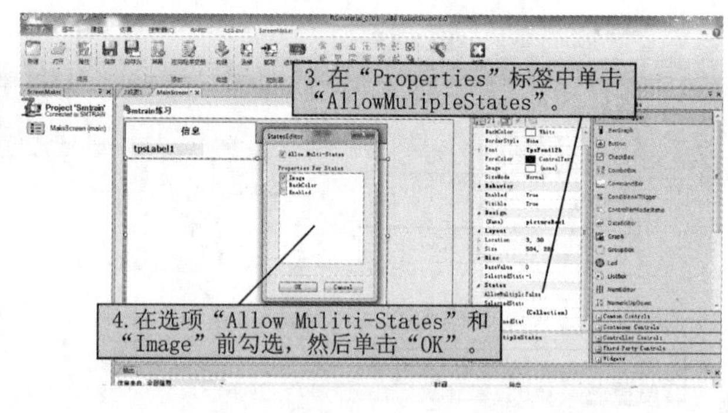

图 7-25

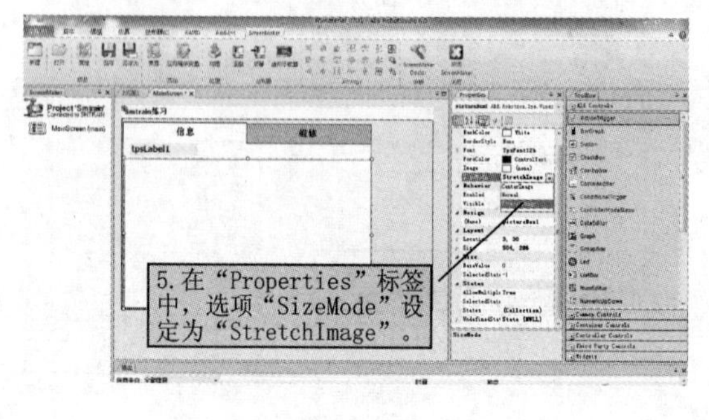

图 7-26

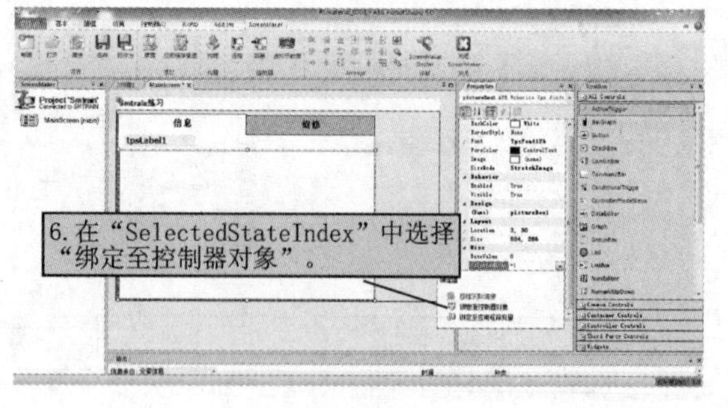

图 7-27

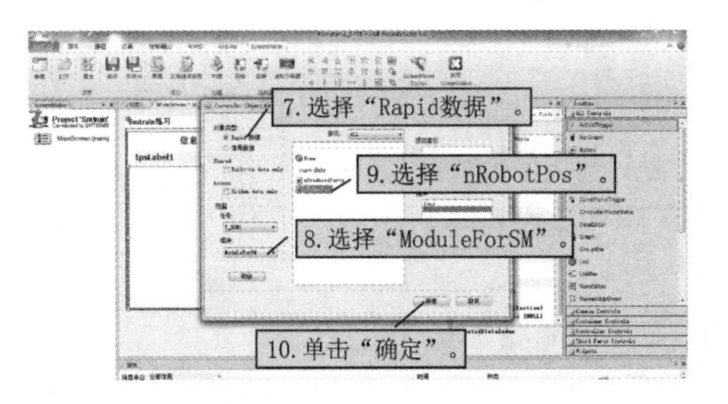

图 7-28

下面将机器人的动作图片与程序数据 nRobotPos 关联起来。

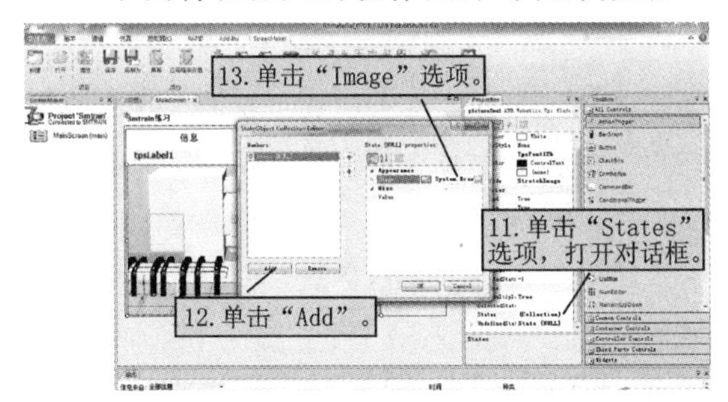

图 7-29

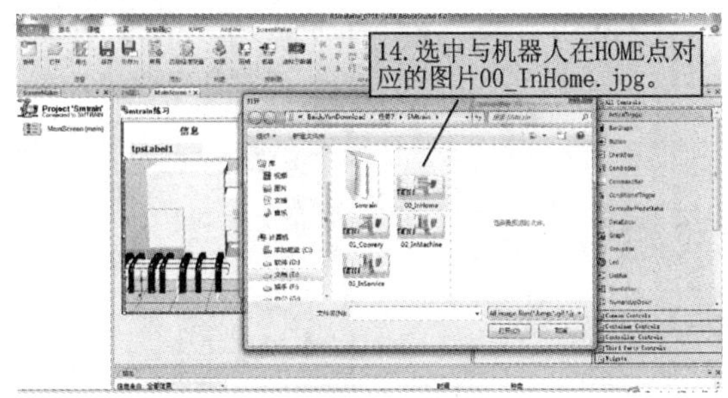

图 7-30

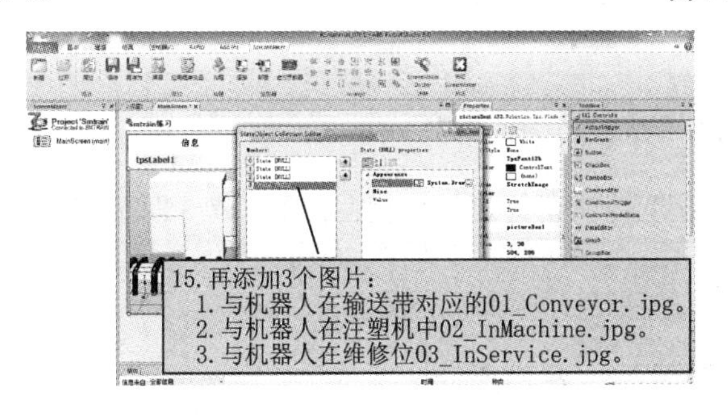

图 7-31

三、使用 ScreenMaker 设置机器人已取件数量

使用 ScreenMaker 设置机器人已取件数量，过程如图 7-32～图 7-36 所示。

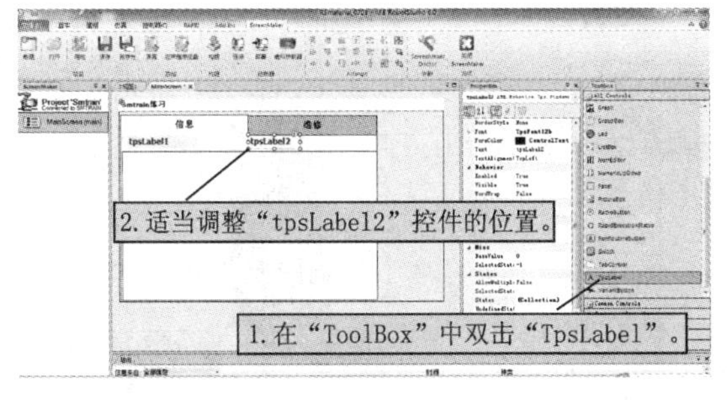

图 7-32

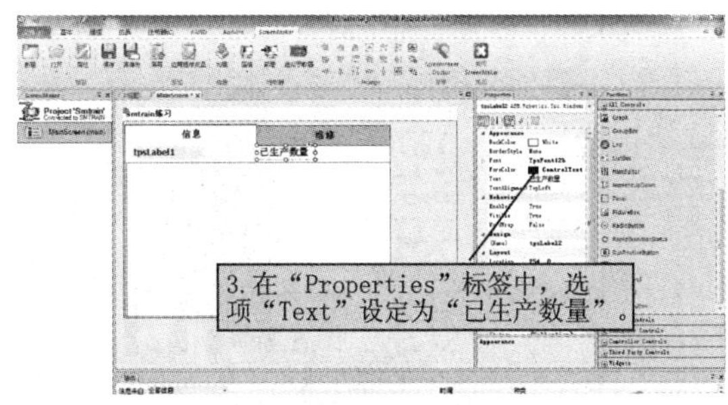

图 7-33

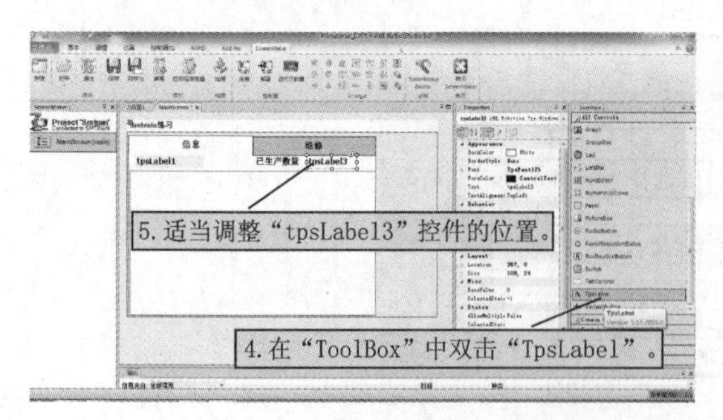

图 7-34

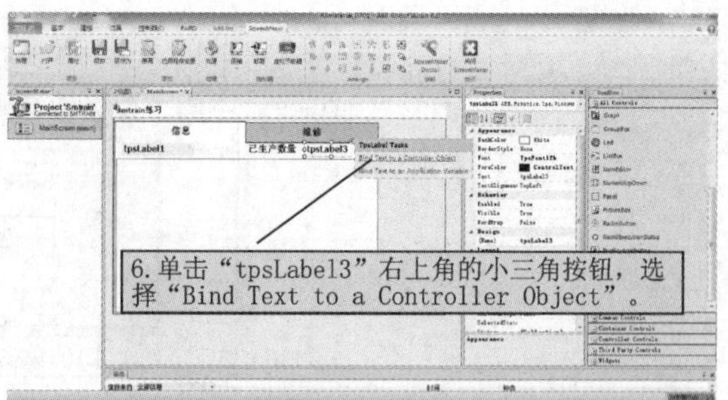

图 7-35

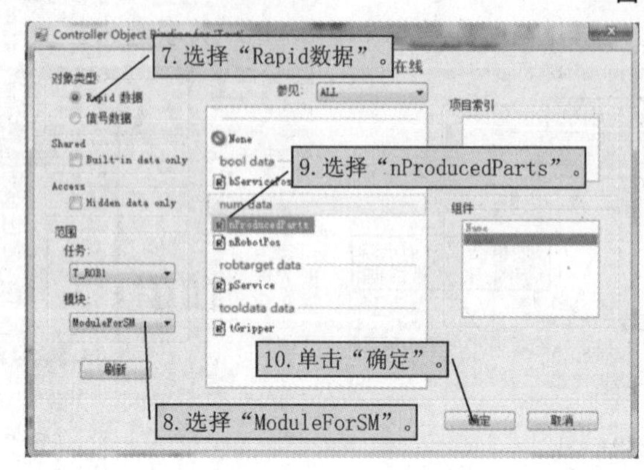

图 7-36

四、调试“信息”界面

调试“信息”界面，看是否能正常运行，过程如图 7-37～图 7-41 所示。

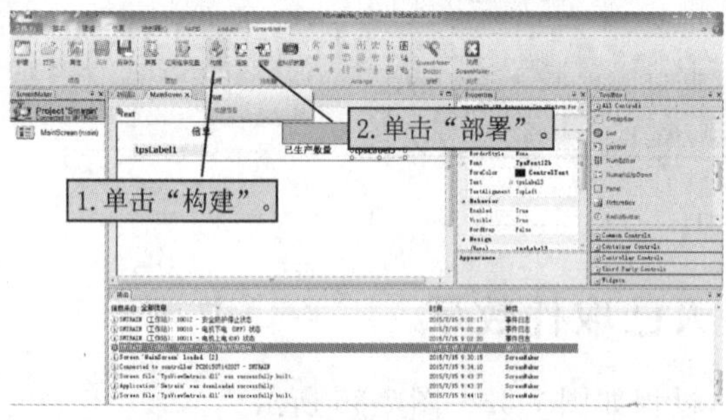

图 7-37

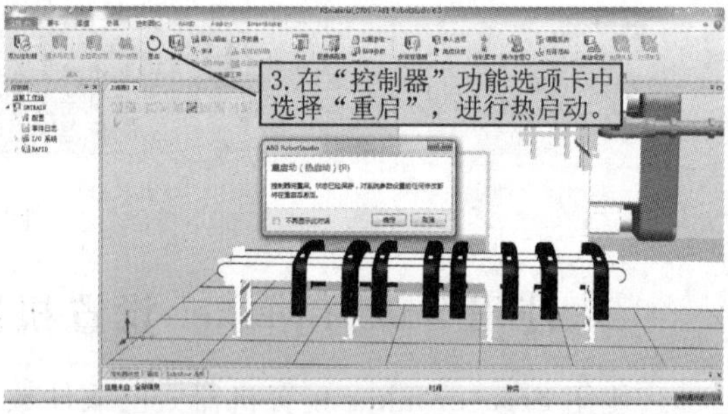

3. 在“控制器”功能选项卡中选择“重启”，进行热启动。

图 7-38

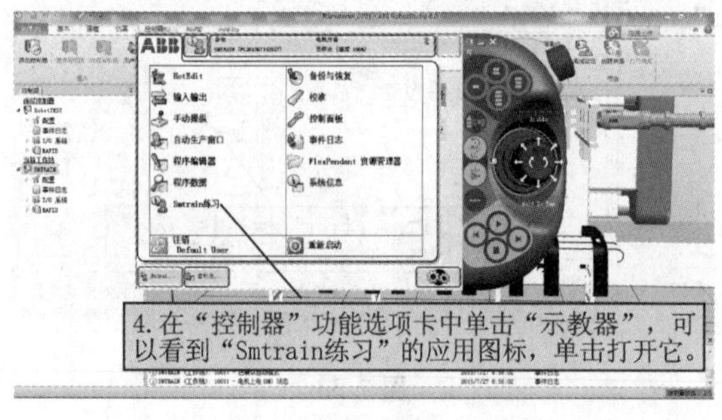

图 7-39

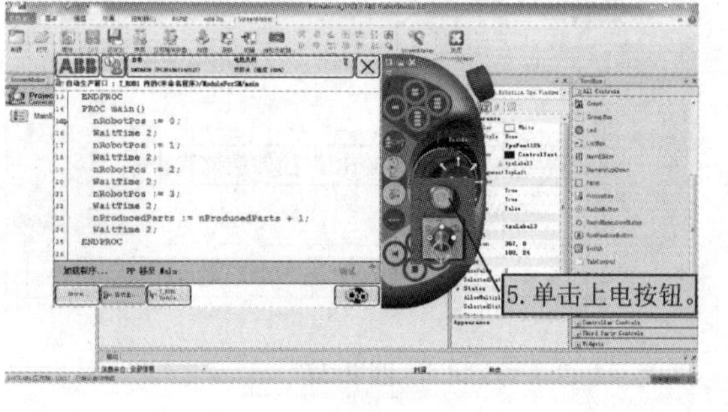

图 7-40

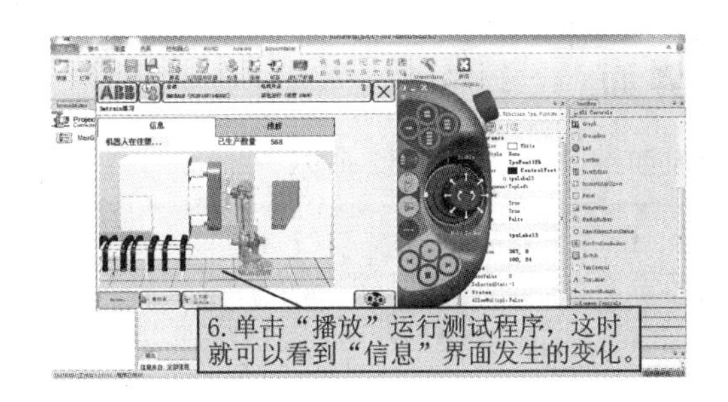

图 7-41

任务 7-4 设置注塑机取件机器人用户状态界面

【工作任务】

(1)使用 ScreenMaker 设置机器人当前手动/自动状态提示。

(2)使用 ScreenMaker 设置机器人当前程序运行状态提示。

(3)调试“状态”界面。

【实践操作】

一、使用 ScreenMaker 设置机器人当前手动/自动状态提示

在 ScreenMaker 中，已预设了与机器人系统事件相关的控件，只需进行调用和布局即可。过程如图 7-42 所示。

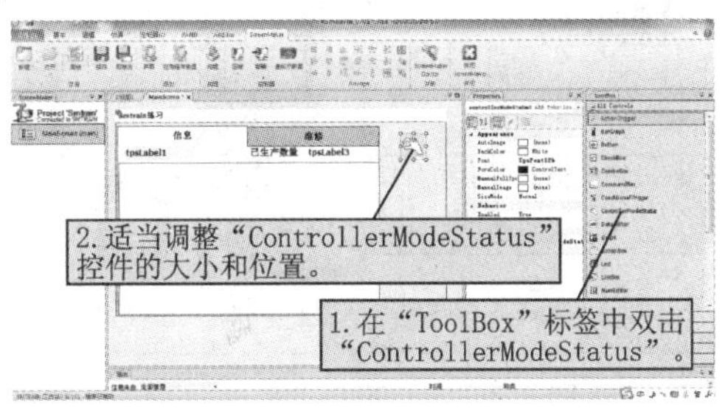

图 7-42

二、使用 ScreenMaker 设置机器人当前程序运行状态提示

使用 ScreenMaker 设置机器人当前程序运行状态提示的过程如图 7-43 所示。

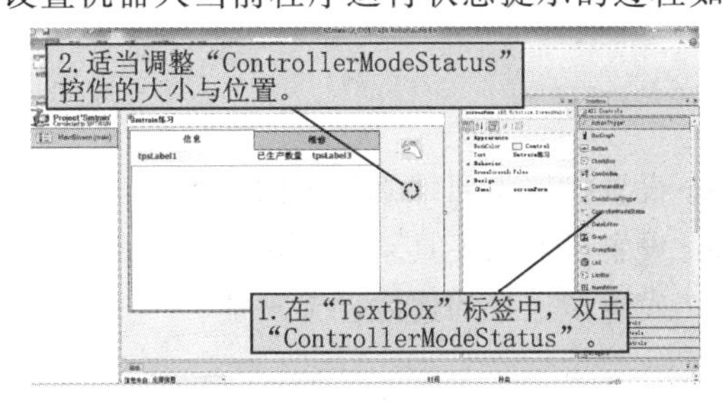

图 7-43

三、调试“状态”界面

调试“状态”界面，过程如图 7-44～图 7-47 所示。

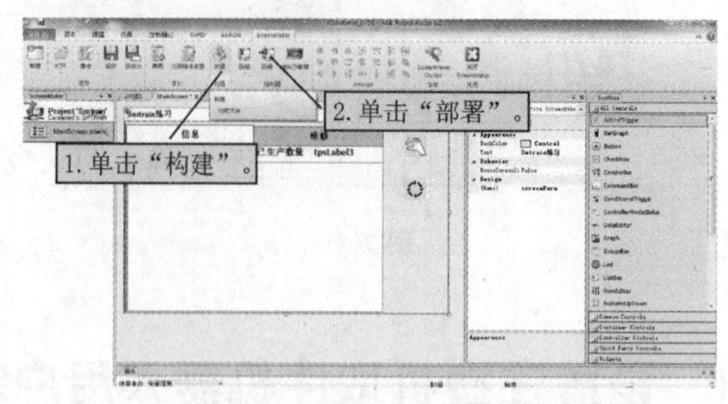

图 7-44

调试“信息”界面，看是否能正常运行。

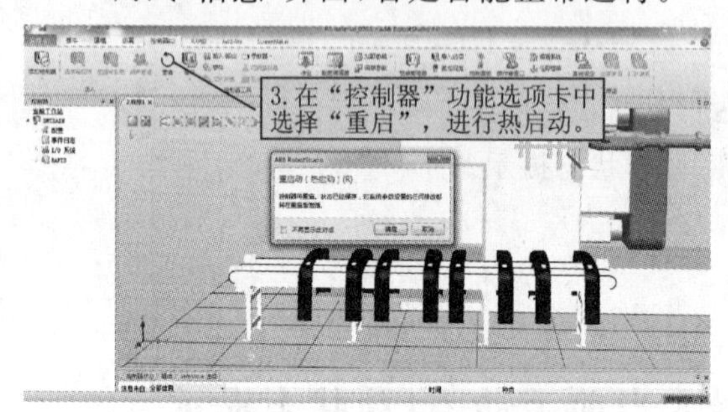

图 7-45

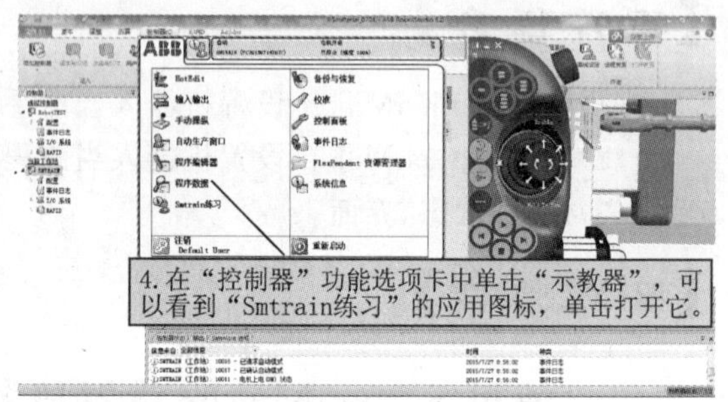

图 7-46

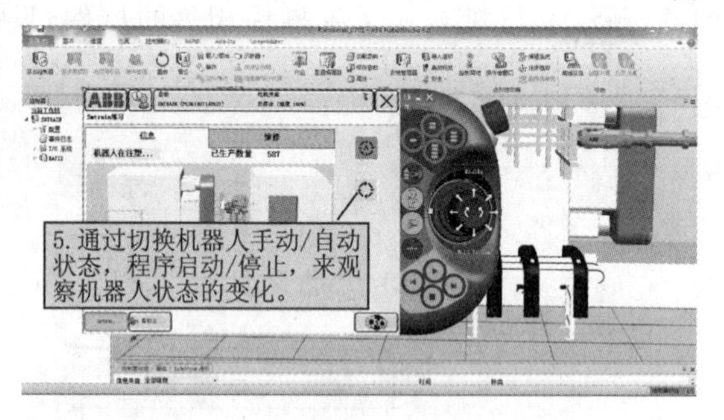

图 7-47

任务 7-5　设置注塑机取件机器人用户维修界面

【工作任务】

(1)使用 ScreenMaker 设置机器人回维修位置的功能。

(2)使用 ScreenMaker 设置机器人夹具动作控制。

(3)使用 ScreenMaker 设置传送带的速度调节功能。

(4)调试“维修”界面。

【实践操作】

一、使用 ScreenMaker 设置机器人回维修位置的功能

通过 ScreenMaker 设置一个按钮来调用一个例行程序，这样就能简化例行程序的调用步骤，降低误操作的可能性。过程如图 7-48～图 7-52 所示。

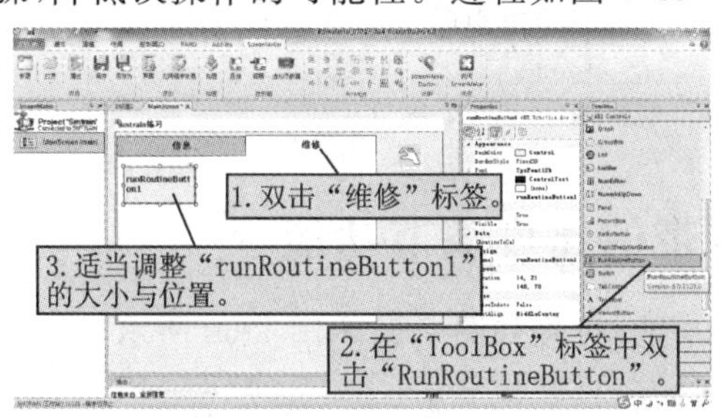

图 7-48

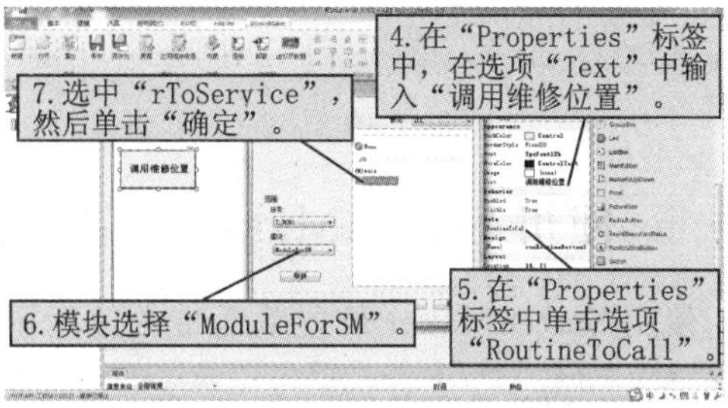

图 7-49

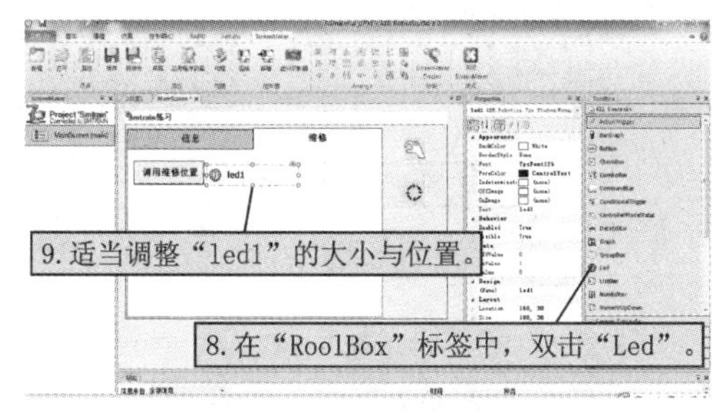

图 7-50

图 7-51

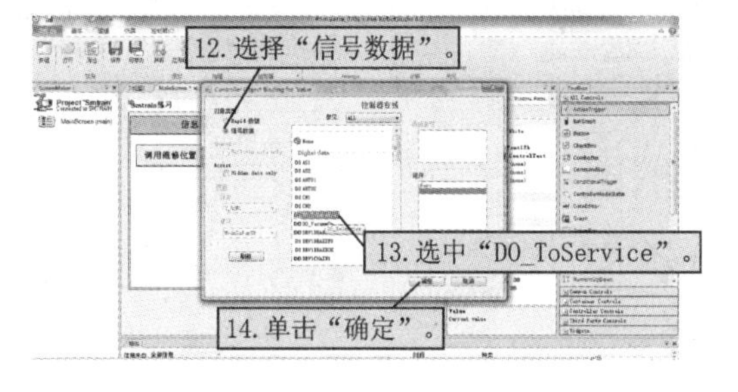

图 7-52

二、使用 ScreenMaker 设置机器人夹具动作控制

使用 ScreenMaker 设置机器人夹具动作控制的过程如图 7-53～图 7-56 所示。

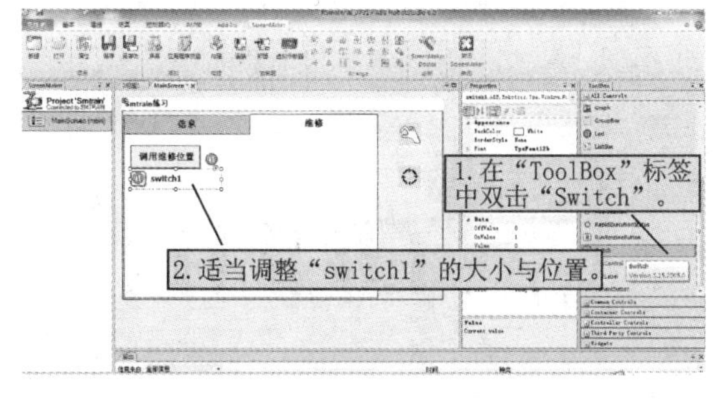

图 7-53

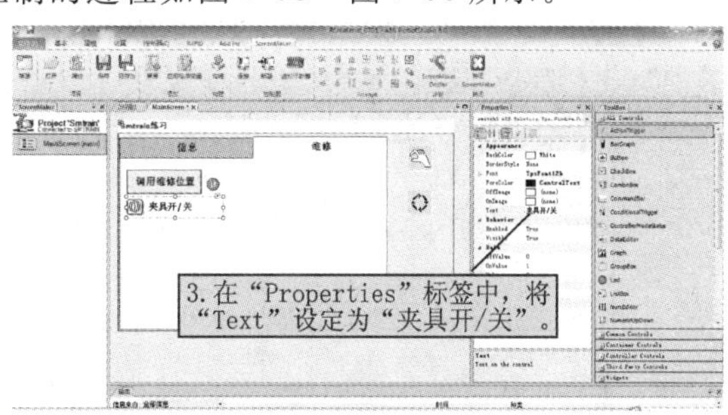

图 7-54

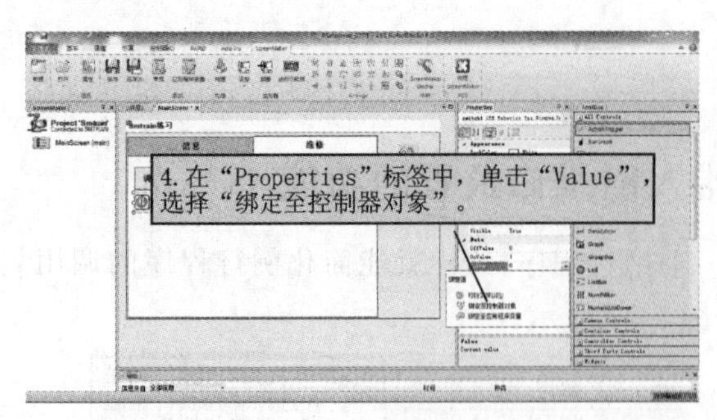

图 7-55

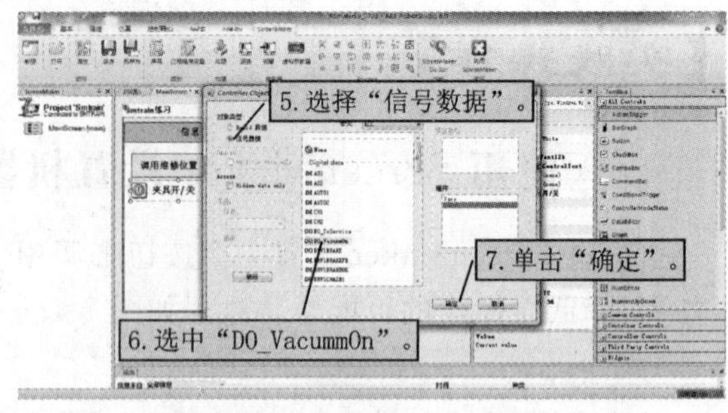

图 7-56

三、使用 ScreenMaker 设置传送带的速度调节功能

使用 ScreenMaker 设置输送带的速度调节功能，过程如图 7-57～图 7-60 所示。

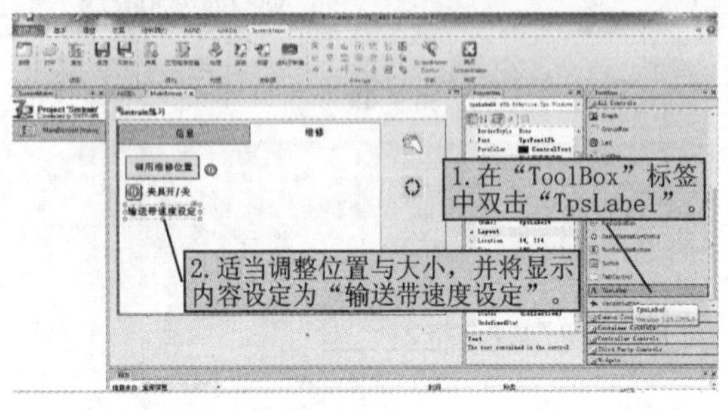

图 7-57

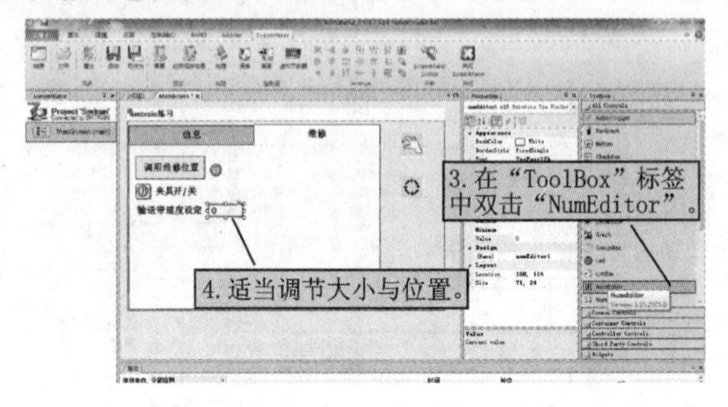

图 7-58

下面来设定输送带要关联的 I/O 信号，并设定最高限速和最低限速，单位是 mm/s。

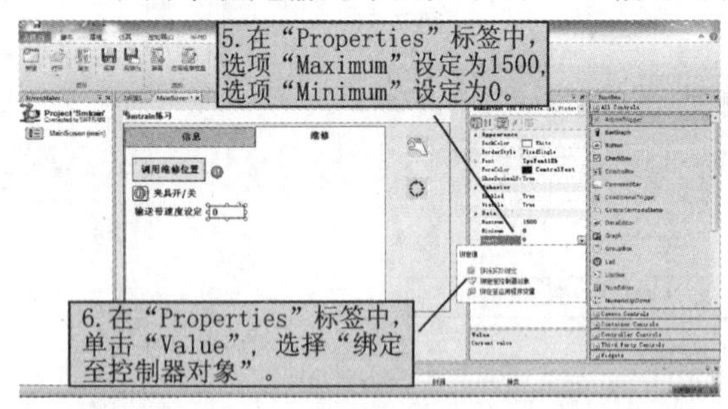

图 7-59

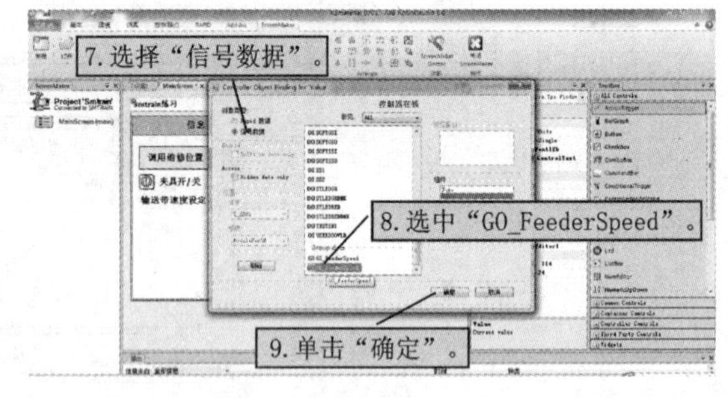

图 7-60

四、调试“维修”界面

调试“维修”界面，如图 7-61～图 7-64 所示。

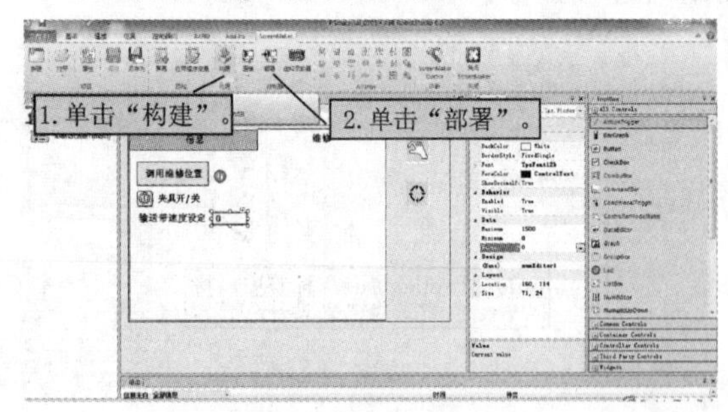

图 7-61

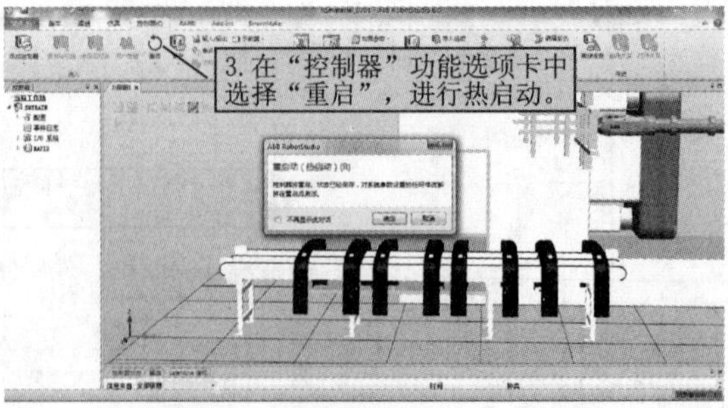

图 7-62

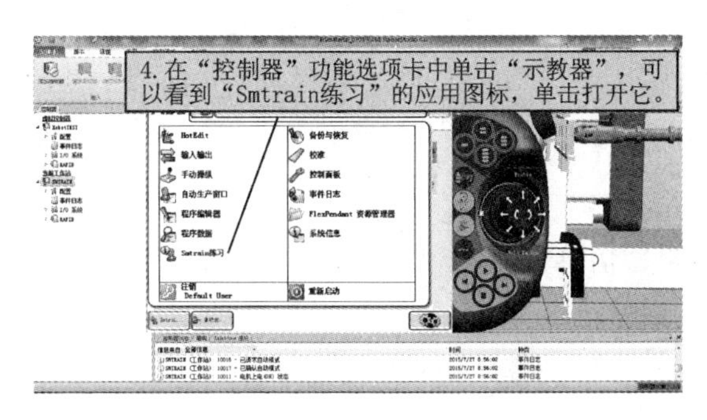

图 7-63

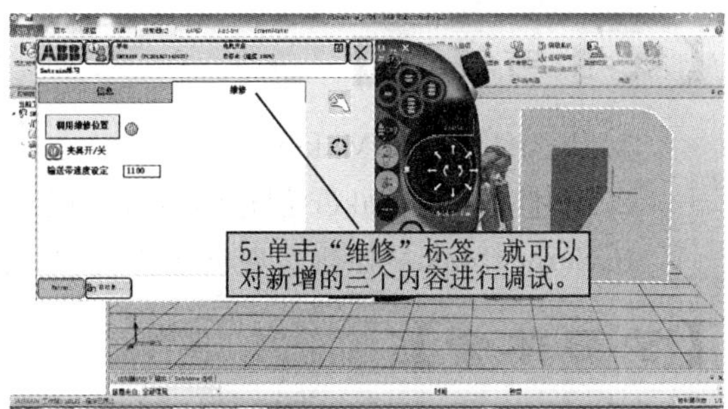

图 7-64

【学习检测】

自我学习检测评分表

项目	技术要求	分值	评分细则	评分记录	备注
了解 ScreenMaker 的作用	(1)了解创建用户自定义界面的目的。 (2)了解 ScreenMaker 的作用	15	理解原理		
创建注塑机取件机器人用户自定义界面	(1)使用 ScreenMaker 创建一个项目。 (2)使用 ScreenMaker 对界面进行布局。 (3)对项目进行保存	15	(1)理解流程； (2)操作流程		
设置注塑机取件机器人用户信息界面	(1)使用 ScreenMaker 设置机器人当前位置文字提示。 (2)使用 ScreenMaker 设置机器人当前位置图形提示。 (3)调试“信息”界面	15	(1)理解流程； (2)操作流程		
设置注塑机取件机器人用户状态界面	(1)使用 ScreenMaker 设置机器人当前手动/自动状态提示。 (2)使用 ScreenMaker 设置机器人当前程序运行状态提示。 (3)调试“状态”界面	15	(1)理解流程； (2)操作流程		
设置注塑机取件机器人用户维修界面	(1)使用 ScreenMaker 设置机器人回维修位置的功能。 (2)使用 ScreenMaker 设置夹具动作控制。 (3)使用 ScreenMaker 设置输送带的速度调节功能。 (4)调试“维修”界面	15	(1)理解流程； (2)操作流程		
安全操作	符合上机实训操作要求	25			

【思考与练习】

1. 什么是 ScreenMaker？
2. 简述 ScreenMaker 创建的一般过程。
3. ScreenMaker 如何实现页面切换和输出报警信息？

【学习体会】

项目8

RobotStudio 的在线功能

教学目标

（1）学会使用RobotStudio与机器人进行连接的操作。

（2）学会使用RobotStudio在线备份与恢复的操作。

（3）学会使用RobotStudio在线进行RAPID程序编辑的操作。

（4）学会使用RobotStudio在线编辑I/O信号的操作。

（5）学会使用RobotStudio在线进行文件传送的操作。

（6）学会使用RobotStudio在线监控机器人及示教器动作状态。

（7）学会使用RobotStudio进行用户权限的管理。

（8）学会使用RobotStudio进行机器人系统的创建与安装。

任务8-1　使用 RobotStudio 与机器人进行连接并获取权限的操作

【工作任务】

(1)建立 RobotStudio 与机器人的连接。

(2)获取 RobotStudio 在线控制权。

【实践操作】

一、建立 RobotStudio 与机器人的连接

将 RobotStudio 与机器人连接,可用 RobotStudio 的在线功能对机器人进行监控、设置、编程与管理。图 8-1～图 8-4 所示就是建立连接的过程。

将随机所附带的网线一端连接到计算机的网络接口,另一端与机器人的专用网络端口进行连接。

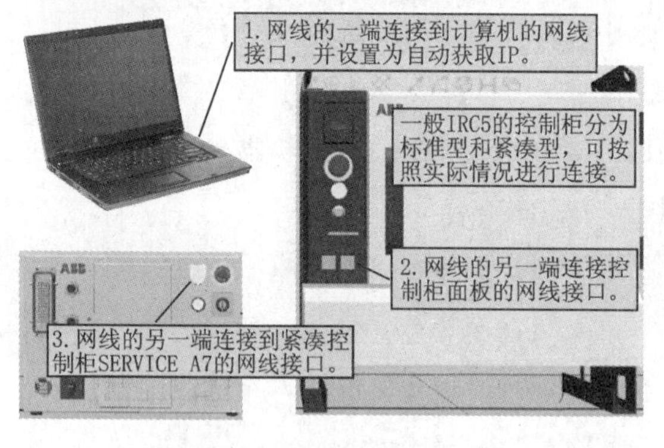

图 8-1

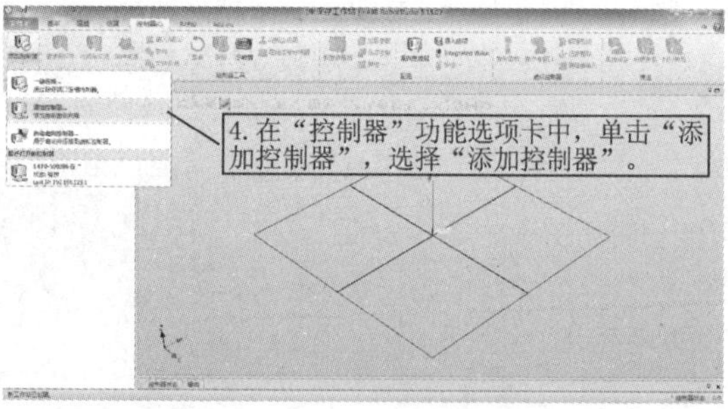

图 8-2

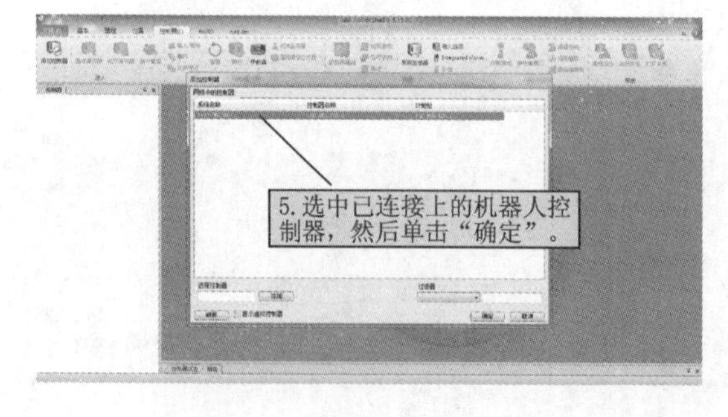

图 8-3

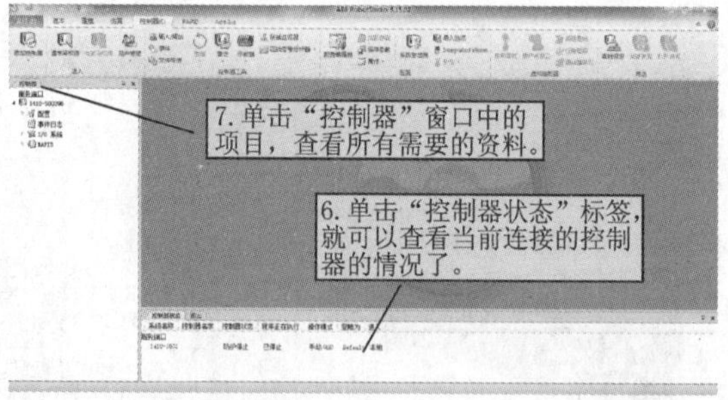

图 8-4

二、获取 RobotStudio 在线控制权限

除了通过 RobotStudio 在线对机器人进行监控与查看以外,还可以通过 RobotStudio 在线对机器人进行程序编写、参数的设定与修改等操作。为了保证较高的安全性,在对机器人控制

器数据进行写操作之前，首先要在示教器进行“请求写权限”的操作，防止在 RobotStudio 中错误修改数据，造成不必要的损失。过程如图 8-5～图 8-8 所示。

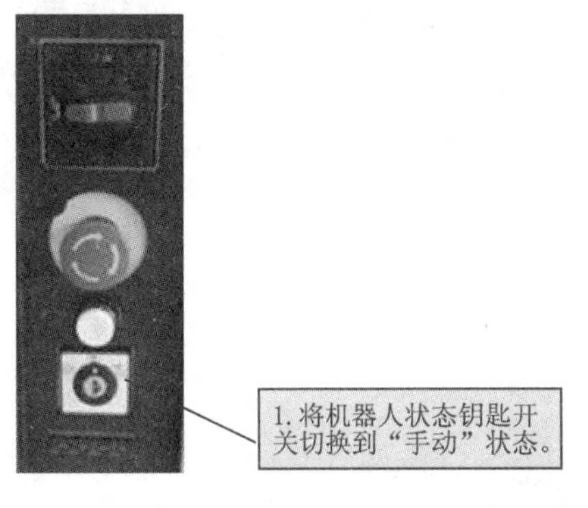

图 8-5

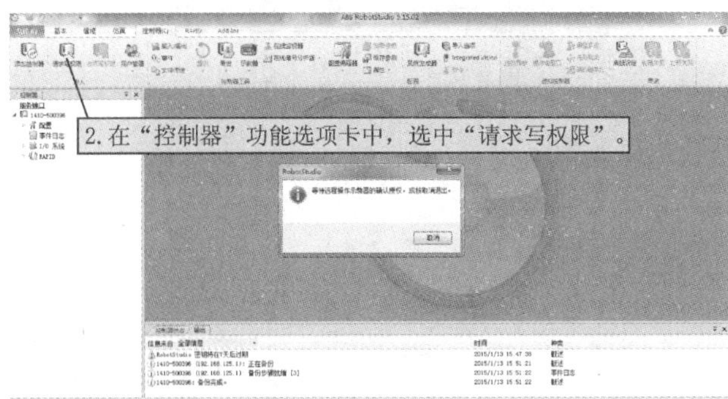

图 8-6

图 8-7

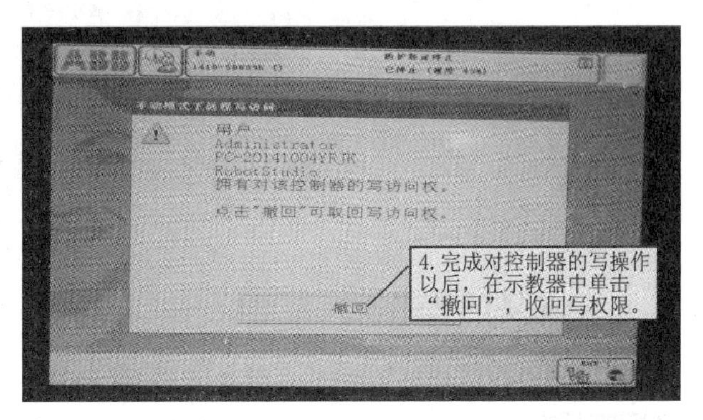

图 8-8

任务 8-2　使用 RobotStudio 进行备份和恢复的操作

【工作任务】

（1）使用 RobotStudio 进行备份的操作。

（2）使用 RobotStudio 进行恢复的操作。

【实践操作】

定期对 ABB 机器人的数据进行备份，是保持 ABB 机器人正常运行的良好习惯。ABB 机器人数据备份的对象是所有正在系统内存运行的 RAPID 程序和系统参数。当机器人系统出现错乱或者重新安装新系统以后，可以通过备份快速地把机器人恢复到备份时的状态。

一、备份的操作

备份的操作过程如图 8-9～图 8-11 所示。

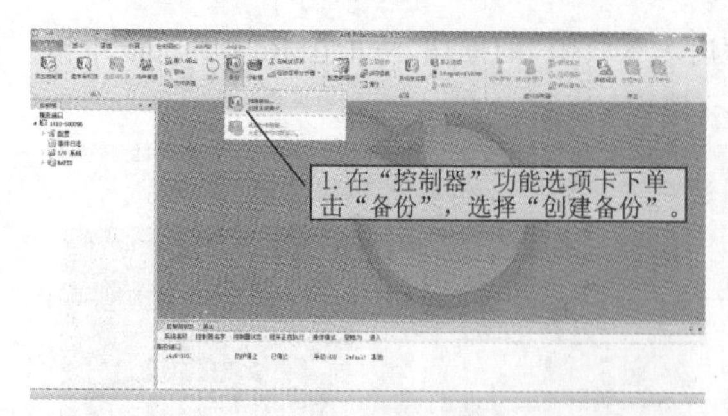

图 8-9

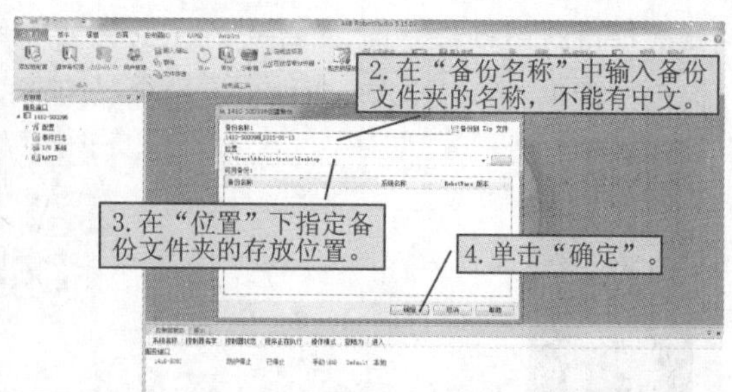

图 8-10

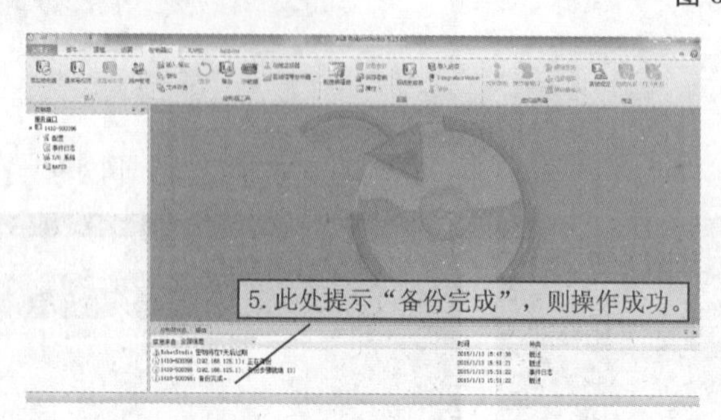

图 8-11

二、恢复的操作

恢复的操作过程如图 8-12～图 8-16 所示。

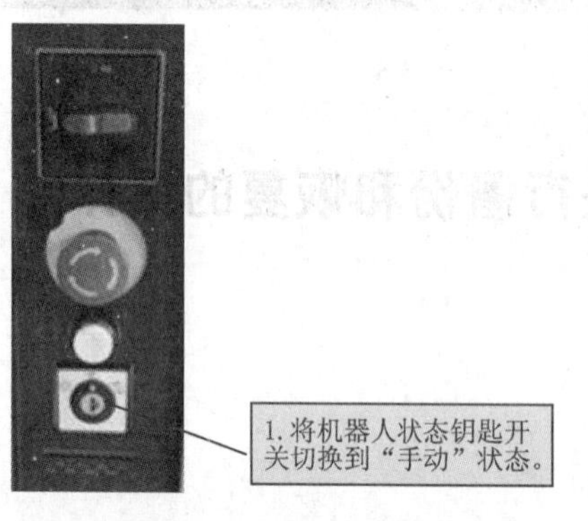

图 8-12

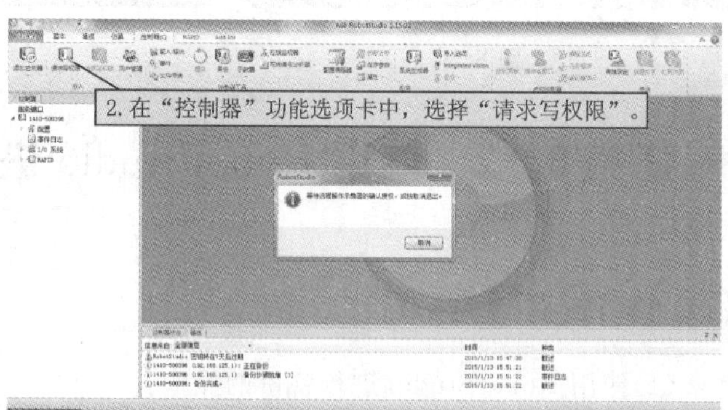

图 8-13

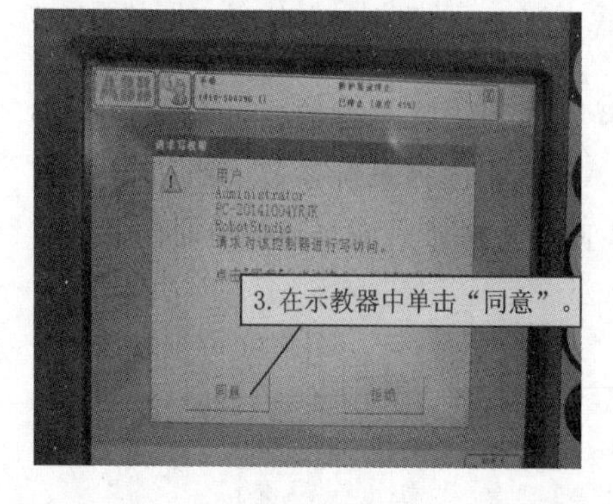

图 8-14

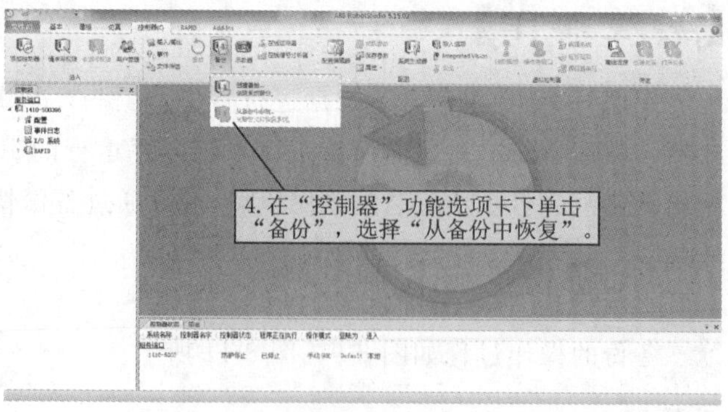

图 8-15

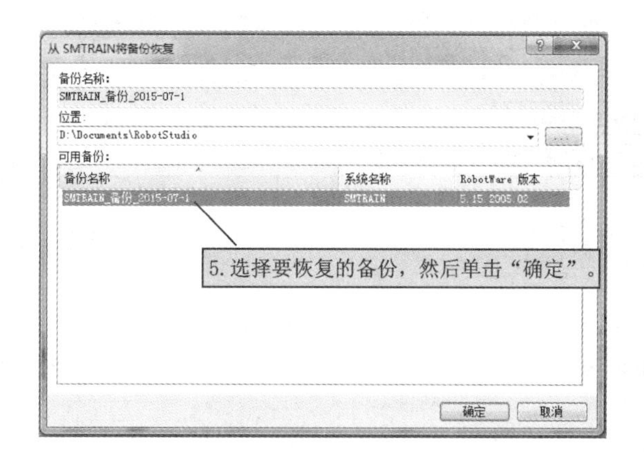

图 8-16

至此，恢复操作完成。

任务 8-3 使用 RobotStudio 在线编辑 RAPID 程序的操作

【工作任务】

(1)在线修改 RAPID 程序的操作。

(2)在线添加 RAPID 程序指令的操作。

【实践操作】

在机器人的实际运行中，为了配合实际的需要，经常会在线对 RAPID 程序进行微小的调整，包括修改或增减程序指令。下面就从这两个方面进行操作。

一、修改等待时间指令 WaitTime

将程序中的等待时间从 2S 调整为 3S，修改过程如下：

首先建立起 RobotStudio 与机器人的连接，接着进行图 8-17～图 8-22 所示的操作。

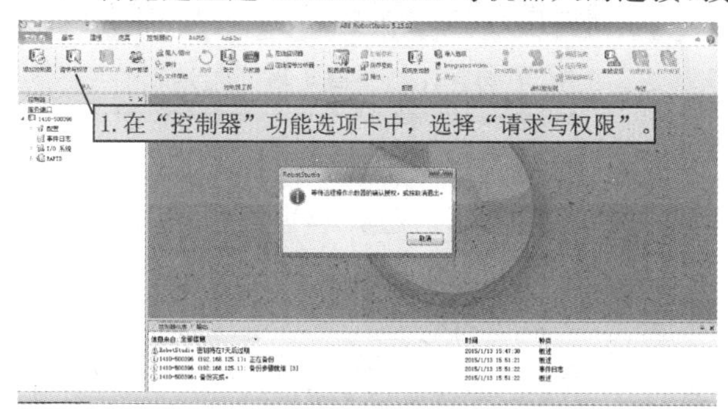

图 8-17

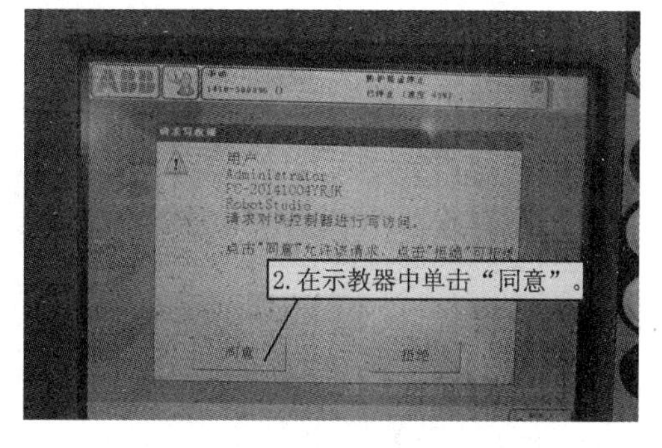

图 8-18

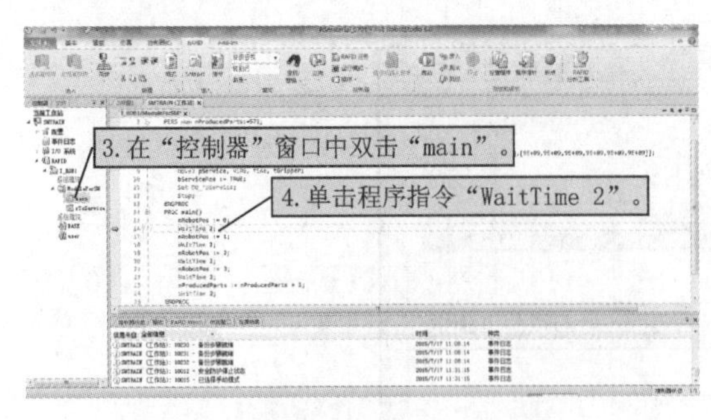

图 8-19

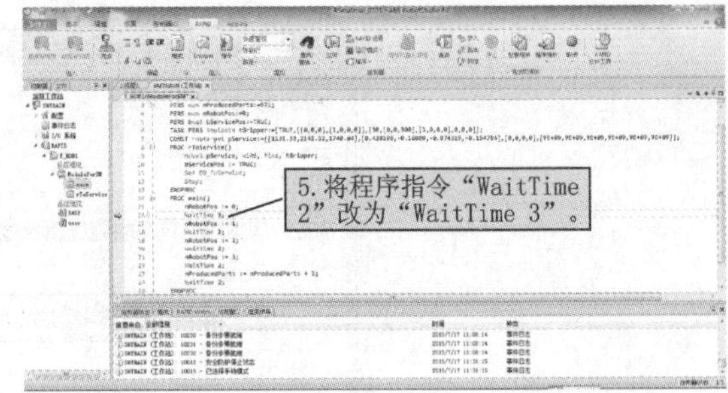

图 8-20

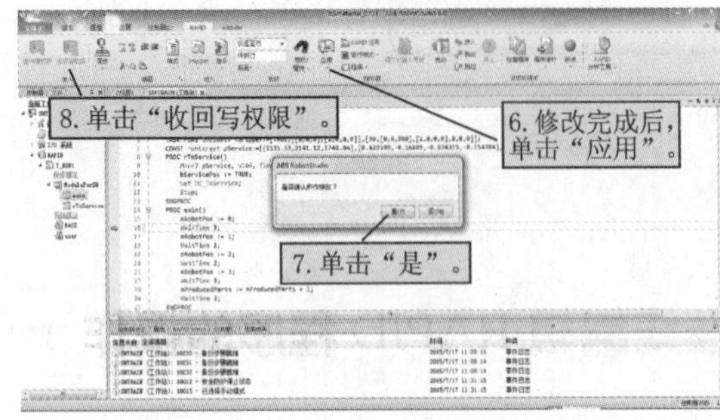

图 8-21

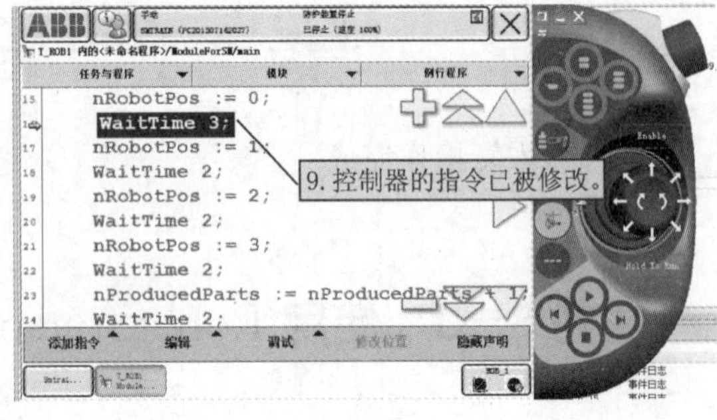

图 8-22

二、增加速度设定指令 VelSet

为了将程序中机器人的最高速度限制到 1000 mm/s，要在一个程序中移动指令开始位置之前添加一条速度设定指令。操作过程如图 8-23～图 8-30 所示。

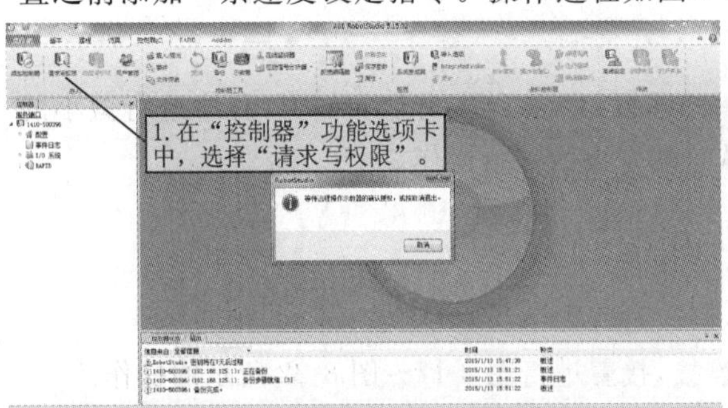

图 8-23

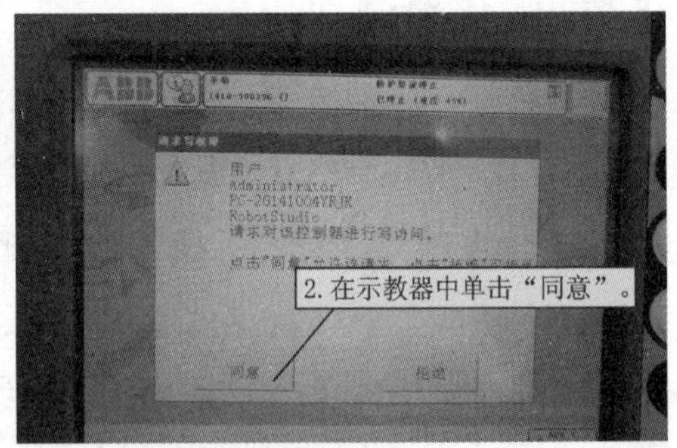

图 8-24

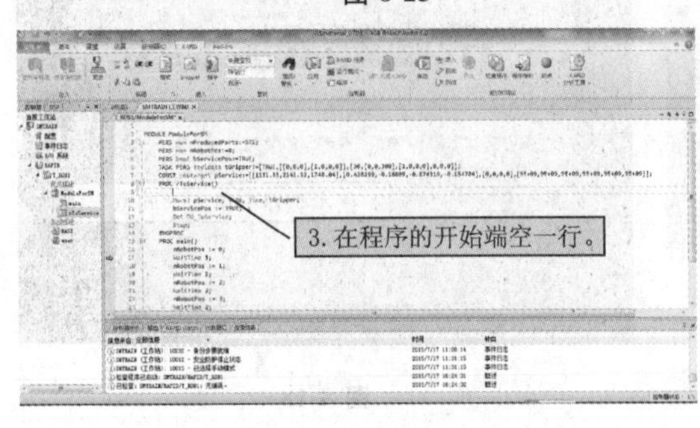

图 8-25

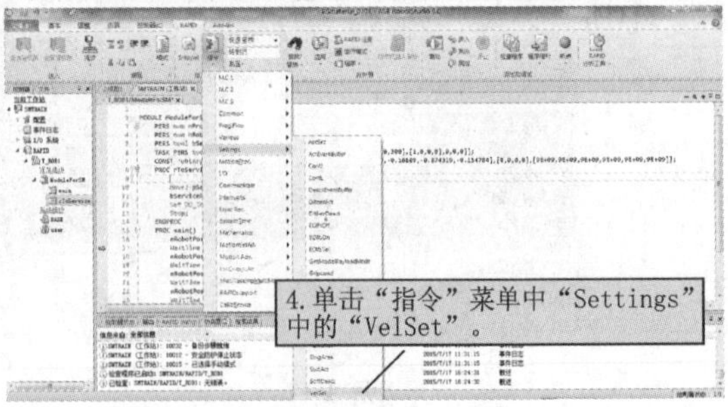

图 8-26

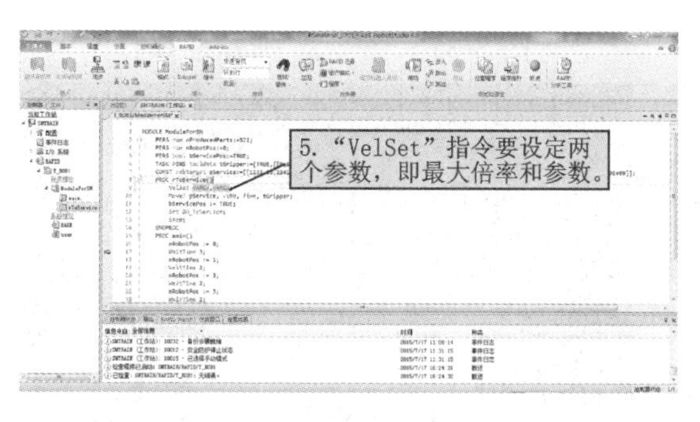

图 8-27

图 8-28

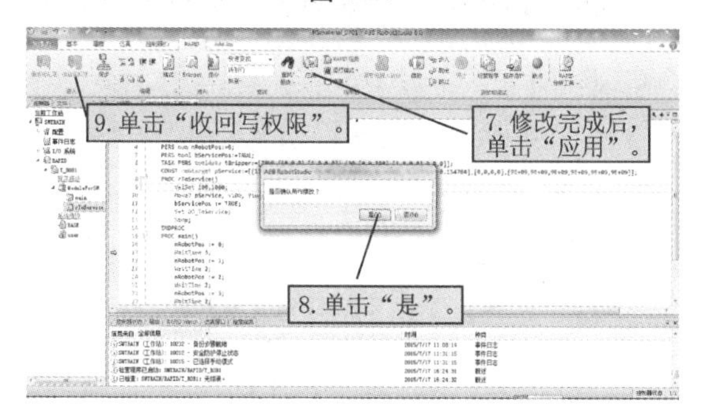

图 8-29

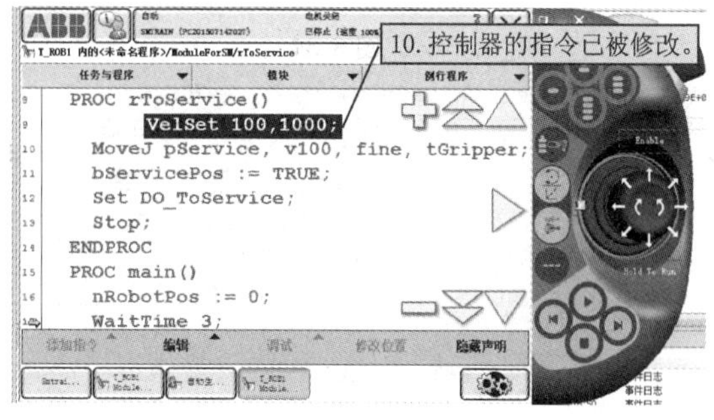

图 8-30

任务 8-4 使用 RobotStudio 在线编辑 I/O 信号的操作

【工作任务】

(1)在线添加 I/O 单元。

(2)在线添加 I/O 信号。

【实践操作】

机器人与外部设备的通信是通过 ABB 标准的 I/O 或现场总线的方式进行的，其中又以 ABB 标准 I/O 板应用最为广泛。以下操作就是以新建一个 I/O 单元及添加一个 I/O 信号为例，来学习 RobotStudio 在线编辑 I/O 信号的操作。

一、创建一个 I/O 单元 DSQC651

关于 DSQC651 的详细规格参数说明，如表 8-1 所示。

表 8-1 I/O 单元 DSQC651 参数设定

名　称	值
Name(I/O 单元名称)	BOARD10
Type of Unit(I/O 单元类型)	d651
Connected to Bus(I/O 单元所在总线)	DeviceNet1
DeviceNetAddress(I/O 单元所占用总线地址)	10

首先建立起 RobotStudio 与机器人的连接，然后进行图 8-31～图 8-37 所示的操作。

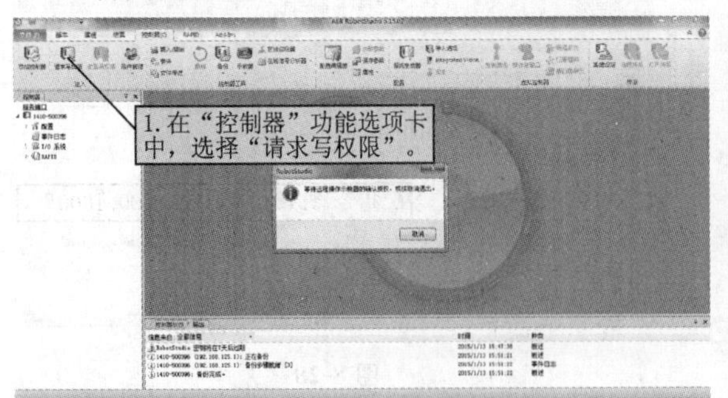

图 8-31

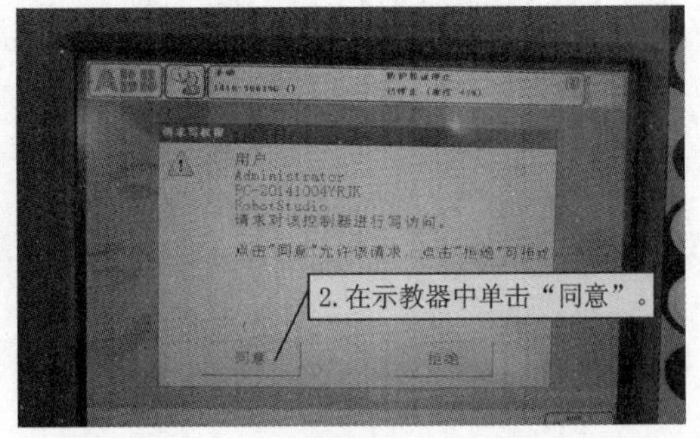

图 8-32

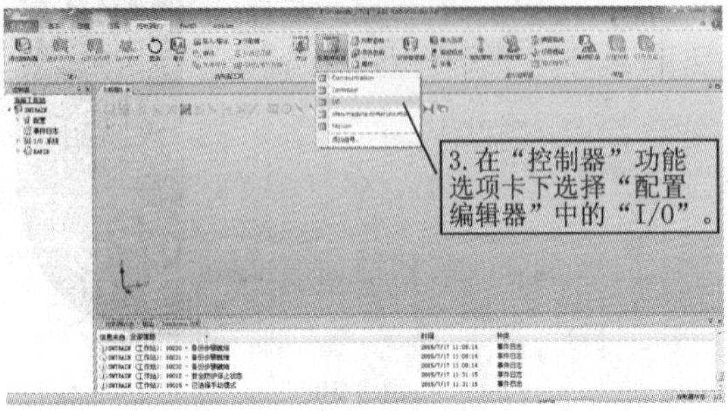

图 8-33

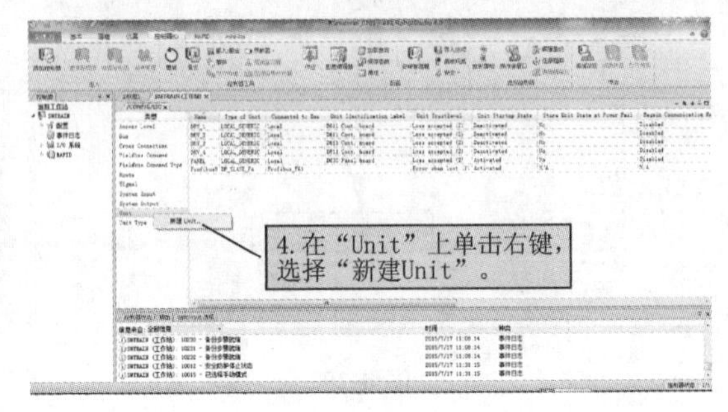

图 8-34

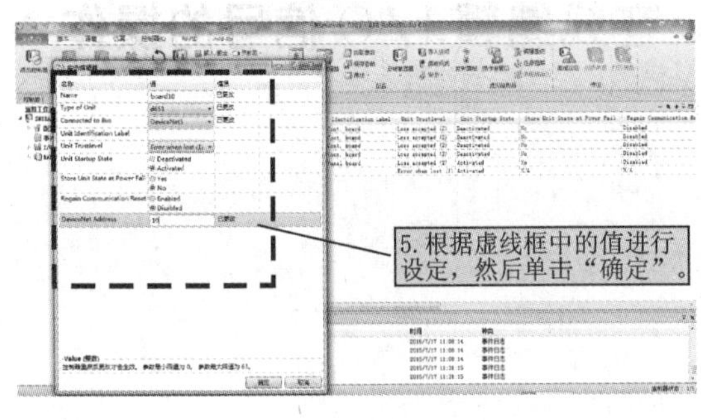

图 8-35

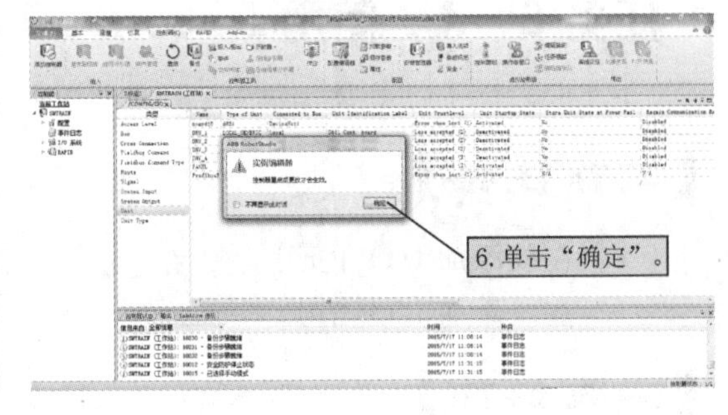

图 8-36

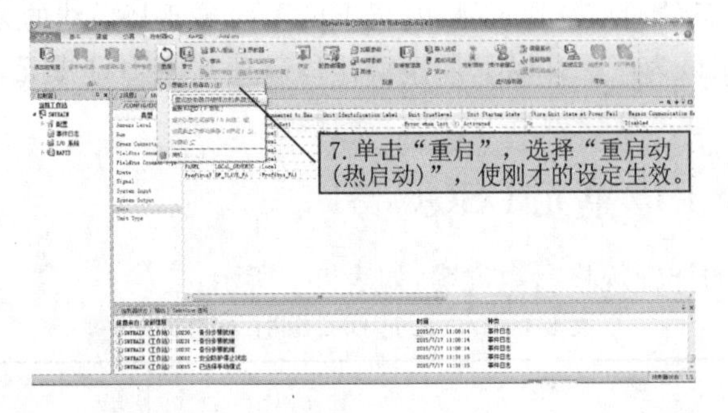

图 8-37

二、创建一个数字输入信号 DI00

数字输入信号的详细参数说明，如表 8-2 所示。

表 8-2 数字输入信号的参数设定

名　称	值
Name(I/O 信号名称)	DI00
Type of Signal(I/O 信号类型)	Digital Input
Assigned to Unit(I/O 信号所在的 I/O 单元)	BOARD10
Unit Mapping(I/O 信号所占用的单元地址)	0

创建一个数字输入信号 DI00 的过程如图 8-38～图 8-42 所示。

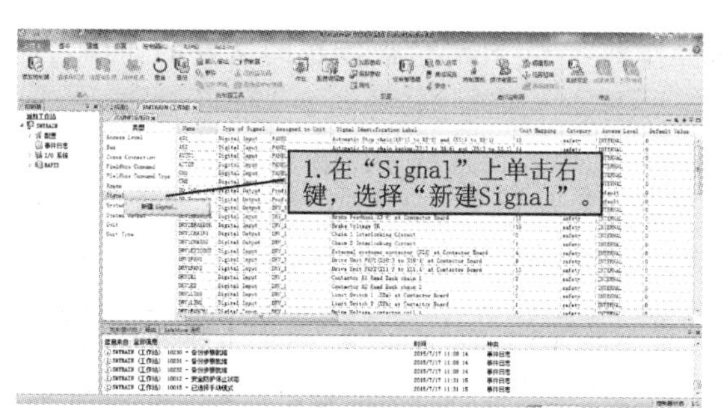

图 8-38

实例编辑器

名称	值	信息
Name	DI00	已更改
Type of Signal	Digital Input	已更改
Assigned to Unit	board10	已更改
Signal Identification Label		
Unit Mapping	0	已更改
Category		
Access Level	Default	
Default Value	0	
Filter Time Passive (ms)	0	
Filter Time Active (ms)	0	
Invert Physical Value	Yes / No	

Value (字符串)
控制器重启后更改才会生效。最小字符数为 <无效>。最大字符数为 80。

确定　取消

2. 根据虚线框中的值进行设定，然后单击“确定”。

图 8-39

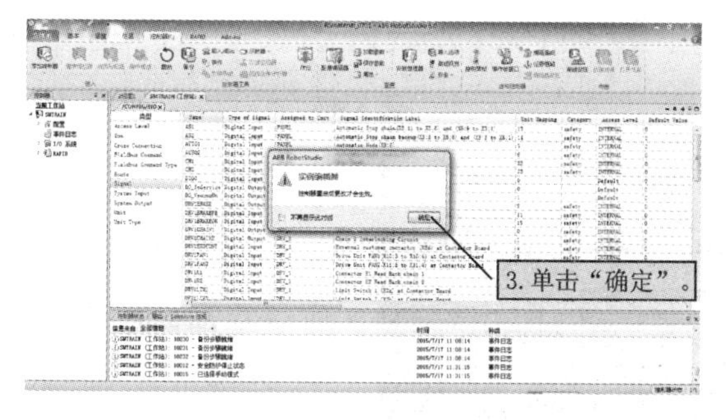

图 8-40

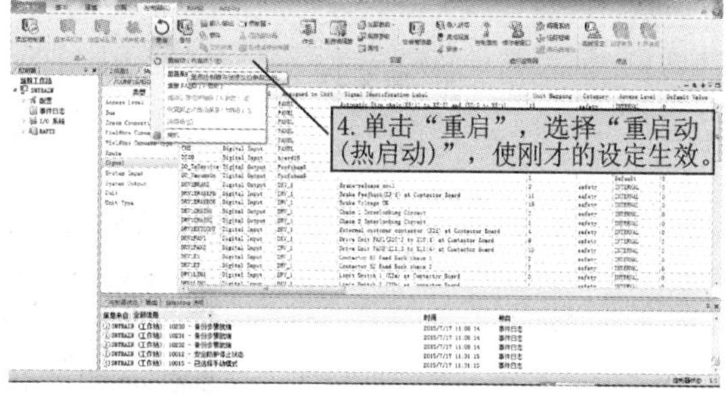

图 8-41

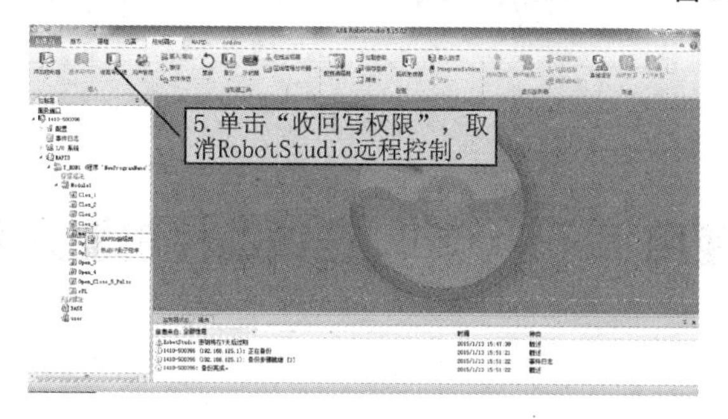

图 8-42

至此，I/O 单元和 I/O 信号就设置完毕。

任务8-5　使用RobotStudio在线文件传送

【工作任务】

在线进行文件传送的操作。

【实践操作】

建立好RobotStudio与机器人的连接并且获取写权限以后，可以通过RobotStudio进行快捷的文件传送操作。按照图8-43～图8-45进行从PC发送文件到机器人控制器硬盘的操作。

在对机器人控制器硬盘中的文件进行传送操作前，一定要清楚被传送的文件的作用，否则可能会造成机器人系统的崩溃。

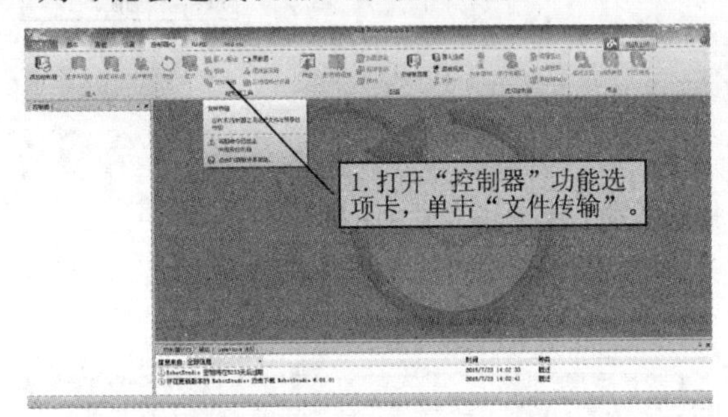

图8-43

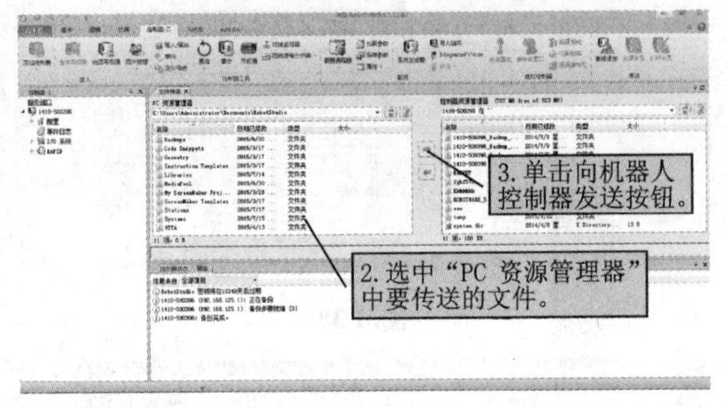

图8-44

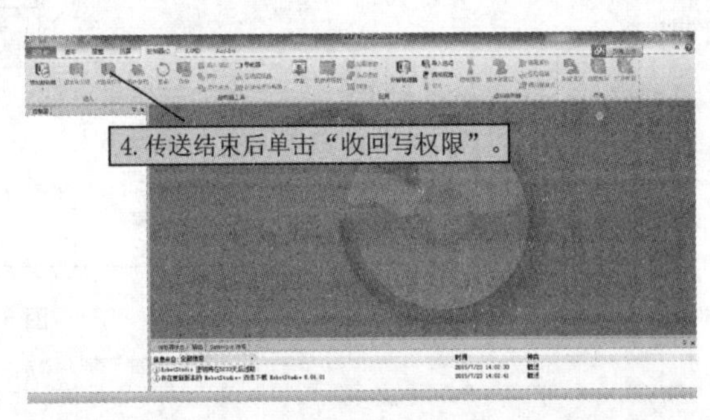

图8-45

任务8-6　使用RobotStudio在线监控机器人和示教器状态

【工作任务】

(1)在线监控机器人状态的操作。

(2)在线监控示教器状态的操作。

【实践操作】

可以通过RobotStudio的在线功能进行机器人和示教器状态的监控。

1. 在线监控机器人状态的操作

在线监控机器人状态的操作过程如图8-46～图8-47所示。

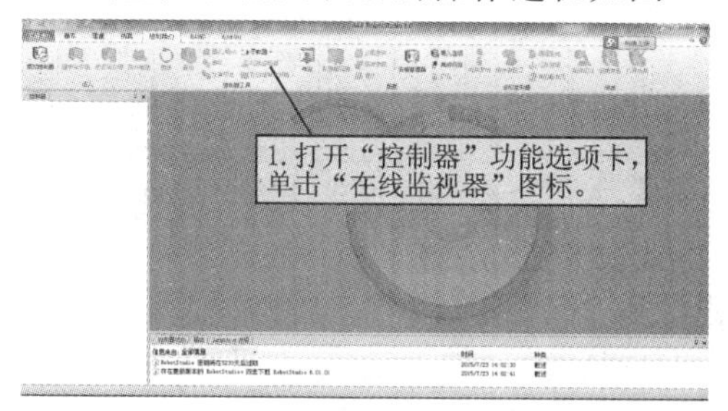

图 8-46

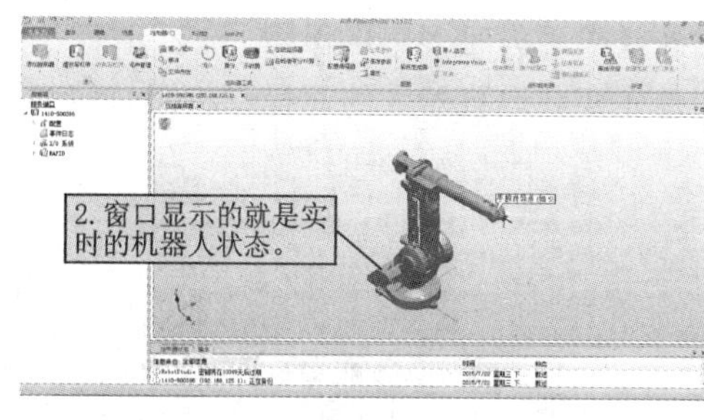

图 8-47

2. 在线监控示教器状态的操作

在线监控示教器状态的操作过程如图8-48所示。

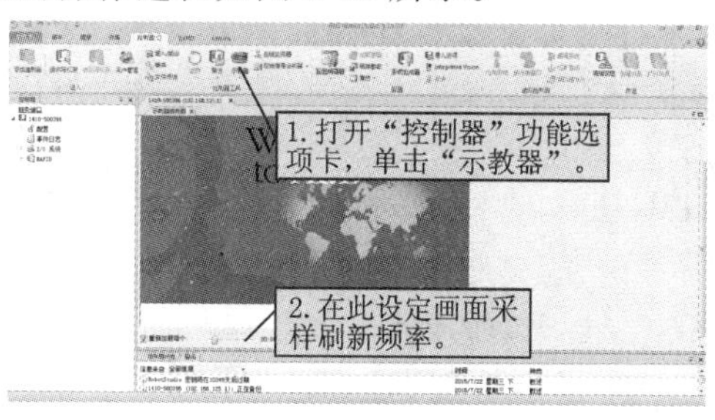

图 8-48

任务8-7 使用RobotStudio在线设定示教器用户操作权限管理

【工作任务】

(1)为示教器添加一个管理员操作权限。

(2)设定所需要的用户操作权限。

(3)更改Default User的用户组。

【实践操作】

示教器中的误操作可能会引起机器人系统的错乱，从而影响机器人的正常运行，因此有必要为示教器设定不同用户的操作权限。为一台新的机器人设定示教器的用户操作权限，一般的操作步骤如下：

(1)为示教器添加一个管理员权限。

(2)设定所需要的用户操作权限。

(3)更改 Default User 的用户组。

下面就来进行机器人权限的操作。

一、为示教器添加一个管理员操作权限

为示教器添加一个管理员操作权限的目的是为系统多创建一个具有所有权限的用户，为意外权限丢失时多一层保障。

首先要获取机器人的写操作权限，然后根据图 8-49～图 8-58 所示步骤进行操作。

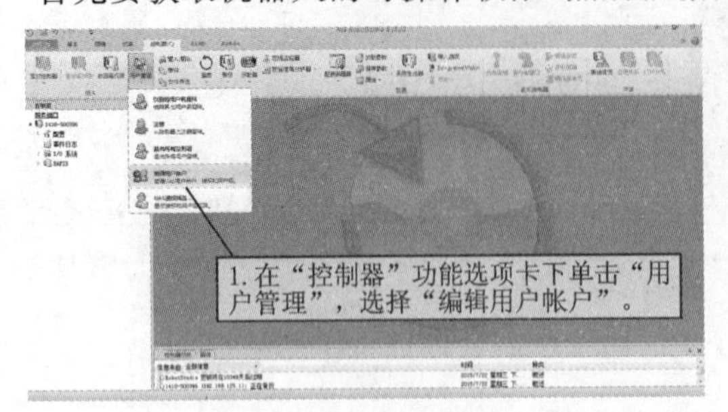

图 8-49

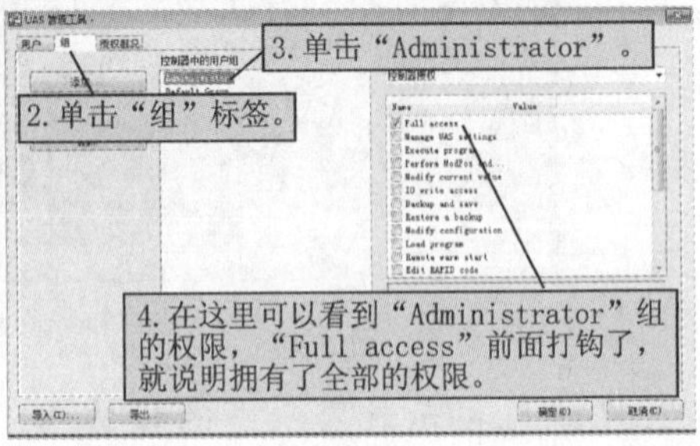

3.单击“Administrator”。
2.单击“组”标签。
4.在这里可以看到“Administrator”组的权限，“Full access”前面打钩了，就说明拥有了全部的权限。

图 8-50

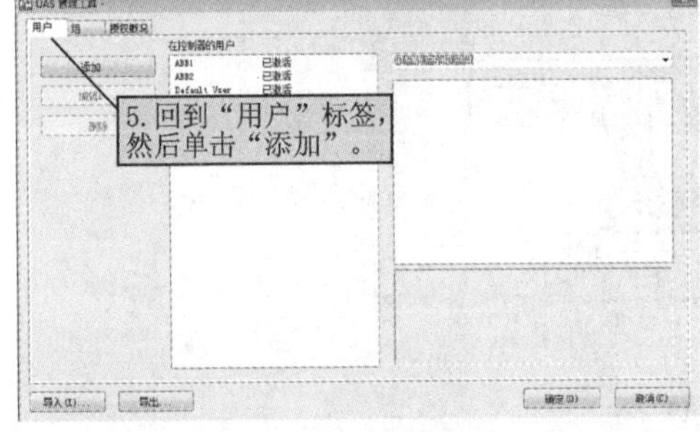

图 8-51

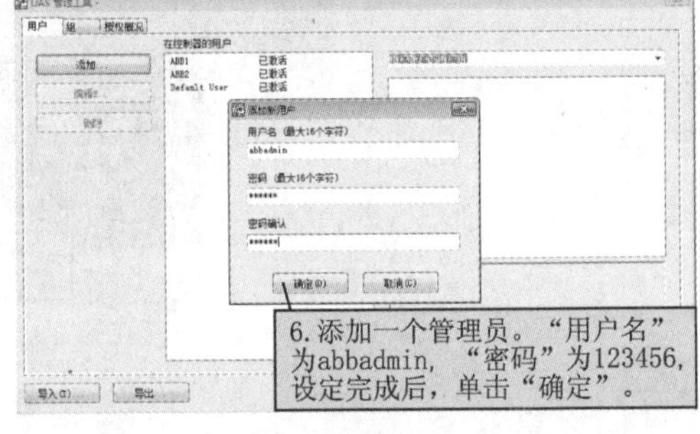

图 8-52

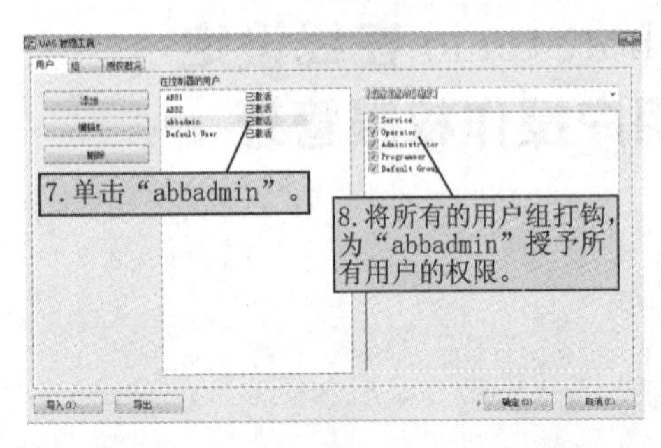

图 8-53

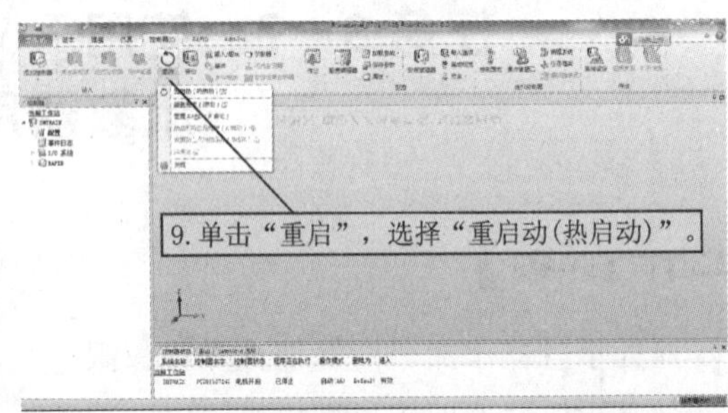

图 8-54

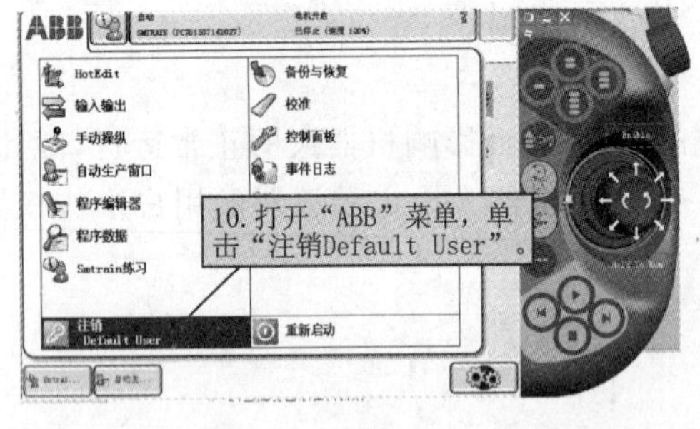

图 8-55

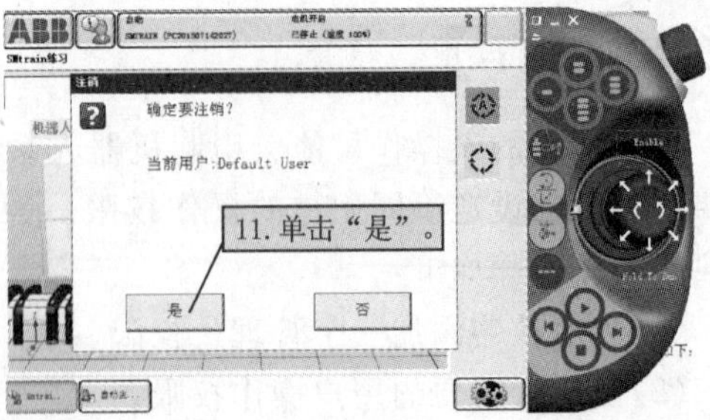

11.单击“是”。

图 8-56

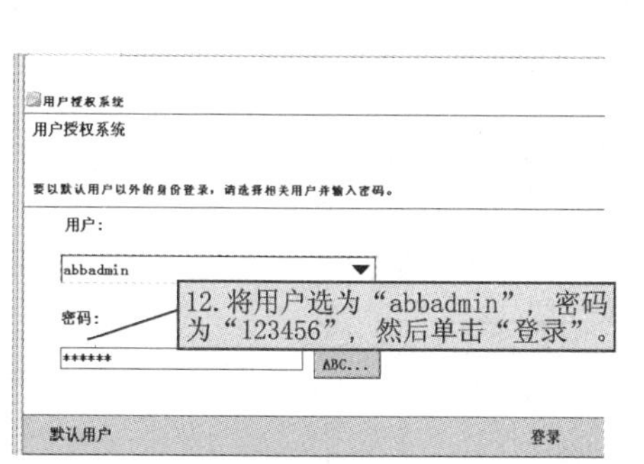

图 8-57

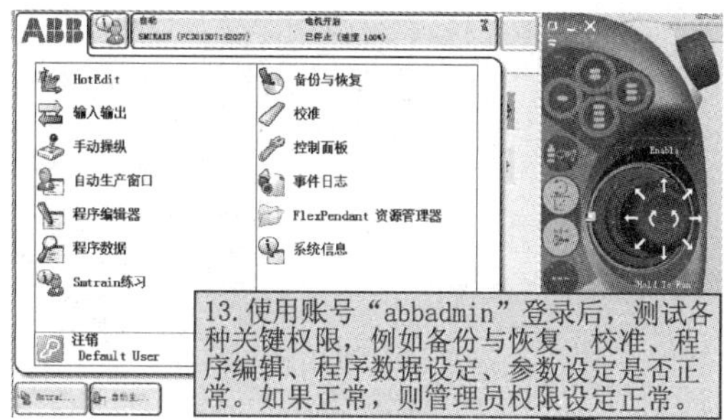

图 8-58

二、设定所需要的用户权限

现在可以根据需要，设定用户组和用户，以满足管理的需要。具体的步骤如下：

(1)创建新用户组。

(2)设定新用户组权限。

(3)创建新的用户。

(4)将用户归类到对应的用户组。

(5)重启系统，测试权限是否正常。

三、更改 Default User 的用户组

在默认的情况下，用户 Default User 拥有示教器的全部权限。机器人通电后，都是以用户 Default User 自动登录示教器的操作界面的，所以有必要将 Default User 的权限取消掉。

在取消 Default User 的权限之前，要确认系统中已有一个全部管理员权限的用户，否则可能造成示教器的权限锁死，无法做任何操作。

图 8-59～图 8-63 所示是更改 Default User 的用户组的操作：

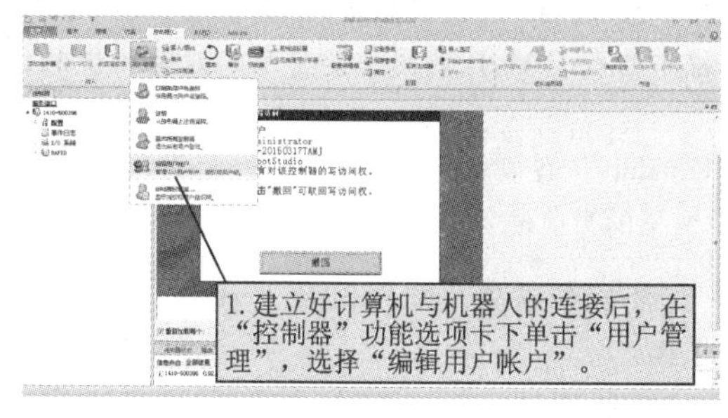

图 8-59

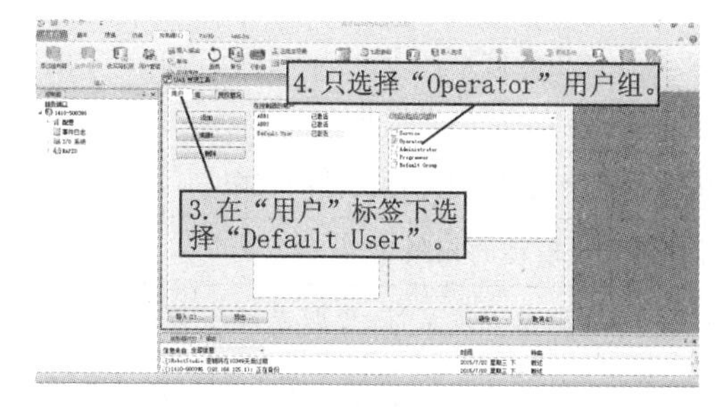

图 8-61

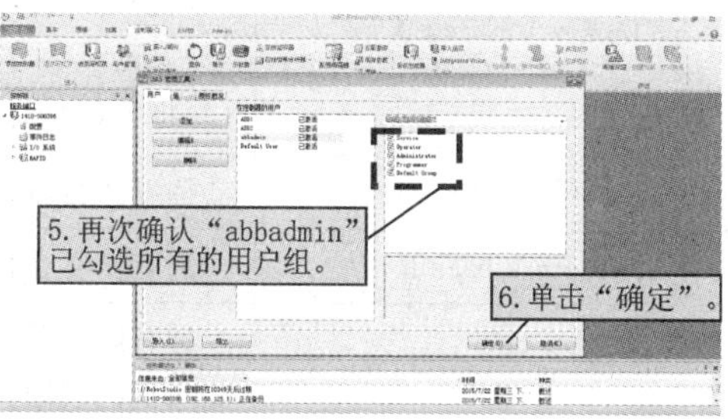

图 8-62

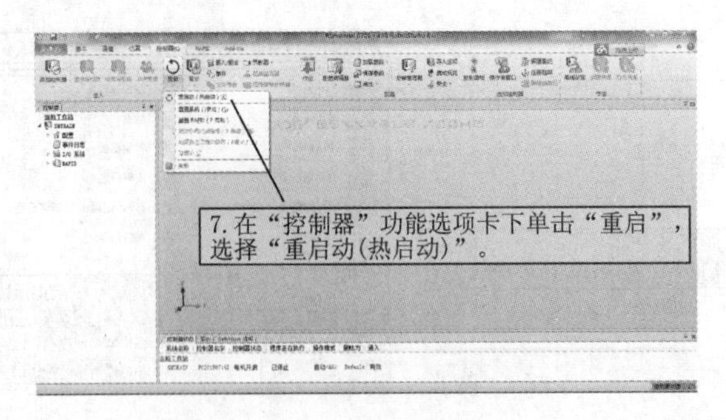

图 8-63

在完成热启动后，在示教器上进行用户的登录测试，如果一切正常，就完成设定了。

用户权限的说明（以 RobotStudio 5.15.02 为例，版本更新可能会有所不同）如表 8-3、表 8-4 所示。

表 8-3 控制器权限

权 限	说 明
Full access	该权限包含了所有控制器权限，也包含将来 RobotWave 版本添加的权限，不包含应用程序权限和安全配置权限
Manage UAS setting	该权限可以读写用户授权的配置文件，即可以读取、添加、删除和修改用户授权系统中定义的用户和用户组
Execute program	拥有执行以下操作的权限： (1)开始/停止程序(拥有停止程序的权限)； (2)将程序指针指向主程序； (3)执行服务程序
Perfrom ModPos and HotEdit	拥有执行以下操作的权限： (1)修改和示教 RAPID 代码中的位置信息(ModPos)； (2)在执行的过程中修改 RAPID 代码中的单个点或路径中的位置信息； (3)将 ModPos/HotEdit 位置值复位为原始值； (4)修改 RAPID 变量的当前值
Modify current value	拥有 RAPID 变量的当前值。该权限是 Perform ModPos and HotEdit 权限的子集
I/O write access	拥有以下操作的权限： (1)设置 I/O 信号的值； (2)设置信号仿真或不允许信号仿真； (3)将 I/O 总线和单元设置为启用或者停止
Backup and save	拥有执行备份及保存模块、程序和配置文件的权限
Restore a backup	拥有恢复备份并执行 B—启动的权限
Modify configuration	拥有修改配置数据库，即加载配置文件、更改系统参数值和添加删除实例的权限
Load program	拥有下载/删除模块和数据的权限

续表

权　限	说　明
Remote warm start	拥有远程关机和热启动的权限。使用本地设备进行热启动不需要任何权限，例如使用示教器
Edit RAPID code	拥有执行以下操作的权限： (1)修改已存在 RAPID 模块中的代码； (2)框架校准(工具坐标、工件坐标)； (3)确认 ModPos/HotEdit 值为当前值； (4)重命名程序
Program Debug	拥有执行以下操作的权限： (1)Move pp to routine； (2)Move pp to cursor； (3)HoldToRun； (4)启动/停止 RAPID 任务； (5)向示教器请求写权限； (6)启动或停止非动作执行操作
Decrease production speed	拥有在自动模式下将速度由 100%进行减速操作的权限，该权限在速度低于 100%或控制器在手动模式下时无须请求
Calibration	拥有执行以下操作的权限： (1)精细校准机械单元； (2)校准 Baseframe； (3)更新/清除 SMB 数据； (4)框架校准(工具、工作对象)要求授予编辑 RAPID 代码权限，对机械装置校准数据进行手动调整，以及从文件载入新的校准数据，要求授予修改配置权限
Administration of installed systems	拥有执行以下操作的权限： (1)安装新系统； (2)P－启动； (3)I－启动； (4)X－启动； (5)C－启动； (6)选择系统； (7)由设备安装系统。 该权限给予全部 FTP 访问权限，即与 Read access to controller disks 和 Write access to controller disks 相同的权限
Read access to control disks	对控制器磁盘的外部读取权限。该权限仅对外部访问有效，例如 FTP 客户端或 RobotStudio 文件管理器。 也可以在没有改权限的情况下将程序加载到 hd0a
write access to control disks	对控制器磁盘的外部写入权限。该权限仅对外部访问有效，例如 FTP 客户端或 RobotStudio 文件管理器。 可以将程序保存至控制器磁盘或执行备份

续表

权　限	说　明
Modify control properties	拥有设置控制器名称、控制器 ID 和系统时钟的权限
Delete log	拥有删除事件日志中信息的权限
Revolution counter update	拥有更新转数计数器的权限
Safety Controller configuration	拥有执行控制器安全模式配置的权限。仅对 PSC 选项有效，且该权限不包括在 Full access 权限中

表 8-4　应用程序权限

权　限	说　明
Access to the ABB menu on Flexpendant	值为 true 时，表示有权使用示教器上的 ABB 菜单。在用户没有任何授权时，该值为默认值。 值为 false 时，表示控制器在“自动”模式下用户不能访问 ABB 菜单。该权限在手动模式下无效
Log off Flexpendant user when switching to Auto mode	当手动模式转到自动模式时，拥有该权限的用户将自动由示教器注销

任务 8-8　使用 RobotStudio 在线创建和安装机器人系统

【工作任务】

(1)通过备份创建系统。

(2)通过控制器与控制器密钥创建系统。

(3)机器人系统的管理。

【实践操作】

一般地，机器人出现以下两个问题时，就应该考虑重装机器人系统了：

(1)机器人系统无法启动；

(2)需要为当前的机器人系统添加新的功能选项。

在任何情况下，重装机器人系统都是有危险的，所以在进行机器人系统重装操作时，请慎重。

一、通过备份创建系统

通过备份创建系统，过程如图 8-64～图 8-69 所示。

图 8-64

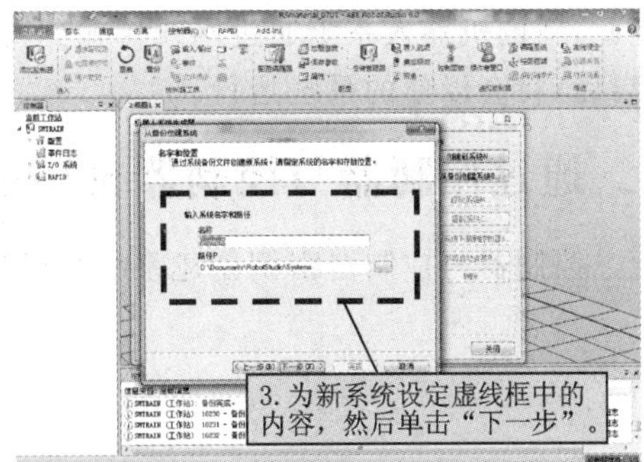

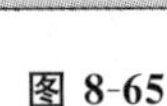

图 8-65

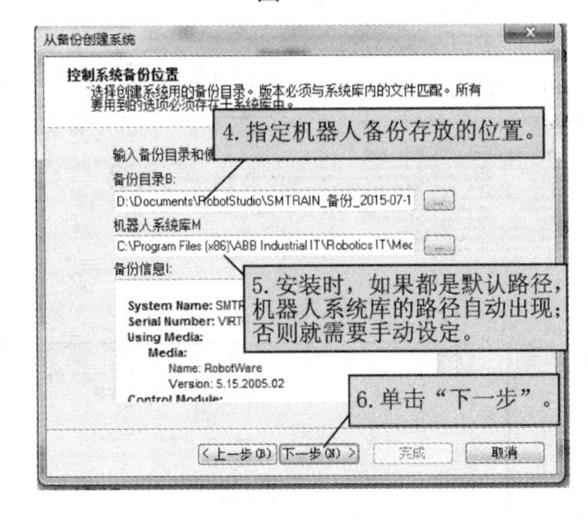

图 8-66

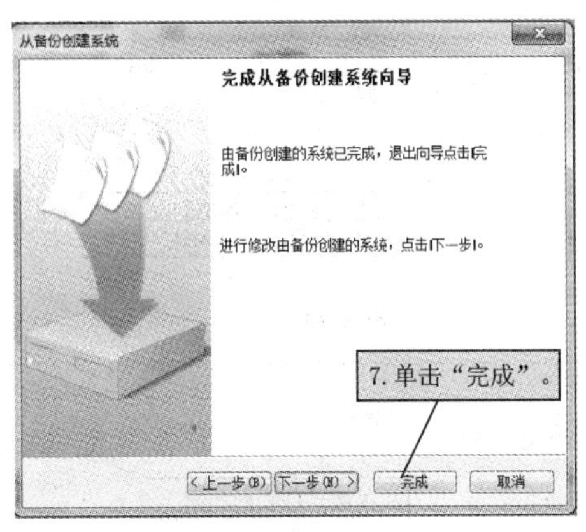

图 8-67

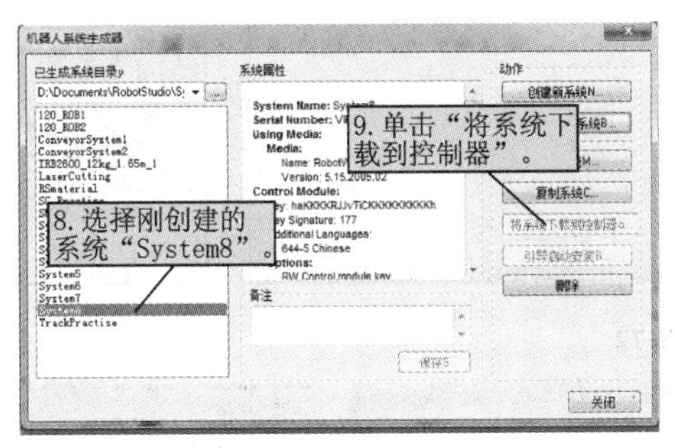

图 8-68

这时，再通过网线将计算机与机器人连接起来，进行下一步操作。

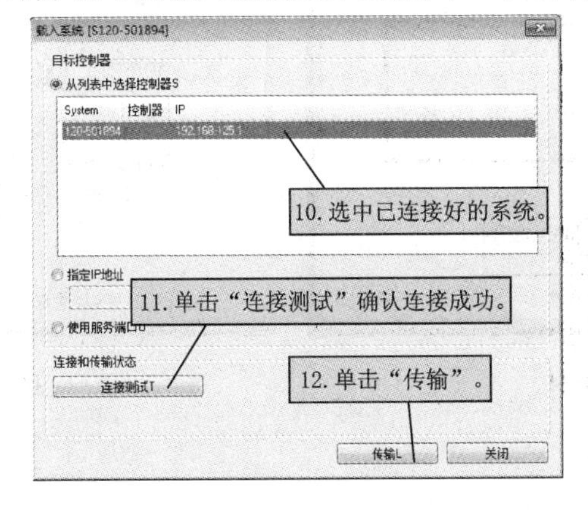

图 8-69

至此，新的机器人系统通过网线传输到机器人控制器。传输完成，机器人控制器将会重启，重启后，将会以新的系统运行。

二、通过控制器与控制器密钥创建系统

通过控制器与控制器密钥创建系统，过程如图 8-70～图 8-80 所示。

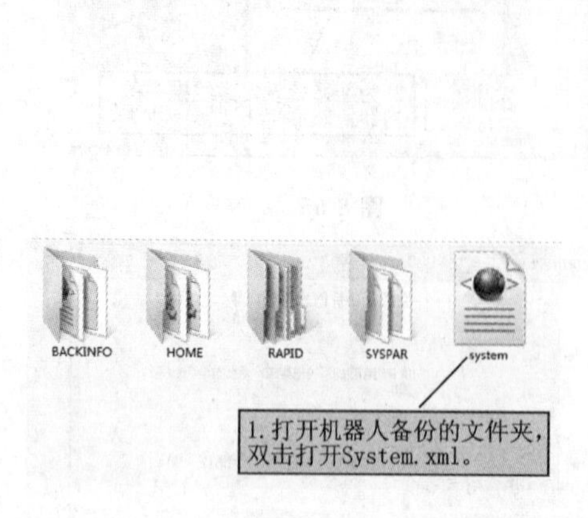

图 8-70

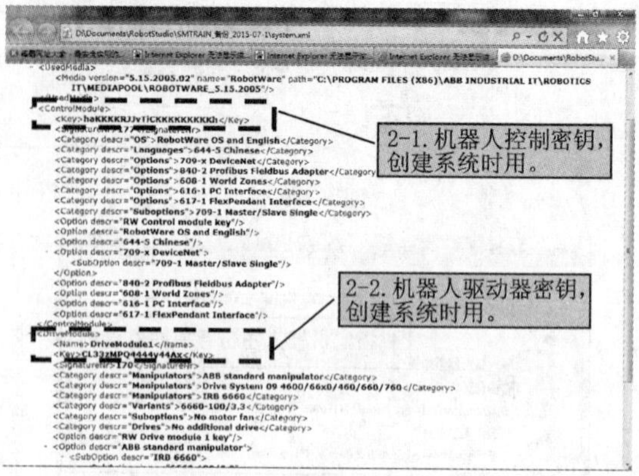

2-1. 机器人控制密钥，创建系统时用。

2-2. 机器人驱动器密钥，创建系统时用。

图 8-71

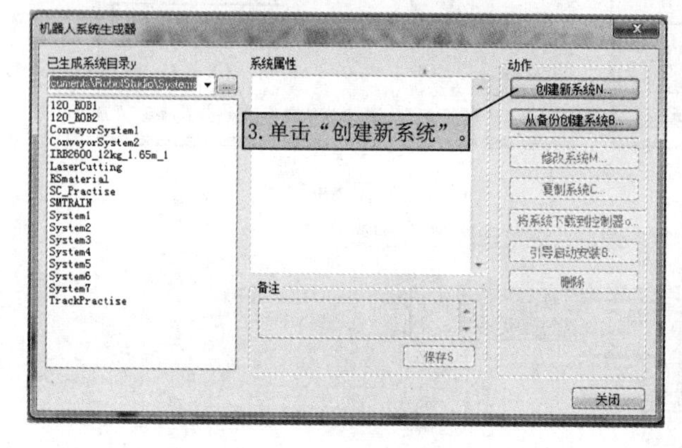

图 8-72

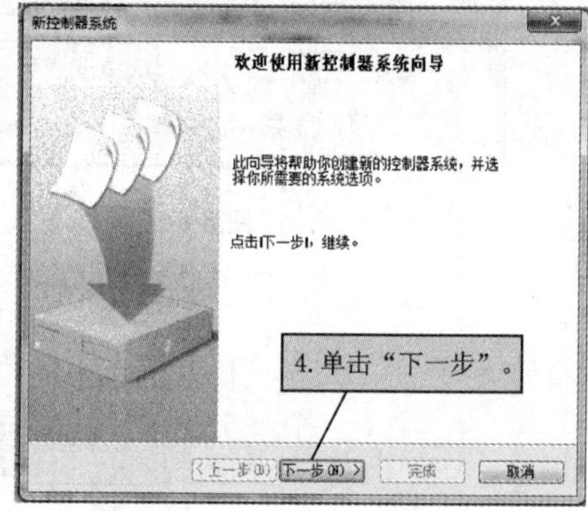

图 8-73

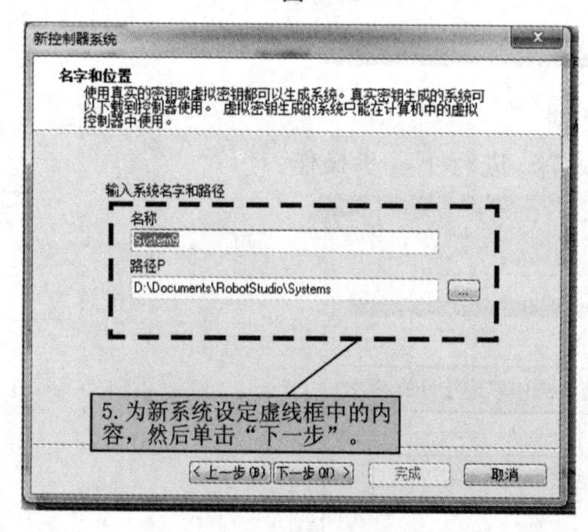

图 8-74

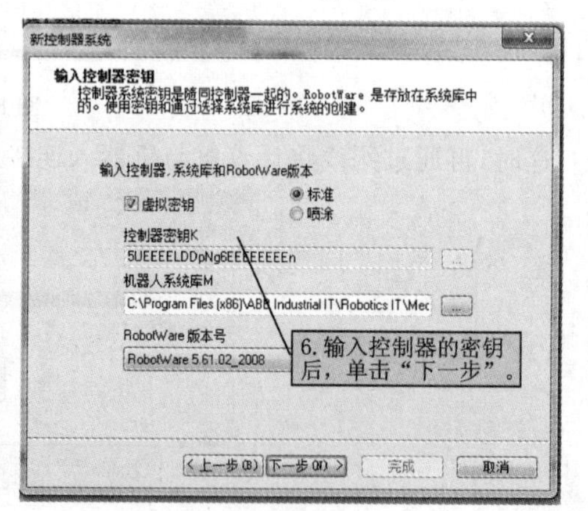

图 8-75

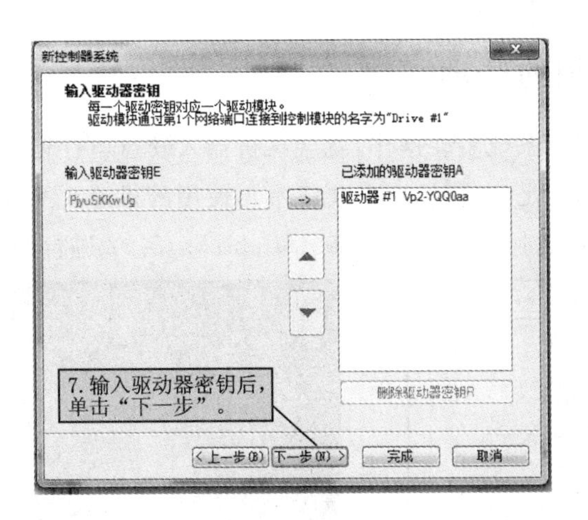

图 8-76

一台机器人出厂以后，如果想增加机器人系统的选项功能，则要通过重装机器人系统的方法来完成。在创建机器人系统时，在第 8 步中输入由 ABB 提供的选项功能密钥，新系统安装完成后，就具有了新安装的选项功能。

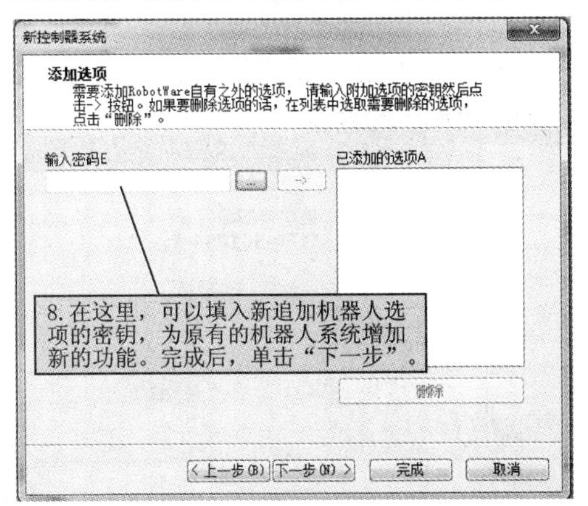

图 8-77

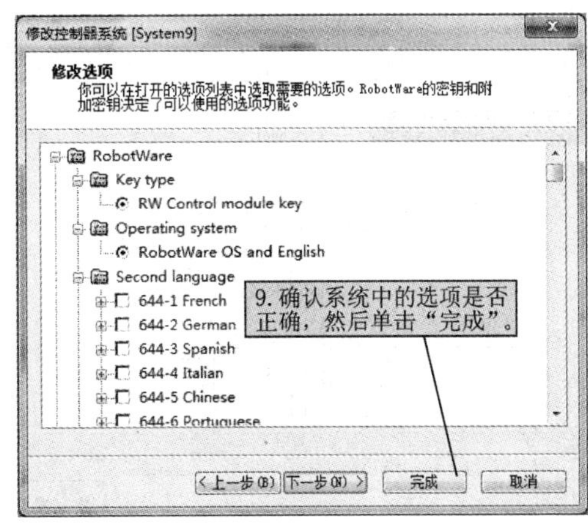

图 8-78

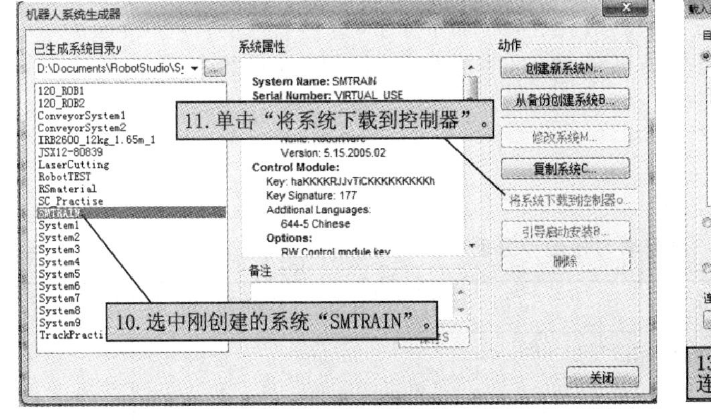

图 8-79

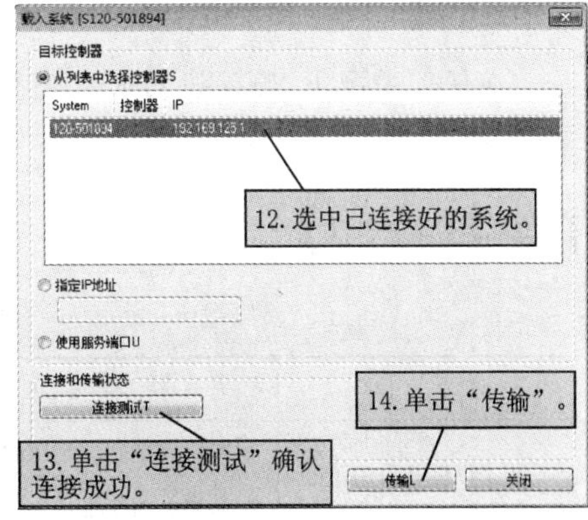

图 8-80

这时，新的机器人系统通过网线传输到机器人控制器。传输完成后，机器人控制器将会重启，重启后，就会以新的系统运行。

三、机器人系统的管理

如果多次进行机器人系统重装操作，就会在机器人硬盘里存留之前的机器人系统，从而造成机器人硬盘空间的不足。这时，有必要将不再使用的机器人系统从机器人硬盘中删除。

图 8-81～图 8-84 所示操作是基于 RobotStudio 5.15.02 进行的。

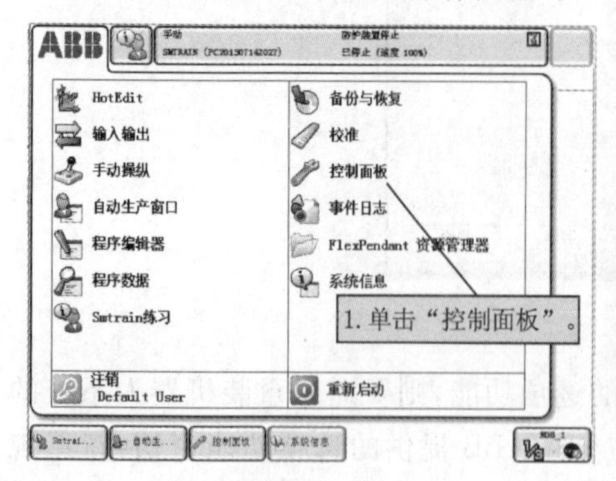

图 8-81

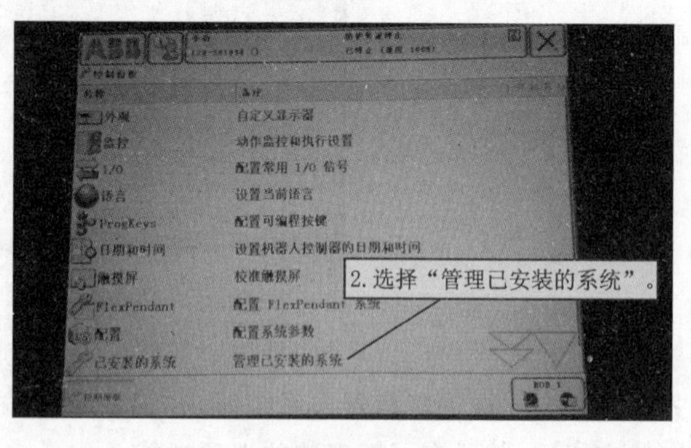

图 8-82

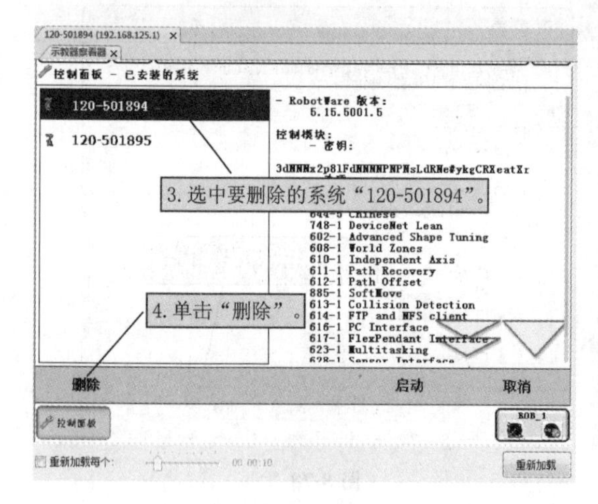

图 8-83

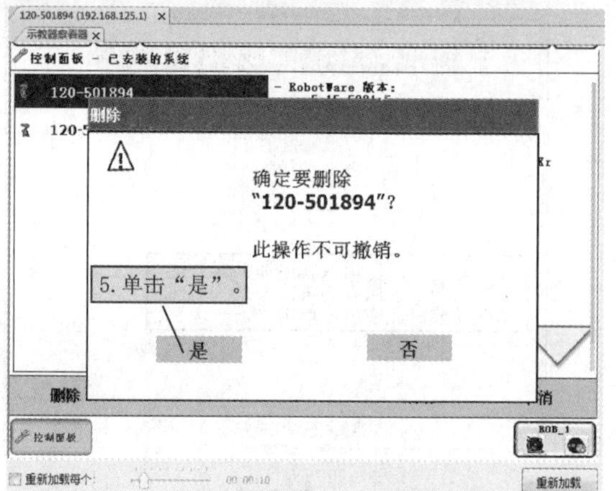

图 8-84

在任何情况下，删除机器人系统都是有危险的，所以在进行机器人系统的删除操作时，请慎重！

【学习检测】

自我学习检测评分表

项　目	技术要求	分　值	评分细则	评分记录	备　注
使用 RobotStudio 与机器人进行连接并获取权限的操作	(1) 建立 RobotStudio 与机器人的连接。 (2) 获取 RobotStudio 在线控制权限	10	(1)理解流程； (2)操作流程		

续表

项　　目	技术要求	分　　值	评分细则	评分记录	备　　注
使用RobotStudio进行备份与恢复的操作	(1)使用RobotStudio进行备份的操作。 (2)使用RobotStudio进行恢复的操作	10	(1)理解流程； (2)操作流程		
使用RobotStudio在线编辑RAPID程序的操作	(1)在线修改RAPID程序的操作。 (2)在线添加RAPID程序指令的操作	10	(1)理解流程； (2)操作流程		
使用RobotStudio在线编辑I/O信号的操作	(1)在线添加I/O单元。 (2)在线添加I/O信号	10	(1)理解流程； (2)操作流程		
使用RobotStudio在线文件传送	在线文件传送	10	(1)理解流程； (2)操作流程		
使用RobotStudio在线监控机器人和示教器	(1)在线监控机器人状态的操作。 (2)在线监控示教器状态的操作	10	(1)理解流程； (2)操作流程		
使用RobotStudio在线设定示教器用户操作权限	(1)为示教器添加一个管理员操作权限。 (2)设定所需要的用户操作权限。 (3)更改Default User的用户组	10	(1)理解流程； (2)操作流程		
使用RobotStudio在线创建机器人系统与安装	(1)通过备份创建系统。 (2)通过控制器与控制器密钥创建系统。 (3)机器人系统的管理	10	(1)理解流程； (2)操作流程		
安全操作	符合上机实训操作要求	20			

【思考与练习】

1. RobotStudio与机器人如何进行连接操作？
2. 简述RobotStudio在线备份与恢复的操作过程。
3. 简述RobotStudio在线编辑I/O信号的操作过程。
4. 简述RobotStudio在线监控机器人及示教器动作状态。
5. 如何使用RobotStudio实现机器人系统的创建与安装？

【学习体会】

附录A 术语概念

一、硬件

(1)机器人操纵器:ABB 工业机器人。

(2)控制模块:包含控制操纵器动作的主要计算机。其中,包括 RAPID 的执行和信号处理。一个控制模块可以连接 1～4 个驱动模块。

(3)驱动模块:包含电子设备的模块,这些电子设备可为操纵器的电机供电。驱动模块最多可以包含 9 个驱动单元,每个单元控制一个操纵器关节。标准机器人操纵器有 6 个关节,因此,每个机器人操纵器通常使用一个驱动模块。

(4)FlexController:IRC5 机器人的控制器机柜。它包含供系统中每个机器人操纵器使用的一个控制模块和一个驱动模块。

(5)FlexPendant:与控制模块相连的编程操纵台。在示教器上编程就是在线编程。

(6)工具:安装在机器人操纵器上,执行特定任务,如抓取、切削或焊接的设备。

二、RobotWare

(1)RobotWare:从概念上讲,RobotWare 是指用于创建 RobotWare 系统的软件和 RobotWare 系统本身。

(2)RobotWare 系统:一组软件文件,加载到控制器之后,这些文件可以启用控制机器人系统的所有功能、配置、数据和程序。RobotWare 系统使用 RobotStudio 创建。在 PC 和控制模块上都可以保存和存储这些系统。

(3)RobotWare 版本:每个 RobotWare 版本都有一个主版本号和一个次版本号,两个版本号之间使用一个点进行分隔。支持 IRC5 的 RobotWare 版本是 6.××,其中××表示次版本号。

三、编程概念

(1)在线编程:与真实控制器相连时的编程,这种表达也指使用机器人创建位置和运动。

(2)离线编程:未与机器人或真实控制器连接时的编程。

(3)虚拟控制器:一种仿真 FlexController 的软件,可使控制机器人的同一软件(RobotWare 系统)在 PC 上运行。该软件可使机器人在离线和在线时的行为相同。

(4)坐标系:用于定义位置和方向。对机器人进行编程时,可以利用不同坐标系更加轻松地确定对象之间的相对位置。

(5)工作对象校准:如果所有目标点都定义为工作对象坐标系的相对位置,则只需在部署离线程序时校准工作对象即可。

四、机器人轴的配置

(1)轴配置:目标点定义并存储为 WorkObject 坐标系内的坐标。控制器计算出当机器人到达目标点时轴的位置,它一般会找到多个配置机器人轴的解决方案。

(2)表示配置:机器人的轴配置使用4个整数系列表示,用来指定整转式有效轴所在的象限。象限的编号从0开始为正旋转(逆时针),从−1开始为负旋转(顺时针)。对于线性轴,整数可以指定距轴所在的中心位置的范围(以米为单位)。

五、名词解释

ScreenMaker:用来创建用户自定义界面的RobotStudio工具。

Home:主页。

Path Programming:路径编程。

Add to Path:添加至路径。

Reference:参考。

Layout:布局。

Paths&Targets:路径和目标。

Configurations:配置文件。

Convert Frame to Workobject:转换框架为工件。

Modeling:建模。

Filter:过滤器。

Show Bodies:显示体。

Show Faces:显示面。

Invert:反转。

Import Geometry:导入几何体。

Link to Geometry:连接到几何体。

Add Link:添加链接。

Delete Link:删除链接。

Disconnect Library:断开与库的连接。

Save as Library:另存为库文件。

Mechanical Joint Jog:机械关节微动控制。

Teach Instruction:示教指令。

Select Frame:选择机架。

From Start Vertex:从起始顶点。

From End Vertex:从结束顶点。

Selected Curves:所选曲线。

Tolerance:公差。

Target Bodies:目标体。

Move along Path:沿路径移动。

Move to Pose:移至姿态。

Local:本地。

Parent:父级。

World:大地坐标。